Die neue, dritte Auflage von Flügges Schalenbuch schließt sich eng an die vor wenigen Jahren erschienene zweite an. Ein Abriß der Theorie flacher Schalen ist neu aufgenommen und wird vielen Lesern eine willkommene Einführung in dieses Gebiet sein.

Das Buch behandelt die Membrantheorie der Drehschalen und der Zylinder, eine allgemeine Membrantheorie für beliebige Schalenformen, die Biegetheorie der beiden wichtigsten Schalentypen, das Knicken oder Ausbeulen dünner Schalen und die Schalenschwingungen. Ein Abschnitt über die Spannungsberechnung in Stahlbetonschalen und ein Abriß der Faltwerktheorie werden dem Stahlbetonmann besonders willkommen sein.

Die Darstellung benutzt die dem Zweck der Sache entsprechenden mathematischen Hilfsmittel, ist jedoch stets darauf bedacht, der Mathematik eine dienende Rolle zuzuweisen und sie nie zum Selbstzweck werden zu lassen. Die zahlreichen Beispiele zeigen, daß sich alle dargebotene Theorie in praktisch anwendbare Ergebnisse umsetzen läßt.

Das Buch wendet sich an einen doppelten Leserkreis: an die am Weiterbau einer technischen Schalentheorie interessierten Forscher und an die diese Theorie anwendenden Ingenieure aller Fachrichtungen. Theoretisch interessierten Studenten des Ingenieurbaus, des Maschinenbaus und des Flugzeugbaus wird das Buch ein Führer sein beim Eindringen in ein aktuelles Gebiet der technischen Mechanik.

SPRINGER-VERLAG

BERLIN / GÖTTINGEN / HEIDELBERG

Statik und Dynamik der Schalen

Von

Dr.-Ing. Wilhelm Flügge
Professor of Engineering Mechanics
Stanford University

Dritte neubearbeitete Auflage

Mit 119 Abbildungen

Springer-Verlag
Berlin / Göttingen / Heidelberg
1962

ISBN 978-3-642-49579-3 ISBN 978-3-642-49870-1 (eBook)
DOI 10.1007/978-3-642-49870-1

Softcover reprint of the hardcover 3rd edition 1962

Library of Congress Catalog Card Number 62—13389

Vorwort zur dritten Auflage

Als dieses Buch in erster Auflage erschien, war es das einzige „Schalenbuch" und hat sich als solches rasch viele Freunde erworben. Als die erste Auflage gegen Kriegsende vergriffen war, wurde wegen der allgemeinen Notlage ein unveränderter Neudruck als Notbehelf in Aussicht genommen, aber wegen der sich schnell verschlechternden Wirtschaftsverhältnisse nicht mehr ausgeführt. Nach Kriegsende zeigte es sich, daß an vielen Stellen eine Neubearbeitung nötig geworden war, um dem Fortschritt der Schalentheorie Rechnung zu tragen. Sie wurde in der zweiten Auflage ausgeführt, die 1957 erschien. Der rasche Absatz dieser Auflage hat gezeigt, daß sich das Buch zu den alten viele neue Freunde erworben hat.

Die nunmehr vorliegende dritte Auflage schließt sich im wesentlichen der zweiten an. Als wesentliche Neuerung ist ein Kapitel über flache Schalen aufgenommen worden. Die Theorie der flachen Schalen hat sich in neuerer Zeit als ein nützliches Werkzeug erwiesen, da die ihr zugrunde liegenden Vereinfachungen viele Aufgaben der Lösung zugänglich machen, die sich für stärker gekrümmte Schalen nicht oder nur mit großem Rechenaufwand behandeln lassen. Um für das neue Kapitel Platz zu schaffen, sind hie und da Einzelheiten von geringerer Bedeutung fortgelassen worden.

Es ist dem Verfasser eine angenehme Pflicht, allen Fachgenossen zu danken, die durch Zuschriften, Übersendung von Arbeiten oder mündliche Mitteilungen seine Arbeit unterstützt haben. Dem Verlag gebührt Dank nicht nur für die gute Ausstattung des Buches, sondern auch für die Sorgfalt und Geduld in der Überwindung der durch die große räumliche Entfernung verursachten Schwierigkeiten.

Los Altos, Calif., im Januar 1962

Wilh. Flügge

Aus dem Vorwort der ersten Auflage

Im Laufe der letzten Jahrzehnte ist die Technik nacheinander auf verschiedenen Gebieten vor Fragen gestellt worden, die dem in diesem Buche behandelten Stoffkreise angehören, und ihre glückliche Lösung hat gelegentlich zu einem epochemachenden Fortschritt der konstruktiven Gestaltung geführt. Als besonders in die Augen springende Beispiele seien genannt der Behälterbau, die Formgebung der unstarren Luftschiffe, verschiedene Frage des Turbinen- und Dampfmaschinenbaues, die weittragenden Dachkonstruktionen aus Eisenbeton und neuerdings die eben erst aktuell gewordenen Fragen des Flugzeugbaues (Schalenrümpfe usw.). Mit der Lösung dieser Fragen befaßt sich ein doppelter Kreis von Fachgenossen und dementsprechend hat sich auch dies Buch an einen Leserkreis von zweierlei Art zu wenden, an den entwerfenden Ingenieur, der sich für die Ergebnisse der Schalentheorie interessiert und ihre Darstellung in einer Form fordern muß, die ihm die unmittelbare Anwendung zur Lösung seiner konkreten Aufgaben ermöglicht, und an den Forscher auf dem Fachgebiete der technischen Mechanik, dessen Aufgabe es ist, unser Wissen auf diesem Gebiet weiter zu treiben und für neue, kompliziertere Fragen neue Lösungen zu finden. Ihn interessiert nicht nur der Bestand des Vorhandenen, sondern auch die Methodik, durch die es gewonnen wurde, und der Ausblick auf Möglichkeiten der Weiterentwicklung.

Diesem doppelten Leserkreis entspricht das Buch, indem es einerseits jede Rechnung, soweit es irgend mit dem gesteckten Umfange vereinbar ist, bis zum letzten Ziel durchführt, bis zur Gewinnung und anschaulich-bildlichen Darstellung zahlenmäßiger Ergebnisse, und indem es anderseits auch vor schwierigen mathematischen Entwicklungen *dann* nicht zurückschreckt, wenn dies schärfste Werkzeug technischer Wissenschaft zur Erreichung des Zieles unbedingt notwendig ist. Dagegen ist es bewußt vermieden worden, solchen Fragen nachzugehen, deren Interesse ausschließlich im Spekulativen liegt, ohne daß die derzeitige oder zukünftige Anwendung auf ein technisches Ziel gegeben wäre, während es anderseits ebenso unterbleiben konnte, das Einsetzen von Zahlenwerten in die gebotenen Formeln in extenso vorzuführen.

Der Mannigfaltigkeit der angeführten Fragestellungen entspricht eine fast noch größere Mannigfaltigkeit der Originalliteratur, die in ihren mechanischen Voraussetzungen, in der Verständlichkeit und Güte der Darstellung, in dem Maße der Verwendung mathematischer Hilfsmittel, in dem Grade der Durchführung der Rechnungen und in den benutzten Symbolen für die fundamentalen Größen ein außerordentlich buntes Bild bietet. Dazu kommt als weiterer Übelstand, daß manche — und darunter einige der wertvollsten Arbeiten — an schwer zugänglicher und schwer auffindbarer Stelle erschienen sind. Hier Abhilfe zu schaffen und das reiche vorhandene Material in einheitlicher und bequemer Form für Forschung und Praxis zugänglich zu machen, ist nachgerade ein dringendes Bedürfnis geworden. Wie es sich bei einer solchen Systematisierung eines großen, vielgestaltigen Stoffgebietes ganz von selbst ergibt, sind bei dieser Gelegenheit auch manche noch bestehende Lücken geschlossen worden. Wo sie liegen, zeigen am deutlichsten die Stellen geringster Dichte im Literaturverzeichnis.

Heiligenhafen, im August 1934

Wilh. Flügge

Inhaltsverzeichnis

I. Allgemeine Grundlagen

1. Einführung

Bei der Berechnung von Ingenieurkonstruktionen aller Art sucht man sich die dreidimensionalen Körper, mit denen es man immer zu tun hat, durch eine Idealisierung zu vereinfachen, die es ermöglicht, das Wesentliche ihres Spannungszustandes leichter zu überblicken. Die älteste solche Idealform ist die des Stabes. Balken und Säulen, überhaupt alles, was aus Walzprofilen oder Holzbalken hergestellt wird, läßt sich in seiner statischen Wirkungsweise beschreiben durch die Fiktion einer Linie, deren elastische Gestaltänderungen (Dehnung, Krümmungsänderung, Verwindung), bestimmten Kraftgrößen, den Schnittkräften (Längskraft, Biegemoment, Torsionsmoment) proportional sind.

Eine ganz entsprechende Idealisierung einer andern Gruppe von Konstruktionselementen führt zum Begriff der Schale, der uns hier beschäftigen soll. Die Wandung eines Behälters, die Membran eines Aneroidbarometers, die Hülle eines Luftballons sind Konstruktionsteile, die sich nicht linienhaft darstellen lassen. Der Wunsch, das Kräftespiel in ihnen zu verfolgen, führt zu der Vorstellung eines zweidimensionalen Kontinuums, einer materiellen Fläche, die Kräfte übertragen und Formänderungen erleiden kann, und die dabei ein bestimmtes Elastizitätsgesetz befolgt. Man nennt sie kurz einen Flächenträger und unterscheidet zwei Fälle: Den ebenen Flächenträger, mit dem wir uns in diesem Buche nicht befassen wollen, nennt man Platte, während jeder gekrümmte Schale genannt wird.

Eine Schale wird begrenzt durch zwei gekrümmte Flächen, ihre Laibungen. Ihr Abstand t, die Schalendicke, ist gering gegen ihre anderen Abmessungen, im übrigen aber beliebig veränderlich. Diejenige zwischen den beiden Laibungen liegende Fläche, die überall die Schalendicke halbiert, wird Mittelfläche genannt. Gibt man ihre Gestalt und die Schalendicke für jeden ihrer Punkte, so ist die Schale dadurch geometrisch vollkommen beschrieben.

Um die in den Schalen wirksamen Kräfte der Rechnung zugänglich zu machen, ist es zunächst nötig, diese inneren Kräfte genauer zu definieren. Wir denken uns aus der Schale ein kleines, etwa rechtwinkliges Stückchen herausgeschnitten, dessen Kanten wir ds_x und ds_y nennen wollen, um damit gleich anzudeuten, daß wir die Absicht haben, mit ihnen einen Grenzübergang nach Null zu machen. In jeder der vier Schnittflächen, die den Inhalt $t \cdot ds_x$ oder $t \cdot ds_y$ haben, wirken Spannungen, die, wie wir später noch sehen werden, in vielen Fällen gleichmäßig über die kleine Fläche verteilt sind. Dann sind sie schon dadurch bestimmt, daß man ihre Resultierende angibt. Diese ist aber noch keine geeignete Rechengröße; denn sie hängt offenbar von der Schnittlänge ds_x oder ds_y ab. Wir machen sie von dieser Willkür frei, indem wir sie durch die Schnittlänge dividieren und diese dann nach Null gehen lassen. Dann nimmt der Quotient im Sinne der Differentialrechnung einen Grenzwert an, den wir als Schnittkraft bezeichnen. Er hat die Dimension einer Kraft je Längeneinheit und ist die Kraft, die durch die Längeneinheit eines in der Schale geführten Schnittes übertragen wird. Wir zerlegen sie in Komponenten nach einem rechtwinkligen Achsenkreuz, das durch die Schnitttangente, die Schalennormale und die tangential zur Schale laufende Schnittnormale gebildet wird. Für diese Komponenten geben wir an Hand der Abb. 1 die folgenden Definitionen:

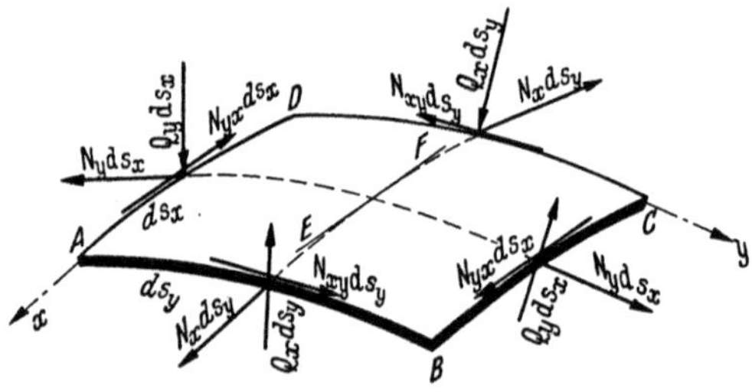

Abb. 1. Schnittkräfte am Schalenelement

In einem Schnitte $x = \text{const}$ (Kante AB) bezeichnen wir die auf die Längeneinheit des Schnittes bezogene Kraft in Richtung x mit N_x und nennen sie Längskraft. Sie wird als Zugkraft positiv, als Druckkraft negativ gezählt. Entsprechend ist die Längskraft N_y zu definieren.

Die in einem Schnitte $x = \text{const}$ wirkende, auf die Längeneinheit des Schnittes bezogene Kraft, die die Richtung der Schnittangente hat, nennen wir Schubkraft und bezeichnen sie mit N_{xy}. Sie gilt als positiv, wenn sie in einem Schnitt, in dem eine positive Längskraft die Richtung der positiven Koordinatenachse hat, auch ihrerseits in Richtung wachsender Koordinaten zeigt. Entsprechend ist für die Schnitte $y = \text{const}$ die Schubkraft N_{yx} zu definieren. Das Vorzeichen der Schubkräfte ist von den Koordinaten derart abhängig, daß es sich umkehrt, wenn auf einer Koordinatenachse die positive Richtung umgekehrt wird.

Für eine homogene Schale ist diese Definition gleichbedeutend mit der folgenden, die von den Spannungen ausgeht. Wir grenzen in einem Schnitte $x = \text{const}$ ein kleines Flächenelement dF ab (Abb. 2). Die in ihm übertragene Normalspannung sei σ_x, die Schubspannungskomponente parallel zur Mittelfläche τ_{xy} und die Schubkomponente senkrecht dazu τ_{xz}. Die entsprechenden Spannungen in einem Schnitt $y = \text{const}$ heißen σ_y, τ_{yx}, τ_{yz}. Nach einem bekannten Satz der elementaren Festigkeitslehre ist $\tau_{xy} = \tau_{yx}$.

Ist die Spannung σ_x über die Schalenstärke t gleichmäßig verteilt, so ist die resultierende Normalkraft für die Schnittfläche $t \cdot ds_y$ einfach $\sigma_x\, t\, ds_y$ und die Längskraft nach der oben gegebenen Definition

$$N_x = \sigma_x\, t\,.$$

Ist σ_x in Richtung der Schalenstärke veränderlich, so müssen wir über die Teilkräfte $\sigma_x\, dF$ integrieren:

$$N_x = \frac{1}{ds_y} \int \sigma_x\, dF\,.$$

Wir nennen den Abstand eines Punktes von der Mittelfläche z. Dann hat das Flächenelement die Höhe dz. Seine Breite ist aber nicht einfach ds_y; denn wegen der Krümmung der Schale sind die Normalen in den Punkten A und B (Abb. 1) nicht parallel, und die zu ds_y parallelen Fasern an der oberen und der unteren Laibung sind nicht gleich lang. Bezeichnet man den Krümmungsradius der Linien $x =$ const mit r_y, so hat das Flächenelement im Abstand z von der Mittelfläche die Breite

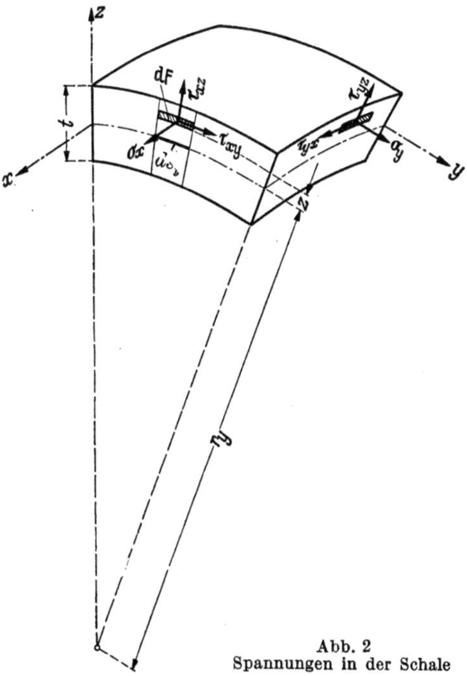

Abb. 2
Spannungen in der Schale

$$ds_y \cdot \frac{r_y + z}{r_y}\,,$$

und für die Längskraft N_x erhält man die Definitionsgleichung

$$N_x = \int_{-t/2}^{+t/2} \sigma_x \left(1 + \frac{z}{r_y}\right) dz\,. \tag{1a}$$

Die Längskraft im dazu senkrechten Schnitte $y =$ const ist entsprechend

$$N_y = \int_{-t/2}^{+t/2} \sigma_y \left(1 + \frac{z}{r_x}\right) dz\,, \tag{1b}$$

und die beiden Schubkräfte sind

$$N_{xy} = \int_{-t/2}^{+t/2} \tau_{xy} \left(1 + \frac{z}{r_y}\right) dz\,, \qquad N_{yx} = \int_{-t/2}^{+t/2} \tau_{yx} \left(1 + \frac{z}{r_x}\right) dz\,. \tag{1c, d}$$

Aus diesen Formeln geht hervor, daß trotz der paarweisen Gleichheit der Schub*spannungen* die beiden Schub*kräfte* nicht gleich zu sein brauchen. Sie sind es nur dann, wenn $r_x = r_y$ ist (Kugelschale!) oder wenn τ_{xy} von z unabhängig ist und vor das Integral gezogen werden kann, da dann wegen $\int_{-t/2}^{+t/2} z\,dz = 0$ das Glied mit dem Krümmungsradius herausfällt. Groß ist sein Einfluß natürlich nie, da ja t klein gegen die Radien sein soll, doch muß es gelegentlich berücksichtigt werden.

Durch Integration der dritten Schubspannungskomponente τ_{xz} oder τ_{yz} erhält man schließlich die Querkräfte:

$$Q_x = -\int_{-t/2}^{+t/2} \tau_{xz}\left(1 + \frac{z}{r_y}\right) dz\,. \qquad Q_y = -\int_{-t/2}^{+t/2} \tau_{yz}\left(1 + \frac{z}{r_x}\right) dz\,. \quad \text{(1e, f)}$$

Sie sind positiv, wenn sie auf einem Schnitt, in dem eine positive Längskraft die Richtung der positiven Koordinatenachse hat, in Richtung abnehmender z zeigen. Wenn bei einer Schale, z. B. einem Behälter oder einer Kuppel, Innen -und Außenseite unterschieden werden können, wollen wir die Richtung der z-Achse immer so wählen, daß sie nach außen zeigt.

Wenn die Spannungen nicht gleichmäßig über die Schalenstärke t verteilt sind, so reicht die Angabe der Resultierenden zu ihrer Berechnung nicht aus. Zur Kennzeichnung der Ungleichmäßigkeit ihrer Verteilung benutzt man die Momente der Spannungen in bezug auf die Mittelfläche:

die Biegemomente

$$M_x = -\int_{-t/2}^{+t/2} \sigma_x z\left(1 + \frac{z}{r_y}\right) dz, \qquad M_y = -\int_{-t/2}^{+t/2} \sigma_y z\left(1 + \frac{z}{r_x}\right) dz \quad \text{(1g, h)}$$

und die Drillmomente

$$M_{xy} = -\int_{-t/2}^{+t/2} \tau_{xy} z\left(1 + \frac{z}{r_y}\right) dz, \qquad M_{yx} = -\int_{-t/2}^{+t/2} \tau_{yx} z\left(1 + \frac{z}{r_x}\right) dz\,. \quad \text{(1i, j)}$$

Ihre Vorzeichen sind so gewählt, daß für positive Momente an der Laibung $z = -t/2$, im allgemeinen also an der Innenlaibung der Schale, Zugspannungen und positive Schubspannungen auftreten. Aus der ungleichförmigen Verteilung der Querkraftspannungen τ_{xz}, τ_{yz} entstehen keine Momente.

Die Krümmungsglieder z/r_y, z/r_x in den Klammern sind auch hier klein und zahlenmäßig durchaus belanglos. Sie müssen mitgeführt werden, weil sonst bei Aufstellung der Gleichgewichtsbedingungen am

Schalenelement (s. S. 141) Unstimmigkeiten entstehen, die der ganzen Biegetheorie der Schalen ihre innere Widerspruchsfreiheit nehmen würden. Für die Berechnung der Spannungen aus den Schnittkräften sind sie ohne Bedeutung.

2. Membranspannungszustand

In sehr vielen Fällen kann man nicht nur den Einfluß der Schalenkrümmung in der Definition der Schnittkräfte vernachlässigen, sondern auch mit großer Annäherung annehmen, daß die Spannungen gleichmäßig über die Schalenstärke verteilt sind. Das bedeutet dann ein Verschwinden der Biege- und Drillmomente und, wie wir schon auf S. 4 festgestellt haben, die Gleichheit der Schubkräfte

$$N_{xy} = N_{yx}.$$

Das Gleichgewicht der Kräfte am Schalenelement (Abb. 1) fordert, daß das Moment aller Schnittkräfte in bezug auf die Schalentangente EF verschwindet. Die Kräfte $N_x\,ds_y$ schneiden diese Bezugsachse, und die Kräfte $N_y\,ds_x$ schneiden sie nahezu. Ihr Abstand davon, der durch die Schalenkrümmung entsteht, ist von höherer Ordnung klein und kommt nicht in Betracht. Auch die Schubkräfte $N_{xy}\,ds_y$ und $N_{yx}\,ds_x$ und die Querkräfte $Q_x\,ds_y$ liefern zu dieser Momentengleichung keine Beiträge, und es bleiben nur die beiden Kräfte $Q_y\,ds_x$, die ein Kräftepaar vom Hebelarm ds_y bilden, das gerade um die Bezugsachse dreht. Die Gleichgewichtsbedingung heißt also

$$Q_y\,ds_x \cdot ds_y = 0,$$

und aus ihr und einer entsprechenden für eine andere Achse aufgestellten Gleichung folgt

$$Q_x = Q_y = 0.$$

Durch die Annahme gleichmäßiger Spannungsverteilung ergibt sich demnach eine außerordentliche Vereinfachung der Schalentheorie; denn es bleiben nur noch drei Unbekannte übrig, N_x, N_y, $N_{xy} = N_{yx}$. Zu ihrer Berechnung stehen von den sechs Gleichgewichtsbedingungen des räumlichen Kräftesystems noch die drei Gleichungen für die Kraftkomponenten zur Verfügung, während die noch nicht benutzte dritte Momentengleichung, deren Bezugsachse die Schalennormale ist, wegen der paarweisen Gleichheit der Schubkräfte identisch erfüllt ist, wie man leicht nachprüft. Da die Zahl der Unbekannten mit der Zahl der Gleichgewichtsbedingungen übereinstimmt, kann man sie aus diesen allein berechnen, ohne auf die elastischen Formänderungen einzugehen. Die Schnittkraftberechnung ist also eine statisch bestimmte Aufgabe. Der Fall liegt ebenso wie in der Theorie der statisch bestimmten Fachwerke, wo die statische Bestimmtheit auch nur durch die Voraussetzung erzwungen wird, daß die Stäbe biegungsfrei sind, und als Verfeinerung noch eine Nebenspannungstheorie besteht, die die doch noch vorhandenen Biegemomente in den Stäben berechnet, gleichzeitig aber den Beweis liefert, daß sie in der Regel überflüssig ist, weil die biegungsfreie Rechnung das Wesentliche des Spannungszustandes richtig erfaßt.

Man hat dieser vereinfachten Schalentheorie den nicht sehr glücklichen Namen Membrantheorie gegeben, weil die darin vorkommenden Spannungszustände denen der Membranen ähnlich sind. Es ist jedoch darauf hinzuweisen, daß Telefonmembranen keine Schalen, sondern ebene Platten sind, und daß die vielen anderen Membranen gemeinsame Eigenschaft, nur Zugspannungen aufzunehmen, für die meisten Schalen ebenfalls nicht zutrifft.

3. Transformation der Längskräfte

Bislang war immer nur von den Schnittkräften die Rede, die in den beiden Schnitten $x =$ const und $y =$ const wirksam sind. Diese Richtungen sind willkürlich und auf einer beliebigen Schale durch nichts vorgezeichnet. Eine Schalenaufgabe ist natürlich erst dann gelöst, wenn man die Schnittkräfte für jede beliebige Schnittrichtung angeben kann. Wir wollen nun sehen, daß dafür die Angabe für zwei Schnitte ausreicht, und daß sich daraus alle anderen ohne Kenntnis der Form und Belastung der Schale berechnen lassen.

Um das zu zeigen und die Formeln für die Umrechnung der Kräfte auf die neuen Schnittrichtungen zu finden, wird ein kleines rechtwinkliges Dreieck aus der Schale herausgetrennt (Abb. 3a). Strenggenommen

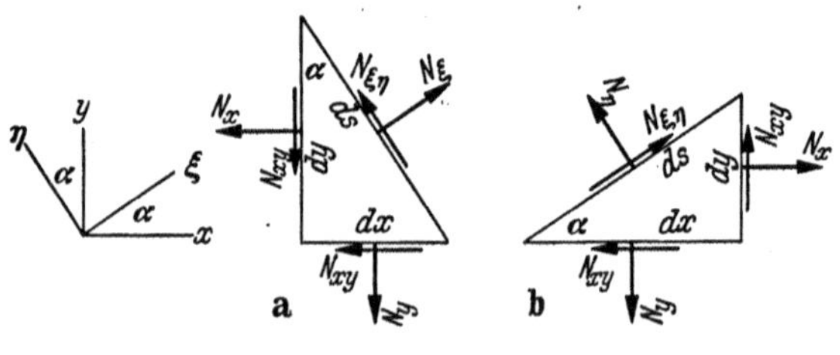

Abb. 3. Dreieckiges Schalenelement zur Aufstellung der Transformationsgleichungen

ist das kein ebenes Dreieck, aber wenn wir mit der Länge seiner Seiten zur Grenze null übergehen, unterscheidet es sich nicht mehr von seiner Projektion auf eine Tangentialebene der Mittelfläche. Wir können daher die folgenden Untersuchungen der Einfachheit halber an einem ebenen Scheibenelement durchführen und annehmen, daß die Koordinaten gewöhnliche kartesische Koordinaten sind und daß die Summe der Dreieckswinkel gleich zwei Rechten ist.

Die beiden Katheten des Dreiecks wählen wir in Richtung der Koordinaten x und y, und wir setzen voraus, daß die in ihnen übertragenen Schnittkräfte N_x, N_y, N_{xy} bekannt seien. Die Hypotenuse ist, wie es die Abbildung zeigt, nach einem anderen rechtwinkligen Koordinatensystem ξ, η orientiert. Wir schreiben nun einfach die Gleichgewichtsbedingungen für dies Schalenelement hin, und zwar die Komponentengleichungen für die Richtungen ξ und η. Lasten kommen darin nicht vor, da ihre Beiträge von höherer Ordnung klein sind als die uns interessierenden Größen:

$$N_\xi \, ds = N_x \, dy \cos\alpha + N_{xy} \, dy \sin\alpha + N_y \, dx \sin\alpha + N_{xy} dx \cos\alpha .$$

$$N_{\xi\eta} \, ds = -N_x \, dy \sin\alpha + N_{xy} \, dy \cos\alpha + N_y \, dx \cos\alpha - N_{xy} \, dx \sin\alpha .$$

Wir dividieren beide Gleichungen durch ds und beachten, daß $dx/ds = \sin\alpha$ und $dy/ds = \cos\alpha$ ist, und haben schon die fertigen Formeln zur Berechnung von N_ξ und $N_{\xi\eta}$. Das in Abb. 3b gezeichnete Dreieck liefert auf dieselbe Art eine Gleichung für N_η und noch einmal dieselbe für die Schubkraft. Das Formelsystem lautet somit:

$$\left.\begin{aligned} N_\xi &= N_x \cos^2\alpha + N_y \sin^2\alpha + 2 N_{xy} \cos\alpha \sin\alpha , \\ N_\eta &= N_x \sin^2\alpha + N_y \cos^2\alpha - 2 N_{xy} \cos\alpha \sin\alpha , \\ N_{\xi\eta} &= (N_y - N_x) \cos\alpha \sin\alpha + N_{xy} (\cos^2\alpha - \sin^2\alpha) . \end{aligned}\right\} \qquad (2)$$

Bei seiner Verwendung ist sorgsam darauf zu achten, daß weder die Indizes x und y noch ξ und η untereinander vertauscht werden dürfen und daß man α mit richtigem Vorzeichen einsetzt.

Die Gln. (2) sagen aus, daß die Längs- und Schubkräfte Komponenten eines ebenen Tensors sind, des Längskrafttensors. Er ist wegen der paarweisen Gleichheit der Schubkräfte symmetrisch und hat in Matrizenschreibweise die Form

$$\mathfrak{N} = \begin{bmatrix} N_x & N_{xy} \\ N_{xy} & N_y \end{bmatrix} .$$

Wir werden in diesem Buche von der Tensorsymbolik keinen Gebrauch machen und die wichtigsten Eigenschaften des Längskrafttensors einzeln herleiten.

Die Gln. (2) stellen die Längskraft und Schubkraft eines Schnittes als Funktion seiner Richtung dar. Wir suchen die Extremwerte der Längskraft und bilden dazu die Ableitung

$$\frac{dN_\xi}{d\alpha} = 2(N_y - N_x) \cos\alpha \sin\alpha + 2 N_{xy} (\cos^2\alpha - \sin^2\alpha) = 2 N_{\xi\eta} .$$

Die Längskraft ist also ein Maximum oder Minimum, wo der Schub null ist, und das geschieht für

$$\tan 2\alpha_0 = \frac{2 N_{xy}}{N_x - N_y} . \qquad (3)$$

Die Winkel α_0, die diese Gleichung befriedigen, bestimmen zwei zueinander senkrechte Gerade, die Hauptachsen des Tensors. Die zugehörigen Längskräfte heißen Hauptlängskräfte und haben die Werte

$$N_{a,b} = \frac{N_x + N_y}{2} \pm \sqrt{\frac{(N_x - N_y)^2}{4} + N_{xy}^2}, \tag{4}$$

wie man durch Einsetzen von (3) in (2) leicht bestätigt. Trägt man sich in allen Punkten der Schale die Hauptlängskraftrichtungen ein, so kann man zwei Kurvenscharen zeichnen, die diese Richtungen zu Tangenten haben. Diese beiden zueinander orthogonalen Kurvenscharen heißen Längskrafttrajektorien und geben die Wege an, auf denen die Lasten durch ein System von Zug- und Druckkräften nach den gestützten Rändern der Schale abgeleitet werden (Abb. 24, 27). Man kann dadurch gelegentlich ein ungemein anschauliches Bild des Kräftespiels gewinnen, ähnlich wie etwa der Kräfteverlauf in einem Bogenträger durch ein Stützlinie leicht überblickt werden kann. Darüber hinaus bilden die Trajektorien ein wesentliches Hilfsmittel bei der Konstruktion von Schalen aus Stahlbeton, weil sich die Stahleinlagen nach ihnen zu richten haben.

Wenn in Schalen mit Biegung die beiden Schubkräfte nicht mehr streng gleich sind, so ist der Längskrafttensor nicht mehr symmetrisch. Die Transformationsgleichungen heißen dann

$$\left.\begin{aligned}
N_\xi &= N_x \cos^2\alpha + N_y \sin^2\alpha + (N_{xy} + N_{yx}) \cos\alpha \sin\alpha,\\
N_\eta &= N_x \sin^2\alpha + N_y \cos^2\alpha - (N_{xy} + N_{yx}) \cos\alpha \sin\alpha,\\
N_{\xi\eta} &= (N_y - N_x) \cos\alpha \sin\alpha + N_{xy} \cos^2\alpha - N_{yx} \sin^2\alpha,\\
N_{\eta\xi} &= (N_y - N_x) \cos\alpha \sin\alpha - N_{xy} \sin^2\alpha + N_{yx} \cos^2\alpha.
\end{aligned}\right\} \tag{5}$$

Der Begriff der Hauptlängskraft läßt sich in seiner einfachen Form nicht aufrechterhalten. Das Maximum und Minimum der Längskraft wird in zwei zueinander senkrechten Schnitten erreicht, für die

$$N_{\xi\eta} + N_{\eta\xi} = 0$$

ist, und deren Richtung α_0 gegeben ist durch

$$\tan 2\alpha_0 = \frac{N_{xy} + N_{yx}}{N_x - N_y}.$$

Die beiden Schnitte, in denen die Schubkraft N_{ab} oder $N_{ba} = 0$ ist, stimmen mit diesen Richtungen nicht genau überein und stehen nicht mehr aufeinander senkrecht. Von einer ausführlichen Darstellung dieser Dinge wollen wir hier absehen, da sie wegen der geringen Verschiedenheit der zusammengehörigen Schubkräfte praktisch bedeutungslos sind.

Für die Transformation der Längskräfte gibt es eine Fülle zeichnerischer Verfahren, die natürlich inhaltlich nichts anderes aussagen als die Gln. (2). Wir wollen das Bekannteste von ihnen, das von O. Mohr angegeben ist, hier vorführen. Wir gehen aus von den Hauptlängskräften. Aus ihnen kann man die Kräfte für ein beliebiges Achsenkreuz x, y gewinnen, wenn man in (2) die Indizes x, y durch a, b und ξ, η durch x, y ersetzt:

$$N_x = N_a \cos^2\alpha + N_b \sin^2\alpha = \frac{N_a + N_b}{2} + \frac{N_a - N_b}{2} \cos 2\alpha ,$$

$$N_y = N_a \sin^2\alpha + N_b \cos^2\alpha = \frac{N_a + N_b}{2} - \frac{N_a - N_b}{2} \cos 2\alpha ,$$

$$N_{xy} = (N_b - N_a) \cos\alpha \sin\alpha = \frac{N_b - N_a}{2} \sin 2\alpha .$$

Wir bestimmen nun in einem rechtwinkligen Koordinatensystem (Abb. 4) die beiden Punkte a und b mit den Koordinaten N_a, 0 und N_b, 0 und zeichnen zu ab als Durchmesser einen Kreis. Die Geraden bx und ax, die mit der Waagerechten und der Lotrechten die Winkel α einschließen, schneiden sich auf diesem Kreis und bestimmen dort den Punkt x, dessen Abszisse

$$\tfrac{1}{2}(N_a + N_b) + \tfrac{1}{2}(N_a - N_b) \cos 2\alpha$$

und dessen Ordinate

$$\tfrac{1}{2}(N_a - N_b) \sin 2\alpha$$

ist. Das sind bis auf das Vorzeichen der Ordinate die zur Richtung $x = \text{const}$ gehörenden Schnittkräfte. Schiebt man das System der Schnittnormalen, Abb. 4b, oder auch das der Schnittrichtungen so in das Diagramm, daß die Achsen a und b durch die Punkte a und b gehen, so liegt p auf dem Kreis, und die Achse x geht durch den eben bestimmten Kreispunkt x mit den Koordinaten N_x, $-N_{xy}$. Die Richtung y schneidet auf dem Kreis einen entsprechenden Punkt y an, dessen Koordinaten N_y und N_{yx} sind. Schubkräfte sind also in diesem Diagramm nach oben aufgetragen, wenn sie das Schalenelement im Uhrzeigersinn drehen.

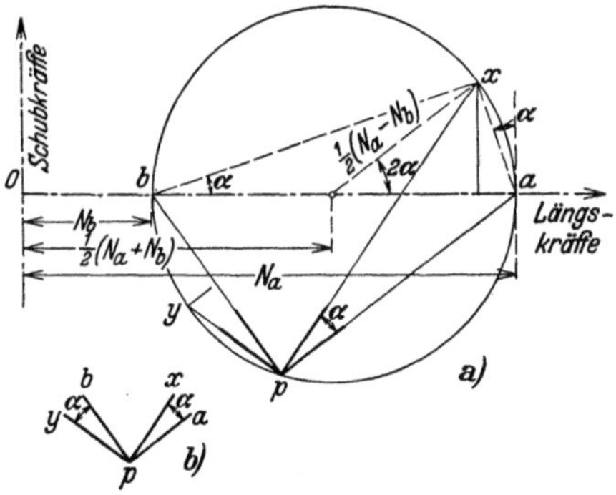

Abb. 4. MOHRscher Kreis für die Längskräfte

Kehrt man den Gang der Konstruktion um, so kann man aus N_x, N_y, N_{xy} die Hauptlängskräfte oder auch die Schnittkräfte für irgendwelche Schnittrichtungen finden. Man trägt einfach in ein rechtwinkliges Koordinatensystem die Punkte x und y mit den Koordinaten N_x, $-N_{xy}$ und N_y, N_{xy} ein und zeichnet durch sie einen Kreis, dessen Mittelpunkt auf der Abszissenachse liegt. Auf ihm wird der Pol p durch die Parallelen xp und yp zu den Schnittnormalen bestimmt, und man findet die Schnittkraft zu einem beliebigen Schnitt, indem man durch p eine Parallele zur Schnittnormalen zieht und die Koordinaten ihres zweiten Kreisschnittpunktes abliest. Die Hauptkraftrichtungen sind parallel zu den Geraden durch p nach den Schnittpunkten des Kreises mit der Abszissenachse. Der Kreis wird MOHRscher Kreis genannt.

4. Längskrafttransformation in schiefwinkligen Koordinaten

In manchen Fällen ist es zweckmäßig, auf der gekrümmten Schalenmittelfläche schiefwinklige Koordinaten x, y einzuführen, bei denen sich die Linien $x = \text{const}$ und $y = \text{const}$ unter einem spitzen Winkel β schneiden, der gegebenenfalls noch von Ort zu Ort veränderlich sein kann. Das Flächenelement (Abb. 5) ist dann kein Rechteck mehr. Es gibt verschiedene Möglichkeiten, an ihm Schnittkräfte zu definieren. Zunächst kann man natürlich daran denken, die in der Seite dy übertragene Kraft R_x in eine Normal- und eine Tangentialkomponente zu zerlegen. Das sind Längskraft $N_{x'}$ und Schubkraft $N_{x'y}$ zu einem rechtwinkligen Achsenkreuz x', y wenn wir die zu y senkrechte Richtung mit x' bezeichnen. Entsprechend erhält man im Schnitte $y = \text{const}$ die beiden Komponenten $N_{y'}$ und $N_{y'x}$, wenn man die zu x senkrechte Richtung y' nennt. Stellt man für diese Kräfte die Gleichgewichtsbedingung für die um die Schalennormale drehenden Momente auf, die am rechteckigen Schalenelement zur Gleichheit der Schubkräfte führt, so sieht man, daß sich hier alle vier Schnittkräfte daran beteiligen, da auch die Längskräfte $N_{x'}$ oder $N_{y'}$ an gegenüberliegenden Seiten Kräftepaare bilden, die um die Bezugsachse drehen. Die beiden Schubkräfte in schief zueinander liegenden Schnitten sind also nicht gleich, was ja auch nicht zu erwarten war.

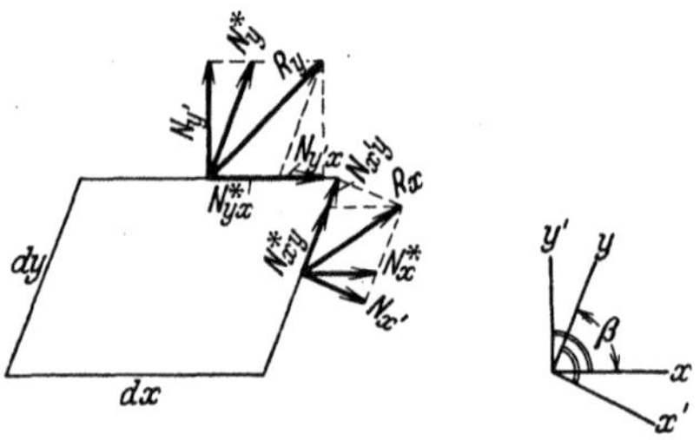

Abb. 5
Schnittkräfte in schiefwinkligen Koordinaten

Man kann die dadurch eintretende Erschwerung der Rechnung vermeiden, indem man die resultierenden Schnittkräfte R_x, R_y in andere Komponenten zerlegt, nämlich nach den Richtungen x und y. Im Schnitte $x = \text{const}$, also an der mit dy bezeichneten Seite, erhält man dann anstelle der auf diesem Schnitt senkrechten Längskraft $N_{x'}$ eine „schiefe Längskraft", die wir mit N_x^* bezeichnen wollen, und eine Schubkraft N_{xy}^*, die dieselbe Richtung hat wie $N_{x'y}$, sich aber in der Größe davon unterscheidet. Die Beziehungen zwischen diesen schiefwinkligen Schnittkräften und den Kräften $N_{x'}$, $N_{x'y}$ kann man leicht aus der Abbildung ablesen:

$$N_x^* = \frac{N_{x'}}{\sin\beta}, \qquad N_{xy}^* = N_{x'y} - N_{x'} \cot\beta.$$

Ganz entsprechend zerlegen wir die resultierende Schnittkraft R_y im Schnitte $y = \text{const}$ in die schiefen Komponenten

$$N_y^* = \frac{N_{y'}}{\sin\beta}, \qquad N_{yx}^* = N_{y'x} - N_{y'} \cot\beta.$$

Die schiefen Längskräfte N_x^* und N_y^* an gegenüberliegenden Seiten haben wie die Längskräfte eines rechteckigen Flächenelements dieselbe Wirkungslinie und bilden daher keine Kräftepaare wie oben die Kräfte $N_{x'}$ oder $N_{y'}$. Stellt man wieder die Momentengleichung für die Schalennormale auf, so gehen nur die schiefen Schubkräfte ein, die Kräftepaare mit den Hebelarmen $dx \cdot \sin\beta$ und $dy \cdot \sin\beta$ bilden. Die Gleichgewichtsbedingung heißt also

$$N_{xy}^* dy \cdot dx \sin\beta - N_{yx}^* dx \cdot dy \sin\beta = 0$$

und liefert wie in rechtwinkligen Koordinaten die Gleichheit der Schubkräfte in zusammengehörigen Schnitten:

$$N_{xy}^* = N_{yx}^*.$$

Wenn man eine Schalenaufgabe in schiefwinkligen Koordinaten gelöst und die Kräfte N_x^*, N_y^*, N_{xy}^* gefunden hat, so ist es erwünscht, dies Ergebnis in rechtwinklige Komponenten N_ξ, N_η, $N_{\xi\eta}$ übertragen zu können oder die Hauptspannungsrichtungen zu finden.

Zur Auffindung der Transformationsgleichungen, die das leisten, benutzen wir dasselbe Verfahren, mit dem wir die Gln. (2) gewonnen haben. Wir schneiden aus der Schale ein dreieckiges Element heraus, dessen eine Seite $d\eta$ parallel zu einer Achse des neuen rechtwinkligen

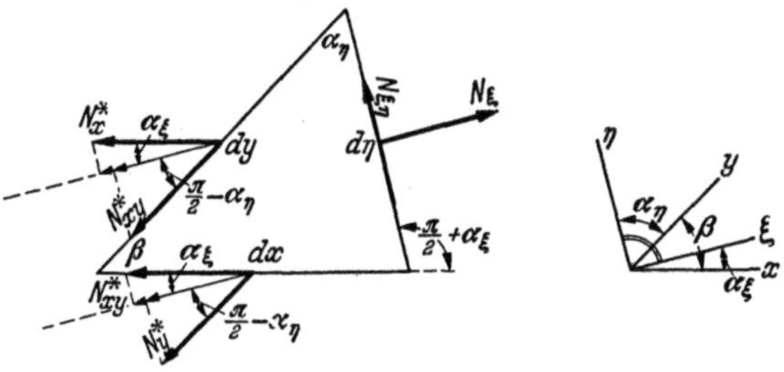

Abb. 6. Längs- und Schubkräfte am dreieckigen Schalenelement

Systems ist, während die beiden andern die Richtungen der beiden schiefwinkligen Achsen x, y haben (Abb. 6). Projiziert man alle Kräfte auf die Richtung von N_ξ und fordert, daß die Summe der Projektionen verschwindet, so erhält man die Gleichgewichtsbedingung:

$$N_\xi\, d\eta = N_x^*\, dy \cos\alpha_\xi + N_{xy}^*\, dy \sin\alpha_\eta + N_y^*\, dx \sin\alpha_\eta + N_{xy}^*\, dx \cos\alpha_\xi$$

und entsprechend für die dazu senkrechte Richtung

$$N_{\xi\eta}\, d\eta = -N_x^*\, dy \sin\alpha_\xi + N_{xy}^*\, dy \cos\alpha_\eta + N_y^*\, dx \cos\alpha_\eta - N_{xy}^*\, dx \sin\alpha_\xi .$$

Zwischen den drei Differentialen $d\eta$, dx und dy besteht nach dem Sinussatz die Beziehung

$$\frac{\sin\beta}{d\eta} = \frac{\sin\alpha_\eta}{dx} = \frac{\cos\alpha_\xi}{dy} .$$

Multipliziert man jedes Glied der beiden Gleichgewichtsbedingungen mit einem geeigneten dieser drei Faktoren, so erhält man zwei der gesuchten Transformationsgleichungen, zu denen wir die dritte gleich hinzufügen wollen, die auf ähnliche Weise an einem etwas anderen Elementardreieck gewonnen werden kann:

$$\left.\begin{aligned} N_\xi \sin\beta &= N_x^* \cos^2\alpha_\xi + N_y^* \sin^2\alpha_\eta + 2N_{xy}^* \cos\alpha_\xi \sin\alpha_\eta ,\\ N_\eta \sin\beta &= N_x^* \sin^2\alpha_\xi + N_y^* \cos^2\alpha_\eta - 2N_{xy}^* \sin\alpha_\xi \cos\alpha_\eta ,\\ N_{\xi\eta} \sin\beta &= N_y^* \cos\alpha_\eta \sin\alpha_\eta - N_x^* \cos\alpha_\xi \sin\alpha_\xi \\ &\quad + N_{xy}^* (\cos\alpha_\xi \cos\alpha_\eta - \sin\alpha_\xi \sin\alpha_\eta) . \end{aligned}\right\} \qquad (6)$$

Um die Richtung der Hauptlängskräfte N_a, N_b zu bestimmen, müssen wir fordern, daß $N_{\xi\eta} = N_{ab} = 0$ wird. Das gibt eine Gleichung für die beiden Unbekannten α_ξ und α_η, die wir in diesem Falle mit α_a und α_b bezeichnen wollen. Unter Benutzung bekannter trigonometrischer Umformungen kann man sie schreiben:

$$N_y^* \sin 2\alpha_b - N_x^* \sin 2\alpha_a + 2N_{xy}^* \cos(\alpha_a + \alpha_b) = 0 .$$

Aus Abb. 6 kann man die Beziehung

$$\alpha_b = \frac{\pi}{2} + \alpha_a - \beta$$

ablesen und damit α_b eliminieren. Nach weiteren trigonometrischen Umformungen erreicht man, daß von dem unbekannten Winkel α_a nur noch die Funktionen $\cos 2\alpha_a$ und $\sin 2\alpha_a$ vorkommen, und erhält für die Richtung der ersten Hauptachse

$$\tan 2\alpha_a = \frac{N_y^* \sin 2\beta + 2N_{xy}^* \sin\beta}{N_x^* + N_y^* \cos 2\beta + 2N_{xy}^* \cos\beta} . \qquad (7\,\text{a})$$

Ganz entsprechend findet man auch den andern Winkel

$$\tan 2\alpha_b = -\frac{N_x^* \sin 2\beta + 2N_{xy}^* \sin\beta}{N_y^* + N_x^* \cos 2\beta + 2N_{xy}^* \cos\beta} \qquad (7\,\text{b})$$

und überzeugt sich leicht, daß mit $\beta = \pi/2$ beide Formeln in die früher für rechtwinklige Koordinaten x, y abgeleitete Gl. (3) übergehen.

5. Transformation der Momente

Ebenso wie bei den Längs- und Schubkräften kann man auch bei den Biege- und Drillmomenten die Frage stellen, wie groß sie für eine beliebige Schnittrichtung sind, die nicht mit einer Koordinatenlinie zusammenfällt. Um sie zu beantworten, denken wir uns jedes Moment ersetzt durch ein Kräftepaar, dessen Hebelarm wir willkürlich gleich der Schalendicke t machen wollen. Statt eines positiven Biegemomentes haben wir dann eine Druckkraft M_x/t auf der äußeren Laibung $z = +t/2$ und eine ebenso große Zugkraft auf der Innenlaibung. Entsprechend ersetzen wir ein Drillmoment durch zwei entgegengesetzt gleiche Schubkräfte. Dann gelten auf jeder Schalenlaibung für diese Ersatzkräfte alle Formeln und zeichnerischen Verfahren aus der Transformationstheorie der Längskräfte, und durch Multiplikation mit dem Hebelarm t folgt daraus, daß dieselben Gleichungen auch für die Transformation der Momente gelten. Ersetzt man also in allen Formeln und Abbildungen der Abschnitte 3 und 4 den Buchstaben N durch M, so hat man die Transformationstheorie des Momententensors vor sich.

6. Theorie der Beanspruchung von Stahlbetonschalen

Ein wichtiges Anwendungsgebiet der Schalentheorie ist die Berechnung der Spannungen in Behältern und Schalendächern aus Stahlbeton. Die in den folgenden Kapiteln dargestellte Membrantheorie liefert in Verbindung mit den in Abschnitt 3 dieses Kapitels gegebenen Formeln die Längs- und Schubkräfte in jedem Schalenpunkt und für jede beliebige Schnittrichtung. Die Spannungsberechnung oder die Bemessung des Tragwerkes stellt die Aufgabe, Stahl und Beton die ihnen zukommenden Anteile der Schnittkräfte zuzuweisen.

Um sie zu lösen, müssen wir die dafür in Betracht kommenden Eigenschaften der beiden Baustoffe erörtern: Die Stahlbewehrung kann nur Kräfte aufnehmen, die in ihre Richtung fallen, also nur Normal-, niemals Schubkräfte. Beim Beton unterscheidet man zwei Stadien, die sich durch die Höhe der Zugbeanspruchung unterscheiden. Im Stadium I, das zu kleinen Beanspruchungen gehört, verhält er sich wie ein homogenes, elastisches Kontinuum und vermag alle ihm zugemuteten Zug-, Druck- und Schubbeanspruchungen aufzunehmen, die selbstverständlich die entsprechenden, durch die Festigkeit des Baustoffes gezogenen Grenzen nicht überschreiten dürfen. Während nun Druck- und Schubspannung wie bei jedem andern Baustoff stets an diese Grenze gebunden sind, gibt die Anordnung einer Stahlbewehrung die Möglichkeit, über die niedrige Zugfestigkeit des Betons hinauszugehen. Dann kommt man zu dem gewöhnlich als Stadium II bezeichneten Zustand, der uns im folgenden vorzugsweise interessiert, weil er für alle Spannungsermittlungen und Querschnittsbemessungen maßgebend ist. Er wird gewöhnlich gekennzeichnet durch die Rechnungsannahmen: Aufnahme von Druckkräften durch Beton und Stahleinlagen gemeinsam, Aufnahme von Zugkräften durch die Bewehrung allein unter der Annahme, daß der Beton normal zur Bewehrung von Haarrissen durchzogen ist, die die Übertragung von Zugspannungen durch den Beton ausschließen. Wir werden diese Annahmen zur Verwendung bei zweidimensionalen Baugliedern in zweifacher Hinsicht genauer zu formulieren haben:

Wir betrachten zunächst die Aufnahme der Zugkräfte. Wo der Beton gezogen ist, müssen Stahlstäbe liegen, die unter Annahme eines gerissenen Betons für die Aufnahme der gesamten Zugkraft zu bemessen sind, die in einem senkrecht zu ihnen (also in Richtung der Haarrisse) geführten Schnitt auftritt. Da man durch einen Punkt nur in wenigen, zwei oder drei, Richtungen Stäbe legen kann, so läßt sich, wie z. B. Abb. 7 zeigt, nicht immer vermeiden, daß der Beton in schräg zu diesen Stäben laufenden Schnitten noch Zugspannungen bekommt. Bei geschickter Anordnung der Bewehrung sind diese Zugspannungen jedoch klein und unbedenklich, zumal die von ihnen etwa erzeugten Risse durch die eingebettete Bewehrung stets lokalisiert bleiben.

Ferner wollen wir annehmen, daß der Beton Schubspannungen bis zum Betrage der zulässigen Schubspannung auch in solchen Schnitten zu übertragen vermag, die in Richtung der oben erwähnten Haarrisse verlaufen. Bedenkt man, daß diese Haarrisse höchstens um Zehntelmillimeter klaffen, und daß sie keineswegs eben sind, so daß sich die Teilchen beiderseits des Risses fest ineinander verkrallen können, so erscheint eine derartige Annahme durchaus plausibel. Außerdem ist sie, ebenso wie die Annahme der Zulässigkeit der sekundären Zugspannungen, ein Element der durchaus bewährten Rechnungsverfahren für Balken und Platten (z. B. Zugzone für Träger, wenn $\tau < \tau_{\text{zul}}$).

Wir untersuchen zunächst den Fall, daß zwei zueinander senkrechte Bewehrungsrichtungen x, y vorhanden sind, die mit den Richtungen a, b der Längskrafttrajektorien den Winkel α einschließen (Abb. 7). Die Schnittkräfte N_x, N_y, N_{xy} in den Schnitten normal zu den Bewehrungsrichtungen sind nach (2)

$$\left.\begin{aligned} N_x &= N_a \cos^2\alpha + N_b \sin^2\alpha, \\ N_y &= N_a \sin^2\alpha + N_b \cos^2\alpha, \\ N_{xy} &= (N_b - N_a)\cos\alpha\sin\alpha = \tfrac{1}{2}(N_b - N_a)\sin 2\alpha. \end{aligned}\right\} \quad (8\,\text{a—c})$$

Der zugehörige Mohrsche Kreis ist in Abb. 7a—c für drei verschiedene Vorzeichenfälle aufgezeichnet worden (der größere Kreis in jeder der Abbildungen). Die Aufteilung der Schnittkräfte auf Beton und Bewehrung vollzieht sich nun in folgender Weise:

Eine Druckkraft N_x wird von Beton und Bewehrung gemeinsam aufgenommen, und zwar ist die Spannung im Stahl n mal so groß wie im Beton, wenn n das Verhältnis der Elastizitätsmoduli von Stahl und Beton ist ($n = 10$ bis 20). Bezeichnet man die Querschnittsfläche der von der Längeneinheit eines Schnittes $x = \text{const}$ getroffenen Stahlstäbe mit $f_{sx} = \mu_x \cdot t$, so sind also die Spannungen

im Beton

$$\sigma_{bx} = \frac{N_x}{t + n f_{sx}},$$

in der Bewehrung

$$\sigma_{sx} = \frac{n N_x}{t + n f_{sx}}.$$

Für das Folgende ist es vorteilhafter, statt dessen die vom Beton und der Bewehrung übernommenen Teile der Schnittkraft anzugeben, die Kraft in der Bewehrung

$$S_x = \sigma_{sx} f_{sx} = n \mu_x \frac{N_x}{1 + n \mu_x},$$

und die Längskraft im Beton

$$\overline{N}_x = \sigma_{bx} t = \frac{N_x}{1 + n \mu_x}.$$

Ist die Längskraft N_x eine Zugkraft, so wird sie von der Bewehrung allein übernommen:

$$S_x = N_x, \qquad \overline{N}_x = 0.$$

Die Schubkraft schließlich kann von der Bewehrung nicht aufgenommen werden und fällt deshalb ganz dem Beton zu:

$$\overline{N}_{xy} = N_{xy}.$$

Aus den Werten $\overline{N}_x$, $\overline{N}_y$, $\overline{N}_{xy}$ kann man den MOHRschen Kreis für den vom Beton übernommenen Anteil des Längskrafttensors zeichnen (Abb. 7a—c). Durch Eintragung der Schnittrichtungen $\overline{x}\overline{p}$ und $\overline{y}\overline{p}$ findet man den Pol $\overline{p}$ dieses Kreises und kann dann für jede Schnittrichtung die im Beton selbst auftretenden Spannungen ablesen.

Für den Fall, daß beide Längskräfte N_x, N_y Zugkräfte sind (Abb. 7a), wird dem Beton eine reine Schubbeanspruchung zugewiesen, und man muß fordern, daß die Bewehrung so angeordnet ist, daß die Schubspannung den dafür zulässigen Wert nicht überschreitet. Trägt man sich im MOHRschen Diagramm die beiden Waagerechten $N_{xy} = \pm t \cdot \tau_{\text{zul}}$ ein, so heißt das, daß die Bewehrungsrichtungen so zu wählen sind, daß die Punkte x und y zwischen diesen beiden Geraden liegen. In Übereinstimmung damit liefert Gl. (8c) den größten zulässigen Wert von α:

$$\sin 2\alpha_{\max} = \pm \frac{2t \cdot \tau_{\text{zul}}}{N_b - N_a}$$

Ist $|N_b - N_a| < 2t \cdot \tau_{\text{zul}}$, so schneiden die beiden Grenzgeraden den Kreis nicht, und jede Bewehrungsrichtung ist zulässig.

Diese Theorie der rechtwinkligen Bewehrung wird nicht in allen Fällen ausreichen. Es ist gelegentlich notwendig oder vorteilhaft, Be-

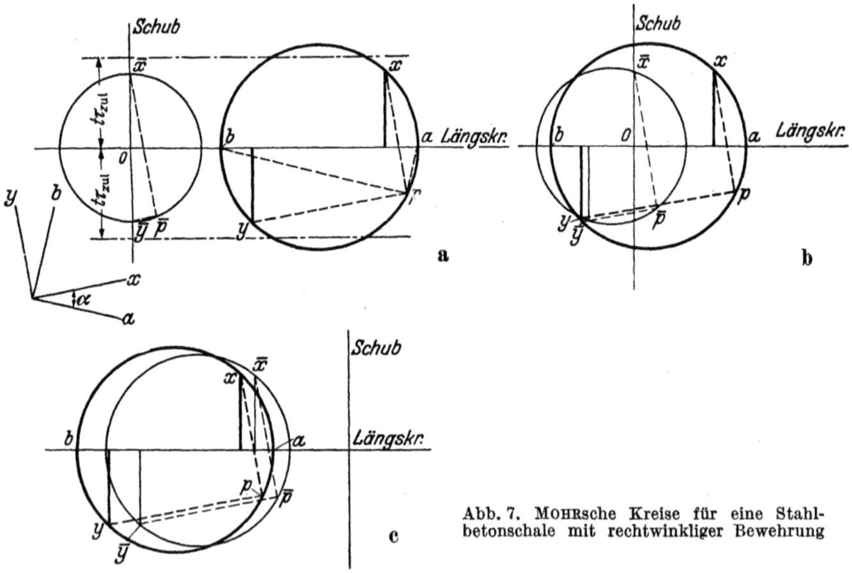

Abb. 7. MOHRsche Kreise für eine Stahlbetonschale mit rechtwinkliger Bewehrung

wehrungen f_{sx} und f_{sy} anzuordnen, die sich unter einem schiefen Winkel β schneiden. Auch für diesen Fall wollen wir die Formeln aufstellen und zeichnerisch auswerten.

Die Bezeichnungen sind in Abb. 8 zusammengestellt. Dabei sind wie in Abschnitt 4 zwei Achsen x' und y' neu eingeführt, die mit den Rich-

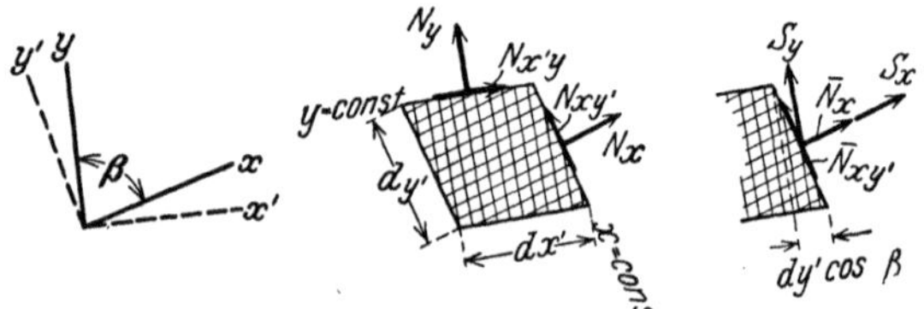

Abb. 8. Bezeichnungen für schiefwinklige Bewehrung

tungen y und x je ein rechtwinkliges Koordinatensystem bilden. Wir schneiden nun durch je zwei benachbarte Schnitte $x = \text{const}$ im Koordinatensystem x, y' und $y = \text{const}$ im System x', y ein differentiales Element aus der Schale heraus. Die in den Schnitten übertragenen Kräfte lassen sich nach Gl. (2) angeben. Aus ihnen müssen für jeden

Schnitt drei Unbekannte berechnet werden, z. B. für $x = \text{const}$ der Stahlanteil S_x und die Betonanteile $\overline{N}_x$, $\overline{N}_{xy'}$. Hierzu stehen zwei Äquivalenzgleichungen und eine Formänderungsbedingung zur Verfügung. Die ersteren sagen aus, daß der Schnittkraftvektor mit den Komponenten $N_x\,dy'$ und $N_{xy'}\,dy'$ der Vektorsumme der Kräfte $\overline{N}_x\,dy'$, $\overline{N}_{xy'}\,dy'$, $S_x\,dy'$ und $S_y\,dy'\cos\beta$ gleich sein muß:

$$\left.\begin{aligned} \overline{N}_x + S_x + S_y\cos^2\beta &= N_x, \\ \overline{N}_{xy'} + S_y\cos\beta\sin\beta &= N_{xy'}. \end{aligned}\right\} \qquad (9\text{a, b})$$

Entsprechend liefert der Schnitt $y = \text{const}$

$$\left.\begin{aligned} \overline{N}_y + S_y + S_x\cos^2\beta &= N_y, \\ \overline{N}_{x'y} + S_x\cos\beta\sin\beta &= N_{x'y}. \end{aligned}\right\} \qquad (9\text{c, d})$$

Die Formänderungsbedingung sagt aus, daß Beton und Stahl in Richtung der Bewehrung gleiche Dehnung erfahren müssen. Sie heißt daher

$$\overline{N}_x = \frac{S_x}{n\,\mu_x} \qquad (9\text{e})$$

und entsprechend für den anderen Schnitt

$$\overline{N}_y = \frac{S_y}{n\,\mu_y} \qquad (9\text{f})$$

und gilt für Stadium I allgemein und im Stadium II für Druckkräfte. Für Zugkräfte ist sie im Stadium II zu ersetzen durch

$$\overline{N}_x = 0, \qquad (9\text{e}')$$

da dann der Beton in Richtung $x = \text{const}$ gerissen ist. Man erkennt, daß (9e′) formal aus (9e) erhalten werden kann, wenn man $\mu_x = \infty$ setzt. Es genügt deshalb, die Gln. (9) für Druckkräfte aufzulösen und die Formeln für Zugkräfte durch den Grenzübergang zu gewinnen.

Setzt man $\overline{N}_x$, $\overline{N}_y$ aus (9e, f) in (9a, c) ein, so erhält man

$$S_x = \frac{N_x\left(1 + \frac{1}{n\,\mu_y}\right) - N_y\cos^2\beta}{\left(1 + \frac{1}{n\,\mu_x}\right)\left(1 + \frac{1}{n\,\mu_y}\right) - \cos^4\beta}. \qquad (10)$$

Der Längskraftanteil $\overline{N}_x$ ist daraus nach (9e) zu berechnen und Gl. (9b) liefert die Betonschubkraft $\overline{N}_{xy'}$.

Ist eine der beiden Längskräfte positiv (Zug), etwa N_x, so ist in Gl. (10) $\mu_x = \infty$ zu setzen. Anstelle von (9e) tritt (9e′), und (9b) bleibt ungeändert. Sind beide Längskräfte Zug, so nimmt (10) die einfache Form an:

$$S_x = \frac{N_x + (N_x - N_y)\cot^2\beta}{1 + \cos^2\beta}.$$

Die Betonlängskräfte sind null, und damit das Differential der Abb. 8 im Gleichgewicht ist, müssen die Schubkräfte $\overline{N}_{x y'}$ und $\overline{N}_{x' y}$ einander gleich sein.

Wie man aus den Spannungskreisen (Abb. 7) erkennt, wird die Spannung des Betons im Bereich der Druckkräfte nur wenig von der Bewehrung beeinflußt. Man wird deshalb, wie überall im Stahlbeton, Druckbewehrungen, die konstruktiv nötig sind, schwach halten und die Schalendicke nach Möglichkeit so bemessen, daß der Beton allein die vorkommenden Druckkräfte aufnehmen kann. Ganz anders liegen die Dinge in Zuggebieten, und besonders bei allseitigem Zug fällt der Bewehrung die Hauptrolle zu. Diesen Sonderfall wollen wir noch genauer betrachten.

Wenn man die beiden Bewehrungen in die Richtung der Hauptlängskräfte N_a, N_b legt, so ist $S_a = N_a$, $S_b = N_b$ und der Beton ist all-

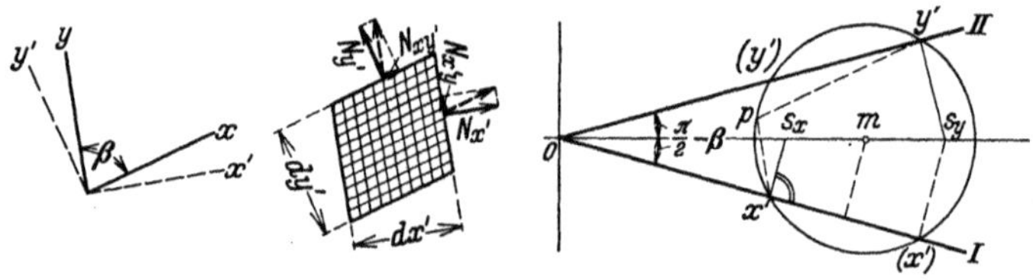

Abb. 9. Konjugierte Bewehrungsrichtungen

seitig gerissen und vollkommen frei von Spannungen. Diese Trajektorienbewehrung ist nicht die einzige Bewehrung, die diese Eigenschaft hat. Um das zu zeigen, ist in Abb. 9 ein Schalenelement dargestellt, dessen Kanten parallel zu den Stahlstäben laufen. Damit die Kräfte $N_{x'}\, dy'/\sin\beta$ und $N_{x'y}\, dy'/\sin\beta$ der Stahlzugkraft $S_x\, dy'$ äquivalent sind, muß die Resultierende von Längs- und Schubkraft in die Richtung der Stäbe fallen. Trägt man im Nullpunkt des Mohrschen Diagramms jederseits der Abszissenachse den Winkel $\frac{\pi}{2} - \beta$ an, so besagt diese Bedingung, daß der Punkt x' auf der Geraden I liegen muß und ebenso y' auf II. Nach dem Peripheriewinkelsatz ist

$$\sphericalangle\, x'\, p\, y' = \sphericalangle\, x'\, (y')\, y' = \pi - \beta\,.$$

Es gehören also immer zwei entgegengesetzte Ecken des Vierecks $(y')y'$ $(x')x'$ zusammen und bei gegebenem β sind $p\,x'$ und $p\,y'$ einerseits, $p(x')$ und $p(y')$ anderseits Paare konjugierter Bewehrungsrichtungen. Beide Systeme fallen zusammen, wenn $o\,x'$ den Kreis berührt, und für noch kleinere Winkel β gibt es kein konjugiertes System mehr. Stellt man sich jedoch die Aufgabe, zu einer gegebenen Richtung die konjugierte zu finden, so lehrt ein Blick auf die Abbildung, daß dies stets eindeutig möglich ist.

Um die Stahlzugkraft zu erhalten, hat man nur die oben schon angedeutete Äquivalenzgleichung hinzuschreiben:

$$N_{x'} \frac{dy'}{\sin\beta} \sin\beta + N_{x'y} \frac{dy'}{\sin\beta} \cos\beta = S_x \, dy',$$

$$S_x = \frac{N_{x'} \sin\beta + N_{x'y} \cos\beta}{\sin\beta}.$$

Der Zähler ist die Strecke $o\,x'$ des Mohrschen Diagramms. Errichtet man auf ihr in x' die Senkrechte, so schneidet sie auf der Abszissenachse die Strecke $o\,s_x = S_x$ ab.

Da die Bewehrung nach konjugierten Richtungen einer Trajektorienbewehrung vollkommen gleichwertig ist, so entsteht die Frage, bei welchem von allen möglichen Richtungspaaren der Stahlbedarf am kleinsten wird. Die Antwort ist leicht zu finden. Da das vom Kreismittelpunkt m auf die Sehne $x'(x')$ gefällte Lot diese halbiert, so ist auch $s_x\,m = s_y\,m$ und demnach die für den Stahlbedarf maßgebende Größe $S_x + S_y = 2 \cdot om$ von der Wahl des Punktes x' unabhängig.

Hat die Schale nur unveränderliche Lasten zu tragen, so gibt die Bewehrung in konjugierten Richtungen die Möglichkeit, den Beton an Stellen mit allseitigem Zug ganz von Spannungen frei zu halten. Dabei ist die eine Bewehrungsrichtung willkürlich, die andere durch sie mitbestimmt, und die Schubspannungen im Beton werden um so größer, je mehr die zweite Bewehrung von der richtigen Lage abweicht.

Sind die Lasten stark veränderlich, so muß man den Beton in drei Richtungen bewehren, wenn man ihn in Zonen allseitigen Zuges ganz von Spannungen frei halten will. Diese drei Richtungen sind alle willkürlich wählbar.

Um das einzusehen, schneiden wir das in Abb. 10 dargestellte Element aus der Scheibe heraus, dessen Seiten parallel zu den drei Bewehrungs-

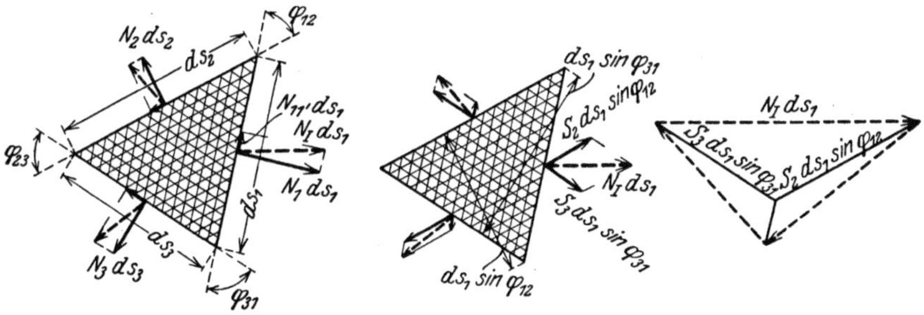

Abb. 10. Element einer Schale mit Dreibahnenbewehrung

richtungen sind. Die in den Schnitten angreifenden Kräfte, die natürlich im Gleichgewicht stehen, kann man nach den Richtungen der Bewehrungen *1*, *2*, *3* zerlegen, wie das im Krafteck der Abb. 10 ausgeführt ist. Man erkennt aus dieser Konstruktion, daß die Dreibahnenbewehrung imstande ist, einen beliebigen Längskrafttensor allein aufzunehmen, ohne Mitwirkung des Betons. Daß sie das im Falle allseitigen Zuges auch wirklich tut, folgt aus der Annahme, daß der Beton in drei Richtungen (quer zu den drei Bewehrungen) gerissen ist, in diesen drei *verschiedenen* Richtungen also keine Normalspannung hat. Dann muß der MOHRsche Kreis der Betonkräfte die Schubachse in drei Punkten schneiden, was nur möglich ist, wenn er auf den Koordinatenursprung zusammenschrumpft.

Zur Ermittlung der Stahlspannung ist die Kräftezerlegung am dreieckigen Schalenelement unbequem. Man kommt einfacher zum Ziele, wenn man wieder das MOHRsche Diagramm benutzt (Abb. 11b). Es sei *1* der zur Schnittrichtung *1* gehörende Kreispunkt. Dann stellt die Strecke *0 1* die Größe der im Schnitte übertragenen schrägen Kraft dar, und ihr Winkel ϑ gegen die Abszissenachse ist die Abweichung dieser Kraft von der Normalen zur Schnittrichtung. Wie man aus der Abbildung erkennt, ergibt sich aber aus der für das Auftragen der Schubspannung in Abschnitt 3 angegebenen Regel, daß diese Abweichung ϑ der Resultierenden in Lageplan und Diagramm nach verschiedenen Seiten geht. Dreht man daher die Abb. 11a derart, daß die Schnittrichtung vertikal steht, und legt man sie dann so auf Abb. 11b, daß die mit *o* bezeichneten Punkte zur Deckung kommen, so kann man die Stahlkräfte erhalten, indem man die Richtungen *2* und *3* der gedrehten Abbildung an der Abszissenachse spiegelt und den Vektor *0 1* der Abb. 11b nach diesen Richtungen zerlegt. Das ist in Abb. 11c dargestellt. Die so erhaltenen Kräfte gehören zu der Stahlmenge, die vom Schnitt $ds_1 = 1$

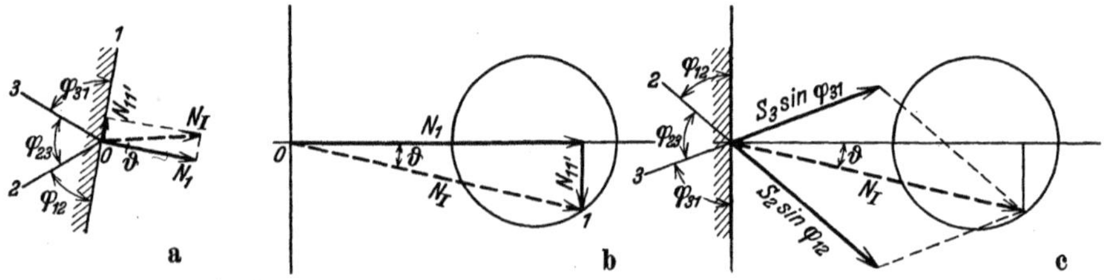

Abb. 11. Entwicklung des MOHRschen Diagramms zur Dreibahnenbewehrung

getroffen wird. Es sind also die Größen $S_2 \sin \varphi_{12}$ und $S_3 \sin \varphi_{31}$, wenn z. B. S_2 auf die Längeneinheit eines Schnittes bezogen ist, der normal zur Richtung *2* läuft.

Wenn der Beton nicht allseitig gezogen ist, so muß man zur Ermittlung der Kräfteverteilung drei Schnitte rechtwinklig zu den drei Bewehrungsrichtungen führen und kann dann ein Gleichungssystem nach Art der Gln. (9a—f) aufstellen und lösen. Damit kommt man auch bei noch mehr Bewehrungsrichtungen immer zum Ziel; denn zu jeder Bewehrung gehören drei Unbekannte: die Stahlkraft, die Längs- und Schubkraft des Betons, und ebenso drei Gleichungen: zwei Äquivalenzgleichungen und eine Formänderungsbedingung. Die Forderung, daß die für verschiedene Schnittrichtungen im Beton errechneten Schnittkräfte $\overline{N}$ als Bestandteile eines Tensors zusammenpassen, ist immer erfüllt, weil die Ausgangswerte N aus einem einzigen Tensor stammen.

II. Membrantheorie der Drehschalen

1. Allgemeines

In diesem Kapitel wollen wir eine spezielle Klasse von Schalen untersuchen, die in den verschiedensten Gebieten der Technik immer wieder auftritt, ganz besonders im Behälter- und im Kuppelbau. Eine Drehfläche entsteht bekanntlich, wenn sich eine ebene Kurve um eine in ihrer Ebene liegende Gerade dreht. Die erzeugende Kurve nennen wir Meridian, die Ebene, in der sie liegt, und die auch die Schalenachse enthält, Meridianebene. Ein Schalenpunkt ist bestimmt durch Angabe des Meridians, auf dem er liegt, und durch eine längs des Meridians veränderliche Koordinate. Den Meridian kennzeichnen wir durch den Winkel ϑ, den seine Ebene mit einer festen Meridianebene einschließt, und als zweite Koordinate wählen wir den Winkel φ der Schalennormalen gegen die Lotrechte. Wenn die Fläche eine Kugel ist, geht das Koordinatensystem in das geographische über: ϑ ist die Länge, φ das Komplement der Breite. Die Linien $\varphi = \text{const}$ sollen deshalb Breitenkreise heißen.

Durch je zwei benachbarte Meridiane und Breitenkreise wird ein Flächenelement aus der Schale herausgeschnitten (Abb. 12). Das Gleichgewicht der daran angreifenden Kräfte liefert die zur Berechnung der Schnittkräfte N_ϑ, N_φ, $N_{\vartheta\varphi}$ nötigen Gleichungen. Wir betrachten zuerst die Kräfte in Richtung der Meridiantangente: die längs des Meridians wirkende Schubkraft hat die Größe $N_{\vartheta\varphi}\, r_1\, d p$, die am Nachbarmeridian $\vartheta + d\vartheta$ wirkende die Größe $\left(N_{\vartheta\varphi} + \frac{\partial N_{\vartheta\varphi}}{\partial\vartheta}\, d\vartheta\right) r_1\, d\varphi$. Sie sind entgegengesetzt gerichtet, so daß in der Gleichgewichtsbedingung ihre Differenz

$$\frac{\partial N_{\vartheta\varphi}}{\partial\vartheta}\, r_1\, d\vartheta\, d\varphi$$

erscheint. Ebenso gibt der Unterschied der beiden Kräfte $N_\varphi \cdot r\, d\vartheta$ einen Beitrag. Hier müssen wir aber berücksichtigen, daß nicht nur die Kraft je Längeneinheit, sondern auch die Schnittlänge $r\, d\vartheta$ mit φ veränderlich ist, also mit differenziert werden muß. Wir haben daher in die Gleichgewichtsbedingung

$$\frac{\partial}{\partial \varphi}(r\,N_\varphi)\,d\varphi\,d\vartheta$$

einzusetzen. Als dritter Summand tritt ein Glied mit N_ϑ auf. Die beiden Kräfte $N_\vartheta\,r_1\,d\varphi$, die in einer waagerechten Breitenkreisebene wirken, schließen miteinander den Winkel $d\vartheta$ ein und haben deshalb eine in

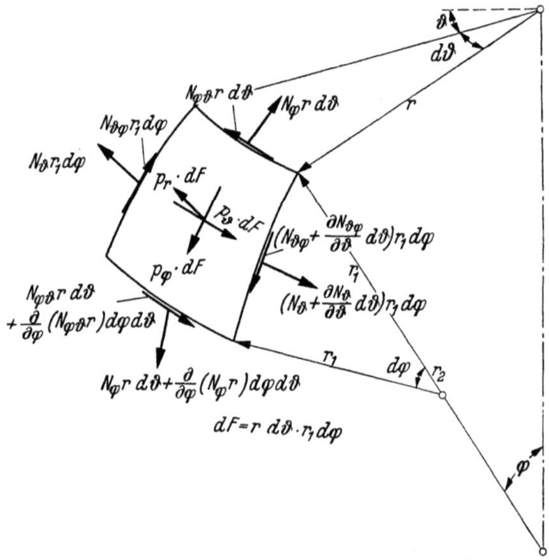

Abb. 12. Element einer Drehschale mit den Membranschnittkräften

ihrer Ebene liegende, nach der Drehachse gerichtete Resultierende $N_\vartheta\,r_1\,d\varphi\,d\vartheta$. Diese Kraft müssen wir in zwei Komponenten zerlegen, normal zur Schale und in Richtung der Meridiantangente. Die letztere, also

$$N_\vartheta\,r_1\,d\varphi\,d\vartheta\cos\varphi\,,$$

geht in unsere Gleichung ein. Schließlich haben wir noch die Komponente der Last zu berücksichtigen, die zum Meridian tangential gerichtet ist. Wir erhalten sie, indem wir die Komponente p_φ der Last je Flächeneinheit mit der Fläche $r\,d\vartheta\cdot r_1\,d\varphi$ multiplizieren. Die Gleichgewichtsbedingung heißt also

$$\frac{\partial N_{\vartheta\varphi}}{\partial\vartheta}\,r_1\,d\vartheta+\frac{\partial}{\partial\varphi}(r\,N_\varphi)\,d\varphi\,d\vartheta-N_\vartheta\,r_1\,d\varphi\,d\vartheta\cos\varphi+p_\varphi\,r\,r_1\,d\vartheta\,d\varphi=0\,.$$

Darin können wir noch mit $d\vartheta\,d\varphi$ durchdividieren und erhalten so die partielle Differentialgleichung

$$\frac{\partial}{\partial\varphi}(r\,N_\varphi)+r_1\frac{\partial N_{\vartheta\varphi}}{\partial\vartheta}-r_1\,N_\vartheta\cos\varphi+p_\varphi\,r\,r_1=0\,. \tag{11a}$$

Ebenso stellen wir nun eine Gleichung für die Kräfte in Richtung der Breitenkreistangente auf: Die längs der Breitenkreise wirkenden Schubkräfte liefern einen Beitrag, bei dem wieder die Veränderlichkeit der Schnittlänge zu berücksichtigen ist:

$$\frac{\partial}{\partial \varphi}(r N_{\varphi \vartheta})\, d\varphi\, d\vartheta .$$

Dazu kommt ein Beitrag, der die Veränderlichkeit von N_ϑ enthält, ferner die entsprechende Komponente p_ϑ der äußeren Kräfte. Schließlich ist noch zu beachten, daß die längs der Meridianschnitte wirkenden Schubkräfte $N_{\vartheta \varphi} r_1\, d\varphi$ nicht genau parallel sind. Ihre waagerechten Komponenten schließen nämlich den Winkel $d\vartheta$ miteinander ein und haben daher die tangential zum Breitenkreis gerichtete Resultierende

$$N_{\vartheta \varphi} \cdot r_1\, d\varphi \cdot \cos\varphi \cdot d\vartheta ,$$

die in unsere Gleichung aufzunehmen ist. Dividiert man gleich durch die beiden Differentiale, so lautet sie

$$\frac{\partial}{\partial \varphi}(r N_{\varphi \vartheta}) + r_1 \frac{\partial N_\vartheta}{\partial \vartheta} + r_1 N_{\vartheta \varphi} \cos\varphi + p_\vartheta\, r\, r_1 = 0 . \tag{11b}$$

Die dritte Gleichung drückt das Gleichgewicht der Kräfte aus, die auf der Schale senkrecht stehen. An ihr beteiligen sich die beiden Längskräfte N_ϑ und N_φ und die dritte Komponente p_r der Last. Wir haben schon bei Aufstellung der Gl. (11a) festgestellt, daß die beiden Kräfte $N_\vartheta r_1\, d\varphi$ eine waagerechte Resultierende $N_\vartheta r_1\, d\varphi\, d\vartheta$ haben. Sie hat normal zur Schale eine Komponente

$$N_\vartheta r_1\, d\varphi\, d\vartheta \sin\varphi ,$$

die nach innen gerichtet ist. Ebenso haben die beiden Kräfte $N_\varphi\, r\, d\vartheta$, die den Winkel $d\varphi$ miteinander einschließen, die Resultierende

$$N_\varphi\, r\, d\vartheta\, d\varphi ,$$

die ebenfalls nach innen gerichtet ist. Diese beiden Kräfte und die Lastkomponente

$$p_r\, r\, r_1\, d\vartheta\, d\varphi$$

müssen im Gleichgewicht sein. Nach Division durch die Differentiale gibt das die Gleichung

$$N_\vartheta r_1 \sin\varphi + N_\varphi r - p_r\, r\, r_1 = 0 .$$

Dividiert man noch durch $r\, r_1$ und beachtet im ersten Summanden, daß $r = r_2 \sin\varphi$ ist, so erhält man die dritte Gleichgewichtsbedingung in der Form:

$$\frac{N_\varphi}{r_1} + \frac{N_\vartheta}{r_2} = p_r . \tag{11c}$$

Diese Gleichung ist nicht auf Drehschalen beschränkt, sondern sie gilt ganz allgemein, wenn die Koordinatenlinien $\varphi = \text{const}$ und $\vartheta = \text{const}$ die Hauptkrümmungslinien der Fläche sind. Wir werden sie daher auch bei den Zylinderschalen wiedertreffen. Sie enthält nicht, wie die beiden andern Gleichgewichtsbedingungen, Differentialquotienten der Schnittkräfte nach den Koordinaten. Man kann daher stets mit ihrer Hilfe eine der Längskräfte eliminieren und jede Aufgabe der Membrantheorie auf ein System von zwei Differentialgleichungen erster Ordnung zurückführen, die als Unbekannte eine Längskraft und die Schubkraft enthalten.

Die Benützung der Meridianneigung φ als Koordinate bewährt sich bei zahlreichen, geometrisch einfach geformten Schalen und ist deshalb in der Theorie der Drehschalen allgemein üblich geworden. Sie ist jedoch recht unzweckmäßig, wenn es sich um Schalen handelt, deren Meridian einen Wendepunkt hat, denn dann wächst φ nicht weiter, sondern nimmt nach Überschreiten des Wendepunktes wieder ab. Die gesuchte Lösung muß also als Funktion von φ doppeldeutig sein, da zu den gleichen φ oberhalb und unterhalb des Wendepunktes im allgemeinen verschiedene Werte der Schnittkräfte gehören werden. Eine weitere Unzuträglichkeit entsteht dadurch, daß wir die Vorzeichendefinition der Schubkraft $N_{\varphi\vartheta}$ von der positiven Koordinatenrichtung abhängig gemacht haben, und auch diese kehrt sich am Wendepunkt um. Die Lösung muß also so beschaffen sein, daß die Schubkraft an dieser Stelle ohne durch null zu gehen, plötzlich ihr Vorzeichen wechselt. Daß solche Lösungen nicht einfach sein werden, ist leicht einzusehen, und wir werden daher gut tun, für Fälle dieser Art eine andere Meridiankoordinate zu benutzen, die diese Schwierigkeiten meidet. Dafür bietet sich die Meridianbogenlänge s, die wir von einem beliebigen Breitenkreis aus messen können, etwa vom oberen Schalenrand oder dem Schalenscheitel, wenn ein solcher vorhanden ist. Zwischen s und φ besteht die Beziehung

$$ds = r_1\, d\varphi$$

und damit gehen die Gln. (11a—c) über in

$$\left.\begin{aligned} \frac{\partial}{\partial s}(r N_s) + \frac{\partial N_{\vartheta s}}{\partial \vartheta} - N_\vartheta \cos\varphi + p_s r &= 0, \\ \frac{\partial}{\partial s}(r N_{\vartheta s}) + \frac{\partial N_\vartheta}{\partial \vartheta} + N_{\vartheta s} \cos\varphi + p_\vartheta r &= 0, \\ \frac{N_s}{r_1} + \frac{N_\vartheta}{r_2} &= p_r. \end{aligned}\right\} \qquad (12\text{a—c})$$

Entsprechend dem Übergang von der Koordinate φ zu s haben wir in diesen Gleichungen überall den Index φ durch s ersetzt, und das wollen wir hinfort stets tun, wenn wir die Koordinate s benutzen.

2. Drehsymmetrische Belastung

a) Differentialgleichungen

Wir wollen jetzt die allgemeinen Gln. (11a—c) der Drehschale für den Sonderfall drehsymmetrischer Belastung und Stützung vereinfachen. Alle Ableitungen nach ϑ werden dann null, und die Gln. (11a, c) heißen

$$\left.\begin{aligned} \frac{d}{d\varphi}(r N_\varphi) - r_1 N_\vartheta \cos\varphi &= -p_\varphi r r_1, \\ \frac{N_\varphi}{r_1} + \frac{N_\vartheta}{r_2} &= p_r. \end{aligned}\right\} \qquad (13\text{a, b})$$

Die Gl. (11b), die nur noch die Schubkraft enthält, wird davon unabhängig und heißt

$$\frac{d}{d\varphi}(r N_{\varphi\vartheta}) + r_1 N_{\vartheta\varphi} \cos\varphi = -p_\vartheta r r_1.$$

Sie stellt eine Art Torsion der Schale um ihre Achse dar, einen einfachen Spannungszustand, der aber kein großes Interesse bietet und auf dessen Behandlung wir verzichten, indem wir $N_{\varphi\vartheta} = 0$ setzen.

Wir eliminieren nun mit Hilfe von (13b) N_ϑ aus (13a), multiplizieren noch mit $\sin\varphi$ und erhalten eine Differentialgleichung erster Ordnung zur Berechnung von N_φ:

$$\frac{d(r N_\varphi)}{d\varphi}\sin\varphi + r N_\varphi \cos\varphi = r_1 r_2 p_r \cos\varphi \sin\varphi - r_1 r_2 p_\varphi \sin^2\varphi.$$

Links steht ein totales Differential, nämlich $\frac{d}{d\varphi}(r N_\varphi \sin\varphi)$, so daß durch eine Integration die gesuchte Schnittkraft gefunden wird:

$$N_\varphi = \frac{1}{r_2 \sin^2\varphi}\left[\int r_1 r_2 (p_r \cos\varphi - p_\varphi \sin\varphi) \sin\varphi \, d\varphi + C\right]. \qquad (14)$$

N_ϑ läßt sich dann nach (13b) berechnen.

Gl. (14) hat einen einfachen mechanischen Sinn, der es ermöglicht, sie unabhängig von den Differentialgleichungen aufzustellen. $2\pi r_2 \sin\varphi$ ist der Umfang des Breitenkreises, $2\pi N_\varphi r_2 \sin^2\varphi$ die lotrechte Resultierende der darin wirkenden Längskräfte, und das 2π-fache der eckigen Klammer ist die Summe aller oberhalb eines Breitenkreises angreifenden Lasten, die von den Meridiankräften getragen werden müssen.

b) Lösung für verschiedene Schalenformen

Ein erstes Beispiel für die Anwendung dieser Formeln entnehmen wir dem Druckkesselbau: Eine zylindrische Kesseltrommel sei an den Enden durch Böden in Form eines flachen Drehellipsoids abgeschlossen. Der Meridianradius ist, wie man mit den bekannten Mitteln der analytischen Geometrie leicht nachprüft

$$r_1 = \frac{a^2 b^2}{(a^2 \sin^2 \varphi + b^2 \cos^2 \varphi)^{3/2}}$$

und der Querkrümmungsradius

$$r_2 = \frac{a^2}{(a^2 \sin^2 \varphi + b^2 \cos^2 \varphi)^{1/2}}.$$

Ein gleichmäßiger innerer Überdruck (Dampfdruck) p gibt $p_\varphi = 0$, $p_r = p$. Wir berechnen N_φ nach (14):

$$N_\varphi = \frac{(a^2 \sin^2 \varphi + b^2 \cos^2 \varphi)^{1/2}}{a^2 \sin^2 \varphi} \left[\int \frac{p\, a^4 b^2 \cos \varphi \sin \varphi \, d\varphi}{(a^2 \sin^2 \varphi + b^2 \cos^2 \varphi)^2} + C \right]$$

$$= \frac{(a^2 \sin^2 \varphi + b^2 \cos^2 \varphi)^{1/2}}{a^2 \sin^2 \varphi} \left[- \frac{p\, a^4 b^2}{2 (a^2 - b^2)(a^2 \sin^2 \varphi + b^2 \cos^2 \varphi)} + C \right].$$

Die Integrationskonstante muß so bestimmt werden, daß die eckige Klammer für $\varphi = 0$ verschwindet, weil sonst N_φ wegen des $\sin \varphi$ im Nenner unendlich werden würde. Das gibt

$$C = \frac{p\, a^4}{2 (a^2 - b^2)}$$

und eingesetzt

$$N_\varphi = \frac{p\, a^2}{2} \frac{1}{\sqrt{a^2 \sin^2 \varphi + b^2 \cos^2 \varphi}}.$$

Die Ringlängskraft ergibt sich dann nach (13b) zu

$$N_\vartheta = \frac{p\, a^2}{2 b^2} \frac{b^2 - (a^2 - b^2) \sin^2 \varphi}{\sqrt{a^2 \sin^2 \varphi + b^2 \cos^2 \varphi}}.$$

Für den Scheitel $\varphi = 0$ wird $N_\varphi = N_\vartheta$. Das ist keine Besonderheit der Ellipsoidschale, sondern gilt ganz allgemein; denn in dem Punkt, in dem alle Meridiane zusammenlaufen, ist ja jede Richtung Meridianrichtung und auch immer eine zu einem anderen Meridian senkrechte Richtung zugleich. Da dort, wenn die Schale stetig gekrümmt ist, auch $r_1 = r_2$ ist, kann man den Scheitelwert der Längskräfte unmittelbar aus (13b) berechnen zu

$$N_\varphi = N_\vartheta = \frac{p_r r_1}{2}$$

und das als Randbedingung zur Bestimmung von C in (14) benutzen.

Der Verlauf der Kräfte ist in Abb. 13 aufgezeichnet. Wir wollen daraus einige interessante Folgerungen ziehen:

Die Ringspannung hat eine Nullstelle, wenn

$$\sin \varphi = \frac{b}{\sqrt{a^2 - b^2}}$$

ist und wird weiter zum Äquator hin negativ. Dieser Grenzwinkel wird reell, wenn $a/b \geqq \sqrt{2}$ ist. Flache Ellipsoide haben also unter innerem Überdruck nicht überall Zugspannungen, sondern längs des Äquators eine Zone mit Ringdruckspannungen. In der zylindrischen Kesseltrommel herrscht dagegen, wie man mit $r_1 = \infty$, $r_2 = a$ aus (13b) sofort abliest, überall die Ringlängskraft $N_\vartheta = pa$. Längs des Kreises, in dem Mantel und Boden miteinander verbunden sind, haben beide ganz verschiedene Spannungen und damit auch verschiedene Dehnungen: Der Zylinder weitet sich etwas auf, während der Rand des Ellipsoidbogens durch die Beanspruchung sogar etwas kleiner wird! Beide passen also nach der Verformung nicht mehr zusammen. Zur Wahrung des geometrischen Zusammenhanges ist eine Verbiegung der Ränder nötig, mit der wir uns in Kapitel VI ausführlich zu beschäftigen haben.

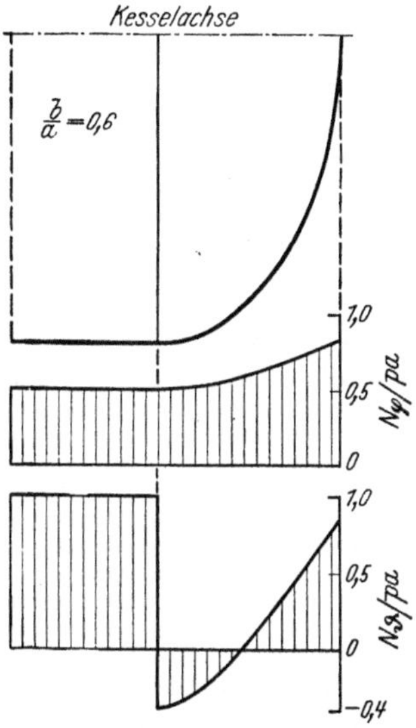

Abb. 13. Elliptischer Kesselboden, halber Meridianschnitt und Schnittkräfte

Ein weiteres Beispiel für die Anwendung dieser Formel wollen wir aus dem Kuppelbau nehmen und die in Abb. 14 dargestellte Spitzkuppel berechnen. Ihr Meridian ist ein Kreis, dessen Mittelpunkt nicht auf der Drehachse liegt. Der Meridianradius ist konstant $r_1 = a$ und der Halbmesser der Querkrümmung

$$r_2 = \frac{r}{\sin\varphi} = a\left(1 - \frac{\sin\varphi_0}{\sin\varphi}\right).$$

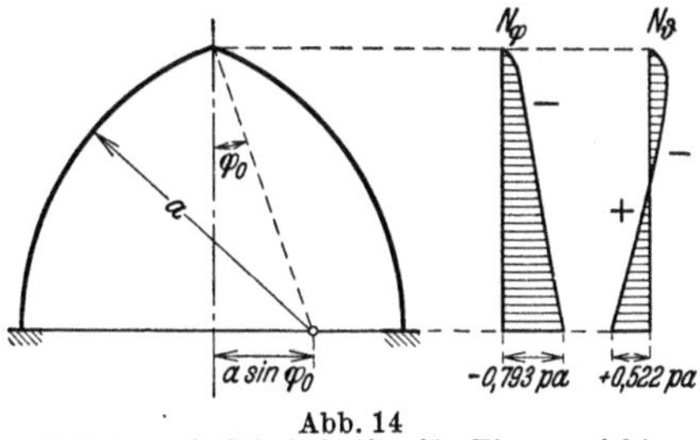

Abb. 14
Spitzkuppel, Schnittkräfte für Eigengewicht

Als Belastung wählen wir Eigengewicht einer Schale mit gleichmäßiger Wanddicke, das je Flächeneinheit den konstanten Wert p hat. Es hat die Komponenten

$$p_\varphi = p\sin\varphi,$$
$$p_r = -p\cos\varphi.$$

Wir berechnen N_φ nach Gl. (14) und ersparen die Bestimmung der Integrationskonstanten dadurch, daß wir die mechanische Bedeutung des Integrals beachten und es zu einem bestimmten Integral zwischen den Grenzen φ_0 (Scheitel) und φ machen:

$$N_\varphi = -\frac{p\,a}{(\sin\varphi + \sin\varphi_0)\sin\varphi}\int_{\varphi_0}^{\varphi}(\sin\varphi - \sin\varphi_0)\,d\varphi$$

$$= -p\,a\frac{(\cos\varphi_0 - \cos\varphi) - (\varphi - \varphi_0)\sin\varphi_0}{(\sin\varphi - \sin\varphi_0)\sin\varphi}.$$

Die Ringlängskraft wird daraus nach (13b) erhalten:

$$N_\vartheta = -\frac{p\,a}{\sin^2\varphi}[(\varphi-\varphi_0)\sin\varphi_0 - (\cos\varphi_0 - \cos\varphi) + (\sin\varphi - \sin\varphi_0)\cos\varphi\sin\varphi].$$

Im Scheitel der Kuppel wird $N_\vartheta = 0$, während N_φ unbestimmt wird. Durch Differenzieren von Zähler und Nenner findet man in der bekannten Weise, daß auch $N_\varphi = 0$ wird. Den Spannungsverlauf zeigt Abb. 14.

Die Spitzkuppel geht mit $\varphi_0 = 0$ in eine Kugel über. Wir gewinnen so die Formeln für die Schnittkräfte einer Kugelkuppel

$$N_\varphi = -\frac{p\,a}{1+\cos\varphi}, \qquad N_\vartheta = p\,a\left(\frac{1}{1+\cos\varphi} - \cos\varphi\right) \tag{15}$$

und wollen diese etwas eingehender diskutieren. Für $\varphi = 0$ erhält man andere Grenzwerte, nämlich $N_\varphi = N_\vartheta = -p\,a/2$. Die Kraft N_φ bleibt in einer Halbkugel stets eine Druckkraft, während die Druckkräfte N_ϑ mit Entfernung vom Scheitel abnehmen und schließlich in Zugkräfte übergehen. Der Breitenkreis, in dem $N_\vartheta = 0$ wird, wird Bruchfuge genannt und kann aus der einfachen goniometrischen Gleichung

$$\cos^2\varphi + \cos\varphi - 1 = 0$$

gefunden werden. Ihre Lösung ist $\varphi = 51{,}83°$. Kuppeln mit kleineren Öffnungswinkeln sind also frei von Zugspannungen, vorausgesetzt, daß sie nur Eigengewicht zu tragen haben, und daß die am Kämpfer auftretenden in Richtung der Meridiantangente laufenden Kräfte N_φ, von denen die Kuppel getragen wird, durch ein geeignetes Widerlager aufgenommen werden. Statt dessen ist natürlich auch ein Zugring brauchbar (Abb. 15), der die waagerechte Komponente der N_φ aufnimmt und davon Zugspannungen erhält, so daß der Unterstützung nur noch senkrechte Kräfte zugemutet werden. Ein solcher Zugring ist in der Regel der Ausgangspunkt einer Störung des Membranzustandes; denn im allgemeinen ist seine Spannung nicht dieselbe wie die Ringspannung N_ϑ/t der anschließenden Kuppel, und daher stimmen auch die elastischen Dehnungen nicht überein, so daß nach der Formänderung Kuppelzug-

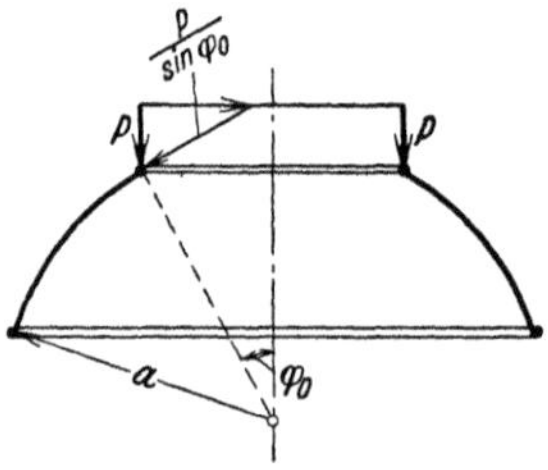

Abb. 15. Kuppel mit Kämpfer-Zugring und Laternen-Druckring

ring und Kuppelkämpfer gar nicht zusammenpassen würden. Um den Zusammenhang zwischen beiden zu wahren, ist eine Verbiegung der Kuppel nötig, zu deren Berechnung die Membrantheorie nicht ausreicht. Wir werden im Kapitel VI ausführlich darauf zu sprechen kommen. Daß die hier entwickelte Theorie trotzdem zu brauchen ist, liegt daran, daß sich die zusätzlichen Biegungsspannungen auf eine Zone längs des Tragringes beschränken, während im übrigen der von uns berechnete biegungsfreie Spannungszustand wirklich eintritt.

In der Regel sind Kuppeln im Scheitel nicht geschlossen, da man zur Belichtung, vor allem aber zur Lüftung einen Aufbau braucht, die Laterne. Das Gewicht $2\pi \cdot P \cdot a \sin\varphi_0$ dieses Aufbaues (Abb. 15) greift am oberen Rand der Schale als lotrechte Last an. Da die Kuppel aber nur tangentiale Lasten aufnehmen kann, ist dort ein Druckring nötig, der die übrigbleibende Komponente übernimmt. Die Kräfte in der Kugelschale mit Eigengewicht und Laternenlast finden wir durch Wiederholung der Integration nach Gl. (14) und bestimmen die Konstante C diesmal so, daß für $\varphi = \varphi_0$ die Meridiankraft $N_\varphi = -P/\sin\varphi_0$ wird. Die einfache Rechnung liefert folgendes Ergebnis:

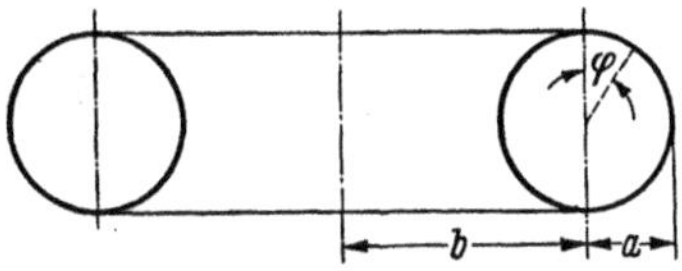

Abb. 16. Ringschale

$$N_\varphi = -p\,a\,\frac{\cos\varphi_0 - \cos\varphi}{\sin^2\varphi} - P\frac{\sin\varphi_0}{\sin^2\varphi}$$

$$N_\vartheta = p\,a\left(\frac{\cos\varphi_0 - \cos\varphi}{\sin^2\varphi} - \cos\varphi\right) + P\frac{\sin\varphi_0}{\sin^2\varphi}.$$

Wenn man in Abb. 14 den Abstand $a \sin\varphi_0$ des Kreismittelpunktes von der Drehachse vergrößert, bis er schließlich größer als der Meridianradius a wird, so geht die Spitzkuppel in eine Kreisringschale über. Ein reeller Winkel φ_0 existiert in diesem Falle natürlich nicht, und wir müssen die Bezeichnungen der Abb. 16 benutzen.

Der Spannungszustand in Ringschalen zeigt eine Eigentümlichkeit, die wir jetzt studieren wollen. Wir nehmen an, daß die Schale einem gleichmäßigen Innendruck p ausgesetzt ist und finden aus Gl. (14) mit $p_\varphi = 0$, $p_r = p$:

$$N_\varphi = \frac{p\,a}{(a\sin\varphi + b)\sin\varphi}\left[\int (a\sin\varphi + b)\cos\varphi\,d\varphi + C\right] =$$

$$= \frac{p\,a}{(a\sin\varphi + b)\sin\varphi}\left[-\frac{a}{4}(\cos^2\varphi - \sin^2\varphi) + b\sin\varphi + C\right].$$

Der Nenner dieses Ausdruckes hat zwei Nullstellen, $\varphi = 0$ und $\varphi = \pi$. Um auf diesen Breitenkreisen endliche Werte N_φ zu erhalten, müssen wir fordern, daß auch die eckige Klammer verschwindet. Das sind zwei Forderungen, zu deren Erfüllung nur eine freie Konstante C zur Verfügung steht. Bestimmt man C so, daß N_φ für $\varphi = 0$ endlich bleibt, so erhält man die Schnittkräfte

$$N_\varphi = \frac{p\,a}{a\sin\varphi + b}\left(\frac{a}{2}\sin\varphi + b\right), \qquad N_\vartheta = \frac{p\,a}{2},$$

und es zeigt sich, daß auch die zweite Regularitätsforderung erfüllt ist. Dieses überraschende Ergebnis bedarf einer Erklärung.

Zerschneidet man die Ringschale längs der beiden „Scheitelkreise" $\varphi = 0$ und $\varphi = \pi$, so zerfällt sie in zwei Teile, und man erkennt, daß die zwischen ihnen übertragenen Kräfte alle waagerecht sind, also keine lotrechte Resultierende haben können. Ein Membrangleichgewicht ist daher nur möglich, wenn an jeder Schalenhälfte für sich die Resultierende der Lasten keine lotrechte Komponente hat. Wenn diese Bedingung nicht erfüllt ist, muß N_φ auf mindestens einem Scheitelkreis so unendlich werden, daß $N_\varphi \sin\varphi$ einen endlichen Grenzwert hat. Aber selbst wenn ein Membrangleichgewicht möglich ist, ist der Membranspannungszustand nur in einigem Abstand von den Scheitelkreisen physikalisch realisierbar wegen der Unverträglichkeit der Membranformänderungen, auf die wir auf S. 77 noch zu sprechen kommen werden.

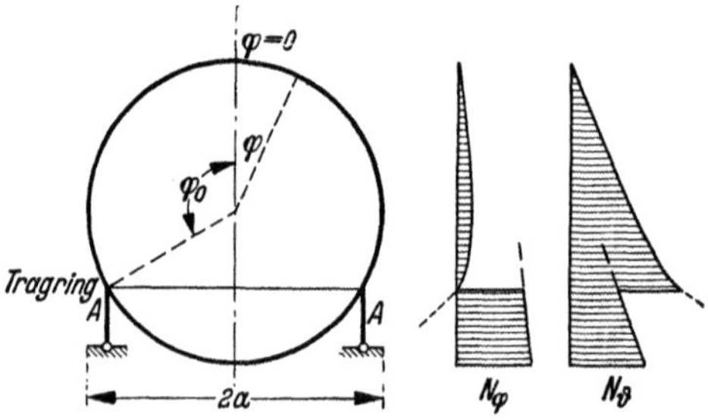

Abb. 17. Kugelwasserbehälter, Schnittkräfte für volle Füllung

Das nächste Beispiel einer drehsymmetrisch belasteten Drehschale entnehmen wir dem Behälterbau. Abb. 17. zeigt einen Kugelwasserbehälter, eine vollständige Kugelschale, die in einem Breitenkreise $A-A$ gestützt ist. Die wesentliche Belastung ist der Innendruck des Wassers (spez. Gewicht γ). Er steht überall senkrecht auf der Wandung ($p_\varphi = 0$) und ist der Tiefe proportional, also bei voller Füllung

$$p_r = \gamma a (1 - \cos\varphi).$$

Gl. (14) liefert daraus durch eine einfache Integration die Meridianlängskraft:

$$N_\varphi = \frac{\gamma a^2}{\sin^2\varphi}\left[\int (1 - \cos\varphi)\cos\varphi\sin\varphi\, d\varphi + C\right]$$
$$= \frac{\gamma a^2}{6\sin^2\varphi}\left[(2\cos\varphi - 3)\cos^2\varphi + 6C\right].$$

Im Scheitel $\varphi = 0$ wird der Nenner null. Damit die Spannungen dort endlich bleiben, muß auch die eckige Klammer null werden. Das liefert eine Gleichung zur Bestimmung der Integrationskonstanten, aus der man $C = \frac{1}{6}$ erhält, und damit nach einigen Umformungen

$$N_\varphi = \frac{\gamma a^2}{6}\left(1 - \frac{2\cos^2\varphi}{1+\cos\varphi}\right),$$

sowie nach Gl. (13b)

$$N_\vartheta = \frac{\gamma a^2}{6}\left(5 - 6\cos\varphi + \frac{2\cos^2\varphi}{1+\cos\varphi}\right).$$

Diese Formeln gelten bis herab zum Tragring $\varphi = \varphi_0$. Für den unteren Teil des Behälters muß die Integrationskonstante C neu bestimmt werden, und zwar diesmal aus der Forderung, daß im tiefsten Punkt $\varphi = \pi$ die Schnittkräfte endlich bleiben. Daraus folgt $C = \frac{5}{6}$, und wir erhalten das Ergebnis

$$N_\varphi = \frac{\gamma a^2}{6}\left(5 + \frac{2\cos^2\varphi}{1-\cos\varphi}\right),$$

$$N_\vartheta = \frac{\gamma a^2}{6}\left(1 - 6\cos\varphi - \frac{2\cos^2\varphi}{1-\cos\varphi}\right).$$

Der Kräfteverlauf ist in Abb. 17 dargestellt.

Die genaue Lage des Tragringes geht in die Bestimmung der Konstanten nicht ein. Legt man ihn also höher oder tiefer, so verschiebt sich entsprechend der Geltungsbereich der für den oberen und den unteren Teil abgeleiteten Formeln. Der entsprechende Verlauf der Schnittkräfte ist in Abb. 17 gestrichelt eingetragen. Wie man sieht, bedeutet Tieferlegung des Tragringes das Auftreten von Meridiandruckspannungen, Höherlegen eine Verminderung des größten, für die Bemessung der Blechstärke maßgebenden N_ϑ, aber natürlich auch einen erhöhten Aufwand für den dann breiter werdenden Unterbau (Wasserturm). Der Winkel φ_0, für den die Meridiankraft oberhalb des Ringes gerade $= 0$ wird; ist $\varphi_0 = 120°$.

Am Tragring ändern sich die Schnittkräfte sprunghaft. Die Differenz der Meridiankräfte N_φ bildet eine Belastung des Ringes. Wir zerlegen sie in eine lotrechte Komponente $\frac{2\gamma a^2}{3\sin\varphi}$, die nach unten gerichtet ist und vom Ring durch Biegung und Torsion auf die meist zahlreichen lotrechten Stützen übertragen werden muß, und eine waagerechte $\frac{2\gamma a^2}{3}\cdot\frac{\cos\varphi}{\sin^2\varphi}$, die für den Ring eine radiale Druckbelastung bildet.

Wir haben hier wieder eine Stelle vor uns, an der die Formänderungen, die sich aus der Membrantheorie ergeben, zu einem krassen Widerspruch führen: die Ringkraft N_ϑ ändert sich längs des Tragringes sprunghaft, ebenso natürlich die zugehörige Dehnung. Einen Membranspannungszustand, der das vermeidet, gibt es nicht, da wir ja schon alle Integrationskonstanten für andere Zwecke verbraucht haben. Zur Wahrung des geometrischen Zusammenhanges zwischen den beiden

Schalenhälften ist eine Verbiegung der Ränder nötig, wegen deren Berechnung wir wieder auf die Biegetheorie in Kapitel VI verweisen müssen.

Eine gleichartige, aber wesentlich schwerere Störung bringt der Tragring, wenn er, wie in Abb. 17, lotrecht gestützt ist und durch die oben angegebene waagerechte Belastung eine Druckkraft erhält, die natürlich mit den Ringzugkräften der anschließenden Schalenteile noch weniger zusammenpaßt als diese untereinander. Man stützt den Ring darum meist durch schräge Stäbe, die die Richtung der Meridiantangente haben, oder durch einen kegelförmigen Blechmantel, so daß die ganze von der Schale abgegebene Kraft in die Stützung übergeht und der Tragring davon frei bleibt.

Als letztes Beispiel für die Anwendung der drehsymmetrischen Theorie wollen wir die Kegelschale (Abb. 18) untersuchen. Für sie ist die Meridianneigung φ überall konstant und damit als Koordinate unbrauchbar, so daß wir auf die Grundgleichungen (12) zurückgreifen müssen. Im drehsymmetrischen Fall geben sie mit $\varphi = \frac{\pi}{2} - \alpha$ und $r = s \sin\alpha$, $r_2 = s \tan\alpha$ das Gleichungspaar

$$\frac{d}{ds}(N_s s) - N_\vartheta = -p_s s,$$

$$N_\vartheta = p_r s \tan\alpha.$$

Die zweite Gleichung liefert N_ϑ ohne jeden Integrationsprozeß, also auch ohne die Möglichkeit, irgendwelche Randbedingungen zu berücksichtigen, allein als Funktion der örtlichen Normallast. Wir werden auf die Bedeutung dieser Erscheinung bei den Zylinderschalen ausführlich zu sprechen kommen.

Für die Meridiankraft N_s erhält man durch Addition der beiden Gleichungen eine Differentialgleichung erster Ordnung:

$$\frac{d}{ds}(N_s s) = (p_r \tan\alpha - p_s)\, s,$$

aus der sie sich durch eine Quadratur berechnen läßt:

$$N_s = \frac{1}{s}\int \left(p_r \tan\alpha - p_s\right) s\, ds.$$

Als Beispiel wollen wir ein pilzartiges Regendach für Eigengewicht $p_s = p\cos\alpha$, $p_r = -p\sin\alpha$ berechnen. Wir erhalten

$$N_\vartheta = -p\, s \sin\alpha \tan\alpha,$$

$$N_s = -\frac{1}{s}\,\frac{p}{\cos\alpha}\cdot\frac{s^2}{2} - \frac{C}{s}.$$

Das muß für $s = l$ verschwinden, und daraus folgt $C = -p\,l^2/2\cos\alpha$, so daß wir

$$N_s = -\frac{p}{2}\,\frac{l^2 - s^2}{s}\,\frac{1}{\cos\alpha}$$

erhalten.

Der Verlauf der Schnittkräfte ist in Abb. 18 dargestellt. Es ist bemerkenswert, daß die Ringkräfte N_ϑ dieselben sind, wenn die Schale nicht im Scheitel, sondern längs ihres Randes unterstützt wird, natürlich unter der Voraussetzung, daß die Randstützkräfte tangential zum Kegelmantel gerichtet sind und nicht etwa parallel zur Achse. Sonst wäre es nicht möglich, einen reinen Membranspannungszustand in der Schale zu erhalten, und durch die zusätzliche Biegung wird in der Randzone das Kräftebild grundlegend geändert.

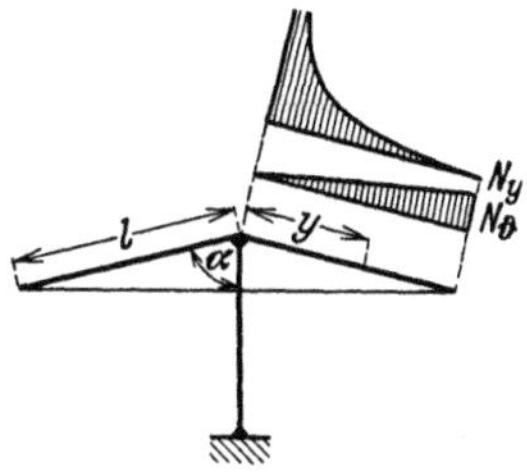

Abb. 18. Kegelschale (Pilzdach), Schnittkräfte für Eigengewicht

Im Scheitel gibt unsere Lösung eine von erster Ordnung unendlich werdende Meridianlängskraft, wie das für eine Punktstützung nicht anders zu erwarten ist. Man überzeugt sich leicht, daß die Stützkraft, d. h. der Grenzwert der lotrechten Resultierenden der Kräfte N_s auf einem kleinen Kreis $s = \text{const}$, gleich der ganzen auf dem Kegel ruhenden Last ist.

3. Fragen der Formgebung

a) Kuppel gleicher Festigkeit

Die Schalenkuppeln bilden in mancher Weise ein räumliches Gegenstück zu den Bogenträgern. Es liegt daher nahe, zu fragen, ob es nicht hier ebenso wie dort für solche Tragwerke, die im wesentlichen konstante Last zu tragen haben, eine günstigste Form gibt, also eine Art Analogie zum Stützliniengewölbe.

Gerade an dieser Frage tritt der grundlegende Unterschied zwischen Kuppel und Bogen deutlich hervor. Die Besonderheit des Stützliniengewölbes besteht im Fehlen von Biegemomenten, und eine geringe Abweichung der Trägerachse von der ausgezeichneten Form bringt schon wesentliche Biegungsspannungen und damit erhöhten Baustoffaufwand mit sich. Dieser wesentliche Vorzug des Stützliniengewölbes vor anderen Bogenformen ist bei den Kuppeln immer vorhanden. Man kann zu jeder Meridianform und jeder Belastung stets einen vollkommen biegungsfreien Spannungszustand angeben, und die Randstörung, von der im vorigen Abschnitt die Rede war, ist höchstens vergleichbar mit der Biegung, die in einem eingespannten Stützliniengewölbe durch die Verkürzung der Bogenachse entsteht.

Man kann daher weitergehen und fragen, ob nicht eine Kuppel gleicher Festigkeit möglich ist, d. h. eine Schale, in der bei Belastung durch ihr Eigengewicht in jedem Punkt und in jeder Richtung die gleiche Spannung σ entsteht. Die Aufgabe läßt sich leicht lösen und führt auf eine Schale von veränderlicher Wandstärke.

Es sei γ das spezifische Gewicht des Schalenbaustoffes. Dann ist das Gewicht je Flächeneinheit

$$p = \gamma t$$

und die Lastkomponenten sind

$$p_\varphi = \gamma t \sin\varphi, \qquad p_r = -\gamma t \cos\varphi.$$

Setzt man das in Gl. (13b) ein und außerdem

$$N_\varphi = N_\vartheta = -\sigma t,$$

(σ ausnahmsweise als Druckspannung positiv!), so wird daraus

$$\sigma t \left(\frac{1}{r_1} + \frac{1}{r_2}\right) = \gamma t \cos\varphi,$$

oder aufgelöst nach r_1:

$$r_1 = \frac{r}{\frac{\gamma}{\sigma} r \cos\varphi - \sin\varphi}.$$

Mit Hilfe der geometrischen Beziehung

$$r_1\, d\varphi = \frac{dr}{\cos\varphi}$$

kann man diese Gleichung in eine einfache Differentialgleichung für $r(\varphi)$ oder zweckmäßiger für $\varphi(r)$ überführen:

$$\frac{d\varphi}{dr} = \frac{\gamma}{\sigma} - \frac{\tan\varphi}{r}, \tag{16}$$

die man leicht vom Scheitel her integrieren kann, wenn man beachtet, daß dort

$$\lim_{\varphi \to 0} \frac{\tan\varphi}{r} = \lim \frac{\varphi}{r} = \frac{1}{r_1} = \frac{\gamma}{2\sigma}$$

ist. Die Kuppel ist also durch das Verhältnis σ/γ, das die Dimension einer Länge hat, nach Form *und* Größe bestimmt. Der Verlauf der Längskräfte und damit der Schalendicke folgt aus Gl. (13a):

$$-\frac{d}{d\varphi}(r\sigma t) + r_1 \sigma t \cos\varphi + \gamma t r r_1 \sin\varphi = 0,$$

also

$$\frac{d}{d\varphi}(t r) = t r_1 \left(\frac{\gamma}{\sigma} r \sin\varphi + \cos\varphi\right)$$

oder nach Einsetzen von r_1:

$$\frac{d}{d\varphi}(t\,r) = t\,r \cdot \frac{\frac{\gamma}{\sigma}\,r\sin\varphi + \cos\varphi}{\frac{\gamma}{\sigma}\,r\cos\varphi - \sin\varphi}.$$

Diese Gleichung läßt sich durch numerische Integration lösen, wenn man beachtet, daß in der Umgebung von $\varphi = 0$

$$\frac{d}{d\varphi}(t\,r) \approx t\,r_1 = t\,\frac{dr}{d\varphi},$$

also t konstant ist. Unter Benutzung geeigneter Koordinaten kann man der Lösung dieser Gleichung auch eine geschlossene Form geben. Führt man nämlich in der Meridianebene kartesische Koordinaten r, z wie in Abb. 20 ein, so ist

$$\frac{d}{d\varphi} = r_1\,\frac{d}{ds} = r_1\sin\varphi\,\frac{d}{dz}, \qquad \cot\varphi = \frac{dr}{dz},$$

und die Differentialgleichung für die Wandstärke geht über in

$$r_1\sin\varphi\,\frac{d(t\,r)}{dz} = t\,r_1\left(\frac{\gamma}{\sigma}\,r\sin\varphi + \cos\varphi\right).$$

Nach Ausdifferenzieren hebt sich ein Glied heraus und es bleibt

$$\frac{dt}{dz} = \frac{\gamma}{\sigma}\,t$$

mit der Lösung

$$t = t_0\,e^{(\gamma/\sigma)z}.$$

Sie ist in Abb. 19 dargestellt, soweit sie praktisch in Betracht kommt. Führt man die Kuppel noch weiter, so wächst die Schalendicke so schnell an, daß eine technische Verwertung der Lösung nicht mehr möglich ist.

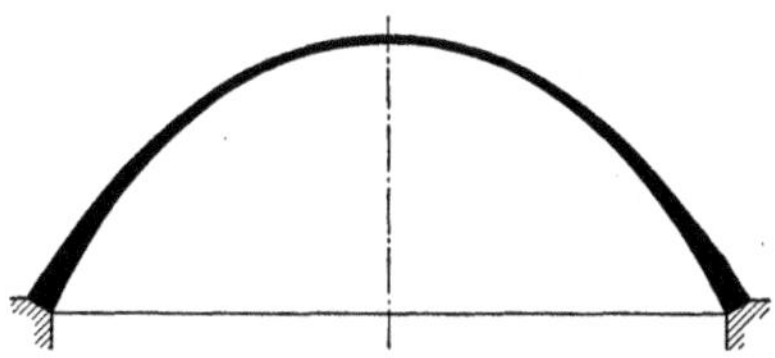

Abb. 19. Meridianschnitt einer Kuppel gleicher Festigkeit

Wie sich aus dieser Rechnung ergibt, ist eine Kuppel gleicher Festigkeit mit konstanter Wandstärke nicht möglich. Man kann daraus die Folgerung ziehen, daß eine Seifenhaut, die in einen waagerechten Kreisrahmen eingespannt ist und unter ihrem Eigengewicht nach unten durchhängt, nicht überall gleich dick sein kann, denn die in ihr wirkenden Kapillarkräfte sind ja nichts anderes als unsere Längskräfte N_ϑ und N_φ, die beide überall gleich der doppelten Kapillarkonstanten sein müssen. Die Aufgabe, eine Schale so zu formen, daß sie unter lotrechter Belastung p überall die gleichen Schnittkräfte $N_\vartheta = N_\varphi = \text{const}$ erhält, führt auf eine bestimmte Meridianform *und* eine bestimmte Verteilung der Last, also der Schalendicke t.

Für Kuppeln der meist gebauten Größe kommt der Schale gleicher Festigkeit keine Bedeutung zu; denn dann kann man immer auch Schalen anderer Form so bauen, daß ihre Spannungen in tragbaren Grenzen bleiben. Aber wie man z. B. aus den Formeln für die Kugelkuppel ablesen kann, wachsen bei einer ähnlichen Vergrößerung der Schale die Spannungen aus dem Eigengewicht der tragenden Konstruktion proportional mit den linearen Abmessungen und lassen sich durch eine Vergrößerung der Wanddicke nicht vermindern. Es gibt also für jede Schalenform eine bestimmte, durch das Verhältnis σ/γ bestimmte, Größe, bis zu der man sie aus einem gegebenen Baustoff ausführen kann, und die Kuppel gleicher Festigkeit ist diejenige, die den Baustoff besonders gut ausnutzt, also zu den größten Spannweiten führt.

b) Tropfenbehälter

Eine Fragestellung, die der eben behandelten durchaus entspricht. gibt es auch im Behälterbau. Man kann sich die Aufgabe stellen, einen Behälter zu konstruieren, der unter dem mit der Tiefe zunehmenden Innendruck der Flüssigkeit überall dieselben vom Ort unabhängigen Kräfte $N_\vartheta = N_\varphi$ erhält. Sie stimmt überein mit der Bestimmung der Gestalt eines Flüssigkeitstropfens, der auf ebener Unterlage ruht. N_φ ist dann die Kapillarkonstante, die ebenso, wie hier die inneren Kräfte der Behälterwand, den hydrostatischen Drücken im Tropfen das Gleichgewicht zu halten hat. Ein Behälter dieser Art wird deshalb als Tropfenbehälter bezeichnet.

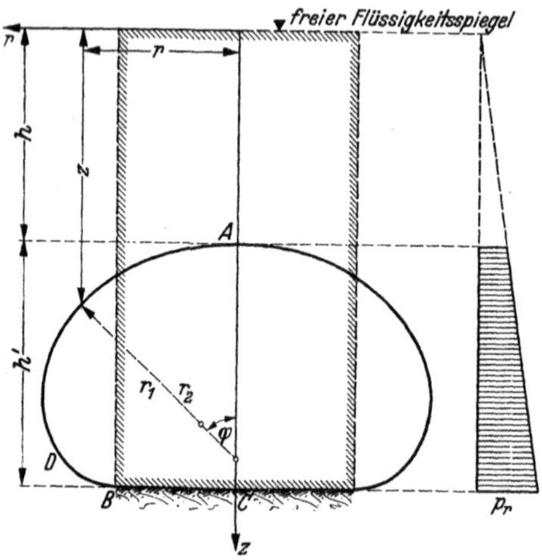

Abb. 20
Behälter gleicher Festigkeit (Tropfenbehälter)

Um die Differentialgleichung seines Meridians zu berechnen, wollen wir annehmen, der in Abb. 20 dargestellte Behälter sei mit einer Flüssigkeit vom spezifischen Gewicht γ ganz gefüllt. Oben sei er durch ein Sicherheitsventil verschlossen, so daß die Füllung im Scheitel noch unter einem bekannten Überdruck steht, der am Ventil eingestellt werden kann, und den wir $\gamma\, h$ nennen wollen. Die Druckverhältnisse im Behälter sind dann dieselben, als wenn in der Höhe h über dem Scheitel (etwa in einem Standrohr) ein freier Flüssigkeitsspiegel vorhanden wäre. Wir bezeichnen diesen gedachten Spiegel mit $z = 0$ und rechnen von dort aus die Koordinate z lotrecht nach unten. Die Belastung der Schale ist dann

$$p_\varphi = 0, \qquad p_r = \gamma z.$$

Wenn nun $N_\vartheta = N_\varphi =$ const werden soll, so lautet Gl. (13b):

$$N_\varphi \left(\frac{1}{r_1} + \frac{1}{r_2}\right) = \gamma z.$$

Darin ist

$$\frac{1}{r_2} = \frac{\sin\varphi}{r}$$

und, wenn $ds = dr/\cos\varphi$ das Bogenelement des Meridians ist:

$$\frac{1}{r_1} = \frac{d\varphi}{ds} = \frac{d\varphi}{dr}\cos\varphi = \frac{d\sin\varphi}{dr}.$$

Wir erhalten also als Differentialgleichung unserer Aufgabe

$$\frac{\sin\varphi}{r} + \frac{d\sin\varphi}{dr} = \frac{\gamma}{N_\varphi} z. \tag{17a}$$

Wollte man hier mit

$$\tan\varphi = \frac{dz}{dr} \tag{17b}$$

den Winkel φ eliminieren, so würde man auf eine recht verwickelte Gleichung kommen, die sich in geschlossener Form nicht lösen läßt. Für die numerische Integration ist es zweckmäßiger, die beiden Gleichungen (17a, b) als simultane Gleichungen erster Ordnung für z und $\eta = \sin\varphi$ zu benutzen. Um die einmal gewonnenen Ergebnisse möglichst vielseitig verwenden zu können, führen wir dimensionslose Koordinaten ein. Wir setzen

$$\frac{N_\varphi}{\gamma} = a^2, \qquad \xi = \frac{r}{a}. \qquad \zeta = \frac{z}{a}.$$

Dann heißen die Gln. (17)

$$\frac{d\eta}{d\xi} = \zeta - \frac{\eta}{\xi}, \qquad \frac{d\zeta}{d\xi} = \frac{\eta}{\sqrt{1-\eta^2}}. \tag{18a, b}$$

Zur numerischen Berechnung der Lösung beschaffen wir uns zunächst eine erste Annäherung, die in der Nähe des Scheitels gilt. Dort ist $\sin\varphi \approx 0$, und in (18b) kann η^2 gegen 1 vernachlässigt werden. Man kann dann leicht η aus den beiden Gleichungen eliminieren und erhält für ζ eine einfache Differentialgleichung zweiter Ordnung

$$\frac{d^2\zeta}{d\xi^2} + \frac{1}{\xi}\frac{d\zeta}{d\xi} - \zeta = 0.$$

Sie ist der Besselschen Differentialgleichung sehr ähnlich und wird durch die modifizierten Bessel-Funktionen nullter Ordnung[1] befriedigt:

$$\zeta = A\, I_0(\xi) + B\, K_0(\xi).$$

[1] Formeln und Zahlenwerte für diese Funktionen findet man in W. Flügge: Tables of Transcendental Functions, London 1954, S. 38—45 u. 54—61.

Da $I_0(0) = 1$ und $K_0(0) = \infty$ ist, muß man für die Integrationskonstanten die Werte $A = h/a$, $B = 0$ wählen, damit sich im Scheitel $\xi = 0$ der Wert $\zeta = h/a$ ergibt. Wir haben daher endgültig

$$\zeta = \frac{h}{a} I_0(\xi)$$

und damit

$$\eta = \frac{d\zeta}{d\xi} = \frac{h}{a} I_1(\xi).$$

Aus diesen beiden Formeln kann man für kleine Werte von ξ angenäherte Werte für η und ζ berechnen. Diese werden nun in die rechten Seiten der Differentialgleichungen (18) eingesetzt, die damit $d\eta/d\xi$ und $d\zeta/d\xi$ und durch numerische Integration verbesserte Werte η und ζ liefern, die dann wieder rechts in (18) eingesetzt werden können. Das Verfahren wird so lange fortgesetzt, bis sich die Werte innerhalb Rechenschiebergenauigkeit nicht mehr ändern, ein Ziel, das praktisch sehr schnell erreicht wird. Damit ist ein Stück der Meridiankurve gefunden, das man sich nun in großem Maßstabe aufzeichnet und nach Augenmaß verlängert, um so angenäherte ζ für die nächsten ξ zu finden, die man dann mit Hilfe der Differentialgleichung in derselben Weise verbessert.

So kann man weiterrechnen, bis man zu $\varphi \approx 50°$, also $\eta \approx 0{,}75$ kommt. Dann fängt das Verfahren an, schlecht zu arbeiten, und es ist nötig, ζ als unabhängige Veränderliche zu benutzen und (17) in zwei Gleichungen für ξ und $\eta' = \cos\varphi$ umzuformen. Bei $\varphi \approx 140°$ ist nochmals eine Umstellung nötig, und der Rest des Meridians wird wieder aus den ursprünglichen Differentialgleichungen berechnet.

Das Ergebnis zeigt Abb. 20. Die Wandung besteht aus zwei Teilen, einem gekrümmten AB und einem ebenen, dem Boden BC. Dieser Boden steht ebenso wie der übrige Teil unter dem allseitig gleichen Zug N_φ. Damit er keine Biegung erhält, muß er auf einer Unterlage satt aufliegen, die auf ihn den Druck $\gamma(h + h')$ ausübt, durch den das Gewicht der Füllung getragen wird. Daraus folgt, daß das Volumen des Behälters gleich ist dem eines Zylinders, der über seinem ebenen Boden errichtet wird und bis zum freien Spiegel reicht (Abb. 20). Man kann diese Beziehung benutzen, um den Radius BC des Bodenkreises nachzuprüfen.

Die Rechnung enthält nur den einen Parameter h/a. Man kann sie also für verschiedene Werte dieser Größe durchführen und erhält so eine einfach unendliche Schar von Meridiankurven, durch deren ähnliche Vergrößerung die Gesamtheit aller Lösungen des Problems erhalten wird. In Abb. 21 ist eine solche Reihe dargestellt, und zwar ist die Größe der Kurven so gewählt, daß zu allen dasselbe h gehört, das durch Einzeichnung des freien Spiegels angedeutet ist. Man sieht, daß die Behälter um so flacher werden, je größer sie sind, in Übereinstimmung mit der Erfahrung, daß ein sehr kleiner Tropfen auf einer ebenen Platte fast kugelförmig ist, während ein sehr großer eine flache Pfütze von fast konstanter Tiefe bildet.

In den Parameter h/a gehen von den beim Entwurf eines Behälters gegebenen Größen die zulässige Beanspruchung σ des Baustoffes, das spezifische Gewicht γ der Füllung und die Überdruckhöhe h ein, außerdem aber die Wanddicke t:

$$\frac{h}{a} = h\sqrt{\frac{\gamma}{\sigma t}}.$$

Dagegen hat das Behältervolumen V, das ja für einen Entwurf vorgeschrieben sein wird, keinen Einfluß auf den Verlauf der Rechnung.

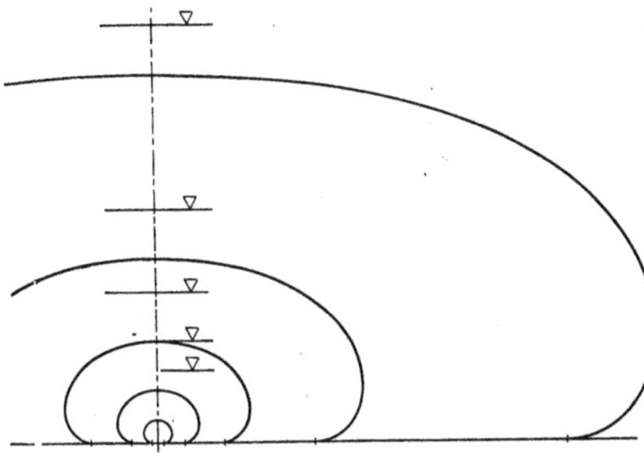

Abb. 21. Meridiane von Tropfenbehältern

Erst wenn die Form des Behälters bestimmt ist, kann man nachprüfen, ob er das richtige Volumen V hat und muß die Blechstärke so lange ändern, bis man dies Ziel erreicht hat.

Im Gegensatz zu den Kuppeln, die im wesentlichen nur ihr Eigengewicht zu tragen haben, wird ein Behälter im Betrieb auch Lasten

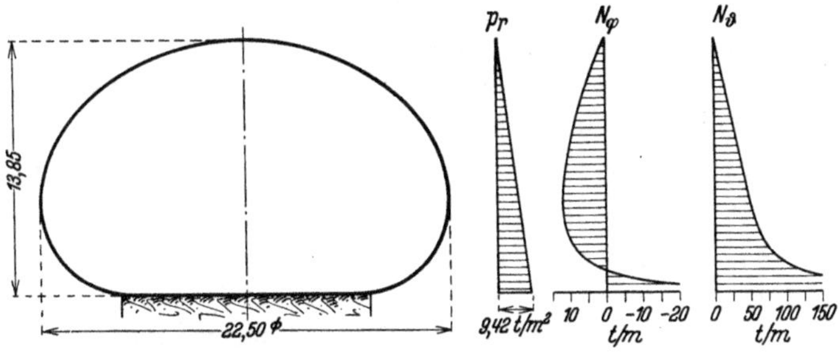

Abb. 22. Tropfenbehälter, Formgebung für $\gamma = 0{,}68$ t/m³, $h = 12{,}00$ m, $N_\varphi = N_\vartheta = 57{,}2$ t/m. Schnittkräfte für volle Füllung ohne Scheitelüberdruck

ausgesetzt, die stark von derjenigen abweichen, die seiner Formgebung zugrunde gelegt ist. Sie kommen teils durch unvollständige Füllung zustande, teils durch Änderung des Scheitelüberdruckes γh. In diesen Fällen kann man die Schnittkräfte mit Hilfe der Gln. (14) und (13b) durch numerische Integration berechnen. Für volle Füllung ohne Überdruck ist das Ergebnis in Abb. 22 dargestellt. Am Bodenanschluß werden beide Schnittkräfte mit verschiedenem Vorzeichen unendlich, da eine endliche Meridianlängskraft wegen der waagerechten Meridiantangente keine lotrechte Resultierende übertragen kann und die im ebenen Boden übertragenen Drücke $\gamma h'$ zur Aufnahme des Gewichtes der ganzen Behälterfüllung nicht ausreichen. In dem Tropfenbehälter ist deshalb nur unter der Last, für die der Meridian geformt wurde, ein biegungsfreier Spannungszustand möglich. Man muß daher den unteren Teil abändern und den Meridian etwa von D an (Abb. 20) durch einen flachen Bogen ersetzen, der sich an den Tropfenmeridian nach Neigung und Krümmung stetig anschließt.

Ohne den Überdruck γh im Scheitel ist kein Behälter der hier vorgeführten Art möglich; denn wenn p_r im Scheitel null wäre, so wäre dort auch keine von null verschiedene Längskraft $N_\vartheta = N_\varphi$ möglich, wie wir sie gefordert haben. Für Wasserbehälter kommt diese Form daher nicht recht in Betracht, wohl aber zur Lagerung der leicht flüchtigen Petroleumerzeugnisse.

4. Unsymmetrische Belastung

a) Fourier-Ansatz

In diesem Abschnitt wollen wir die Einschränkung fallen lassen, die wir den Lasten durch die Bedingung der Drehsymmetrie auferlegt haben, und die Drehschalen unter einer etwas allgemeineren Belastung untersuchen, die wir später als Baustein zur Bewältigung des allgemeinsten Falles gebrauchen werden. Wir wählen die Belastung

$$p_\varphi = p_{\varphi n} \cos n\vartheta, \qquad p_\vartheta = p_{\vartheta n} \sin n\vartheta, \qquad p_r = p_{r n} \cos n\vartheta, \tag{19}$$

wobei $p_{\varphi n}$, $p_{\vartheta n}$, p_{rn} beliebige Funktionen von φ sein können. Die Differentialgleichungen (11) werden befriedigt, wenn man auch für die Unbekannten entsprechende Ansätze macht:

$$N_\varphi = N_{\varphi n} \cos n\vartheta, \qquad N_\vartheta = N_{\vartheta n} \cos n\vartheta, \qquad N_{\vartheta\varphi} = N_{\vartheta\varphi n} \sin n\vartheta.$$

Setzt man das in die Gleichgewichtsbedingungen (11) ein, so kann man die Differentiationen nach ϑ ausführen und noch durch $\cos n\vartheta$ oder $\sin n\vartheta$ durchdividieren. Es ergeben sich dann folgende Gleichungen, in denen man jetzt die Ableitungen nach der einzigen Unabhängigen φ als totale schreiben kann:

$$\frac{d}{d\varphi}(r N_{\varphi n}) + n N_{\vartheta\varphi n} r_1 - r_1 N_{\vartheta n} \cos\varphi + p_{\varphi n} r r_1 = 0,$$

$$\frac{d}{d\varphi}(r N_{\vartheta\varphi n}) - n N_{\vartheta n} r_1 + r_1 N_{\vartheta\varphi n} \cos\varphi + p_{\vartheta n} r r_1 = 0,$$

$$\frac{N_{\varphi n}}{r_1} + \frac{N_{\vartheta n}}{r_2} = p_{rn},$$

Die letzte Gleichung ermöglicht, $N_{\vartheta n}$ zu eliminieren. Man erhält damit zwei simultane, totale Differentialgleichungen erster Ordnung für die beiden Unbekannten $N_{\varphi n}$ und $N_{\vartheta\varphi n}$.

Wenn man beachtet, daß

$$\frac{1}{r}\,\frac{dr}{d\varphi} = \frac{r_1}{r_2}\cot\varphi$$

ist, kann man sie auf die folgende Form bringen:

$$\left.\begin{aligned} \frac{dN_{\varphi n}}{d\varphi} + \left(1 + \frac{r_1}{r_2}\right)\cot\varphi\, N_{\varphi n} + n\frac{r_1}{r_2}\cdot\frac{N_{\vartheta\varphi n}}{\sin\varphi} &= r_1\, p_{rn}\cot\varphi - r_1\, p_{\varphi n},\\ \frac{dN_{\vartheta\varphi n}}{d\varphi} + 2\frac{r_1}{r_2}\cot\varphi\, N_{\vartheta\varphi n} + n\frac{N_{\varphi n}}{\sin\varphi} &= n\, r_1\frac{p_{rn}}{\sin\varphi} - r_1\, p_{\vartheta n}. \end{aligned}\right\} \quad (20)$$

Mit der Lösung dieses Systems oder eines entsprechenden aus (12) gewonnenen haben wir uns hier zu beschäftigen.

Vorher wollen wir noch sehen, daß wir damit nicht nur die Lösung für eine sehr spezielle Belastung aufstellen, sondern schon die allgemeinste Lösung der Membrantheorie der Drehschalen in der Hand haben. Erweitert man nämlich den Ansatz dadurch, daß man über unendlich viele Werte n summiert:

$$p_\varphi = \sum p_{\varphi n}\cos n\vartheta, \quad p_\vartheta = \sum p_{\vartheta n}\sin n\vartheta, \quad p_r = \sum p_{rn}\cos n\vartheta \qquad (21)$$

und setzt man entsprechend

$$N_\varphi = \sum N_{\varphi n}\cos n\vartheta, \quad N_\vartheta = \sum N_{\vartheta n}\cos n\vartheta, \quad N_{\varphi\vartheta} = \sum N_{\varphi\vartheta n}\sin n\vartheta, \; (21')$$

so ist das zu einem bestimmten Index n gehörende Glied dieser drei FOURIER-Reihen die Lösung für die n-te Harmonische der Lasten. Da man jede einigermaßen stetige Belastung, die zur Ebene des Meridians symmetrisch ist, durch solche trigonometrischen Reihen darstellen kann, so bietet der Ansatz (19) tatsächlich die Möglichkeit, die zu einer sehr allgemeinen Belastung gehörenden Schnittkräfte zu berechnen.

Die allgemeinste Belastung ist die durch (21) dargestellte noch nicht wegen der darin enthaltenen Symmetriebedingung. Man kann sich aber auch noch von dieser Einschränkung frei machen. Ersetzt man nämlich in (21) die cos durch sin und umgekehrt, so kann man für diesen Ansatz ganz entsprechende Lösungsformeln ausrechnen. Die durch einen solchen Ansatz dargestellte Belastung und der zugehörige Spannungszustand sind zum Nullmeridian antimetrisch, und in einen symmetrischen und einen antimetrischen Summanden läßt sich jede ganz beliebige Belastung zerlegen.

Da die praktische Bedeutung der antimetrischen Lösung geringer ist, wollen wir hier auf ihre ausführliche Darstellung verzichten.

b) Kugelschale

Die einfachste aller Drehschalen ist die Kugel. Für sie erhalten wir deshalb besonders einfache, geschlossene Lösungen, die wir benutzen wollen, um daran die Eigenschaften des Membranspannungszustandes der Drehschalen grundsätzlich zu studieren.

Wenn $r_1 = r_2 = a$ ist, werden die linken Seiten der Differentialgleichungen symmetrisch zueinander:

$$\frac{dN_{\varphi n}}{d\varphi} + 2\cot\varphi \cdot N_{\varphi n} + \frac{n}{\sin\varphi} N_{\vartheta\varphi n} = -a\,(p_{\varphi n} - p_{rn}\cot\varphi),$$

$$\frac{dN_{\vartheta\varphi n}}{d\varphi} + 2\cot\varphi \cdot N_{\vartheta\varphi n} + \frac{n}{\sin\varphi} N_{\varphi n} = -a\left(p_{\vartheta n} - \frac{n\,p_{rn}}{\sin\varphi}\right).$$

Durch Bildung von Summe und Differenz der Gleichungen kann man daraus zwei voneinander unabhängige Gleichungen für Summe und Differenz der beiden Unbekannten machen:

$$\left.\begin{aligned} \frac{dU_1}{d\varphi} + \left(2\cot\varphi + \frac{n}{\sin\varphi}\right) U_1 &= -a\left(p_{\varphi n} + p_{\vartheta n} - \frac{n+\cos\varphi}{\sin\varphi} p_{rn}\right), \\ \frac{dU_2}{d\varphi} + \left(2\cot\varphi - \frac{n}{\sin\varphi}\right) U_2 &= -a\left(p_{\varphi n} - p_{\vartheta n} + \frac{n-\cos\varphi}{\sin\varphi} p_{rn}\right) \end{aligned}\right\} \quad (22)$$

mit den neuen Veränderlichen

$$U_1 = N_{\varphi n} + N_{\vartheta\varphi n},$$
$$U_2 = N_{\varphi n} - N_{\vartheta\varphi n}.$$

Beide Gleichungen sind lineare Differentialgleichungen erster Ordnung mit veränderlichen Koeffizienten und mit Störungsfunktion. In der Theorie der Differentialgleichungen wird gezeigt, daß die Gleichung

$$\frac{dU_\nu}{d\varphi} + p_\nu(\varphi)\cdot U_\nu + q_\nu(\varphi) = 0$$

die Lösung

$$U_\nu = [C_\nu - \int q_\nu \exp(\int p_\nu\, d\varphi)\, d\varphi] \cdot \exp(-\int p_\nu\, d\varphi)$$

hat. Setzt man für $p_\nu(\varphi)$ und $q_\nu(\varphi)$ die aus den Gln. (22) zu entnehmenden Ausdrücke ein und führt einige Integrale aus, so kommt man nach einfacher Rechnung auf eine explizite Darstellung der Unbekannten:

$$\left.\begin{aligned} U_1 &= \frac{\cot^n \frac{\varphi}{2}}{\sin^2\varphi}\left[C_1 - a\int\left(p_{\varphi n} + p_{\vartheta n} - \frac{n+\cos\varphi}{\sin\varphi} p_{rn}\right)\sin^2\varphi \tan^n\frac{\varphi}{2}\, d\varphi\right], \\ U_2 &= \frac{\tan^n \frac{\varphi}{2}}{\sin^2\varphi}\left[C_2 - a\int\left(p_{\varphi n} - p_{\vartheta n} + \frac{n-\cos\varphi}{\sin\varphi} p_{rn}\right)\sin^2\varphi \cot^n\frac{\varphi}{2}\, d\varphi\right]. \end{aligned}\right\} \quad (23)$$

Diese Formeln sind die allgemeine Lösung unseres Problems, die wir nun zu diskutieren haben.

α) Inhomogene Lösung

Als Beispiel für die Anwendung der Lösung (23) wollen wir eine Kuppel auf Winddruck untersuchen. Die Windkräfte stehen senkrecht zur Schale ($p_\varphi = p_\vartheta = 0$). Es ist üblich, sie anzusetzen als

$$p_r = p_{r1}\cos\vartheta = -p\sin\varphi\cos\vartheta.$$

Das bedeutet Druckkräfte im Luv und gleich große Saugkräfte im Lee und weicht von der wirklichen Verteilung der Windkräfte zwar erheblich ab, kommt ihr aber doch schon näher als die ältere Annahme, nach der es überhaupt keine Saugkräfte gibt. Da bei den üblichen Winddruckrechnungen Kräfte nur auf der Luvseite angesetzt werden, unser Ansatz aber auf beiden Seiten gleichgerichtete Kräfte enthält, so ist für p nur die Hälfte des vorgeschriebenen Winddruckes zu nehmen.

Setzt man $p_{r1} = -p \sin\varphi$ in (23) ein und führt die Integrale aus, so ergibt sich

$$U_1 = \frac{1+\cos\varphi}{\sin^3\varphi}\left[C_1 + p\,a\left(\cos\varphi - \frac{1}{3}\cos^3\varphi\right)\right],$$

$$U_2 = \frac{1-\cos\varphi}{\sin^3\varphi}\left[C_2 - p\,a\left(\cos\varphi - \frac{1}{3}\cos^3\varphi\right)\right].$$

Bilden wir jetzt halbe Summe und Differenz und fügen noch die von ϑ abhängigen Faktoren hinzu, so erhalten wir die zwei Schnittkräfte

$$N_\varphi = \frac{\cos\vartheta}{\sin^3\varphi}\left[\frac{C_1+C_2}{2} + \frac{C_1-C_1}{2}\cos\varphi + pa\left(\cos^2\varphi - \frac{1}{3}\cos^4\varphi\right)\right],$$

$$N_{\vartheta\varphi} = \frac{\sin\vartheta}{\sin^3\varphi}\left[\frac{C_1-C_2}{2} + \frac{C_1+C_2}{2}\cos\varphi + pa\left(\cos\varphi - \frac{1}{3}\cos^3\varphi\right)\right].$$

Die beiden Integrationskonstanten kann man aus der Forderung bestimmen, daß die Schnittkräfte im Scheitel $\varphi = 0$ endlich bleiben. Da der Nenner $\sin^3\varphi$ von dritter Ordnung null wird, so müssen die beiden eckigen Klammern dasselbe tun. Nullwerden der Klammer bei N_φ liefert $C_1 = -\frac{2}{3}\,p\,a$. Für $N_{\vartheta\varphi}$ erhält man dasselbe Ergebnis noch einmal. Die ersten Ableitungen beider Klammern nach φ enthalten $\sin\varphi$ als Faktor und verschwinden von selbst. Verschwinden der zweiten Ableitungen liefert $C_2 = \frac{2}{3}\,p\,a$, sowohl bei N_φ als bei $N_{\vartheta\varphi}$. Wir haben also mit zwei Konstanten sechs Bedingungen erfüllt, von denen wir keine missen möchten. Das deutet darauf hin, daß die so oft als Bedingung zur Konstantenbestimmung benutzte Endlichkeit der Lösung, so bequem sie ist, doch den Kern der Sache nicht trifft. Zu einer Formulierung, die mehr befriedigt, kommen wir, wenn wir durch einen kleinen Kreis $\varphi = \text{const}$ den Scheitel der Schale abschneiden und an dieser Kalotte die Gleichgewichtsbedingungen aufstellen. Wegen der Antimetrie der Belastung zum Meridian $\vartheta = \pi/2$ und der Symmetrie zu $\vartheta = 0$ kommen als nicht von selbst erfüllt nur die Kraftgleichung für die Tangente an $\vartheta = 0$ und die Momentengleichung für die Tangente an $\vartheta = \pi/2$ in Frage. Wenn wir in diesen Gleichgewichtsbedingungen den Grenzübergang $\varphi \to 0$ machen, wird der Anteil der Lasten von höherer Ordnung klein als der der Schnittkräfte, so daß wir nur diese anzusetzen brauchen. Das Gleichgewicht der Kräfte erfordert:

$$\lim_{\varphi\to 0}\left(\int N_\varphi \cos\varphi \cdot \cos\vartheta \cdot a\sin\varphi\, d\vartheta - \int N_{\vartheta\varphi}\sin\vartheta \cdot a\sin\varphi\, d\vartheta\right) = 0$$

und das Gleichgewicht der Momente:

$$\lim_{\varphi \to 0} \int N_\varphi \sin\varphi \cdot a \sin\varphi \cos\vartheta \cdot a \sin\varphi \, d\vartheta = 0 .$$

Das sind gerade zwei Bedingungen zur Berechnung von zwei Integrationskonstanten, und diese Bedingungen haben im Gegensatz zu der des Endlichbleibens einen einfachen mechanischen Sinn: Wenn die linken Seiten dieser Gleichungen *nicht* null sind, sondern $= \mathsf{P}$ und $= \mathsf{M}$, so besagt das, daß die Belastung im Scheitel eine Singularität hat, daß dort nämlich eine waagerechte Einzelkraft P und ein Punktmoment M angreifen. Liegt wirklich eine solche Belastung vor, so geben die Gleichungen auch die Möglichkeit, die Konstanten C_1 und C_2 so zu berechnen, daß das Kräftebild der Schale diese Singularitäten enthält. Daß oben mit zwei Konstanten sechs Bedingungen erfüllt werden konnten, liegt einfach daran, daß die Lösung nur zwei wesentlich verschiedene Singularitäten haben kann, und daß die Bedingungen dementsprechend nicht unabhängig voneinander sind.

Für $\mathsf{P} = 0$, $\mathsf{M} = 0$, also für die einfache „Wind"-Belastung, liefern die beiden Bedingungen wieder dieselben Ergebnisse, wie wir sie schon eben gefunden haben. Die Schnittkräfte der Schale sind dann:

$$\begin{aligned} N_\varphi &= -\frac{p\,a}{3}\,\frac{(2+\cos\varphi)\,(1-\cos\varphi)\cos\varphi}{(1+\cos\varphi)\sin\varphi}\cos\vartheta , \\ N_{\varphi\vartheta} &= -\frac{p\,a}{3}\,\frac{(2+\cos\varphi)\,(1-\cos\varphi)}{(1+\cos\varphi)\sin\varphi}\sin\vartheta , \\ N_\vartheta &= -\frac{p\,a}{3}\,\frac{(3+4\cos\varphi+2\cos^2\varphi)\,(1-\cos\varphi)}{(1+\cos\varphi)\sin\varphi}\cos\vartheta . \end{aligned}$$

Ihr Verlauf längs eines Meridians ist in Abb. 23 dargestellt.

Die Kräfte N_ϑ und $N_{\varphi\vartheta}$ haben die Kuppel zu stützen. Die Längskräfte N_φ nehmen das von den Windkräften erzeugte Moment in bezug

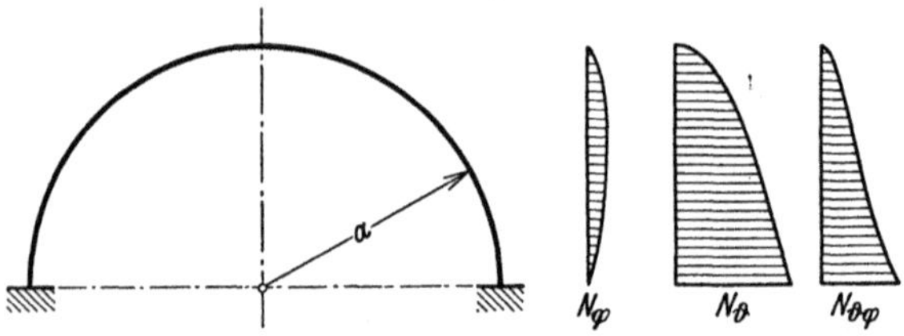

Abb. 23
Halbkugelkuppel mit „Wind"-Belastung, Längskräfte für $\vartheta = 0°$, Schubkräfte für $\vartheta = 90°$

auf den Durchmesser $\vartheta = \pm\pi/2$ des Kämpferkreises auf. Ist die Kuppel eine Halbkugel und der Kämpfer ein Großkreis, so ist dieses Moment null, da ja alle Lasten durch den Kugelmittelpunkt hindurchgehen. Dementsprechend verschwindet die Längskraft für $\varphi = \pi/2$.

Die Schubkräfte $N_{\varphi\vartheta}$ nehmen die waagerechte Resultierende des Winddruckes auf, soweit das nicht schon durch die Horizontalkomponente der Längskraft geschieht. Sie wirken tangential zum Kuppelrand und sind daher dort am größten, wo dieser die Windrichtung hat ($\vartheta = \pm\pi/2$), obgleich dort die Belastung am kleinsten ist. Die Kräfte werden also durch die Schale von den stark belasteten Meridianen $\vartheta = 0$ und $\vartheta = \pi$ nach den Seiten abgeführt. Das kommt anschaulich im Bild der Längskrafttrajektorien zum Ausdruck, das in Abb. 24 in stereographischer Projektion dargestellt ist. Die Trajektorien, die den Meridian $\vartheta = 0$, den Luvmeridian, schneiden, führen Druckkräfte, die andere Schar Zugkräfte. Auf dem Luvmeridian in der Nähe des Kämpfers sind die Zugtrajektorien nahezu vollständig entspannt, da ja dort $N_\varphi = 0$ ist. Die dort angreifenden Lasten werden durch die flachen Druckgewölbe der anderen Trajektorienschar weit nach den Seiten abgetragen. Der größte Teil der vom Winde getroffenen Schalenfläche gibt seine Belastung durch die Drucklinien nach der beiderseits etwa zwischen $\vartheta = \pm\pi/4$ und $\vartheta = \pm 3\pi/4$ liegenden Kämpferzone ab, ebenso auch der mit dem entsprechenden Unterdruck belastete Teil der Leeseite. Die Kräfte, die in der Nähe des Kuppelscheitels angreifen, werden dort zunächst von den stark gekrümmten Trajektorien aufgenommen, aber von ihnen nicht bis zum Kämpfer getragen, sondern im wesentlichen unterwegs an die Trajektorien der anderen Schar abgegeben, die auch diese Lasten zu den seitlichen Teilen des Kämpferkreises leiten.

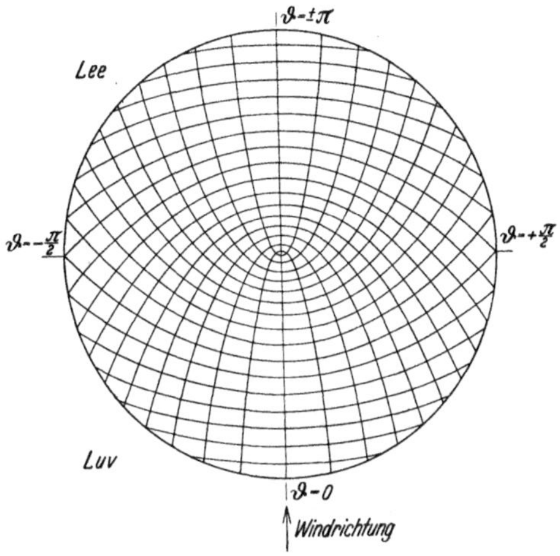

Abb. 24. Längskrafttrajektorien zu Abb. 23, stereographische Projektion

β) Homogene Lösung

Setzt man in den Gln. (23) die Lasten $p_{\varphi n} = p_{\vartheta n} = p_{r n} = 0$, so geben sie den Spannungszustand einer Kugel, an der nur längs des Randes Kräfte angreifen, die natürlich ein Gleichgewichtssystem bilden müssen. Man erhält

$$\left.\begin{aligned} N_{\varphi n} &= \frac{U_1 + U_2}{2} = \frac{1}{2\sin^2\varphi}\left(C_{1n}\cot^n\frac{\varphi}{2} + C_{2n}\tan^n\frac{\varphi}{2}\right), \\ N_{\vartheta\varphi n} &= \frac{U_1 - U_2}{2} = \frac{1}{2\sin^2\varphi}\left(C_{1n}\cot^n\frac{\varphi}{2} - C_{2n}\tan^n\frac{\varphi}{2}\right). \end{aligned}\right\} \qquad (24)$$

Jede der beiden in (24) enthaltenen Teillösungen hat eine Unendlichkeitsstelle, die erste im Kugelscheitel $\varphi = 0$, die zweite im tiefsten Punkt $\varphi = \pi$, und jede klingt mit wachsendem Abstand von der Singularität um so schneller ab, je größer n ist. Man kann daher für eine Kugelschale mit Scheitelöffnung (Abb. 15) an jedem Rand je eine der Schnittkräfte N_φ und $N_{\varphi\vartheta}$ vorschreiben und die beiden Konstanten aus diesen Randbedingungen bestimmen. Wenn die Schale im Scheitel geschlossen ist, muß $C_{1n} = 0$ sein.

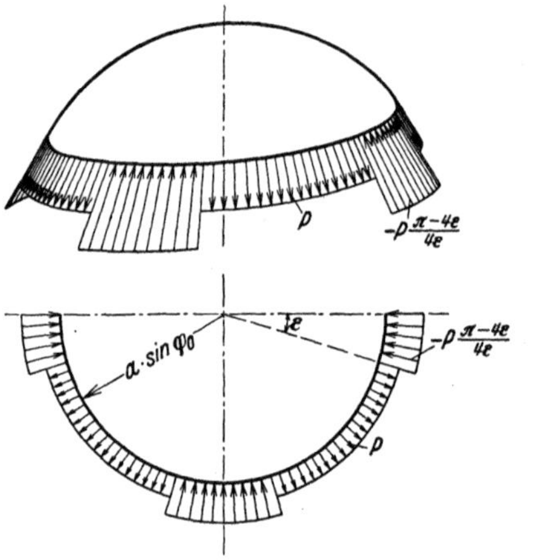

Abb. 25. Kuppel auf Einzelstützen

Als ein Beispiel für die Anwendung der Gln. (24) wollen wir die in Abb. 25 dargestellte Kuppel berechnen, die auf vier Stützen der Winkelbreite 2ε aufruht und zwischen diesen eine Randbelastung P trägt, die natürlich ebenso wie die Stützung tangential sein muß. Wir entwickeln die aus diesen Lasten P und den Stützenreaktionen $-P\frac{\pi - 4\varepsilon}{4\varepsilon}$ bestehende Randbelastung in eine trigonometrische Reihe, in der wegen der Symmetrie der Lasten nur die Glieder mit durch 4 teilbaren n vorkommen können, und erhalten so die Randbedingung

$$\varphi = \varphi_0: \quad N_\varphi = \frac{2P}{\varepsilon} \sum_{n=4,8,\ldots}^{\infty} \frac{\sin n\varepsilon}{n} \cos n\vartheta .$$

Anderseits erhält man aus (24), wenn man über n summiert, die Randwerte

$$\varphi = \varphi_0: \quad N_\varphi = \frac{1}{2\sin^2\varphi_0} \sum_{n=4,8,\ldots}^{\infty} C_{2n} \tan^n \frac{\varphi_0}{2} \cos n\vartheta ,$$

und wenn man die rechten Seiten dieser beiden Gleichungen einander gleichsetzt, so findet man C_{2n} und damit die Schnittkräfte:

$$N_\varphi = -N_\vartheta = \frac{1}{2} \sum_{n=4,8,\ldots}^{\infty} C_{2n} \frac{\tan^n \frac{\varphi}{2}}{\sin^2\varphi} \cos n\vartheta ,$$

$$N_{\vartheta\varphi} = -\frac{1}{2} \sum_{n=4,8,\ldots}^{\infty} C_{2n} \frac{\tan^n \frac{\varphi}{2}}{\sin^2\varphi} \sin n\vartheta .$$

Dieser Spannungszustand ist für eine Halbkugel durchgerechnet und in Abb. 26 dargestellt worden. Wenn man eine drehsymmetrische Lösung, etwa die Eigengewichtslösung (15), superponiert, kann man P so wählen, daß im Lichten zwischen den Stützen der Randwert von N_φ gerade null wird. Abb. 27 gibt ein Trajektorienbild für den so entstehenden Spannungszustand, jedoch unter der Annahme punktförmiger Stützung ($\varepsilon = 0$).

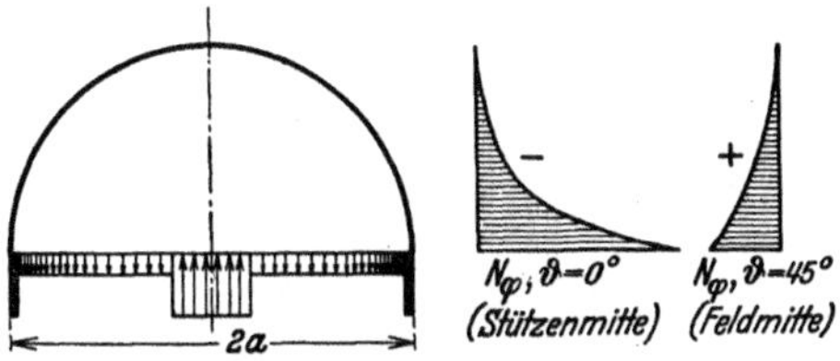

Abb. 26. Halbkugel auf vier Stützen, Schnittkräfte für die gezeichnete Randlast

Jede derartige Lösung liefert zwar die vorgeschriebene Verteilung der Längskraft N_φ, aber sie liefert außerdem Randschubkräfte, deren Verteilung man nicht mehr vorschreiben kann, weil keine Integrationskonstante mehr zur Verfügung steht. Diese Schubkräfte müssen durch eine Konstruktion aufgenommen werden, die auch zwischen den Stützen durchläuft, eine Art Zugring, der aber durch diese Kräfte nicht nur auf Zug beansprucht ist, sondern auch in seiner Ebene verbogen wird. Fehlt dieses *Randglied*, so treten entsprechende Biegemomente in der Randzone der Schale auf, deren Spannungszustand dann mit den Mitteln der Membrantheorie nicht mehr vollständig beherrscht werden kann.

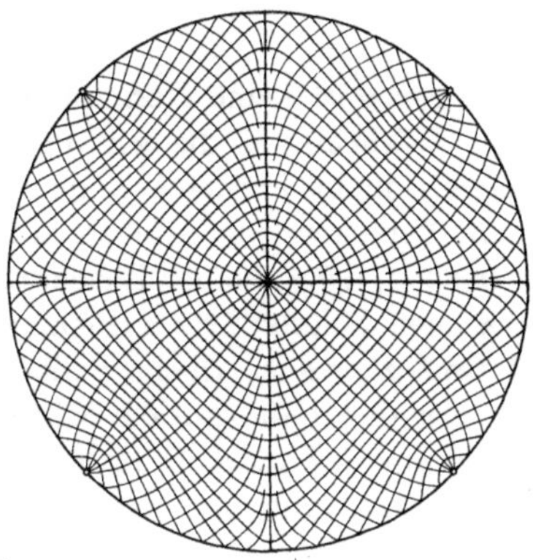
Abb. 27. Halbkugel auf vier Punktstützen, Längskrafttrajektorien in stereographischer Projektion

Solche Randglieder sind an allen freien Rändern von Schalen nötig. Das hängt damit zusammen, daß ein freier Rand verbiegenden Kräften fast keinen Widerstand entgegensetzt, während eine geschlossene Schale (Hohlkugel z. B.) oder eine an allen Rändern unterstützte außerordentlich steif ist.

Die eben vorgeführte Berechnung einer Kuppel auf Einzelstützen setzt die Größe der Stützkräfte als bekannt voraus. Das ist immer dann der Fall, wenn entweder nur drei Stützpunkte vorhanden sind oder wenn die Stützen in beliebiger Zahl gleichmäßig über den Umfang des Kämpferkreises verteilt sind, dann aber nur für eine Belastung, die mindestens denselben Grad der Symmetrie hat wie die Stützenstellung, so daß aus der Symmetrie von System und Belastung auf die Gleichheit aller Stützkräfte geschlossen werden kann. Wenn die Stützen unregelmäßig verteilt sind, oder wenn sie so breit sind, daß man nicht mehr eine annähernd gleichmäßige Verteilung der Stützkraft über die Breite 2ε erwarten darf, dann hängt die Verteilung der Auflagerkräfte von der Formänderung der Schale und der Stützen ab.

γ) Apsidenkuppel

Unter einer Apsidenkuppel oder Halbkuppel verstehen wir die Hälfte einer Drehschale (Abb. 28), die längs eines Breitenkreisrandes gestützt ist. Der lotrechte Rand der Schale soll so frei wie möglich sein, d. h.,

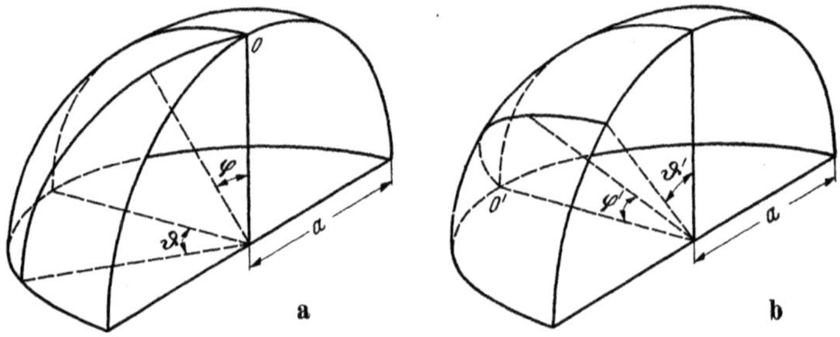

Abb. 28. Koordinatensysteme für eine kugelförmige Halbkuppel.

es sollen dort keine Normalkräfte N_ϑ auftreten. Wir werden aber nach den Erfahrungen, die wir mit der Kuppel auf Punktstützen gemacht haben, nicht erwarten können, daß wir auch die Schubkräfte $N_{\vartheta\varphi}$ zum Verschwinden bringen können. Wir werden daher ein Randglied vorsehen, das in seiner Ebene biegesteif ist und die von der Schale übertragenen Schubkräfte aufnehmen kann, während es gegenüber Lasten normal zu seiner Ebene vollkommen nachgiebig ist.

Für den Fall, daß die Mittelfläche eine Viertelkugel ist, lassen sich die Schnittkräfte in der Halbkuppel mit Hilfe der Lösung (24) berechnen. Zur Darstellung des Verfahrens wählen wir einen einfachen Lastfall, das Eigengewicht einer Kuppel konstanter Wanddicke. Dieselben Gedanken können leicht auf jeden anderen symmetrischen oder unsymmetrischen Lastfall übertragen werden.

Der Rechnung liegt folgender Plan zugrunde. Wir gehen von dem durch (15) gegebenen drehsymmetrischen Spannungszustand aus. Er stellt die inhomogene Lösung dar, die an jedem Schalenelement Gleichgewicht zwischen Lasten und Schnittkräften herstellt. Am unteren Schalenrand führt er zu Normalkräften N_φ, gegen die nichts einzuwenden ist, und am Meridianrand ergibt er Normalkräfte N_ϑ, die den Bedingungen der Aufgabe widersprechen und beseitigt werden müssen. Das geschieht durch Anbringung einer Randbelastung, die die unerwünschten Randkräfte gerade aufhebt. Zur Darstellung der von dieser Randbelastung erzeugten Schnittkräfte benutzen wir das in Abb. 28b dargestellte Koordinatensystem φ', ϑ' und eine Summe über Lösungen der Form (24). Mit dieser Lösung sind unvermeidlich Schubkräfte am lotrechten Rande $\varphi' = \pi/2$ verbunden, die von einem halbkreisförmigen Randglied aufgenommen werden müssen. Eine möglicherweise noch nötige Verbesserung der so erhaltenen Lösung werden wir später erörtern.

Die Beziehungen zwischen den Koordinaten φ', ϑ' und φ, ϑ lassen sich leicht auffinden und mögen hier ohne Beweis mitgeteilt werden. Es ist

$$\cos\varphi' = \cos\vartheta \sin\varphi, \qquad \tan\vartheta' = \sin\vartheta \tan\varphi.$$

Abb. 29 zeigt, vom Kugelmittelpunkt aus gesehen, eine Tangentialebene mit den positiven Richtungen der vier Koordinaten. Der Winkel α zwischen den positiven ϑ- und ϑ'-Richtungen ist bestimmt durch

$$\cos\alpha = \cos\vartheta \cos\vartheta'.$$

Wir werden ihn später nötig haben, um die Schnittkräfte $N_{\varphi'}, \ldots$ in Schnittkräfte $N_\varphi, \ldots$ umzuwandeln.

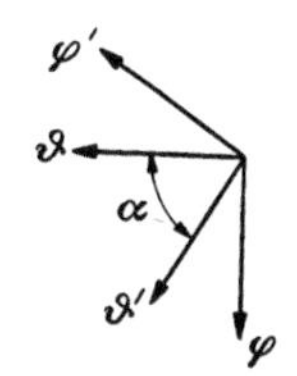

Abb. 29. Koordinatenrichtungen vom Kugelmittelpunkt aus gesehen

Auf dem lotrechten Rande $\vartheta = \pm\pi/2$ oder $\varphi' = \pi/2$ liefert (15) die Randkräfte

$$\overline{N}_\vartheta = \overline{N}_{\varphi'} = p\,a\left(\frac{1}{1+\cos\vartheta'} - \cos\vartheta'\right).$$

Die entgegengesetzt gleichen Kräfte, die wir zur Kompensation anbringen müssen, können in eine Fourier-Reihe nach ϑ' entwickelt werden:

$$-\overline{N}_{\varphi'} = p\,a\left(\cos\vartheta' - \frac{1}{1+\cos\vartheta'}\right) = p\,a \sum_{n=2,4,\ldots}^{\infty} N_n \cos n\,\vartheta'.$$

Da uns nur das Intervall $-\pi/2 \leqq \vartheta' \leqq \pi/2$ interessiert, kommen wir mit den geraden n-Potenzen aus, und da die Resultierende dieser Randkräfte null ist, tritt kein Term mit $n = 0$ auf. Die Koeffizienten N_n sind wie üblich als Integrale zu berechnen:

$$N_n = \frac{4}{\pi}\int_0^{\pi/2}\left(\cos\vartheta' - \frac{1}{1+\cos\vartheta'}\right)\cos n\,\vartheta'\,d\vartheta'.$$

Das Integral kann für jedes n in geschlossener Form ausgewertet werden, doch führt eine numerische Integration mindestens ebenso schnell zum Ziele. Sie lieferte die folgenden Werte: $N_2 = 0{,}605$, $N_4 = -0{,}1487$, $N_6 = 0{,}0823$, $N_8 = -0{,}0386$.

Die von dieser Randbelastung erzeugten Schnittkräfte werden durch eine Summe von Lösungen der Form (24) dargestellt. Da wir Regularität im Punkt O' fordern müssen, ist $C_{1n} = 0$, und wenn wir statt $\frac{1}{2}C_{2n}$ einfacher C_n schreiben, so haben wir

$$\left.\begin{aligned} N_{\varphi'} = -N_{\vartheta'} &= \sum_{2,4,\ldots}^{\infty} C_n \tan^n \frac{\varphi'}{2} \cos n\vartheta', \\ N_{\varphi'\vartheta'} &= -\sum_{2,4,\ldots}^{\infty} C_n \tan^n \frac{\varphi'}{2} \sin n\vartheta'. \end{aligned}\right\} \qquad (24')$$

Mit $\varphi' = \pi/2$ muß diese Reihe für $N_{\varphi'}$, mit der zuvor angegebenen für $-N_{\varphi'}$ übereinstimmen, und daraus folgt

$$C_n = p\,a\,N_n.$$

Wenn wir die damit gefundene homogene Lösung mit der drehsymmetrischen Lösung (15) überlagern, haben wir einen Spannungszustand vor uns, der alle Bedingungen der Aufgabe erfüllt. Dieser Überlagerung steht aber noch die Schwierigkeit entgegen, daß wir die beiden Lösungen in zwei verschiedenen Koordinatensystemen gefunden haben und daß sie daher Schnittkräfte in verschieden gerichteten Schnitten beschreiben. Bevor wir die Lösungen addieren können, müssen wir eine von ihnen auf die Schnittrichtungen des für die andere benutzten Koordinatensystems umrechnen. Wir wählen dafür die eben gefundene Lösung (24′). Durch Vergleich der Abb. 3 und 29 sehen wir, daß wir die Gln. (3) hier mit folgenden Bezeichnungen benutzen müssen:

Bezeichnungen in Gln. (3):	x	y	ξ	η	α,
Bezeichnungen hier:	φ'	ϑ'	ϑ	φ	$90° - \alpha$.

Die Transformationsgleichungen nehmen damit die folgende Gestalt an:

$$\left.\begin{aligned} N_{\varphi} &= N_{\varphi'} \cos^2\alpha + N_{\vartheta'} \sin^2\alpha - 2N_{\varphi'\vartheta'} \cos\alpha \sin\alpha, \\ N_{\vartheta} &= N_{\varphi'} \sin^2\alpha + N_{\vartheta'} \cos^2\alpha + 2N_{\varphi'\vartheta'} \cos\alpha \sin\alpha, \\ N_{\varphi\vartheta} &= (N_{\vartheta'} - N_{\varphi'}) \cos\alpha \sin\alpha - N_{\varphi'\vartheta'} (\cos^2\alpha - \sin^2\alpha). \end{aligned}\right\} \qquad (25)$$

Zur numerischen Auswertung der Schnittkräfte gehen wir in folgender Weise vor: Zunächst wählen wir die Punkte φ, ϑ, für die wir die Schnittkräfte zu berechnen wünschen, und berechnen dafür die Koordinaten φ', ϑ' und den Winkel α. Dann berechnen wir die Schnittkräfte N_φ, N_ϑ nach (15) und die Schnittkräfte $N_{\varphi'}$, $N_{\vartheta'}$, $N_{\varphi'\vartheta'}$ nach (24′) und setzen die letzeren auf den rechten Seiten der Transformationsgleichungen (25) ein. Die daraus erhaltenen Kräfte N_φ, N_ϑ werden zu denen aus (15) addiert, während die Schubkräfte $N_{\varphi\vartheta}$ schon den Gesamtschub darstellen. In Abb. 30 sind die Normalkräfte N_φ am Kämpferrand und die Schubkräfte $N_{\varphi\vartheta}$ am lotrechten Rand dargestellt. Der Aufgabe entsprechend treten am lotrechten Rande keine Normalkräfte auf, aber zufälligerweise sind auch die Schubkräfte am Kämpferrand null.

Wenn wir das Verschwinden der Kämpferschubkraft als zusätzliche Randbedingung einführen, ist die hier beschriebene Lösung die einzig mögliche. Gewöhnlich wird aber zu dieser Forderung kein Anlaß vorliegen. Dann können wir, ohne die bisher aufgestellten Bedingungen der Aufgabe zu verletzen, noch gewisse Lösungen der Form (24) in φ und ϑ hinzufügen, nämlich alle die, für die $C_{1n} = 0$ und n eine ungerade Zahl ist. Diese Lösungen ergeben keine Kräfte N_ϑ am lotrechten Rand, wohl aber Schubkräfte. Sie können dazu benutzt werden, noch eine zusätzliche Randbedingung am Kämpfer zu erfüllen, etwa eine Vorschrift über die Kämpferkraft N_φ oder über die Formänderung des Kämpferrandes. Die Ausarbeitung der Einzelheiten sei dem Leser überlassen.

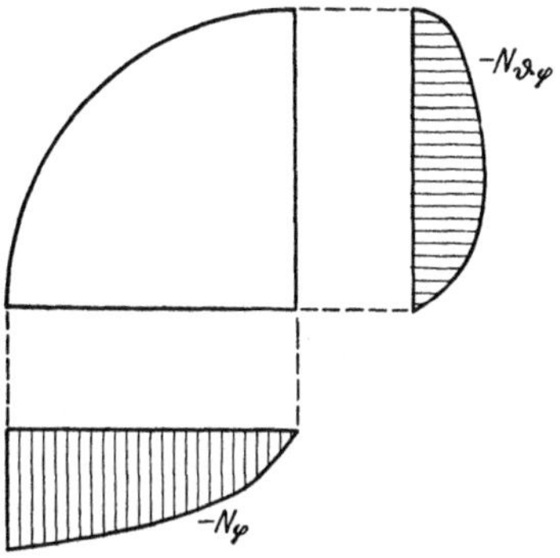

Abb. 30. Randschnittkräfte einer Halbkuppel für Eigengewicht

c) Lösung für Schalen beliebiger Form

Man wird nicht erwarten können, für jede Form des Schalenmeridians eine so einfache geschlossene Lösung zu finden wie für die Kugel. Ganz abgesehen davon, daß es im allgemeinen gar nicht gelingt, sie zu finden, hat es auch wenig Reiz, sie zu suchen, wenn man schließlich Formeln von kompliziertem Bau erhält, deren numerische Auswertung zeitraubend und fehlerempfindlich ist. Man wird es dann vorziehen, sich die Lösung unmittelbar durch numerische Integration der Differentialgleichungen zu beschaffen. Dazu greifen wir auf die Gln. (20) zurück und lösen sie nach den Ableitungen auf:

$$\frac{dN_{\varphi n}}{d\varphi} = -\left(1 + \frac{r_1}{r_2}\right) \cot\varphi \cdot N_{\varphi n} - n \frac{r_1}{r_2} \frac{N_{\varphi\vartheta n}}{\sin\varphi} + r_1 p_{rn} \cot\varphi - r_1 p_{\varphi n},$$

$$\frac{dN_{\varphi\vartheta n}}{d\varphi} = -2 \frac{r_1}{r_2} \cot\varphi \cdot N_{\varphi\vartheta n} - n \frac{N_{\varphi n}}{\sin\varphi} + n r_1 \frac{p_{rn}}{\sin\varphi} - r_1 p_{\vartheta n}.$$

Dieses Gleichungssystem besitzt zwei linear unabhängige Lösungen, und bei der Untersuchung der Kugelschale haben wir gesehen, daß eine davon im Scheitel eine Singularität hat. Dasselbe ist für andere Schalenformen zu erwarten, die in der Umgebung des Scheitels durch eine Kugel approximiert werden können, d. h. deren Mittelfläche dort eine waagerechte Tangentialebene und endliche Krümmungsradien hat. Das Vorhandensein singulärer Lösungen bedeutet für die numerische Integration eine eigentümliche Schwierigkeit, deren Behandlung an einem Beispiel erläutert werden möge.

Die in Abb. 31 dargestellte Kuppelschale ruht auf acht Einzelstützen endlicher Breite. Wir setzen konstante Wandstärke voraus und berechnen die Schnittkräfte für Eigengewicht. Die Aufgabe läßt sich, ebenso wie die Berechnung der Kugelkuppel auf S. 46, zurückführen auf die Berechnung der Schnittkräfte, die von einer Belastung des Kämpferrandes mit

$$\overline{N}_\varphi = \overline{N}_{\varphi n} \cos n\vartheta$$

erzeugt werden, wobei für unser Beispiel nur die Werte $n = 8, 16, 24, \ldots$ in Frage kommen.

Wir wollen die Rechnung für $n = 8$ kurz skizzieren und setzen zur Vereinfachung noch $\overline{N}_{\varphi n} = 1$. Zunächst ersetzen wir in den Differentialgleichungen die Ableitungen der Schnittkräfte durch endliche Differenzen:

$$\Delta N_{\varphi n} = -\left(1 + \frac{r_1}{r_2}\right) \Delta\varphi \cot\varphi \cdot N_{\varphi n} - n \frac{r_1}{r} \Delta\varphi \cdot N_{\varphi\vartheta n},$$

$$\Delta N_{\varphi\vartheta n} = -2 \frac{r_1}{r_2} \Delta\varphi \cot\varphi \cdot N_{\varphi\vartheta n} - \frac{n\,\Delta\varphi}{\sin\varphi} \cdot N_{\varphi n}.$$

Die Koeffizienten der Schnittkräfte auf den rechten Seiten kann man leicht aus der Gleichung des Meridians gewinnen. Kennt man dann

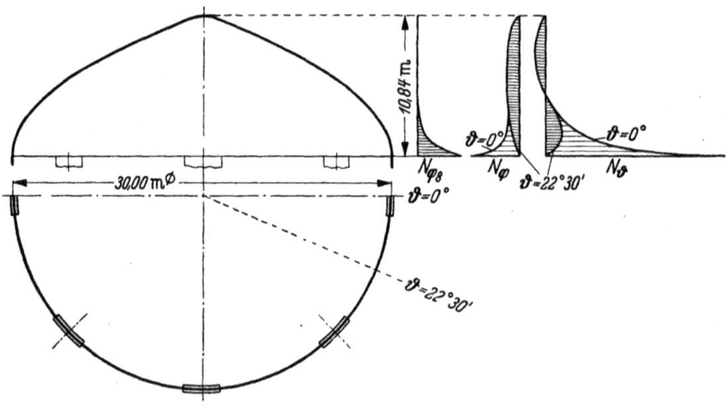

Abb. 31. Spitzkuppel mit Parabelmeridian auf acht Einzelstützen. Achte Harmonische der Meridianlängskraft $N_{\varphi 8}$, Schnittkräfte für Eigengewicht N_φ, N_ϑ

für irgendein φ beide Unbekannten $N_{\varphi n}$ und $N_{\varphi\vartheta n}$, so kann man aus den Gleichungen ihre Änderung ausrechnen und damit die Schnittkräfte für $\varphi \pm \Delta\varphi$. Setzt man diese rechts ein, so erhält man die Ableitungen an der Stelle $\varphi \pm \Delta\varphi$ und kann damit die Schnittkräfte für $\varphi \pm 2\Delta\varphi$ angeben. Die Voraussetzung, daß man an einer Stelle beide Schnittkräfte kennt, ist in unserer Aufgabe nicht erfüllt. Wir kennen nur $N_{\varphi n} = \overline{N}_{\varphi n}$ für $\varphi = \pi/2$ und haben außerdem die Bedingung zu erfüllen, daß die errechnete Lösung im Scheitel regulär sein soll. Wir helfen uns, indem wir für $N_{\varphi\vartheta n}$ einen plausiblen Randwert annehmen. Nach unseren Erfahrungen bei der Kugelschale käme dafür etwa $\overline{N}_{\varphi\vartheta n} = -\overline{N}_{\varphi n}$ in Betracht. Dann kann man die eben angedeutete Rechnung durchführen und vom Kämpferrand weg, zunächst mit grober Intervallteilung, die Schnittkräfte berechnen. Das Ergebnis einer mit $\Delta\varphi = -5^\circ$ durchgeführten Rechnung zeigt folgende Tabelle:

$\varphi =$	90°	85°	80°	75°	70°	65°	60°	55°	50°	45°	40°
$N_{\varphi 8} =$	1,000	0,814	0,763	0,831	1,026	1,400	2,047	3,20	5,33	9,62	18,88
$N_{\varphi\vartheta 8} =$	−1,000	−0,302	0,268	0,811	1,423	2,215	3,353	5,13	8,13	13,02	23,90

Man entnimmt daraus folgendes: Die errechnete Lösung ist eine Linearkombination einer singulären und der gesuchten regulären. Zunächst nehmen beide Schnittkräfte schwach ab, der Schub wechselt das Vorzeichen, und dann überwiegt der singuläre Anteil immer stärker. Beide Funktionen wachsen schnell an und gehen nach $+\infty$.

Wiederholt man die Rechnung mit einer anderen Annahme für $N_{\varphi\vartheta 8}$, z. B. mit $\overline{N}_{\varphi\vartheta 8} = -2$, so gehen beide Funktionen nach $-\infty$. Der Anteil der singulären Lösung hat also sein Vorzeichen gewechselt, und zwischen den beiden Annahmen muß der richtige Wert $\overline{N}_{\varphi\vartheta 8}$ liegen, für den er ganz verschwindet. Sein ungefähre Lage kann man durch lineare Interpolation aus den Ergebnissen der Versuchsrechnungen abschätzen und findet, daß er zwischen $-1{,}86$ und $-2{,}00$ liegen muß. Wiederholt man die Rechnung für diese beiden Annahmen mit enger Intervallteilung, so erhält man zwei Lösungen, in denen sich der singuläre Anteil mit verschiedenem Vorzeichen gleich stark bemerkbar macht und so schwach ist, daß man durch lineare Interpolation die reguläre Lösung gewinnen kann. Diese ist in Abb. 31 aufgetragen, und man erkennt, daß sie vom Kämpferrand her monoton abklingt und bald unmerklich klein wird.

Die reguläre Lösung für die höheren Harmonischen $n = 16, 24, \ldots$ klingt noch viel stärker ab, so daß ihr Einfluß schon in geringer Entfernung vom Kämpfer kaum noch merklich ist. Rechnet man sie nach demselben Verfahren aus, indem man den richtigen Randschub zunächst durch Proberechnungen ungefähr ermittelt und dann durch Interpolation genau einrechnet, so kann man schließlich durch Superposition die Spannungen für Eigengewicht erhalten, die das eigentliche Ziel der statischen Berechnung bilden. Auch ihr Verlauf ist in Abb. 31 aufgetragen.

Der größte Teil des Meridians in Abb. 31 ist eine quadratische Parabel mit waagerechter Achse. Hätten wir die Parabel bis zum Scheitel beibehalten, so wäre eine Spitzkuppel entstanden. Um das zu vermeiden, weicht der Meridian im obersten Teil der Schale von einer Parabel ab. Die Kuppel hat daher im Scheitel eine eindeutige Tangentialebene, und wir sind berechtigt, für jede Harmonische die Existenz einer regulären und einer singulären Lösung zu erwarten und die Regularitätsforderung anstelle einer zweiten Randbedingung zu benutzen. Für eine Spitzkuppel mit exakt parabelförmigem Meridian liegen die Verhältnisse anders. Wir werden auf S. 56 sehen, daß es in einer Kegelschale mit Randbelastung keine reguläre Lösung gibt, sondern nur für jede Harmonische zwei Lösungen mit Singularitäten verschiedener Ordnung. Dasselbe ist auch bei anderen Spitzkuppeln zu erwarten, und es sieht daher so aus, als wäre das geschilderte Verfahren auf Spitzkuppeln nicht anwendbar. Anderseits ist es schwer vorstellbar, daß Spannungen, die im unteren Teil der Schale rasch und gründlich abklingen, viel weiter oben plötzlich wieder anwachsen und sogar nach unendlich streben sollten. Dieser Widerspruch zwischen dem mathematischen Befund und der physikalischen Vorstellung klärt sich in einfacher Weise. In einer Spitzkuppel mit *gekrümmtem* Meridian klingt die homogene Lösung mit der schwächeren Singularität mit wachsender Entfernung vom Rande zunächst so stark ab, daß sie praktisch verschwunden ist, und erst in unmittelbarer Nähe der Spitze beginnt sie wieder zu wachsen und strebt nach unendlich. Bei der numerischen Integration verliert sich dieser Wiederanstieg in den Abrundungsfehlern der Rechnung. In der wirklichen Schale sorgt die Biegesteifigkeit dafür, daß die Spannungen (und die Formänderungen) nicht wieder anwachsen, nachdem sie einmal abgeklungen sind. Wir können daher das im vorstehenden geschilderte Rechenverfahren immer dann auch auf Spitzkuppeln anwenden, wenn es uns gelingt, eine Lösung zu finden, die in Randnähe zunächst befriedigend abklingt. Das ist für die höheren Harmonischen (z. B. $n = 8$ in unserem Beispiel) zu erwarten, mag aber für $n = 2$ oder 3 nicht immer so sein. In solchen Fällen hat die Membrantheorie keine Antwort für die Spannungsaufgabe.

Wenn die Kräfte sehr stark abklingen, so interessiert die Lösung nur in einem kleinen Bereich der Schale, in dem sich die Koeffizienten der Differentialgleichungen (20) nur wenig verändern. Ersetzt man sie dann durch die Werte, die sie auf dem Schalenrand oder besser in einem Punkt φ' in der Mitte des interessierenden Meridianbereiches annehmen, so hat man Differentialgleichungen mit konstanten Koeffizienten, die man mit dem Exponentialansatz

$$N_{\varphi n} = A\, e^{\alpha\varphi}, \qquad N_{\varphi\vartheta n} = B\, e^{\alpha\varphi}$$

lösen kann. Durch Einsetzen in die homogen gemachten Gln. (20) ergeben sich zwei homogene lineare Gleichungen für A, B:

$$\begin{aligned} A\left[\alpha + \left(1 + \frac{r_1}{r_2}\right)\cot\varphi'\right] + B \cdot \frac{r_1}{r}\,\frac{n}{\sin\varphi'} &= 0, \\ A \cdot \frac{n}{\sin\varphi'} + B\left[\alpha + 2\,\frac{r_1}{r_2}\cot\varphi'\right] &= 0. \end{aligned}$$

Damit sie nebeneinander bestehen können, muß ihre Determinante verschwinden, und daraus folgt für α die Gleichung

$$\alpha^2 + \alpha\left(3\frac{r_1}{r_2} + 1\right)\cot\varphi' + 2\frac{r_1}{r_2}\left(\frac{r_1}{r_2} + 1\right)\cot^2\varphi' - n^2\frac{r_1}{r_2\sin^2\varphi'} = 0.$$

Für die 8. Harmonische des eben vorgerechneten Beispieles ergibt das, wenn wir $\varphi' = 85°$ wählen,

$$\alpha^2 + 0{,}1587\,\alpha - 17{,}50 = 0$$

mit der allein interessierenden positiven Lösung $\alpha = +4{,}40$. Damit wird nach der zweiten Gleichung

$$B = -A\frac{n}{\left[\alpha + 2\frac{r_1}{r_2}\cot\varphi'\right]\sin\varphi'} = -1{,}936\,A,$$

also in guter Übereinstimmung mit dem Befund der numerischen Integration.

Wo es für die Durchführung der Rechnung günstig erscheint, läßt sich das hier dargestellte Verfahren der numerischen Integration einschließlich der Näherungslösung mit konstanten Koeffizienten natürlich auch auf die Gln. (12) anwenden. Auf die Vorführung eines Beispieles hierzu können wir verzichten.

d) Kegelschale

Ebenso wie im drehsymmetrischen Falle erhält man für die Kegelschale auch unter allgemeinen Lasten eine einfache Lösung. Um sie zu finden, greifen wir wie auf S. 32 auf die Form (12) der Differentialgleichungen zurück, setzen $\varphi = \frac{\pi}{2} - \alpha$, $r = s\sin\alpha$, $r_2 = s\tan\alpha$ und erhalten

$$\left.\begin{aligned} \frac{\partial(N_s s)}{\partial s} + \frac{\partial N_{s\vartheta}}{\partial\vartheta}\frac{1}{\sin\alpha} - N_\vartheta + p_s s &= 0, \\ \frac{\partial(N_{s\vartheta} s)}{\partial s} + \frac{\partial N_\vartheta}{\partial\vartheta}\frac{1}{\sin\alpha} + N_{s\vartheta} + p_\vartheta s &= 0, \\ N_\vartheta = p_r s\tan\alpha. & \end{aligned}\right\} \quad (26\text{a}-\text{c})$$

Wir benutzen (26c), um N_ϑ aus (26a, b) zu elimirieren und führen dann den Ansatz (21), (21′) für Lasten und Schnittkräfte ein. Wir erhalten so die beiden totalen Differentialgleichungen

$$\left.\begin{aligned} \frac{dN_{sn}}{ds} + \frac{1}{s}N_{sn} + \frac{n}{s\sin\alpha}N_{s\vartheta n} &= -p_{sn} + p_{rn}\tan\alpha, \\ \frac{dN_{s\vartheta n}}{ds} + \frac{2}{s}N_{s\vartheta n} &= -p_{\vartheta n} + p_{rn}\frac{n}{\cos\alpha}, \end{aligned}\right\} \quad (27\text{a}, \text{b})$$

während (26c) die Ringkraft

$$N_{\vartheta n} = p_{rn}\,s\tan\alpha$$

unabhängig von den anderen Schnittkräften und von allen Randbedingungen liefert. Auf die Bedeutung dieser Erscheinung haben wir schon auf S. 32 bei der Behandlung des drehsymmetrischen Falles hingewiesen.

Die beiden Differentialgleichungen lassen sich nacheinander auflösen. Gl. (27b) ist eine lineare Differentialgleichung für $N_{s\vartheta n}$ allein, für die die schon auf S. 42 gegebene Lösungsformel gilt;

$$N_{s\vartheta n} = -\exp\left(-\int \frac{2\,ds}{s}\right)\left[\int\left(\left(p_{\vartheta n} - p_{rn}\frac{n}{\cos\alpha}\right)\exp\int\frac{2\,ds}{s}\right)ds + C_1\right]$$

$$= -\frac{1}{s^2}\left[\int\left(p_{\vartheta n} - p_{rn}\frac{n}{\cos\alpha}\right)s^2\,ds + C_1\right].$$

Dies Ergebnis kann in Gl. (27a) eingesetzt werden, aus der dann genau ebenso

$$N_{sn} = -\frac{1}{s}\left[\int\left(\frac{n}{\sin\alpha}N_{s\vartheta n} + s\,p_{sn} - s\,p_{rn}\tan\alpha\right)ds + C_2\right]$$

gewonnen wird.

Als Beispiel berechnen wir das schon auf S. 32 behandelte pilzartige Regendach für eine Windbelastung, die wir mit

$$p_s = p_\vartheta = 0, \qquad p_r = -p\cos\alpha\cos\vartheta$$

ansetzen. Wir haben unsere Formeln mit $n = 1$ zu gebrauchen und finden

$$N_\vartheta = -p\,s\sin\alpha\cos\vartheta, \qquad N_{s\vartheta} = -\frac{1}{s^2}\left[p\frac{s^3}{3} + C_1\right]\sin\vartheta.$$

Kräftefreier Rand $s = l$ liefert hier $C_1 = -\frac{p\,l^3}{3}$, so daß wir für den Schub

$$N_{s\vartheta} = \frac{1}{3}p\frac{l^3 - s^3}{s^2}\sin\vartheta$$

erhalten und für die Meridianlängskraft nach einer weiteren Konstantenbestimmung

$$N_s = \frac{p}{\sin\alpha}\left[\frac{l^3 - s^3}{3s^2} - \frac{l^2 - s^2}{2s}\cos^2\alpha\right]\cos\vartheta.$$

Hier wird N_s im Scheitel von zweiter Ordnung unendlich, entsprechend dem dort angreifenden Einspannmoment der Stütze. Der Schub hat nicht nur die waagerechte Stützkraft aufzubringen, sondern auch die waagerechte Resultierende der N_s zu kompensieren und wird deshalb auch von zweiter und nicht nur von erster Ordnung unendlich.

e) Einschaliges Hyperboloid

Die qualitativen Ergebnisse, die wir an der Kugelschale gewonnen und an anderen drehsymmetrischen Schalen wiedergefunden haben, sind an eine wesentliche Voraussetzung gebunden: Es muß sich um Schalen mit positivem Krümmungsmaß $1/r_1 r_2$ handeln. Schalen negativer Krümmung, wie das in Abb. 32 dargestellte Rotationshyperboloid, verhalten sich in mancher Hinsicht vollkommen anders. Woran das liegt, wollen wir jetzt erörtern.

Wir gehen aus von den Gln. (12) und eliminieren zunächst mit Hilfe der letzten N_ϑ aus den beiden andern. Mit $dr/ds = \cos\varphi$ ergibt sich:

$$\left.\begin{aligned} r\frac{\partial N_s}{\partial s} + N_s\left(\cos\varphi + \frac{r}{r_1}\cot\varphi\right) + \frac{\partial N_{\vartheta s}}{\partial \vartheta} &= -p_s r + p_r r\cot\varphi, \\ r\frac{\partial N_{\vartheta s}}{\partial s} + 2N_{\vartheta s}\cos\varphi - \frac{\partial N_s}{\partial \vartheta}\frac{r_1}{r_2} &= -p_\vartheta r - \frac{\partial p_r}{\partial \vartheta} r_2 . \end{aligned}\right\} \quad (28)$$

Aus diesen beiden Gleichungen können wir, wenn wir wollen, auch noch $N_{\vartheta s}$ eliminieren. Wenn wir nämlich die zweite nach ϑ differenzieren, so enthält sie $\partial N_{\vartheta s}/\partial\vartheta$ und $\partial^2 N_{\vartheta s}/\partial s\,\partial\vartheta$. Die erste Ableitung können wir mit der ersten der beiden vorstehenden Gleichungen eliminieren, die zweite Ableitung, wenn wir dieselbe Gleichung noch einmal nach s differenzieren. Wir wollen die so entstehende Gleichung nicht im einzelnen ausrechnen, denn sie enthält recht umständliche Koeffizienten und nützt auch nur wenig, weil man nicht die geeigneten Randbedingungen hat. Wesentlich für uns ist nur, daß sie die zweiten Ableitungen von N_s in der Form

$$\frac{\partial^2 N_s}{\partial s^2} + \frac{1}{r_1 r_2 \sin^2\varphi}\,\frac{\partial^2 N_s}{\partial \vartheta^2}$$

enthält; denn daraus kann man eine wichtige Folgerung ziehen: Der Koeffizient von $\partial^2 N_s/\partial\vartheta^2$ hat dasselbe Vorzeichen, wie das Krümmungsmaß $1/r_1 r_2$ der Fläche. Sind beide positiv, so ist die Differentialgleichung von elliptischem Typ, und das hat zur Folge, daß sich Unstetigkeiten der Randwerte nicht in das Innere der Schale fortpflanzen, sondern sich ausgleichen, wie wir das bei der Kugelschale auf Punktstützen gesehen haben. Hat dagegen die Schale negative Krümmung, so ist der Koeffizient von $\partial^2 N_s/\partial\vartheta^2$ negativ, die Gleichung also von hyperbolischem Typ. Solche Gleichungen besitzen reelle Charakteristiken, d. h. Kurven auf der Schalenfläche, längs deren sich Unstetigkeiten der Randwerte über die ganze Schale fortpflanzen. Dadurch treten im Kräftespiel der negativ gekrümmten Schale Erscheinungen auf, die der an Schalen positiver Krümmung geschulten Anschauung zunächst überraschend erscheinen und schon beim Entwurf von Schalenkonstruktionen Berücksichtigung erfordern. Aus dem Vorhandensein reeller Charakteristiken entspringt aber auch ein Lösungsverfahren für die Differentialgleichungen. Beides wollen wir jetzt an dem einfachsten Beispiel, dem Rotationshyperboloid, kennenlernen. Ähnlichen Erscheinungen werden wir später auf S. 112ff. bei den nichtdrehsymmetrischen Schalen negativer Krümmung wieder begegnen.

Die Mittelfläche der in Abb. 32 in Grund- und Aufriß dargestellten Schale hat die Gleichung

$$\frac{x^2+y^2}{a^2}-\frac{z^2}{b^2}=1\,.$$

Schneidet man sie mit einer Ebene, die sie in einem Punkt des Kreises $z=0$ berührt, etwa mit der Ebene $y=a$, so erhält man durch Einsetzen in die Hyperboloidgleichung für die Schnittkurve

$$\frac{x^2}{a^2}=\frac{z^2}{b^2}\,,$$

also ein Geradenpaar $x=\pm(a/b)\,z$, mit der Neigung $\tan\alpha=b/a$ gegen die Grundrißebene. Auf dem Hyperboloid gibt es

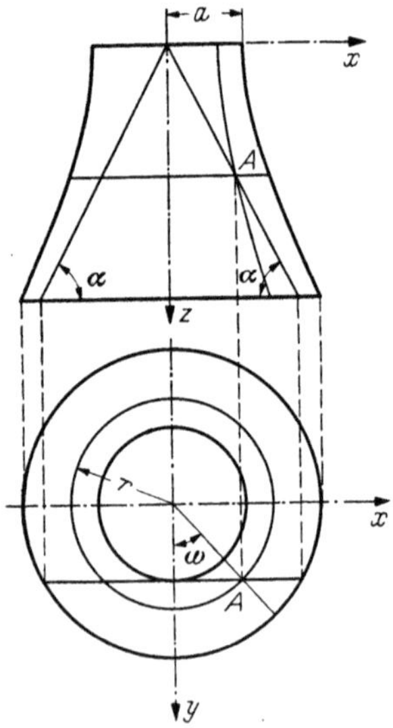

Abb. 32. Einschaliges Rotationshyperboloid, Bezeichnungen

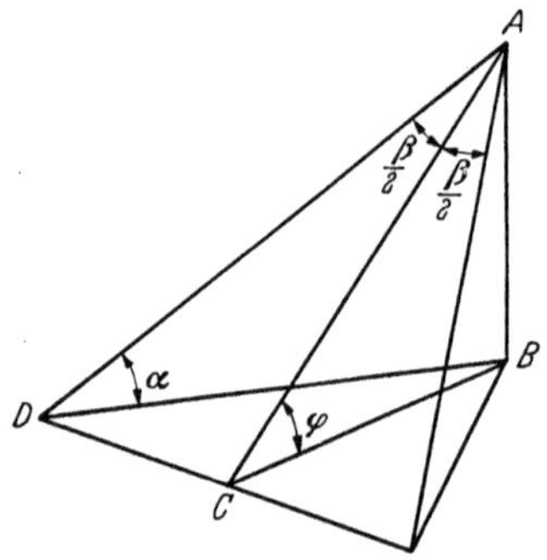

Abb. 33. Darstellung der Winkel zwischen den Erzeugenden, der Meridiantangente und einer waagerechten Ebene

also zwei Scharen von geraden Linien. Man bezeichnet sie als seine Erzeugenden. Wir stellen zunächst einiges über die Geometrie dieser Linien fest:

Abb. 33 zeigt die beiden Erzeugenden, die durch einen beliebigen Punkt A des Hyperboloids gehen. Wir bestimmen den Winkel β, unter dem sie sich schneiden. Auf der Meridiantangente ist eine Strecke AC der Länge 1 abgegrenzt. Ihre Projektion auf die Lotrechte durch A hat die Länge $AB=\sin\varphi$. Aus dem Dreieck ABD folgt $AD=\sin\varphi/\sin\alpha$ und damit aus dem Dreieck ADC:

$$\cos\frac{\beta}{2}=\frac{1}{AD}=\frac{\sin\alpha}{\sin\varphi}\,.$$

Ferner interessiert der Winkel ω zwischen den beiden Meridianebenen, die eine Erzeugende im Kehlkreis und in einem beliebigen Punkt A der Schale schneiden. Nach Abb. 32 ist

$$\cos\omega=a/r\,.$$

Für die Krümmungsradien gelten die schon beim Drehellipsoid benutzten Formeln, wenn wir nur b^2 durch $-b^2$ ersetzen, also

$$-r_1 = \frac{a^2 b^2}{(a^2 \sin^2\varphi - b^2 \cos^2\varphi)^{3/2}}, \qquad r_2 = \frac{a^2}{(a^2 \sin^2\varphi - b^2 \cos^2\varphi)^{1/2}}.$$

Damit kann man auch schreiben:

$$\cos\omega = \frac{\sqrt{a^2 \sin^2\varphi - b^2 \cos^2\varphi}}{a \sin\varphi} = \sqrt{1 - \frac{b^2}{a^2}\cot^2\varphi}.$$

Nach diesen geometrischen Vorbereitungen können wir an eine einfache statische Überlegung herangehen. In Abb. 34 ist auf der Schale ein durch zwei benachbarte Gerade derselben Erzeugenden-Schar begrenzter Streifen eingezeichnet. Leitet man in ihn an seinem einen Ende eine Kraft P ein, so ist er und damit die ganze Schale offenbar im Gleichgewicht, wenn dieselbe Kraft P in entgegengesetzter Richtung an seinem anderen Ende

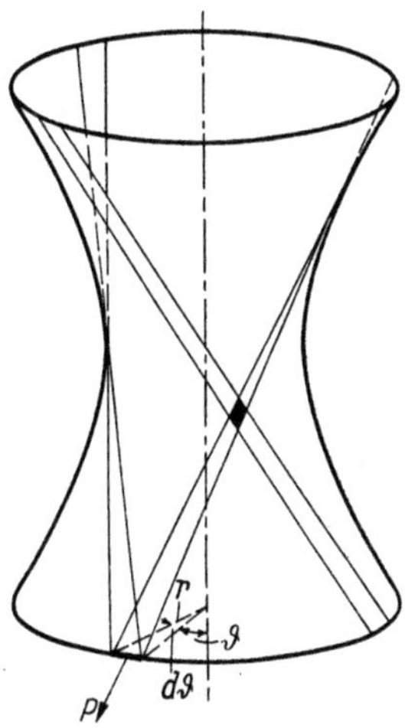

Abb. 34. Lastfortleitung längs der Erzeugenden

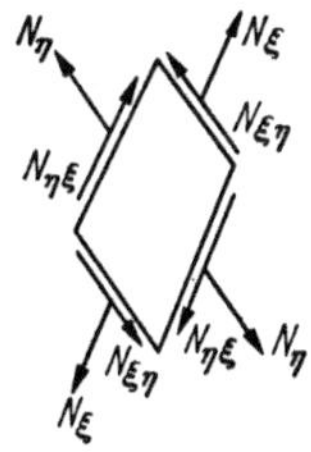

Abb. 35. Von benachbarten Erzeugenden begrenztes Schalenelement

angreift. Wir haben damit einen Spannungszustand vor uns, der eine Lösung der Differentialgleichungen (28) sein muß, und wir können uns auch überzeugen, daß es der einzig mögliche ist, wenn die Kraft P an dem einen Rand als Last gegeben ist und der andere Rand gestützt ist. Um das einzusehen, wollen wir aus der Schale ein Element herausschneiden, das durch je zwei benachbarte Erzeugende jeder Schar begrenzt ist (Abb. 35). Die in seinen Kanten wirkenden inneren Kräfte zerlegen wir in Richtung der Erzeugenden in schiefe Längskräfte N_ξ, N_η und die zugehörigen Schubkräfte $N_{\xi\eta} = N_{\eta\xi}$. Wenn wir für diese Kräfte das Gleichgewicht in Richtung der Schalennormalen aufstellen, so tragen die schiefen Längskräfte dazu nichts bei, denn sie haben ja wegen der Geradlinigkeit der Erzeugenden an gegenüberliegenden Seiten genau dieselbe Wirkungslinie, können also höchstens eine Resultierende in dieser Richtung haben, aber keine Komponente normal dazu. Dagegen liefern die Schubkräfte Beiträge, denn die Kräfte $N_{\xi\eta}$ auf zwei gegenüberliegenden Seiten sind nicht parallel, da sie ja die Richtung von zwei *verschiedenen* Erzeugenden derselben Schar haben, die einen kleinen Winkel miteinander einschließen. Wir wollen es uns hier ersparen, diesen Winkel festzustellen und die Gleichung explizit anzuschreiben, und begnügen uns mit der Feststellung, daß sie die Form haben muß: $N_{\xi\eta}$ multipliziert mit einem aus der Form der Schale folgenden Koeffizienten ist gleich der Normallast p_r. Daraus folgt, daß die nur am Rande belastete Schale im Schnittsystem der Erzeugenden keine Schubkräfte $N_{\xi\eta}$ hat, daß also die Last P, die an einer Seite in den Streifen zwischen zwei Erzeugenden eingeleitet wird, nicht seitlich aus ihm heraus kann, sondern bis zum andern Schalenrand durchlaufen muß, wo sie als Einzelkraft auf die Stützung wirkt.

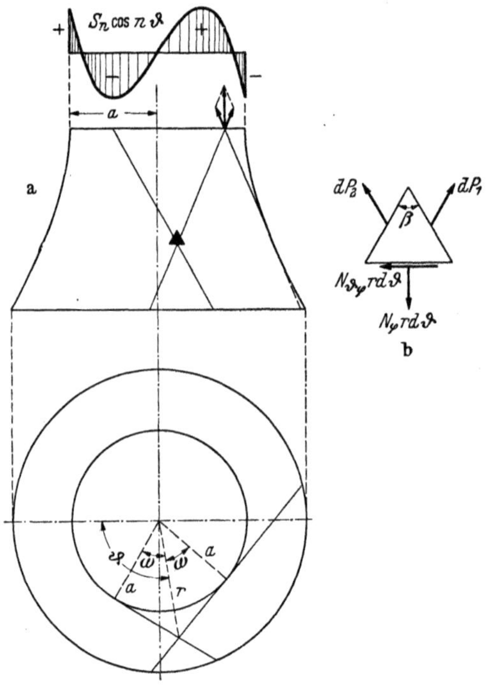

Abb. 36. a) Drehhyperboloid mit Randlast; b) Schalenelement

Aus dieser Lösung, die wir nicht formelmäßig anzuschreiben brauchen, bauen wir nun die Lösung für eine beliebige stetige Randbelastung auf. Wir wählen dafür (Abbildung 36a) die Belastung des Kehlkreises mit einer lotrechten Last $N_\varphi = S_n \cos n\,\vartheta$. Dann wirkt auf ein Linienelement $a\,d\vartheta$ des Randkreises die lotrechte Kraft $S_n\,a \cos n\,\vartheta\,d\vartheta$, die wir in zwei Kräfte

$$\frac{S_n\,a \cos n\,\vartheta\,d\vartheta}{2 \sin\alpha}$$

in Richtung der beiden durch diesen Punkt gehenden Erzeugenden zerlegen.

Durch den Schalenpunkt mit den Koordinaten φ, ϑ gehen die beiden Erzeugenden, die den Kehlkreis in den Meridianen $\vartheta \pm \omega$ treffen. Betrachten wir in diesem Schalenpunkt ein dreieckiges Element (Abb. 36b), das die obere Hälfte des in Abb. 35 gezeichneten ist, so wirkt auf dessen rechte obere Seite die Kraft

$$dP_1 = \frac{S_n a \cos n(\vartheta + \omega)\, d\vartheta}{2 \sin \alpha}$$

und auf die linke Seite

$$dP_2 = \frac{S_n a \cos n(\vartheta - \omega)\, d\vartheta}{2 \sin \alpha}.$$

Auf die waagerechte Seite $r\,d\vartheta$ wirkt die Resultierende dieser beiden Kräfte mit der Meridiankomponente

$$N_\varphi r\, d\vartheta = \frac{S_n a\, d\vartheta}{2 \sin \alpha} [\cos n(\vartheta + \omega) + \cos n(\vartheta - \omega)] \cos \frac{\beta}{2}$$

und der Schubkomponente

$$N_{\vartheta\varphi} r\, d\vartheta = \frac{S_n a\, d\vartheta}{2 \sin \alpha} [\cos n(\vartheta + \omega) - \cos n(\vartheta - \omega)] \sin \frac{\beta}{2}.$$

Daraus berechnen sich die Schnittkräfte durch Einsetzen der geometrischen Beziehungen:

$$\left.\begin{aligned}
N_\varphi &= \frac{S_n a}{r} \frac{\cos n\vartheta \cos n\omega}{\sin \alpha} \frac{\sin \alpha}{\sin \varphi} = S_n \frac{\cos \omega \cos n\omega}{\sin \varphi} \cos n\vartheta, \\
N_\vartheta &= -N_\varphi \frac{r_2}{r_1} = S_n \frac{\cos \omega \cos n\omega}{\sin \varphi} \cos n\vartheta \cdot \frac{a^2 \sin^2 \varphi - b^2 \cos^2 \varphi}{b^2} \\
&= \frac{S_n a^2}{b^2} \cos^3 \omega \sin \varphi \cos n\omega \cos n\vartheta, \\
N_{\vartheta\varphi} &= -\frac{S_n a}{2} \frac{2 \sin n\vartheta \sin n\omega}{r \sin \alpha} \sin \frac{\beta}{2} = -\frac{S_n a}{r} \frac{\sin n\vartheta \sin n\omega}{\sin \alpha} \frac{\sqrt{\sin^2 \varphi - \sin^2 \alpha}}{\sin \varphi} \\
&= -\frac{S_n a}{b} \cos^2 \omega \sin n\omega \sin n\vartheta.
\end{aligned}\right\} \quad (29)$$

Ganz entsprechend findet man für eine Tangentialbelastung $N_{\vartheta\varphi} = T_n \sin n\vartheta$ die beiden Kräfte

$$dP_1 = \frac{T_n a \sin n(\vartheta + \omega)\, d\vartheta}{2 \cos \alpha}, \qquad dP_2 = -\frac{T_n a \sin n(\vartheta - \omega)\, d\vartheta}{2 \cos \alpha}$$

und daraus für das waagerechte Schnittelement $r\,d\vartheta$ die Kräfte

$$N_\varphi r\, d\vartheta = \frac{T_n a\, d\vartheta}{2 \cos \alpha} [\sin n(\vartheta + \omega) - \sin n(\vartheta - \omega)] \cos \frac{\beta}{2},$$

$$N_{\vartheta\varphi} r\, d\vartheta = \frac{T_n a\, d\vartheta}{2 \cos \alpha} [\sin n(\vartheta + \omega) + \sin n(\vartheta - \omega)] \sin \frac{\beta}{2}.$$

Drückt man wieder alles durch φ, ϑ und ω aus, so erhält man

$$\left.\begin{aligned}
N_\varphi &= \frac{T_n b}{a} \frac{\cos \omega}{\sin \varphi} \sin n\omega \cos n\vartheta, \\
N_\vartheta &= T_n \frac{a}{b} \sin \varphi \cos^3 \omega \sin n\omega \cos n\vartheta, \\
N_{\vartheta\varphi} &= T_n \cos^2 \omega \cos n\omega \sin n\vartheta.
\end{aligned}\right\} \quad (30)$$

Diese Formeln geben ebenso wie z. B. die Gln. (24) für die Kugelschale die allgemeinste Lösung für eine beliebige Randbelastung. Sie zeigen aber noch mehr: Wir brauchen hier eine gegebene Randbelastung gar nicht nach ϑ in eine FOURIER-Reihe zu entwickeln, um dann Glied für Glied die Schnittkräfte zu berechnen und wieder zu summieren, sondern wir können den Gedankengang, der uns eben zu den Gln. (29) und (30) geführt hat, auch unmittelbar anwenden und ohne alles Integrieren oder Differenzieren die Lösung numerisch oder auch formelmäßig berechnen.

Jede der Gln. (29) und (30) enthält einen Faktor $\cos n\,\omega$ oder $\sin n\,\omega$. Wir wollen nun annehmen, daß für einen bestimmten Wert von n der untere Rand der in Abb. 36 dargestellten Schale so gewählt ist, daß dort $\sin n\,\omega = 0$ ist. Dann liefert Gl. (30) am unteren Rande $N_\varphi = 0$, und der Randwert von N_φ hängt nach (29) eindeutig von dem am oberen Rande vorgeschriebenen Werte $N_\varphi = S_n \cos n\,\vartheta$ ab. Es ist also nicht möglich, die Werte von N_φ an beiden Rändern unabhängig voneinander vorzuschreiben, und in derselben Weise sind auch die beiden Randwerte der Schubkraft $N_{\varphi\vartheta}$ nach (30) voneinander abhängig. Dagegen ist es immer möglich, beide Schnittkräfte an demselben Rande vorzuschreiben. Dieses Verhalten der Hyperboloidschale, das sie mit allen Drehschalen negativen Krümmungsmaßes gemein hat, ist typisch für die Lösungen hyperbolischer Differentialgleichungen (s. S. 57) und unterscheidet sich grundsätzlich von dem auf S. 46 erörterten Verhalten der Kugelschale und anderer Schalen positiver Krümmung.

f) Lösung durch konforme Abbildung

Es gibt verschiedene Wege, die Oberfläche einer Kugel konform auf eine Ebene oder einen Teil einer Ebene abzubilden. Die für die Trajektoriennetze der Abb. 24 und 27 benutzte stereographische Projektion ist dafür ein Beispiel. Sie bildet eine Halbkugel auf einen Kreis und die Vollkugel auf die ganze Ebene ab. Eine andere konforme Abbildung ist die in der Kartographie als Mercator-Projektion bekannte, die die Vollkugel auf einen ebenen Parallelstreifen abbildet. Es hat sich gezeigt, daß diese Abbildung dazu benutzt werden kann, Membranspannungszustände in Kugelschalen zu berechnen. Da diese Lösungsmethode keine FOURIER-Reihen benutzt, ist sie besonders dazu geeignet, singuläre Spannungszustände zu finden, wie sie durch Punktlasten erzeugt werden, die an beliebigen Stellen der Schale angreifen. Darüber hinaus ist sie wahrscheinlich auch zur Lösung von Randlastaufgaben nützlich, aber sie ist wesentlich an die Voraussetzung gebunden, daß die Oberflächenlasten $p_\varphi = p_\vartheta = p_r = 0$ sind.

Wenn wir in (11c) das Lastglied streichen und $r_1 = r_2 = a$ setzen, sehen wir, daß $N_\varphi = -N_\vartheta$ ist. Mit dieser Beziehung können wir N_ϑ

aus den ebenfalls homogen gemachten Gln. (11a, b) eliminieren und erhalten so das folgende Gleichungspaar:

$$\frac{\partial N_\varphi}{\partial \varphi}\sin\varphi + 2N_\varphi\cos\varphi + \frac{\partial N_{\vartheta\varphi}}{\partial \vartheta} = 0,$$

$$\frac{\partial N_{\vartheta\varphi}}{\partial \varphi}\sin\varphi + 2N_{\vartheta\varphi}\cos\varphi - \frac{\partial N_\varphi}{\partial \vartheta} = 0.$$

Dies sind zwei partielle Differentialgleichungen erster Ordnung für die Unbekannten N_φ und $N_{\vartheta\varphi}$, und wir gehen nun daran, sie in eine für unsere Zwecke brauchbare Form zu bringen.

Wenn wir die beiden Gleichungen mit $\sin^2\varphi$ multiplizieren, können wir in jeder die ersten beiden Glieder zusammenfassen:

$$\sin\varphi \cdot \frac{\partial}{\partial \varphi}(N_\varphi \sin^2\varphi) + \frac{\partial}{\partial \vartheta}(N_{\vartheta\varphi}\sin^2\varphi) = 0,$$

$$\sin\varphi \cdot \frac{\partial}{\partial \varphi}(N_{\vartheta\varphi} \sin^2\varphi) - \frac{\partial}{\partial \vartheta}(N_\varphi\sin^2\varphi) = 0.$$

Diese Gleichungen legen es nahe, zwei Hilfsunbekannte

$$N_1 = N_\varphi \sin^2\varphi, \qquad N_2 = N_{\vartheta\varphi}\sin^2\varphi$$

einzuführen. Wenn wir außerdem auch eine neue Koordinate

$$\eta = \ln\tan\frac{\varphi}{2} \tag{31}$$

einführen, nehmen die Differentialgleichungen die folgende sehr einfache Form an:

$$\frac{\partial N_1}{\partial \eta} + \frac{\partial N_2}{\partial \vartheta} = 0, \qquad \frac{\partial N_2}{\partial \eta} - \frac{\partial N_1}{\partial \vartheta} = 0. \tag{32}$$

Diese Gleichungen stimmen mit den CAUCHY-RIEMANNschen Gleichungen der Funktionentheorie überein und können daher in der folgenden Form gedeutet werden: Die Schnittkräfte $N_\varphi = -N_\vartheta$ und $N_{\vartheta\varphi}$ sind an jedem Element einer Kugelschale im Gleichgewicht, wenn die aus ihnen gebildete komplexe Größe

$$N = N_1 + i\,N_2 = (N_\varphi + i\,N_{\vartheta\varphi})\sin^2\varphi$$

eine analytische Funktion der komplexen Veränderlichen

$$\zeta = \vartheta + i\,\eta$$

ist. Wir können uns also leicht eine große Menge von möglichen Membranspannungszuständen beschaffen, und das Problem ist nur, solche Spannungszustände aufzufinden, die zu interessanten Lastfällen gehören.

Die Beziehung (31) zusammen mit der Identität $\vartheta = \vartheta$ stellt eine Abbildung des Koordinatennetzes φ, ϑ der Kugel auf ein ebenes, kartesisches Koordinatennetz ϑ, η dar (Abb. 37), und diese Abbildung der

Kugel auf die ζ-Ebene ist die Mercator-Projektion. Wenn φ von 0 bis π läuft, wächst η von $-\infty$ bis $+\infty$, und wenn man in Breitenkreisrichtung einmal um die Kugel herumgeht, durchläuft ϑ ein Intervall der Breite 2π. Die Kugeloberfläche wird daher auf den in Abb. 37 durch Randschraffur hervorgehobenen Parallelstreifen der ζ-Ebene abgebildet oder auf irgendeinen anderen der rechts und links sich anschließenden Streifen derselben Breite. Die in Abb. 37 in vier solchen Streifen markierten Punkte entsprechen daher alle demselben Kugelpunkt. Wenn wir Lösungen suchen, die auf der ganzen Kugel eindeutig sind, müssen wir deshalb fordern, daß die komplexe Funktion N in der ζ-Ebene die reelle Periode 2π hat. Nach dem LIOUVILLEschen Theorem gibt es — außer der trivialen Funktion $N = \text{const}$ — keine analytische Funktion, die nicht irgendwo singulär wäre, und daher keine periodische analytische Funktion, die nicht in jedem Periodenstreifen eine Singularität hätte. Es liegt nahe, zu erwarten, daß diese Singularitäten der Belastung der Schale mit konzentrierten Kräften oder Momenten entsprechen, und man kann nun darangehen, einige einfache periodische Funktionen zu durchmustern.

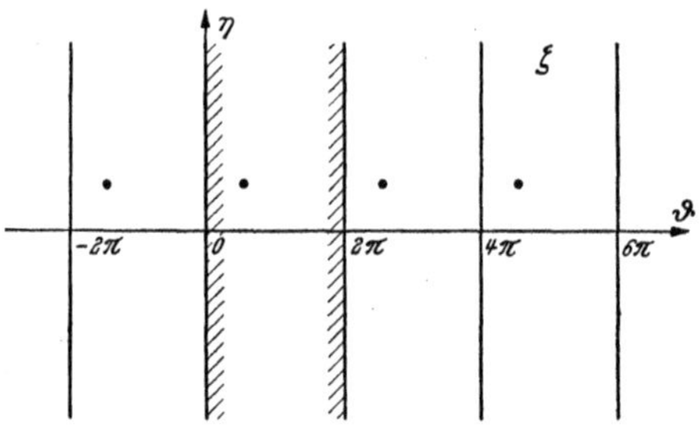

Abb. 37. Mercator-Projektion der Kugelschale

Wir wollen eine Funktion herausgreifen, die an einer beliebig vorschreibbaren Stelle des Nullmeridians eine einfache Unendlichkeitsstelle hat, und wir wählen

$$N(\zeta) = i\,C \cot\frac{\zeta - \zeta_0}{2}.$$

Diese Funktion hat, wie verlangt, die Periode 2π und wird für $\zeta = \zeta_0$ unendlich. Wenn wir die Konstante $\zeta_0 = i\,\eta_0$, also rein imaginär wählen, so liegt der entsprechende Kugelpunkt auf dem Meridian $\vartheta = 0$, und seine Koordinate φ_0 ist mit η_0 durch die Beziehung

$$\eta_0 = \ln\tan\frac{\varphi_0}{2}$$

verknüpft.

Wir finden die zu $N(\zeta)$ gehörenden Schnittkräfte, indem wir N in Real- und Imaginärteil zerlegen:

$$N = i\,C\,\frac{\sin(\vartheta + i(\eta - \eta_0))}{1 - \cos(\vartheta + i(\eta - \eta_0))}$$

$$= i\,C\,\frac{\sin\vartheta\,\mathrm{Cosh}(\eta-\eta_0) + i\cos\vartheta\,\mathrm{Sinh}(\eta-\eta_0)}{1-\cos\vartheta\,\mathrm{Cosh}(\eta-\eta_0) + i\sin\vartheta\,\mathrm{Sinh}(\eta-\eta_0)} = C\,\frac{\mathrm{Sinh}(\eta-\eta_0) + i\sin\vartheta}{\mathrm{Cosh}(\eta-\eta_0) - \cos\vartheta}.$$

Es ist also

$$N_1 = C\,\frac{\operatorname{Sinh}(\eta - \eta_0)}{\operatorname{Cosh}(\eta - \eta_0) - \cos\vartheta}\,, \qquad N_2 = C\,\frac{\sin\vartheta}{\operatorname{Cosh}(\eta - \eta_0) - \cos\vartheta}\,.$$

Wir müssen nun noch η und η_0 durch φ und φ_0 ausdrücken und finden schließlich

$$\left.\begin{aligned} N_\varphi &= -N_\vartheta = \frac{C}{\sin^2\varphi}\,\frac{\cos\varphi_0 - \cos\varphi}{1 - \cos\varphi_0\cos\varphi - \sin\varphi_0\sin\varphi\cos\vartheta}\,,\\ N_{\vartheta\varphi} &= \frac{C}{\sin\varphi}\,\frac{\sin\varphi_0\sin\vartheta}{1 - \cos\varphi_0\cos\varphi - \sin\varphi_0\sin\varphi\cos\vartheta}\,. \end{aligned}\right\} \qquad (33)$$

Diese Schnittkräfte haben Unendlichkeitsstellen in den Punkten, in denen der Nenner null wird. Der erste Nennerfaktor verschwindet in den Kugelpolen $\varphi = 0$ und $\varphi = \pi$, der zweite im Punkt $\varphi = \varphi_0$, $\vartheta = 0$, und der durch (33) beschriebene Spannungszustand entspricht einer bestimmten Belastung der Schale in diesen drei Punkten. Da jedes Schalenelement im Gleichgewicht ist, so muß auch die ganze Kugel im Gleichgewicht sein, und wenn wir die in den Polen wirkenden Lasten gefunden haben, so können wir aus Gleichgewichtsbedingungen für die Kugel im ganzen feststellen, welche Kraft im dritten Lastpunkt angreift. Das erspart uns die sehr mühsame direkte Untersuchung dieser Singularität.

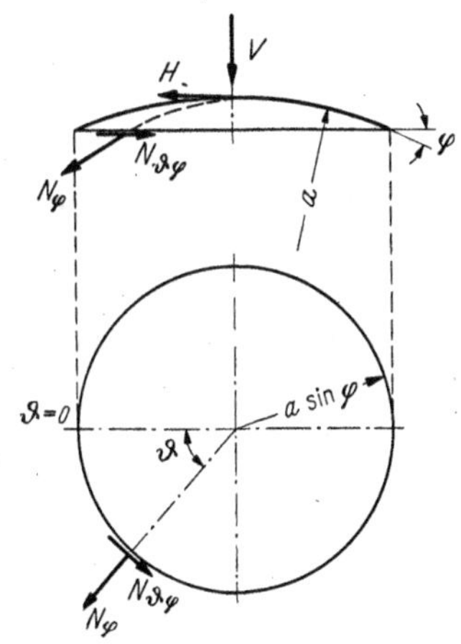

Abb. 38. Untersuchung der Singularität im Punkte $\varphi = 0$

Um die in den Polen angreifenden Kräfte (und möglicherweise Momente) zu berechnen, zerschneiden wir die Kugel längs eines beliebigen Breitenkreises φ in zwei Teile und untersuchen das Gleichgewicht des oberen Teiles. Aus (33) sehen wir, daß N_φ eine gerade und $N_{\vartheta\varphi}$ eine ungerade Funktion von ϑ ist. Die an dem Rande der Kalotte angreifenden Schnittkräfte haben daher den Nullmeridian zur Symmetrieebene, und ihre Resultierende hat keine Komponente normal zu dieser Ebene. Wir brauchen daher nur die in Abb. 38 eingetragenen Komponenten V und H zu berechnen. Diese Komponenten sind

$$V = \int_{-\pi}^{+\pi} N_\varphi \sin\varphi \cdot a\sin\varphi\, d\vartheta\,,$$

$$H = \int_{-\pi}^{+\pi} (N_\varphi\cos\varphi\cos\vartheta - N_{\vartheta\varphi}\sin\vartheta)\, a\sin\varphi\, d\vartheta\,.$$

Wenn man hier N_φ und $N_{\vartheta\varphi}$ aus (33) einsetzt, kommt man nach längerer Rechnung auf die folgenden Ausdrücke:

$$V = -2Ca\left[\operatorname{arc\,tan}\frac{(\cos\varphi - \cos\varphi_0)\tan\vartheta/2}{1-\cos(\varphi_0-\varphi)}\right]_{-\pi}^{+\pi},$$

$$H = -\frac{2Ca}{\sin\varphi_0}\left\{\pi + \cos\varphi_0\left[\operatorname{arc\,tan}\frac{(\cos\varphi - \cos\varphi_0)\tan\vartheta/2}{1-\cos(\varphi_0-\varphi)}\right]_{-\pi}^{+\pi}\right\}.$$

Wir müssen nun zwei Fälle unterscheiden:

Wenn wir den Schnitt so führen, daß der dritte Lastpunkt $\varphi = \varphi_0$ auf der unteren Kugelhälfte liegt, daß also $\varphi < \varphi_0$ ist, dann ist der Faktor von $\tan\vartheta/2$ positiv, und der arctan ist an der oberen Grenze $=\pi/2$ und an der unteren Grenze $= -\pi/2$, die eckige Klammer also $=\pi$. Wir erhalten dann

$$V = -2\pi C a, \qquad H = -2\pi C a \cot\frac{\varphi_0}{2}.$$

Beide Kräfte sind von φ, d. h. von der genauen Lage des zu ihrer Berechnung benutzten Schnittes, unabhängig. Die Minuszeichen zeigen an, daß die Richtungen der Kräfte den in Abb. 38 eingetragenen Pfeilen entgegengesetzt sind. Dann müssen die im Scheitelpunkt angreifenden äußeren Kräfte, mit denen sie im Gleichgewicht stehen, genau die durch die Pfeile angegebenen Richtungen haben.

Wenn wir nun $\varphi > \varphi_0$ wählen, d. h. die Schale unterhalb des dritten Lastpunktes zerschneiden, dann ist der Faktor von $\tan\vartheta/2$ negativ, und wir haben an der oberen Grenze $\operatorname{arctan}(-\infty) = -\pi/2$ und an der unteren Grenze $+\pi/2$. Die eckige Klammer ist dann $= -\pi$, und die Komponenten der Resultierenden sind

$$V = +2\pi C a, \qquad H = -2\pi C a \tan\frac{\varphi_0}{2}.$$

Diese Kräfte sind nicht im Gleichgewicht mit den im Scheitel angreifenden Lasten, weil nun auch die im dritten Lastpunkt angreifende, noch unbekannte Kraft ins Spiel kommt, aber sie sind gleich den Kräften, die am unteren Kugelpol angreifen und durch die untere Kalotte nach dem Schnitt übertragen werden. Es wirken daher im Punkt $\varphi = \pi$ eine lotrecht nach unten gerichtete und eine nach rechts weisende waagerechte Kraft. Diese Kräfte sind im Meridianschnitt der Abb. 39 eingetragen.

Durch Integrationen ähnlich den hier vorgeführten (oder viel einfacher durch eine Größenordnungsbetrachtung) überzeugt man sich davon, daß neben den Kräften keine äußeren Momente in den Polen angreifen. Aus den Gleichgewichtsbedingungen der Kugel im ganzen folgt dann, daß im dritten Lastpunkt die Kraft

$$\mathsf{P} = \frac{4\pi a C}{\sin\varphi_0}$$

in Richtung der Meridiantangente angreifen muß. Wenn wir also

$$C = \frac{\mathsf{P} \sin \varphi_0}{4 \pi a}$$

setzen, so gibt (33) die Schnittkräfte, die von einer im Punkte $\varphi = \varphi_0$, $\vartheta = 0$ in Richtung der Meridiantangente aufwärts wirkenden Einzelkraft P erzeugt werden, vorausgesetzt, daß die Kugel in der in Abb. 39 dargestellten Weise ins Gleichgewicht gebracht wird.

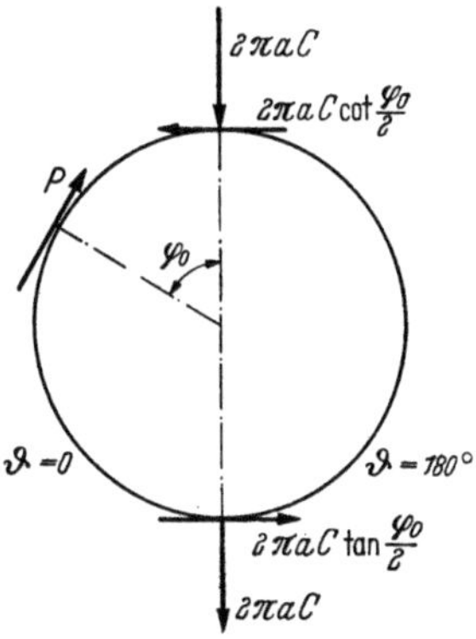

Abb. 39. Belastung, die den durch Gln. (33) dargestellten Spannungszustand erzeugt

Durch ähnliche Rechnungen bestätigt man, daß die Funktion

$$N(\zeta) = \frac{\mathsf{P} \sin \varphi_0}{4 \pi a} \cot \frac{\zeta - \zeta_0}{2}$$

zu einer in Richtung der Breitenkreistangente wirkenden Last P gehört. Die Kugel ist in diesem Fall in den Polen durch zwei waagerechte Kräfte und zwei um den Polardurchmesser drehende Momente gestützt.

Die zu einer radialen Belastung P gehörende komplexe Funktion ist etwas komplizierter:

$$N(\zeta) = \frac{\mathsf{P}}{4 \pi a} \left(\frac{1}{2 \sin^2 \frac{\zeta - \zeta_0}{2}} - i \cos \varphi_0 \cot \frac{\zeta - \zeta_0}{2} \right).$$

Die Einzelheiten mögen aus der im Literaturverzeichnis angegebenen Originalarbeit von F. Martin entnommen oder an Hand der vorstehenden Ausführungen ausgearbeitet werden.

5. Formänderungen

a) Differentialgleichungen für die Verschiebungen

Wir sind im vorigen Abschnitt auf Aufgaben geführt worden, deren Lösung die Kenntnis des Formänderungszustandes der Schale erfordert. Zu seiner Beschreibung gehen wir aus von der Formänderung im kleinen, der Verzerrung des Schalenelementes. Diese besteht in einer Längenänderung des Meridianelementes $ds_1 = r_1\, d\varphi$ (Abb. 40a) und des Breitenkreiselementes $ds_2 = r\, d\vartheta$ (Abb. 40b) um die Beträge Δds_1 und Δds_2 und in einer Änderung der ursprünglich rechten Winkel zwischen Meridianen und Breitenkreisen. Wir definieren die „Meridiandehnung“ $\varepsilon_\varphi = \Delta ds_1 / ds_1$ und die „Ringdehnung“ $\varepsilon_\vartheta = \Delta ds_2 / ds_2$, beide positiv, wenn sie eine Verlängerung bedeuten. Als „Gleitung“ $\gamma_{\vartheta\varphi}$ bezeichnen wir die Abnahme des ursprünglich rechten Winkels BAC in Abb. 40c.

Diese drei Verzerrungsgrößen sind mit den Schnittkräften N_ϑ, N_φ, $N_{\vartheta\varphi}$ durch ein empirisches Gesetz verbunden, das vom Baustoff abhängige Elastizitätsgesetz. Für eine fruchtbare mathematische Behandlung von Festigkeitsaufgaben kommt nur die linearisierte Form in Betracht, das HOOKEsche Gesetz. Es wird von manchen Werkstoffen, besonders Metallen, im Rahmen der üblichen Beanspruchungen und der üblichen Rechengenauigkeit vollkommen erfüllt und bildet für die anderen, z. B. Beton, eine lineare Approximation, die im allgemeinen zu befriedigenden Ergebnissen führt.

Bezeichnet man die zu den drei Schnittebenen ϑ, φ, $z = \text{const}$ gehörenden Normalspannungen mit σ_ϑ, σ_φ, σ_z, so gilt nach dem HOOKEschen Gesetz für die beiden Dehnungen

$$E\varepsilon_\vartheta = \sigma_\vartheta - \nu\sigma_\varphi - \nu\sigma_z, \qquad E\varepsilon_\varphi = \sigma_\varphi - \nu\sigma_\vartheta - \nu\sigma_z.$$

Der Elastizitätsmodul E und die Querzahl ν sind Materialkonstante. Die Gleitung $\gamma_{\vartheta\varphi}$ ist der Schubspannung $\tau_{\vartheta\varphi} = N_{\vartheta\varphi}/t$ proportional:

$$G\gamma_{\vartheta\varphi} = \tau_{\vartheta\varphi},$$

wobei der Schubmodul G mit den beiden anderen Elastizitätskonstanten durch die Formel

$$G = \frac{E}{2(1+\nu)}$$

zusammenhängt.

Die Spannung σ_z ist von der Größenordnung der Flächenlast p_r und, abgesehen von der Umgebung stark konzentrierter Lasten (Einzelkräfte), klein gegen die anderen Spannungen, so daß man sie ebenso wie in der Balkenbiegelehre vernachlässigen kann. Führt man außerdem statt der anderen Spannungen die zugehörigen Längs- und Schubkräfte ein, so hat man das Elastizitätsgesetz der Schalen in der zur Membrantheorie gehörigen vereinfachten Form vor sich:

$$\left.\begin{aligned} \varepsilon_\vartheta &= \frac{1}{Et}(N_\vartheta - \nu N_\varphi), \qquad \varepsilon_\varphi = \frac{1}{Et}(N_\varphi - \nu N_\vartheta), \\ \gamma_{\vartheta\varphi} &= \frac{2(1+\nu)}{Et} N_{\vartheta\varphi}, \end{aligned}\right\} \tag{34}$$

oder nach den Schnittkräften aufgelöst:

$$N_\vartheta = D(\varepsilon_\vartheta + \nu\,\varepsilon_\varphi), \qquad N_\varphi = D(\varepsilon_\varphi + \nu\,\varepsilon_\vartheta), \qquad N_{\vartheta\varphi} = D\,\frac{1-\nu}{2}\,\gamma_{\varphi\vartheta}, \tag{35}$$

wobei

$$D = \frac{Et}{1-\nu^2}$$

ist und als Dehnsteifigkeit bezeichnet wird. Sie spielt in der Schalentheorie eine ähnliche Rolle wie das Produkt aus Elastizitätsmodul und Querschnitt in der Balkentheorie, und wir werden ihr auch später (s. S. 139) eine Biegesteifigkeit an die Seite zu stellen haben.

Der Formänderungszustand einer Schale kann nicht nur durch die Verzerrungsgrößen beschrieben werden, sondern auch durch Angabe der elastischen Verschiebung eines jeden ihrer Punkte. Wir bezeichnen deren Komponente in Richtung des Breitenkreises mit u, in Richtung des Meridians mit v, beide positiv im Sinne wachsender Koordinaten, und die Komponenten normal zur Schale mit w, positiv nach außen.

Da man durch diese drei Größen denselben geometrischen Tatbestand ausdrücken kann wie durch ε_ϑ, ε_φ, $\gamma_{\vartheta\varphi}$, so müssen Verzerrungen

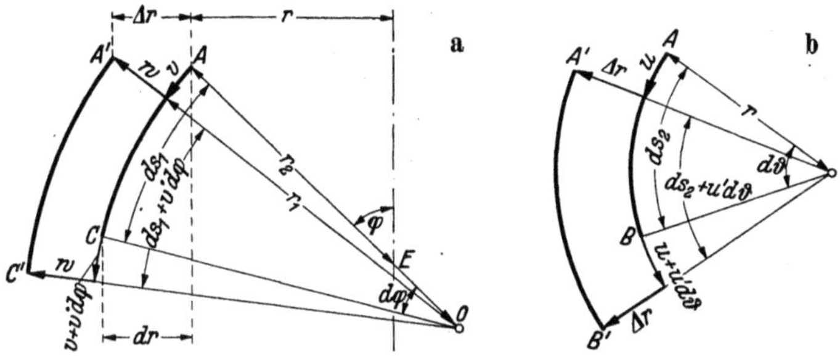

Abb. 40. a) Meridianelement und b) Breitenkreiselement vor und nach der Verformung

und Verschiebungen durch ein Formelsystem miteinander verbunden sein, das rein geometrischen Ursprungs ist. Es aufzufinden ist unser nächstes Ziel.

Wir versuchen, die Verzerrungen durch die Verschiebungen und deren Ableitungen auszudrücken, wobei wir die Ableitung nach ϑ durch einen Strich, die nach φ durch einen Punkt bezeichnen wollen, und beginnen mit der Meridiandehnung ε_φ.

Abb. 40a zeigt ein Bogenelement $AC = ds_1$ des Meridians. Seine Endpunkte erfahren die Tangentialverschiebungen v und $v + v^{\cdot} d\varphi$. Das Bogenelement wird um deren Unterschied $v^{\cdot} d\varphi$ gedehnt. Werden nun noch beide Enden um die Strecke w verschoben, jedes in Richtung der dortigen Normalen, so geht der Abstand r_1 vom ursprünglichen Krümmungsmittelpunkt O in $r_1 + w$ über, und das Bogenelement vergrößert sich proportional auf

$$(ds_1 + v^{\cdot} d\varphi)\frac{r_1 + w}{r_1}.$$

Die durch eine zusätzliche Verschiebung $w^{\cdot} d\varphi$ des Punktes C' noch entstehende Dehnung ist klein von zweiter Ordnung und kommt für uns nicht in Betracht. Der Zuwachs Δds_1 ist also unter Vernachlässigung von Produkten zweier Verschiebungen:

$$\Delta ds_1 = (ds_1 + v^{\cdot} d\varphi)\left(1 + \frac{w}{r_1}\right) - ds_1 = v^{\cdot} d\varphi + w\frac{ds_1}{r_1}$$

und die Meridiandehnung

$$\varepsilon_\varphi = \frac{\varDelta ds_1}{ds_1} = \frac{v^\cdot + w}{r_1}. \tag{36a}$$

Ganz entsprechend findet man die Ringdehnung aus Abb. 40b, die ein Element ds_2 eines Breitenkreises zeigt. Der Unterschied $u'\,d\vartheta$ der Tangentialverschiebung der Endpunkte führt zu einer Verlängerung auf $ds_2 + u'\,d\vartheta$, und durch eine Verschiebung $\varDelta r = v\cos\varphi + w\sin\varphi$ (s. Abb. 40a) in der Breitenkreisebene geht das Bogenelement in

$$(ds_2 + u'\,d\vartheta)\,\frac{r + \varDelta r}{r}$$

über. Die Längenänderung des Breitenkreiselementes wird damit

$$\begin{aligned}\varDelta ds_2 &= (ds_2 + u'\,d\vartheta)\left(1 + \frac{v}{r}\cos\varphi + \frac{w}{r}\sin\varphi\right) - ds_2\\ &= u'\,d\vartheta + (v\cos\varphi + w\sin\varphi)\,\frac{ds_2}{r},\end{aligned}$$

also die Ringdehnung

$$\varepsilon_\vartheta = \frac{\varDelta ds_2}{ds_2} = \frac{u' + v\cos\varphi + w\sin\varphi}{r}. \tag{36b}$$

Abb. 40c zeigt ein Flächenelement der Schale. Seine Eckpunkte A, B, C gehen bei der Formänderung in A', B', C' über, und der Winkel $B'A'C'$ ist um $\gamma_1 + \gamma_2 = \gamma_{\vartheta\varphi}$ kleiner als ein Rechter. Den Winkel γ_1 kann man leicht aus der Abbildung ablesen:

$$\gamma_1 = \frac{v'\,d\vartheta}{r\,d\vartheta + u'\,d\vartheta} \approx \frac{v'}{r}.$$

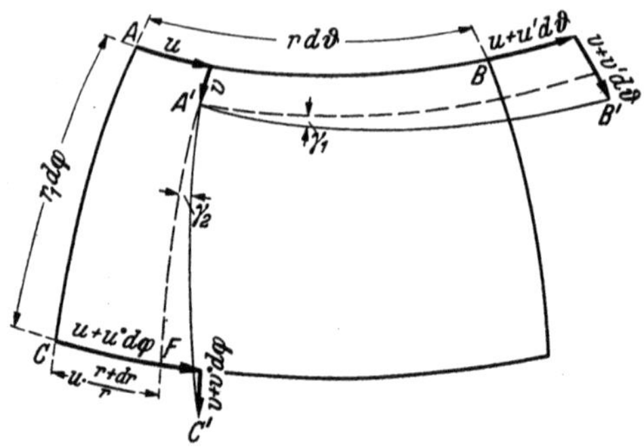

Abb. 40c. Verzerrung des Winkels BAC zwischen Breitenkreiselement und Meridianelement

Um γ_2 zu berechnen, ziehen wir den Meridian $A'F$, der auf dem unteren Breitenkreis die Strecke $CF = u\,\dfrac{r + dr}{r}$ abschneidet, wenn $r + dr$ der Radius dieses Kreises ist. Zieht man CF von der waagerechten Verschiebung $u = u^\cdot\,d\varphi$ ab, so erhält man die waagerechte Projektion von FC' und nach Division durch $r_1\,d\varphi + v^\cdot\,d\varphi \approx r_1\,d\varphi$:

$$\gamma_2 = \frac{u + u^\cdot\,d\varphi - u\left(1 + \dfrac{dr}{r}\right)}{r_1\,d\varphi} = \frac{u^\cdot}{r_1} - \frac{u}{r_1 r}\,\frac{dr}{d\varphi}.$$

Aus Abb. 40a liest man ab

$$dr = ds_1\cos\varphi = r_1\,d\varphi\cos\varphi.$$

Setzt man das ein und addiert noch γ_1, so findet man schließlich

$$\gamma_{\vartheta\varphi} = \frac{u^{\cdot}}{r_1} - \frac{u}{r}\cos\varphi + \frac{v'}{r}. \tag{36c}$$

Gln. (36a—c) verbinden die Verschiebungen u, v, w mit den Verzerrungen ε_φ, ε_ϑ, $\gamma_{\vartheta\varphi}$ und werden als die kinematischen Beziehungen der Drehschale bezeichnet.

Wenn der Spannungszustand einer Schale bekannt ist, und das wollen wir jetzt annehmen, so kann man mit Hilfe des Elastizitätsgesetzes die linken Seiten von (36a—c) berechnen. Die Formeln bilden dann ein Differentialgleichungssystem, aus dem die Verschiebungen u, v, w zu berechnen sind.

b) Dehnungslose Verformungen

Wir wollen die Gln. (36) eingehend untersuchen und setzen zunächst die rechten Seiten null. Die so entstehenden homogenen Gleichungen

$$\left.\begin{aligned} v^{\cdot} + w &= 0, \\ u' + v\cos\varphi + w\sin\varphi &= 0, \\ \frac{r_2}{r_1}u^{\cdot}\sin\varphi - u\cos\varphi + v' &= 0 \end{aligned}\right\} \tag{37a—c}$$

gehören offenbar zu einer unbelasteten Schale und beschreiben eine dehnungslose Verformung. Wir wollen sehen, ob und unter welchen Bedingungen sie möglich ist und wie man den Schalenrand festlegen muß, um sie auszuschließen.

Da die Koeffizienten nur von φ abhängen, so können wir den Lösungsansatz machen:

$$u = u_n(\varphi)\sin n\vartheta, \qquad v = v_n(\varphi)\cos n\vartheta, \qquad w = w_n(\varphi)\cos n\vartheta, \tag{38}$$

durch den die partiellen Gleichungen in totale übergehen:

$$\left.\begin{aligned} v_n^{\cdot} + w_n &= 0, \\ n u_n + v_n\cos\varphi + w_n\sin\varphi &= 0, \\ \frac{r_2}{r_1}u_n^{\cdot}\sin\varphi - u_n\cos\varphi - n v_n &= 0. \end{aligned}\right\} \tag{39a—c}$$

Aus den beiden ersten läßt sich die Radialverschiebung w eliminieren, und sie ergeben

$$n u_n = v_n^{\cdot}\sin\varphi - v_n\cos\varphi \tag{40}$$

und durch Differenzieren

$$n u_n^{\cdot} = v_n^{\cdot\cdot}\sin\varphi + v_n\sin\varphi.$$

Setzt man beides in die dritte Gleichung ein, so enthält diese nur noch v_n und heißt

$$v_n^{\cdot\cdot}\frac{r_2}{r_1}\sin^2\varphi - v_n^{\cdot}\cos\varphi\sin\varphi + v_n\left(\frac{r_2}{r_1}\sin^2\varphi + \cos^2\varphi - n^2\right) = 0.$$

Diese Gleichung hat für $\varphi = 0$ und $\varphi = \pi$, also in den Scheiteln der Schale (soweit sie vorhanden sind), singuläre Stellen. Wir geben zunächst den Koeffizienten durch die Substitution

$$x = 1 - \cos\varphi$$

rationale Form. Die einfache Umrechnung führt unsere Differentialgleichung über in

$$\frac{d^2 v_n}{dx^2} + \frac{1-x}{x(2-x)}\,\frac{r_2 - r_1}{r_2}\,\frac{d v_n}{dx} + \frac{1}{x(2-x)} + \frac{(1-x)^2 - n^2}{x^2(2-x)^2}\,\frac{r_1}{r_2}\,v_n = 0. \quad (41)$$

Die singulären Stellen liegen jetzt bei $x = 0$ und $x = 2$ und sind Pole. Die Gleichung ist also von der FUCHSschen Klasse und ihre Lösung kann in der Umgebung des Schalenscheitels $x = 0$ dargestellt werden in der Form

$$v_n = x^{\varkappa} \sum_{k=0}^{\infty} b_k\, x^k, \quad (42)$$

wobei $\varkappa$ ein noch zu bestimmender Exponent ist, der weder ganz noch positiv zu sein braucht, und durch den die Art der Singularität beschrieben wird.

Für die weitere Rechnung ist es zweckmäßig, spezielle Annahmen über die Gestalt der Schale zu machen. Wir wollen uns hier auf den technisch wichtigsten Fall der Kugel beschränken. Es sei jedoch ausdrücklich darauf hingewiesen, daß man auch für viele andere Schalenformen mit denselben Mitteln ohne viel größere Rechenarbeit zu greifbaren Ergebnissen kommen kann.

Für die Kugelschale ist $r_1 = r_2 = a$, und die Differentialgleichung vereinfacht sich zu

$$x^2(x-2)^2 \frac{d^2 v_n}{dx^2} + (1 - n^2)\, v_n = 0. \quad (43)$$

Setzt man hier den Lösungsansatz (42) ein, so erhält man

$$x^2(x-2)^2 \sum_{k=0}^{\infty} (\varkappa + k)(\varkappa + k - 1)\, b_k\, x^{k-2} + (1 - n^2) \sum_{k=0}^{\infty} b_k\, x^k = 0.$$

Die Faktoren vor der ersten Summe kann man nach Potenzen von x ordnen und mit unter die Summe nehmen. Ändert man noch in den einzelnen Summen die Bezeichnung des Summationsindex so ab, daß überall x^k steht, so erhält man:

$$\sum_{k=2}^{\infty} (\varkappa + k - 2)(\varkappa + k - 3)\, b_{k-2}\, x^k - \sum_{k=1}^{\infty} 4(\varkappa + k - 1)(\varkappa + k - 2)\, b_{k-1}\, x^k$$
$$+ \sum_{k=0}^{\infty} 4(\varkappa + k)(\varkappa + k - 1)\, b_k\, x^k + (1 - n^2) \sum_{k=0}^{\infty} b_k\, x^k = 0. \quad (44)$$

Daraus folgt für jeden Wert $k = 0, 1, 2, \ldots$ je eine Gleichung. Für $k \geqq 2$ enthält sie drei aufeinander folgende Koeffizienten b_{k-2}, b_{k-1}, b_k

und liefert die Rekursionsformel

$$b_k = \frac{\varkappa + k - 2}{4(\varkappa + k)(\varkappa + k - 1) + 1 - n^2} [4(\varkappa + k - 1) b_{k-1} - (\varkappa + k - 3) b_{k-2}].$$

Für $k = 1$ gibt die erste der vier Summen von (44) keinen Beitrag, und die Formel vereinfacht sich zu

$$b_1 = \frac{4\varkappa(\varkappa - 1)}{4\varkappa(\varkappa + 1) + (1 - n^2)} b_0 .$$

Man kann also alle Koeffizienten durch den ersten b_0 ausdrücken. Da jedes Vielfache der Lösung einer homogenen Gleichung auch eine Lösung ist, muß b_0 unbestimmt bleiben. Für $k = 0$ erhält man dementsprechend eine Gleichung

$$4\varkappa(\varkappa - 1) b_0 + (1 - n^2) b_0 = 0,$$

aus der man nicht b_0 berechnen kann, dafür aber $\varkappa$. Schließt man nämlich die triviale Lösung $b_0 = 0$ aus, so muß

$$\varkappa_{1,2} = \frac{1}{2}(1 \pm n)$$

sein. Geht man damit in die Rekursion ein, so erhält man mit $b_0 = 1$ zwei voneinander linear unabhängige Lösungen v_{n1} und v_{n2}, aus denen sich die allgemeine mit zwei Integrationskonstanten zusammensetzen läßt:

$$v_n = b_{01} v_{n1} + b_{02} v_{n2} .$$

Die zugehörige Verschiebung w_n findet man nach (39a):

$$w_n = -\dot{v}_n = -\sin\varphi \frac{d v_n}{dx} = -\sin\varphi \cdot x^{\varkappa - 1} \sum_{k=0}^{\infty} (\varkappa + k) b_k x^k .$$

Zur Berechnung der dritten Verschiebungskomponente u_n braucht man keine neue Reihe zu summieren, denn nach (39b) ist

$$u_n = -\frac{1}{n}(v_n \cos\varphi + w_n \sin\varphi) .$$

Damit sind die dehnungslosen Verformungen der Kugelschale berechnet. Wir wollen nun die mechanische Bedeutung des Ergebnisses untersuchen.

Für $n = 0$ fallen beide Lösungen zusammen und sind regulär. Durch Ausrechnen der b_k und Vergleich mit der Entwicklung von $\sin\varphi$ nach Potenzen von x läßt sich feststellen, daß

$$v_0 = \text{const} \cdot \sin\varphi, \qquad w_0 = -\text{const} \cdot \cos\varphi$$

ist. Die Lösung bedeutet also eine starre Verschiebung in Richtung der Schalenachse. Eine zweite starre Bewegung vom gleichen Symmetriegrad ist eine Drehung um diese Achse. Sie ist in unserem Ergebnis nicht enthalten. Um sie zu finden, muß man im Ansatz (38) die $\sin n\,\vartheta$ und $\cos n\,\vartheta$ untereinander vertauschen und die Rechnung dann wiederholen.

Für $n = 1$ ist $\varkappa_1 = 1$, $\varkappa_2 = 0$. Auch hier sind beide Lösungen regulär und bedeuten wieder starre Bewegungen, und zwar Drehungen um eine Tangente im Pol $\varphi = 0$ und um einen waagerechten Durchmesser, die wir hier nicht im einzelnen ausrechnen wollen.

Von $n = 2$ an ist $\varkappa_2 < 0$ und führt zu einer Lösung, die im Scheitel der Kugel unendlich wird. Sie scheidet also für alle im Scheitel geschlossenen Schalen aus, und man hat dann für jedes n nur noch eine Integrationskonstante zur Verfügung. Die dehnungslose Formänderung einer Kugelkalotte ist also eindeutig bestimmt, wenn man für eine der drei Verschiebungskomponenten die Randwerte vorgibt. Ist die Schale im Scheitel offen, so kann man an einem Rand zwei der Größen u, v, w vorschreiben oder je eine an jedem Rand.

c) Lösung der inhomogenen Gleichungen

Zur Berechnung des Verschiebungszustandes für gegebene Längs- und Schubkräfte oder, was dasselbe ist, für gegebene Verzerrungen ε_ϑ, ε_φ, $\gamma_{\vartheta\varphi}$, braucht man noch eine partikuläre Lösung der inhomogenen Differentialgleichungen

$$\begin{aligned} v^{\cdot} \qquad + w \qquad &= r_1 \varepsilon_\varphi, \\ u' + v\cos\varphi + w\sin\varphi &= r_2 \varepsilon_\vartheta \sin\varphi, \\ \frac{r_2}{r_1} u^{\cdot} \sin\varphi - u\cos\varphi + v' &= r_2 \gamma_{\vartheta\varphi} \sin\varphi, \end{aligned}$$

die in Verbindung mit der dehnungslosen Verformung die allgemeinste mögliche Formänderung der Schale darstellt.

Um diese Partikularlösung zu bekommen, unterwerfen wir das inhomogene Gleichungssystem derselben Behandlung wie vorher das homogene. Wir entwickeln also zunächst alle vorkommenden Funktionen von ϑ in trigonometrische Reihen, von denen wir nur das n-te Glied zu untersuchen brauchen. Zu (38) kommt hier noch hinzu:

$$\varepsilon_\varphi = \varepsilon_{\varphi n}(\varphi)\cos n\vartheta, \qquad \varepsilon_\vartheta = \varepsilon_{\vartheta n}(\varphi)\cos n\vartheta, \qquad \gamma_{\vartheta\varphi} = \gamma_{\vartheta\varphi n}(\varphi)\sin n\vartheta.$$

Damit werden die partiellen Gleichungen zu totalen:

$$\begin{aligned} v_n^{\cdot} \qquad + w_n \qquad &= r_1 \varepsilon_{\varphi n}, \\ n u_n + v_n\cos\varphi + w_n\sin\varphi &= r_2 \varepsilon_{\vartheta n} \sin\varphi, \\ \frac{r_2}{r_1} u_n^{\cdot} \sin\varphi - u_n\cos\varphi - n v_n &= r_2 \gamma_{\vartheta\varphi n} \sin\varphi \end{aligned}$$

und gehen nach Elimination von u_n und w_n über in eine Gleichung zweiter Ordnung für $v_n(\varphi)$:

$$\begin{aligned} v_n^{\cdot\cdot} \frac{r_2}{r_1}\sin^2\varphi - v_n^{\cdot}\cos\varphi\sin\varphi + v_n\left(\frac{r_2}{r_1}\sin^2\varphi + \cos^2\varphi - n^2\right) \\ = \frac{r_2 - r_1}{r_1}(r_1\varepsilon_{\varphi n} - r_2\varepsilon_{\vartheta n})\cos\varphi\sin\varphi + n r_2 \gamma_{\vartheta\varphi n}\sin\varphi \\ + \frac{r_2}{r_1}(r_1\varepsilon_{\varphi n}^{\cdot} - r_2\varepsilon_{\vartheta n}^{\cdot})\sin^2\varphi + \frac{r_2}{r_1}(r_1^{\cdot}\varepsilon_{\varphi n} - r_2^{\cdot}\varepsilon_{\vartheta n})\sin^2\varphi. \end{aligned}$$

Wendet man wieder die Substitution $x = 1 - \cos\varphi$ an, so wird daraus eine Gleichung der Form

$$\frac{d^2 v_n}{dx^2} + \frac{1-x}{x(2-x)} \frac{r_2 - r_1}{r_2} \frac{dv_n}{dx} + \left(\frac{1}{x(2-x)} + \frac{(1-x)^2 - n^2}{x^2(2-x)^2} \frac{r_1}{r_2}\right) v_n = F(x).$$

Man kann sie lösen, indem man die rechte Seite in eine Reihe entwickelt von der Form

$$F(x) = x^\varkappa \sum_{k=0}^{\infty} B_k x^k.$$

Der Exponent $\varkappa$ dieser Formel braucht nicht mit $\varkappa_1$ oder $\varkappa_2$ übereinzustimmen, muß aber wegen der Symmetrie der Schale ebenso wie diese beiden bei geradem n halbzahlig, bei ungeradem ganzzahlig sein. Setzt man $F(x)$ in dieser Form gemeinsam mit dem schon früher benutzten Lösungsansatz (42) für v_n in die Differentialgleichung ein, wobei auch dort der aus der Entwicklung des Belastungsgliedes folgende Wert $\varkappa$ zu benutzen ist, so erhält man durch Koeffizientenvergleichung die b_k. Die Addition der homogenen Lösung, mit der die Randbedingungen erfüllt werden, bedeutet noch eine zusätzliche dehnungslose Verformung.

d) Geschlossene Lösung für die Kugelschale

Die hier benutzte Potenzreihenentwicklung für v_n ist der allgemeine Lösungsweg für die Fuchssche Differentialgleichung (43), und wir haben ihn hier ausführlich vorgeführt, weil die Rechnung in dieser Form auch auf viele Schalen mit veränderlicher Meridiankrümmung übertragbar ist. Für den Sonderfall der Kugelschale, an dem wir die Methode demonstriert haben, kann man die Lösung auch in geschlossener Form erhalten. Um sie zu finden, schreiben wir (40) und (39c) in der Form

$$n \frac{u_n}{\sin\varphi} - \left(\frac{v_n}{\sin\varphi}\right)^{\cdot} \sin\varphi = 0, \qquad n \frac{v_n}{\sin\varphi} - \left(\frac{u_n}{\sin\varphi}\right)^{\cdot} \sin\varphi = 0, \quad (45\text{a, b})$$

aus der wir durch Elimination von u_n für v_n eine Differentialgleichung zweiter Ordnung gewinnen:

$$\left(\left(\frac{v_n}{\sin\varphi}\right)^{\cdot} \sin\varphi\right)^{\cdot} \sin^2\varphi - n^2 v_n = 0,$$

und dieselbe Gleichung können wir auch für u_n erhalten. Sie hat, wie man durch Einsetzen sofort bestätigt, die einfache Lösung:

$$\frac{v_n(\varphi)}{\sin\varphi} = A \tan^n \frac{\varphi}{2} + B \cot^n \frac{\varphi}{2}.$$

Gl. (45a) liefert dann

$$\frac{u_n}{\sin\varphi} = A \tan^n \frac{\varphi}{2} - B \cot^n \frac{\varphi}{2}$$

und aus (39a) folgt:

$$w_n = -v_n^{\cdot} = -A \tan^n \frac{\varphi}{2} \cdot (n + \cos\varphi) + B \cot^n \frac{\varphi}{2} \cdot (n - \cos\varphi).$$

Die beiden Lösungen gehören zu den Reihendarstellungen mit $\varkappa = \varkappa_1$ und $\varkappa = \varkappa_2$.

e) Drehsymmetrische Verformung

Eine besondere Behandlung verdient der drehsymmetrische Spannungszustand. Die Formänderung braucht zwar nicht dieselbe Symmetrie zu besitzen, doch läßt sich aus ihr eine Partikularlösung absondern, die ebenso wie die Differentialgleichungen von ϑ unabhängig ist, und der Rest ist eine dehnungslose Verformung, die wir hier nicht noch einmal zu untersuchen brauchen.

Für die drehsymmetrische Verformung einer beliebigen Schale gehen die allgemeinen Differentialgleichungen (36) über in

$$\varepsilon_\varphi = \frac{v^{\cdot}}{r_1} + \frac{w}{r_1}, \qquad \varepsilon_\vartheta = \frac{v}{r_2}\cot\varphi + \frac{w}{r_2}.$$

Aus diesen Formeln kann man wieder w eliminieren und findet dann für v die einfache Differentialgleichung

$$v^{\cdot} - v\cot\varphi = r_1\,\varepsilon_\varphi - r_2\,\varepsilon_\vartheta \equiv q(\varphi).$$

Sie hat bekanntlich (s. S. 42) die Lösung

$$v = [\textstyle\int q(\varphi)\cdot\exp(-\int\cot\varphi\,d\varphi)\,d\varphi + C]\cdot\exp\int\cot\varphi\,d\varphi$$

oder nach Ausrechnung der beiden letzten Integrale

$$v = \left[\int\frac{q(\varphi)}{\sin\varphi}\,d\varphi + C\right]\sin\varphi. \tag{46}$$

Die Funktion $q(\varphi)$ kann man mit Hilfe des Elastizitätsgesetzes (34) durch die Schnittkräfte der Kuppel ausdrücken und erhält dann

$$v = \left[\int\frac{1}{E\,t}\left(N_\varphi\,(r_1 + \nu\,r_2) - N_\vartheta\,(r_2 + \nu\,r_1)\right)\frac{d\varphi}{\sin\varphi} + C\right]\sin\varphi. \tag{47a}$$

Die Konstante C bedeutet eine starre Verschiebung der ganzen Kuppel in Richtung ihrer Achse und ist aus einer Randbedingung zu bestimmen, durch die eine solche Verschiebung ausgeschlossen wird.

Hat man v, so kann w leicht aus ε_ϑ berechnet werden:

$$w = r_2\,\varepsilon_\vartheta - v\cot\varphi. \tag{47b}$$

Damit ist es möglich, die drehsymmetrische Formänderung einer beliebigen Kuppel durch ein Quadratur zu berechnen, wenn die Schnittkräfte bekannt sind. Für die Spitzkuppel konstanter Wandstärke, die wir auf S. 27 für Eigengewicht p berechnet haben (Abb. 14), erhält man z. B.

$$v = \frac{a\sin\varphi}{E\,t}\int_{\varphi_0}^{\varphi} N_\varphi\left(1 + \nu\,\frac{\sin\varphi - \sin\varphi_0}{\sin\varphi}\right)\frac{d\varphi}{\sin\varphi}$$

$$- \frac{a\sin\varphi}{E\,t}\int_{\varphi_0}^{\varphi} N_\vartheta\left(\frac{\sin\varphi - \sin\varphi_0}{\sin\varphi} + \nu\right)\frac{d\varphi}{\sin\varphi} + C\sin\varphi.$$

Damit die Verschiebung v für den Kämpferkreis $\varphi = \pi/2$ verschwindet, hat man die Integrationskonstante gleich der negativen Summe der beiden von φ_0 bis $\pi/2$ erstreckten Integrale zu setzen. Die Formel geht dann mit kleinen Umformungen über in

$$v = \frac{a(1+\nu)}{E\,t}\sin\varphi \cdot \int_{\varphi}^{\pi/2} (N_\vartheta - N_\varphi)\frac{d\varphi}{\sin\varphi} - \frac{a\sin\varphi_0}{E\,t}\sin\varphi \int_{\varphi}^{\pi/2} (N_\vartheta - \nu\, N_\varphi)\frac{d\varphi}{\sin^2\varphi},$$

wobei für N_ϑ und N_φ die früher gefundenen Werte einzusetzen sind. Führt man die Integration numerisch durch, so ergeben sich die in Abb. 41 dargestellten Werte.

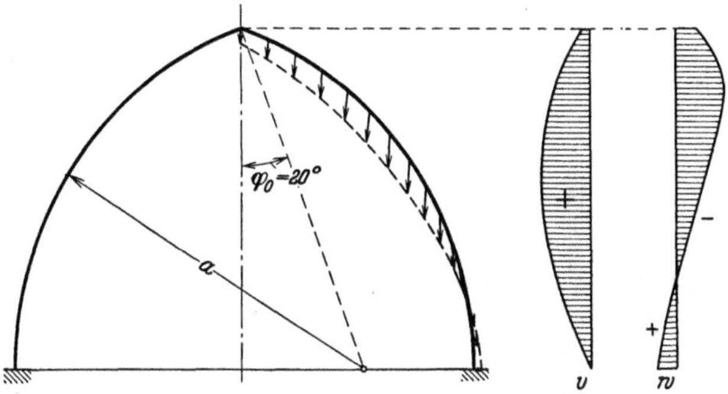

Abb. 41. Formänderungen einer Spitzkuppel konstanter Wandstärke unter Eigengewicht

f) Ringschalen

Auf eine Besonderheit muß noch hingewiesen werden, die sich lange der Beachtung entzogen hat. Wir haben auf S. 30 gesehen, daß es für die zweifach zusammenhängende Ringschale nicht immer einen Membranspannungszustand gibt, obgleich die Voraussetzungen der Dünnwandigkeit und des Fehlens von Querkräften am Rande erfüllt sind. Immerhin ist es in vielen Fällen möglich, wenigstens für Teile solcher Ringflächen zu einem eindeutigen Membrankräftesystem zu kommen, so z. B. für die dort vorgerechnete Kreisringschale mit innerem Überdruck. Wir wollen nun durch Ausrechnen der Formänderung zeigen, daß dieser Spannungszustand trotzdem unmöglich ist, wenn die Schale nicht nur bestimmte Teile der ganzen Ringfläche umfaßt.

Zu den auf S. 30 gewonnenen Schnittkräften gehören, wenn wir der Einfachheit halber die Querdehnung fortlassen, die Verzerrungen

$$\varepsilon_\varphi = \frac{p\,a}{2E\,t}\,\frac{2b + a\sin\varphi}{b + a\sin\varphi}, \qquad \varepsilon_\vartheta = \frac{p\,a}{2E\,t}$$

und damit

$$q(\varphi) = a\,\varepsilon_\varphi - \left(a + \frac{b}{\sin\varphi}\right)\varepsilon_\vartheta = -\frac{p\,a}{2E\,t}\,\frac{b^2}{(b + a\sin\varphi)\sin\varphi}.$$

Setzt man das in die Lösung (46) der Differentialgleichung ein, so erhält man die tangentiale Verschiebung

$$v = \left[- \frac{p\,a\,b^2}{2Et} \int \frac{d\varphi}{(b + a\sin\varphi)\sin^2\varphi} + C \right] \sin\varphi\,.$$

Das Integral läßt sich mit elementaren Mitteln ausrechnen und gibt

$$v = \left[\frac{p\,a\,b}{2Et} \left(\frac{2a^2}{b\sqrt{b^2 - a^2}} \operatorname{arc\,tan} \frac{a + b\tan\varphi/2}{\sqrt{b^2 - a^2}} - \frac{a}{b} \ln\tan\frac{\varphi}{2} - \cot\varphi \right) + C \right] \sin\varphi\,.$$

Die runde Klammer enthält zwei Funktionen von φ, die für $\varphi = 0$ und $\varphi = \pi$ unendliche Werte annehmen. Der Faktor $\sin\varphi$ am Ende macht zwar diese Singularitäten für v unschädlich, nicht aber für w, das aus v nach (47b) berechnet werden muß. Es ist offenbar durch keine Wahl der Integrationskonstanten C möglich, diese Singularitäten zu beseitigen. Zu den Membrankräften der durch Innendruck belasteten Kreisringschale gehört also, obgleich sie selbst keine Singularität besitzen, kein möglicher Formänderungszustand, und daraus folgt, daß auch in diesem Falle, der auf S. 30 ganz harmlos aussah, zum mindesten in der Umgebung der Scheitelkreise wesentliche Biegespannungen in der Schale auftreten müssen.

Man kommt zu einem mechanischen Verständnis dieses Ergebnisses, wenn man sich den Inhalt unserer Formeln anschaulich klarmacht. Die Ringdehnung ε_ϑ bestimmt die Aufweitung eines jeden Breitenkreises und damit die horizontale Verschiebungskomponente. Die Meridiandehnung ε_φ schreibt dann vor, wie sich der längs der Meridiantangente gemessene Abstand benachbarter Breitenkreise ändern soll, und daraus folgt die Relativverschiebung dieser Breitenkreisebenen in lotrechter Richtung und durch Integration der gesamte Verschiebungszustand. In der Nähe der Scheitelkreise einer Ringschale sind die Meridianelemente waagerecht, und eine lotrechte Verschiebung benachbarter Breitenkreise ändert in erster Näherung (d. h. im Rahmen unserer linearen Theorie) die Länge des Meridianelementes nicht, kann also nicht dazu benutzt werden, einer notwendigen Meridiandehnung Rechnung zu tragen.

6. Formänderungsenergie

Eine Schale sei belastet durch die äußeren Kräfte p_ϑ, p_φ, p_r, die in ihr die Schnittkräfte N_ϑ, N_φ, $N_{\vartheta\varphi}$ erzeugen. Läßt man die Lasten von null auf ihren Endwert anwachsen, belastet also mit $\lambda\,p_\vartheta$, $\lambda\,p_\varphi$, $\lambda\,p_r$, wobei λ von 0 bis 1 läuft, so wachsen die Schnittkräfte proportional, haben also jeweils die Größe λN_ϑ, λN_φ, $\lambda\,N_{\vartheta\varphi}$, und da auch das Hookesche Gesetz in Kräften und Formänderungen linear ist, so sind die zugehörigen Verzerrungen $\lambda\,\varepsilon_\vartheta$, $\lambda\,\varepsilon_\varphi$, $\lambda\,\gamma_{\vartheta\varphi}$.

Schneiden wir ein Flächenelement $dF = r_1\,d\varphi \cdot r\,d\vartheta$ aus der Schale heraus (Abb. 12), so leisten die daran angreifenden Schnittkräfte während der Formänderung Arbeit, da sich ihre Angriffspunkte verschieben. Der Mittelpunkt von dF, in dem die Lasten angreifen, sei dabei zunächst festgehalten, so daß deren Arbeit null ist. Bei der Zunahme der Ringdehnung von $\lambda\,\varepsilon_\vartheta$ auf $(\lambda + d\lambda)\,\varepsilon_\vartheta$ leisten die beiden Schnittkräfte $\lambda\,N_\vartheta \cdot r_1\,d\varphi$ die Arbeit

$$\lambda N_\vartheta \cdot r_1\,d\varphi \cdot d\lambda\,\varepsilon_\vartheta \cdot r\,d\vartheta,$$

und ihre gesamte Arbeit, während λ von 0 bis 1 wächst, ist das Integral darüber, also:

$$N_\vartheta\,r_1\,d\varphi \cdot \varepsilon_\vartheta\,r\,d\vartheta \int_0^1 \lambda\,d\lambda = \frac{1}{2} N_\vartheta\,\varepsilon_\vartheta\,dF.$$

Ganz entsprechende Beiträge liefern die Meridianlängskraft und die Schubkraft, und die insgesamt beim Übergang vom spannungslosen Zustand bis zur Vollast von allen Schnittkräften geleistete Arbeit ist

$$\mathsf{A}\,dF = \frac{1}{2}\,(N_\vartheta\,\varepsilon_\vartheta + N_\varphi\,\varepsilon_\varphi + N_{\vartheta\varphi}\,\gamma_{\vartheta\varphi})\,dF.$$

Um die Flächenelemente nach der Deformation wieder zu einer zusammenhängenden Fläche, der verformten Schale, zusammensetzen zu können, muß man sie noch etwas verschieben und verdrehen. Bei dieser Bewegung ist die Arbeit der an ihnen angreifenden Lasten und Schnittkräfte null, da sie ja eine Gleichgewichtsgruppe an einem starren Körper bilden.

Wenn man entlastet, so leisten die Schnittkräfte eine Arbeit $-\mathsf{A}\,dF$, d. h., die bei der Belastung aufgewandte Energie wird wieder frei. Sie ist als potentielle Energie in der verformten Schale aufgespeichert und führt den Namen Formänderungsenergie. A ist die Formänderungsenergie je Flächeneinheit, und die in der ganzen Schale gespeicherte Formänderungsenergie ist das darüber erstreckte Integral:

$$A = \int \mathsf{A}\,dF = \frac{1}{2} \int (N_\vartheta\,\varepsilon_\vartheta + N_\varphi\,\varepsilon_\varphi + N_{\vartheta\varphi}\,\gamma_{\vartheta\varphi})\,dF.$$

Man kann die Formänderungsenergie auch auf einem anderen Wege berechnen. Statt an jedem einzelnen Flächenelement die geleistete Arbeit festzustellen und dann über die ganze Schale zu summieren, kann man auch die Arbeit ausrechnen, die während der Formänderung von den äußeren Kräften geleistet wird. Zu den Lasten $\lambda\,p_\vartheta$, $\lambda\,p_\varphi$, $\lambda\,p_r$ gehören die elastischen Verschiebungen $\lambda\,u$, $\lambda\,v$, $\lambda\,w$ ihrer Angriffspunkte, und die am Schalenelement dF angreifenden Lasten leisten die Arbeit

$$\frac{1}{2}\,(p_\vartheta\,u + p_\varphi\,v + p_r\,w)\,dF,$$

die nicht gleich A dF ist. Integriert man aber über die ganze Schale, so muß man wieder die gesamte Formänderungsenergie erhalten, also

$$A = \frac{1}{2}\int (p_\vartheta u + p_\varphi v + p_r w)\, dF,$$

vorausgesetzt, daß der Kämpferkreis $\varphi = \varphi_0$ keine Verschiebungen u_R und v_R in Richtung der dort angreifenden Randkräfte $N_{\varphi R}$ und $N_{\vartheta\varphi R}$ erfährt. Anderenfalls ist das längs der Randkurve erstreckte Integral

$$\frac{1}{2}\int (N_{\varphi R} v_R + N_{\vartheta\varphi R} u_R)\, ds$$

als Arbeit der Randkräfte zu dem Flächenintegral hinzuzufügen, wobei $ds = r_R\, d\vartheta$ das Bogenelement der Randkurve ist.

Wir wollen jetzt nacheinander zwei verschiedene Belastungen p_ϑ, p_φ, p_r und $\bar{p}_\vartheta$, $\bar{p}_\varphi$, $\bar{p}_r$ auf die Schale aufbringen. Die zu den Lasten $\mu\, p_\vartheta + \lambda\, \bar{p}_\vartheta, \ldots$ gehörenden Schnittkräfte und Formänderungen bezeichnen wir mit $\mu\, N_\vartheta + \lambda\, \bar{N}_\vartheta$, $\mu\, \varepsilon_\vartheta + \lambda\, \bar{\varepsilon}_\vartheta$, usw.

Setzt man zunächst $\mu = 0$ und läßt λ von 0 auf 1 wachsen, so wird in der Schale die Formänderungsenergie

$$\frac{1}{2}\int (\bar{N}_\vartheta \bar{\varepsilon}_\vartheta + \bar{N}_\varphi \bar{\varepsilon}_\varphi + \bar{N}_{\vartheta\varphi} \bar{\gamma}_{\vartheta\varphi})\, dF$$

gespeichert. Läßt man dann μ von 0 auf 1 wachsen bei konstantem λ, so wirkt bei dem Übergang der Dehnung von $\mu\, \varepsilon_\vartheta + \bar{\varepsilon}_\vartheta$ auf $(\mu + d\mu)\, \varepsilon_\vartheta + \bar{\varepsilon}_\vartheta$ die Längskraft $\mu\, N_\vartheta + \bar{N}_\vartheta$ und leistet die Arbeit

$$(\mu\, N_\vartheta + \bar{N}_\vartheta) \cdot r_1\, d\varphi \cdot \varepsilon_\vartheta\, d\mu \cdot r\, d\vartheta,$$

die gemeinsam mit den entsprechend gebauten Anteilen der Meridianlängskraft und der Schubkraft über μ zu integrieren ist und mit dem vorher angeschriebenen Integral zusammen die gesamte elastische Energie der mit $p_\vartheta + \bar{p}_\vartheta$, $p_\varphi + \bar{p}_\varphi$, $p_r + \bar{p}_r$ belasteten Schale ergibt:

$$A = \frac{1}{2}\int (N_\vartheta \varepsilon_\vartheta + N_\varphi \varepsilon_\varphi + N_{\vartheta\varphi} \gamma_{\vartheta\varphi})\, dF + \int (\bar{N}_\vartheta \varepsilon_\vartheta + \bar{N}_\varphi \varepsilon_\varphi + \bar{N}_{\vartheta\varphi} \gamma_{\vartheta\varphi})\, dF$$
$$+ \frac{1}{2}\int (\bar{N}_\vartheta \bar{\varepsilon}_\vartheta + \bar{N}_\varphi \bar{\varepsilon}_\varphi + \bar{N}_{\vartheta\varphi} \bar{\gamma}_{\vartheta\varphi})\, dF. \quad (48)$$

Das erste und letzte Integral stellen die Formänderungsenergie dar, die jede der Lastgruppen für sich allein erzeugt, und das mittlere ist die Arbeit, die die zur ersten Belastung $\bar{p}_\vartheta$, $\bar{p}_\varphi$, $\bar{p}_r$ gehörenden Kräfte leisten, wenn die zweiten Lasten p_ϑ, p_φ, p_r aufgebracht werden und die Schale weiter deformieren.

Drückt man die Formänderungsenergie durch die Lasten aus, so erhält man ganz entsprechend

$$A = \frac{1}{2}\int (p_\vartheta u + p_\varphi v + p_r w)\,dF + \int (\bar{p}_\vartheta u + \bar{p}_\varphi v + \bar{p}_r w)\,dF +$$
$$+ \frac{1}{2}\int (\bar{p}_\vartheta \bar{u} + \bar{p}_\varphi \bar{v} + \bar{p}_r \bar{w})\,dF + \frac{1}{2}\int (N_{\varphi R} u_R + N_{\vartheta\varphi R} u_R)\,ds +$$
$$+ \int (\bar{N}_{\varphi R} v_R + \bar{N}_{\vartheta\varphi R} u_R)\,ds + \frac{1}{2}\int (\bar{N}_{\varphi R} \bar{v}_R + \bar{N}_{\vartheta\varphi R} \bar{u}_R)\,ds. \tag{49}$$

Hätte man die beiden Belastungen in umgekehrter Reihenfolge aufgebracht, so hätte man im zweiten Integral Produkte der Form $p_\vartheta \bar{u}$ erhalten und entsprechend im fünften. Da in beiden Fällen schließlich derselbe Endzustand der Schale erreicht wird, muß die elastische Energie auch in beiden Fällen dieselbe sein, also

$$\int (p_\vartheta \bar{u} + p_\varphi \bar{v} + p_r \bar{w})\,dF + \int (N_{\varphi R} \bar{v}_R + N_{\vartheta\varphi R} \bar{u}_R)\,ds$$
$$= \int (\bar{p}_\vartheta u + \bar{p}_\varphi v + \bar{p}_r w)\,dF + \int (\bar{N}_{\varphi R} v_R + \bar{N}_{\vartheta\varphi R} u_R)\,ds. \tag{50}$$

Um die Bedeutung dieser Gleichung zu verstehen, wollen wir annehmen, daß die erste Belastung nur aus einer Einzelkraft $P = P_1$ besteht, die in einem Punkt *1* der Schale in Richtung der Normalen angreift und in einem Punkt *2* die Durchbiegung $w = w_{21}$ erzeugt. Die andere Belastung bestehe aus einer Kraft $\bar{P} = P_2$ im Punkt *2*, zu der in *1* die Durchbiegung $\bar{w} = w_{12}$ gehört. Dann ist

$$P_1 w_{12} = P_2 w_{21},$$

und wenn die Kräfte gleich groß sind, so ist $w_{21} = w_{12}$. Das ist der aus der Statik der Stab- und Fachwerke bekannte Satz von der Gegenseitigkeit der Verschiebungen, dessen allgemeine Form für eine drehsymmetrische Schale wir in Gl. (50) vor uns haben.

Die beiden Gln. (48) und (49) stellen beide die Formänderungsenergie des mit $p_\vartheta + \bar{p}_\vartheta$, $p_\varphi + \bar{p}_\varphi$, $p_r + \bar{p}_r$ belasteten Systems dar, und zwar ist der erste Summand von (48) für sich dem ersten und vierten von (49) gleich und der dritte von (48) dem dritten und sechsten von (49). Es muß also auch

$$\int (\bar{p}_\vartheta u + \bar{p}_\varphi v + \bar{p}_r w)\,dF + \int (\bar{N}_{\varphi R} v_R + \bar{N}_{\vartheta\varphi R} u_R)\,ds$$
$$= \int (\bar{N}_\vartheta \varepsilon_\vartheta + \bar{N}_\varphi \varepsilon_\varphi + \bar{N}_{\vartheta\varphi} \gamma_{\vartheta\varphi})\,dF$$

sein, oder, wenn man rechts die Verzerrungen mit Hilfe des Elastizitätsgesetzes durch die Schnittkräfte ausdrückt:

$$\int (\bar{p}_\vartheta u + \bar{p}_\varphi v + \bar{p}_r w)\,dF + \int (\bar{N}_{\varphi R} v_R + \bar{N}_{\vartheta\varphi R} u_R)\,ds$$
$$= \frac{1}{Et}\int (N_\vartheta \bar{N}_\vartheta + N_\varphi \bar{N}_\varphi - \nu N_\vartheta \bar{N}_\varphi - \nu N_\varphi \bar{N}_\vartheta + 2(1+\nu) N_{\vartheta\varphi} \bar{N}_{\vartheta\varphi})\,dF. \tag{51}$$

Diese Formel kann man benutzen, um Formänderungen ausgezeichneter Punkte zu berechnen.

Wir wollen das durch ein Beispiel erläutern. Es sei die lotrechte Durchbiegung des Scheitels der auf S. 77 untersuchten Spitzkuppel zu berechnen. Die Belastung p_ϑ, p_φ, p_r ist das Eigengewicht der Kuppel. Als zweite Belastung wählen wir eine Einzelkraft P in Richtung der gesuchten Durchbiegung $\mathfrak{w}$. Zu dieser Last gehören, wie man leicht nachrechnet, die Schnittkräfte

$$\overline{N}_\varphi = -\frac{\overline{P}}{2\pi a} \cdot \frac{1}{(\sin\varphi - \sin\varphi_0)\sin\varphi}, \qquad \overline{N}_\vartheta = +\frac{\overline{P}}{2\pi a} \cdot \frac{1}{\sin^2\varphi},$$

die auf der rechten Seite in (51) einzusetzen sind, während sich die linke Seite der Formel auf das Produkt $\overline{P}\,\mathfrak{w}$ reduziert, wenn der Kämpfer $\varphi = \pi/2$ unverschieblich gelagert ist. Die Gleichung heißt also:

$$\overline{P}\,\mathfrak{w} = \frac{1}{E\,t}\,\frac{\overline{P}}{2\pi a}\int\limits_0^{2\pi}\int\limits_{\varphi_0}^{\pi/2}\left[\frac{1}{\sin^2\varphi}(N_\vartheta - \nu\,N_\varphi) - \frac{N_\varphi - \nu\,N_\vartheta}{\sin\varphi\,(\sin\varphi - \sin\varphi_0)}\right] a\,d\varphi \times$$
$$\times\; a\,(\sin\varphi - \sin\varphi_0)\,d\vartheta.$$

Durch eine Umformung des Integranden läßt sich leicht einsehen, daß das Ergebnis mit dem in Abschnitt 5 auf andere Weise gefundenen übereinstimmt.

7. Statisch unbestimmte Systeme

In der Baustatik bezeichnet man ein Tragwerk als statisch unbestimmt, wenn seine inneren Kräfte nicht eindeutig bestimmt sind durch die Forderung, daß jeder aus ihm herausgeschnittene Teil im Gleichgewicht sein soll. Danach sind die in den vorangehenden Abschnitten behandelten Schalen allesamt statisch bestimmt, denn wir haben ihre Schnittkräfte ausschließlich aus Gleichgewichtsbedingungen berechnet, zu denen grundsätzlich auch die bei der Ermittlung von Integrationskonstanten benutzten Regularitätsbedingungen für den Spannungszustand gehören, wie wir auf S. 43 gesehen haben.

Bei der Aufstellung der Differentialgleichungen (11), (12), (13) konnten wir feststellen, daß die Zahl der nicht von selbst erfüllten Gleichgewichtsbedingungen gerade mit der der Unbekannten übereinstimmt. Das braucht nicht immer so zu sein, und im allgemeinsten Fall können an einem Schalenelement alle zehn durch die Gln. (1a—j) definierten Schnittkräfte angreifen, denen dann höchstens die sechs Gleichgewichtsbedingungen eines räumlichen Kräftesystems gegenüberstehen. Die Formänderungsgleichungen, die man hinzunehmen muß, um auf die nötige Gleichungszahl zu kommen, sind Verträglichkeitsbedingungen, die besagen, daß die Verzerrung des Tragwerkes mit seinem geometrischen Zusammenhang vereinbar sein muß. Solche Schalen, bei denen die statische Unbestimmtheit ganz unabhängig von der Stützung schon am einzelnen Flächenelement zutage tritt, nennen wir innerlich statisch unbestimmt.

Ganz andersartig ist die statische Unbestimmtheit, die bei biegungsfreien Schalen gelegentlich vorkommt und die wir als äußerliche Unbestimmtheit bezeichnen. Wir wollen sie an einem Beispiel kennenlernen.

Eine Halbkugelschale trage die Belastung

$$p_\vartheta = p_\varphi = 0, \qquad p_r = p_{rn}(\varphi) \cdot \cos n\,\vartheta.$$

Die Gln. (23) auf S. 42 liefern die zugehörigen Schnittkräfte. Ist $n = 0$ oder $= 1$, so werden die vor den eckigen Klammern stehenden Faktoren für $\varphi \to 0$ beide unendlich, und die Integrationskonstanten C_1 und C_2 können aus Regularitätsbedingungen berechnet werden. Ist dagegen $n \geqq 2$, so wird $\tan^n \varphi/2$ ebenso stark oder stärker null als $\sin^2 \varphi$, und U_2 ist unter allen Umständen im Scheitel regulär, so daß man sich zur Bestimmung von C_2 eine andere Bedingung suchen muß. Bei der Kuppel auf Einzelstützen, die wir auf S. 46 durchgerechnet haben, fanden wir C_2 aus den vorgegebenen Randwerten der Meridianlängskraft N_φ, also aus einer reinen Kräftegleichung. Die Aufgabe war statisch bestimmt. Ruht dagegen die Kuppel mit ihrem ganzen Kämpferrand auf einer starren Unterlage, so haben wir eine äußerlich statisch unbestimmte Schale vor uns. Die Randkräfte sind unbekannt und können, da sie für sich allein schon eine Gleichgewichtsgruppe bilden, aus keiner Gleichgewichtsbetrachtung bestimmt werden. Statt dessen steht zur Berechnung von C_2 die Auflagerbedingung zur Verfügung, daß der Kämpferrand der Kuppel bei der Deformation eben bleibt. Sie liefert zwei Gleichungen $u = 0$ und $v = 0$, während wir für w keine Vorschrift machen können, da der Membranspannungszustand keine Querkräfte besitzt, durch die eine gegebene Radialverschiebung erzwungen werden könnte. Eine der beiden Randbedingungen ist durch eine dehnungslose Verformung erfüllbar, und die andere liefert C_2.

Zur Durchführung dieser Rechnung schließt man sich zweckmäßig an die bei statisch unbestimmten Systemen übliche Methode an und definiert überzählige Größen und damit ein Hauptsystem. Man könnte z. B. den Randwert der Meridiankraft N_φ als Überzählige einführen und hätte dann als Hauptsystem die am Kämpfer nicht unterstützte Kuppel (die natürlich trotzdem ein Randglied zur Aufnahme der $N_{\vartheta\varphi}$ haben muß!). Für die Rechnung ist es zweckmäßiger, ein Hauptsystem zu benutzen, das begrifflich nicht so einfach darstellbar ist, und das dadurch definiert wird, daß wir C_2 als Überzählige wählen. Die Schnittkräfte $N_\varphi^{(0)}$, $N_\vartheta^{(0)}$, $N_{\vartheta\varphi}^{(0)}$ dieses Hauptsystems bestimmen sich aus

$$U_1^{(0)} = +a\frac{\cot^n\varphi/2}{\sin^2\varphi}\int\limits_0^\varphi p_{rn}(\varphi)\cdot(n+\cos\varphi)\sin\varphi\cdot\tan^n\frac{\varphi}{2}\,d\varphi,$$

$$U_2^{(0)} = -a\frac{\tan^n\varphi/2}{\sin^2\varphi}\int\limits_0^\varphi p_{rn}(\varphi)\cdot(n-\cos\varphi)\sin\varphi\cdot\cot^n\frac{\varphi}{2}\,d\varphi$$

als

$$N_{\varphi n}^{(0)} = \frac{1}{2}(U_1^{(0)} + U_2^{(0)}),$$

$$N_{\vartheta n}^{(0)} = -N_{\varphi n}^{(0)} + a\,p_{rn},$$

$$N_{\vartheta\varphi n}^{(0)} = \frac{1}{2}(U_1^{(0)} - U_2^{(0)}).$$

Außer ihnen brauchen wir noch die Kräfte, die in der sonst unbelasteten Schale von Randkräften erzeugt werden, die zu $C_2 = 1$ gehören. Für diese Belastung ist nach (23)

$$U_1^{(1)} = 0, \qquad U_2^{(1)} = \frac{\tan^n\varphi/2}{\sin^2\varphi},$$

also

$$N_{\varphi n}^{(1)} = -N_{\vartheta n}^{(1)} = -N_{\vartheta\varphi n}^{(1)} = \frac{\tan^n\varphi/2}{2\sin^2\varphi}.$$

Aus diesen beiden Spannungszuständen lassen sich die gesuchten Spannungen und Formänderungen der starr gelagerten Kuppel linear superponieren, z. B.

$$N_{\varphi n} = N_{\varphi n}^{(0)} + C_2\cdot N_{\varphi n}^{(1)}, \qquad u_n = u_n^{(0)} + C_2\cdot u_n^{(1)},$$

und die oben formulierten Randbedingungen fordern, daß $\bar{u}_n = \bar{v}_n = 0$ ist, wenn wir hier durch einen Querstrich die Werte am Kämpferrand $\varphi = \pi/2$ bezeichnen.

Zur Berechnung der Verschiebungsgrößen steht uns Gl. (51) zur Verfügung. Wenn wir für die *darin* durch Querstriche bezeichneten Größen unseren Spannungszustand „1" einsetzen, für die anderen den Zustand „0", so erhalten wir mit $\nu = 0$

$$\int\limits_0^{2\pi}(\bar{N}_{\varphi n}^{(1)}\cdot\bar{v}_n^{(0)}\cos^2 n\vartheta + \bar{N}_{\vartheta\varphi n}^{(1)}\cdot\bar{u}_n^{(0)}\sin^2 n\vartheta)\,a\,d\vartheta$$

$$= \frac{1}{Et}\int\limits_0^{\pi/2}(N_{\vartheta n}^{(0)}N_{\vartheta n}^{(1)} + N_{\varphi n}^{(0)}N_{\varphi n}^{(1)} + 2N_{\vartheta\varphi n}^{(0)}N_{\vartheta\varphi n}^{(1)})\,a\sin\varphi\,d\varphi\cdot\int\limits_0^{2\pi}\frac{\cos^2 n\vartheta}{\sin^2 n\vartheta}\,a\,d\vartheta.$$

Die Integrale nach ϑ lassen sich sofort ausführen, und die auf der linken Seite vorkommenden Randkräfte sind $\bar{N}_{\varphi n}^{(1)} = \frac{1}{2}$, $\bar{N}_{\vartheta\varphi n}^{(1)} = -\frac{1}{2}$. Die Formel liefert also die Differenz der beiden Verschiebungsamplituden

$$\bar{v}_n^{(0)} - \bar{u}_n^{(0)} = \frac{2a}{Et}\int\limits_0^{\pi/2}(N_{\vartheta n}^{(0)}N_{\vartheta n}^{(1)} + N_{\varphi n}^{(0)}N_{\varphi n}^{(1)} + 2N_{\vartheta\varphi n}^{(0)}N_{\vartheta\varphi n}^{(1)})\sin\varphi\,d\varphi.$$

Ganz entsprechend erhält man $\bar{v}_n^{(1)} - \bar{u}_n^{(1)}$, wenn man alle noch vorkommenden oberen Indizes (0) durch (1) ersetzt.

Über die einzelnen Verschiebungen $\bar{u}_n$ und $\bar{v}_n$ sagen diese Formeln nichts aus, und das können sie auch nicht, da man ja jede dieser Verschiebungsgrößen durch Hinzufügung einer dehnungslosen Verformung beliebig abändern kann. Man kann jedoch aus ihnen entnehmen, daß die Differenz $\bar{v}_n - \bar{u}_n$ auf diese Weise nicht beeinflußt werden kann, sondern durch den Spannungszustand vollständig bestimmt wird. Das wird durch das auf S. 75 angegebene Ergebnis bestätigt, das zeigt, daß am Kämpfer einer Halbkugel bei einer dehnungslosen Verformung stets $u_n = v_n$ ist.

Es genügt also, C_2 aus der Forderung zu bestimmen, daß

$$\bar{v}_n - \bar{u}_n = (\bar{v}_n^{(0)} - \bar{u}_n^{(0)}) + C_2 (\bar{v}_n^{(1)} - \bar{u}_n^{(1)}) = 0$$

ist, denn dann und nur dann kann man stets durch Addition einer spannungslosen Verformung $\bar{u}_n$ und $\bar{v}_n$ gleichzeitig zum Verschwinden bringen. Die Bedingung liefert

$$C_2 = -\frac{\bar{v}_n^{(0)} - \bar{u}_n^{(0)}}{\bar{v}_n^{(1)} - \bar{u}_n^{(1)}},$$

also die Überzählige als Quotient zweier bestimmter Integrale, deren Integranden quadratische oder bilineare Formen der Schnittkräfte sind.

III. Membrantheorie der Zylinderschalen

1. Rohre und Tonnendächer

Neben den achsensymmetrischen Schalen steht als zweite große Gruppe, die sich mit einfachen Mitteln behandeln läßt, die der Zylinder. Wir legen die Schale so, daß ihre Erzeugenden waagerecht laufen und wählen als Koordinaten eines Punktes den Neigungswinkel φ der Normalschnittangente und den Abstand seines Normalschnittes von irgendeinem anderen als $x = 0$ bezeichneten (Abb. 42). Das dadurch bestimmte Schalenelement zeigt Abb. 45b, wo auch die daran wirkenden Kräfte eingetragen sind.

Das Gleichgewicht in der x-Richtung erfordert:

$$\frac{\partial N_x}{\partial x} dx \cdot r\, d\varphi + \frac{\partial N_{\varphi x}}{\partial \varphi} d\varphi \cdot dx \quad + p_x \cdot dx \cdot r\, d\varphi = 0,$$

und die Kräfte in Richtung der Normalschnittangente liefern die Gleichung

$$\frac{\partial N_\varphi}{\partial \varphi} d\varphi \cdot dx + \frac{\partial N_{x\varphi}}{\partial x} dx \cdot r\, d\varphi + p_\varphi \cdot dx \cdot r\, d\varphi = 0.$$

In Richtung der Schalennormalen wirkt außer der Lastkomponente $p_r \cdot dx \cdot r\,d\varphi$ nur noch die Resultierende $N_\varphi\,dx \cdot d\varphi$ der beiden Längskräfte $N_\varphi\,dx$. Die dritte Gleichgewichtsbedingung heißt also

$$N_\varphi\,dx \cdot d\varphi - p_r \cdot dx \cdot r\,d\varphi = 0.$$

Dividiert man durch $dx\,d\varphi$ oder $r\,dx\,d\varphi$, so kommt man auf folgende Gleichungen für die Membrankräfte einer beliebigen Zylinderschale:

$$\left.\begin{aligned} N_\varphi &= p_r r, \\ \frac{\partial N_{x\varphi}}{\partial x} &= -p_\varphi - \frac{1}{r}\frac{\partial N_\varphi}{\partial \varphi}, \\ \frac{\partial N_x}{\partial x} &= -p_x - \frac{1}{r}\frac{\partial N_{x\varphi}}{\partial \varphi}, \end{aligned}\right\} \quad \text{(52a bis c)}$$

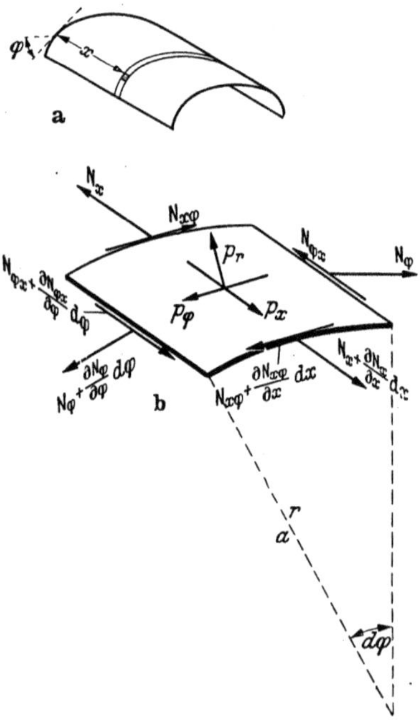

Abb. 42. Koordinaten und Schnittkräfte der Zylinderschale

die der Reihe nach aufgelöst werden können. Die erste gibt N_φ, das allein von der örtlichen Belastung abhängig ist, wie wir das schon bei den Ringkräften des Kegels gesehen haben. Da diese Schnittkraft aus keiner Differentialgleichung folgt, kann sie auch durch keine Randbedingung beeinflußt werden. Ist doch eine Randbedingung vorhanden, die zu (52a) in Widerspruch steht, so ergeben sich wieder Randstörungen, die aber in diesem Falle oft von ausschlaggebendem Einfluß auf das Spannungsbild werden.

Die beiden anderen Gln. (52) können nach x integriert werden, wobei die Integrationskonstanten von φ abhängig sind:

$$\left.\begin{aligned} N_{x\varphi} &= -\int\left(p_\varphi + \frac{1}{r}\frac{\partial N_\varphi}{\partial \varphi}\right)dx + c_1(\varphi), \\ N_x &= -\int\left(p_x + \frac{1}{r}\frac{\partial N_{x\varphi}}{\partial \varphi}\right)dx + c_2(\varphi). \end{aligned}\right\} \quad (53)$$

Die Funktionen $c_1(\varphi)$ und $c_2(\varphi)$ sind aus den Randbedingungen zu bestimmen. Sie können dazu benutzt werden, um längs der beiden Ränder $x = \text{const}$ zwei Schnittkräfte beliebig vorzuschreiben. Man kann z. B. fordern, daß an beiden Enden der Schale $N_x \equiv 0$ sein soll. Dann sind natürlich die Schubkräfte im allgemeinen nicht null. Man nimmt sie auf, indem man die gekrümmten Ränder der Schale durch Böden oder biegungsfeste Spante aussteift, die durch die Schubkräfte in ihrer Ebene beansprucht werden. Als eine andere Art von Randbedingungen kann man verlangen, daß der eine Rand $x =$ const kräftefrei sein soll ($N_x \equiv 0$, $N_{x\varphi} \equiv 0$). Er braucht dann nicht ausgesteift zu werden. Dafür treten am anderen Ende der Schale außer den Schubkräften auch Randkräfte N_x auf, durch die der aussteifende Spant quer zu seiner Ebene belastet wird, so daß er räumlich abgestützt werden muß.

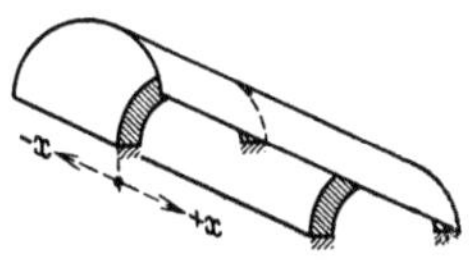

Abb. 43. Tonne mit überkragendem Ende

Abb. 43 stellt eine Kombination von zwei Zylindern dar. Für den linken Teil gilt genau das eben Gesagte, während der rechte Teil die räumliche Abstützung des linken besorgt. In ihm muß daher am Rande $x = 0$ die Längskraft N_x die Werte annehmen, die sich aus der Berechnung der linken Schale ergeben haben, während am anderen Ende die Bedingung $N_x = 0$ gilt.

Ist der Normalschnitt eine geschlossene Kurve, unsere Schale also ein Rohr, so kann man danach seine inneren Kräfte berechnen. Für ein kreiszylindrisches Rohr ($r = a$), das durch Wasserfüllung die Belastung

$$p_x = p_\varphi = 0, \qquad p_r = p_0 - \gamma a \cos\varphi$$

erhält, liefern z. B. unsere Gleichungen

$$\begin{aligned} N_\varphi &= +p_0 a - \gamma a^2 \cos\varphi, \\ N_{x\varphi} &= -\gamma a x \sin\varphi + c_1(\varphi), \\ N_x &= +\gamma \frac{x^2}{2}\cos\varphi - \frac{x}{a}\frac{dc_1(\varphi)}{d\varphi} + c_2(\varphi). \end{aligned}$$

Fordert man, daß für $x = 0$ und $x = l$ die Längskraft $N_x = 0$ sein soll, so erhält man daraus für die Integrationskonstanten

$$c_2 = 0, \qquad \frac{dc_1}{d\varphi} = \frac{1}{2}\gamma a l \cos\varphi,$$

also

$$c_1 = \frac{1}{2}\gamma a l \sin\varphi + \text{const},$$

und die Konstante muß wegen der Symmetrie zur Ebene $\varphi = 0$ verschwinden. Die Schnittkräfte sind also

$$\begin{aligned} N_\varphi &= p_0 a - \gamma a^2 \cos\varphi, \\ N_{x\varphi} &= \gamma a\left(\frac{l}{2} - x\right)\sin\varphi, \\ N_x &= -\frac{1}{2}\gamma x (l - x)\cos\varphi. \end{aligned}$$

Als Funktionen von x haben die Kräfte $N_{x\varphi}$ und N_x denselben Verlauf (Abb. 44) wie Querkraft und Biegemoment eines einfachen Balkens von der Stützweite l. Daß das so sein muß, folgt aus denselben Gleichgewichtsbedingungen, durch die man in der Balkenbiegelehre diese Kräfte gewinnt und die auch hier anwendbar sind, wenn man das Rohr längs eines Normalschnittes zerschneidet und für den einen Teil das Gleichgewicht der Kräfte formuliert.

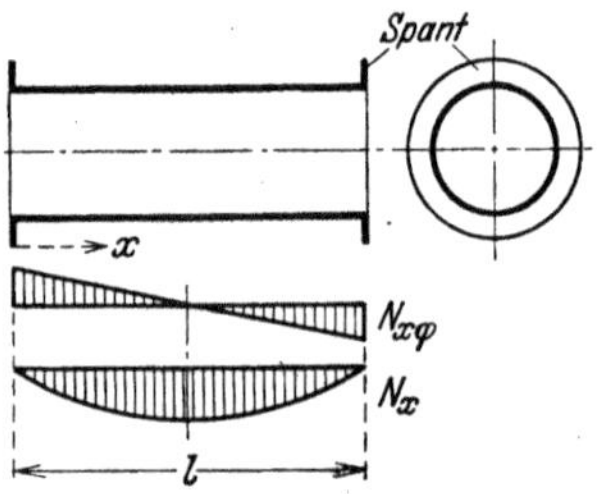

Abb. 44. Schnittkräfte der Zylinderschale als Funktion von x

Ebenso wie im Kreisrohr ist in jedem Rohr von beliebiger Querschnittsgestalt unter Innendruck ein biegungsfreier Spannungszustand möglich. Die zur Aufrechterhaltung der Rohrform nötigen Biegemomente finden sich in den Spanten, ohne die die Schale keine Formbeständigkeit besitzen würde.

Für die Technik viel bedeutungsvoller als die Rohre sind offene Zylinderschalen wie die in Abb. 45 dargestellte. Zu den beiden Rändern $x = \text{const}$ treten hier noch zwei Ränder $\varphi = \text{const}$ hinzu. Mit den Integrationskonstanten sind an diesen Rändern keine Bedingungen erfüllbar. Gl. (52a) zeigt uns dafür einen anderen Weg, die Schnittkraft N_φ zum Verschwinden zu bringen: Wir müssen einfach dafür sorgen, daß längs des Randes $p_r = 0$ wird! Da nun Dächer im wesentlichen lotrechte Last, Eigengewicht und Schnee, zu tragen haben, so heißt das, daß der Normalschnitt der Schale eine lotrechte Endtangente haben muß. Dann ist die Belastung am Rand tangential, $p_r = 0$, und die Tonne kann einen Raum frei überspannen, indem sie etwa wie ein großer Balken wirkt, der auf den Bindern gelagert ist (Abb. 45) oder der von einem Binder aus frei auskragt, entsprechend den beiden oben geschilderten Arten der Randbedingungen an den gekrümmten Rändern.

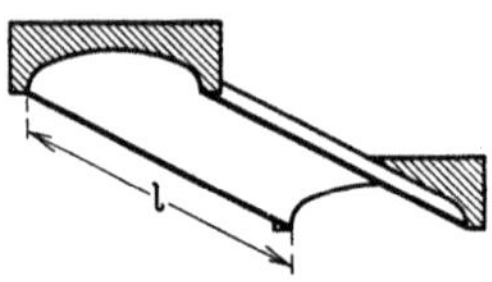

Abb. 45. Zylinderschale als Tonnengewölbe

Die Schubkräfte $N_{x\varphi}$ an den Rändern $\varphi = \text{const}$ kann man leider nicht so einfach loswerden. Man kann sie aber konstruktiv aufnehmen, indem man sie in ein Randglied leitet, in einen längs des Schalenrandes laufenden Saum aus zugfestem Material, der die Randschubkräfte aufnimmt und dadurch eine Zug- oder Druckbeanspruchung in Richtung seiner Achse erfährt. Sein Eigengewicht, das bei großen Hallendächern nicht gering ist, muß durch eine geeignete Unterstützung getragen werden, die jedoch von den eigentlichen Tonnen keine Last erhält.

Die an den Tonnendächern vorkommenden Lasten enthalten keine Komponente in Richtung der Erzeugenden. Auch sind die Lasten p_φ

und p_r in der Regel von x unabhängig. Mit diesen Voraussetzungen kann man die Gln. (53) noch weiter ausführen. Man erhält, indem man alles Konstante vor die Integrale zieht und dann integriert:

$$\left.\begin{aligned} N_{x\varphi} &= -\left(p_\varphi + \frac{1}{r}\frac{\partial N_\varphi}{\partial \varphi}\right) x + c_1(\varphi), \\ N_x &= \frac{1}{r}\frac{\partial}{\partial \varphi}\left(p_\varphi + \frac{1}{r}\frac{\partial N_\varphi}{\partial \varphi}\right)\frac{x^2}{2} - \frac{1}{r}\frac{\partial c_1}{\partial \varphi} x + c_2(\varphi). \end{aligned}\right\} \quad (54)$$

Wir wollen noch einen Schritt weitergehen und die Randbedingungen der zwischen zwei Endbindern frei tragenden Tonne einführen. Als Linie $x = 0$ wählen wir den Normalschnitt, der von beiden Enden gleich weit entfernt ist, und bestimmen die Integrationskonstanten so, daß für $x = \pm l/2$ die Längskraft $N_x = 0$ wird. Wir erhalten

$$\frac{\partial c_1}{\partial \varphi} = 0 \quad \text{und} \quad c_2 = -\frac{1}{r}\frac{\partial}{\partial \varphi}\left(p_\varphi + \frac{1}{r}\frac{\partial N_\varphi}{\partial \varphi}\right)\frac{l^2}{8}$$

und damit die Längskraft

$$N_x = -\frac{1}{r}\frac{\partial}{\partial \varphi}\left(p_\varphi + \frac{1}{r}\frac{\partial N_\varphi}{\partial \varphi}\right)\frac{l^2 - 4x^2}{8}. \quad (55\,\text{a})$$

Über $c_1(\varphi)$ können wir nur aussagen, daß es eine Konstante sein muß. Deren Größe finden wir aus einer Grenzbedingung für das Randglied, dessen Längskraft N durch Integration der Randwerte von $N_{x\varphi}$ längs des Randes erhalten wird:

$$\mathsf{N} = \int\limits_{-l/2}^{x} N_{x\varphi}\, dx + C.$$

Dabei ist C der Wert der Randgliedkraft für $x = -l/2$. Wir fordern, daß er und auch der Wert am anderen Ende des Randgliedes verschwindet. Dort ist aber $\mathsf{N} = C + c_1 l$. Daraus folgt dann $c_1 = 0$ und damit

$$N_{x\varphi} = -\left(p_\varphi + \frac{1}{r}\frac{\partial N_\varphi}{\partial \varphi}\right) x. \quad (55\,\text{b})$$

In unserem Fall hätten wir c_1 aus der Symmetriebedingung, daß für $x = 0$ die Schubkraft $N_{x\varphi} = 0$ sein muß, schneller berechnen können. Es ist aber besonders im Hinblick auf unsymmetrische Lasten von Nutzen, sich darüber klarzuwerden, daß auch die wirklichen *Rand*-bedingungen zur Bestimmung aller Integrationskonstanten hinreichen, wenn man auch die Randbedingungen für das Zugglied berücksichtigt.

Wir wollen nun für ein Beispiel die Schnittkräfte berechnen. Wir beschränken uns dabei auf Eigengewicht $p_x = 0$, $p_\varphi = p \sin\varphi$, $p_r = -p \cos\varphi$ und wählen einen elliptischen Zylinder (Abb. 46). Auf S. 26 haben wir den Krümmungsradius r_1 eines elliptischen Meridians als Funktion der Tangentenneigung φ angegeben. Wir können diese Formel hier wieder verwenden, wenn wir einfach r anstatt r_1 schreiben.

Damit liefern (52a) und (55) die Schnittkräfte

$$N_\varphi = -a^2 b^2 p \frac{\cos\varphi}{(a^2 \sin^2\varphi + b^2 \cos^2\varphi)^{3/2}},$$

$$N_{x\varphi} = -p\,x \frac{2a^2 + (a^2 - b^2)\cos^2\varphi}{a^2 \sin^2\varphi + b^2 \cos^2\varphi} \sin\varphi,$$

$$N_x = -\frac{p}{8}(l^2 - 4x^2) \frac{3a^2(b^2 - (a^2 - b^2)\sin^2\varphi) - (a^2\sin^2\varphi + b^2\cos^2\varphi)^2}{a^2 b^2 (a^2 \sin^2\varphi + b^2\cos^2\varphi)^{1/2}} \cos\varphi.$$

Die Verteilung dieser Kräfte über den Querschnitt ist in Abb. 46 für eine flache Ellipse aufgezeichnet. Wie man aus den Formeln und Diagrammen sieht, wird am Kämpfer $\varphi = \pi/2$ tatsächlich die Längskraft $N_\varphi = 0$, jedoch nicht die Schubkraft. In der Längsrichtung ist

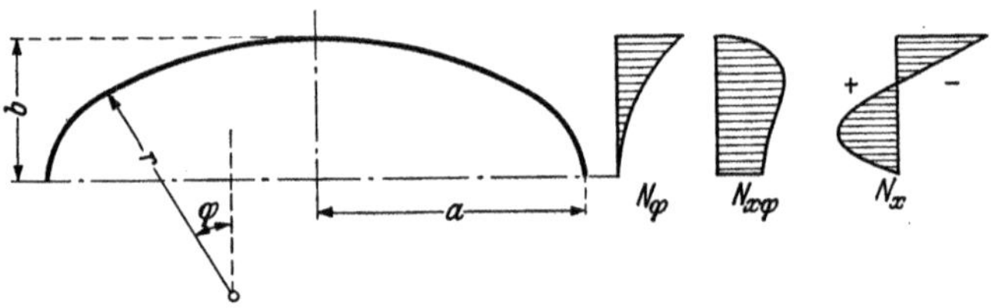

Abb. 46. Elliptischer Zylinder, Schnittkräfte für Eigengewicht

der Hauptteil der Schale gedrückt. Darunter bildet sich eine Zugzone aus, die aber nicht ausreicht, um die der Druckzone entsprechende Zugkraft aufzunehmen. Der Rest findet sich im Randglied, dessen Längskraft mit $\varphi = \pi/2$ durch Integration der $N_{x\varphi}$ gefunden wird:

$$\mathsf{N} = -2p \int_{-l/2}^{x} x\,dx = p\left(\frac{l^2}{4} - x^2\right).$$

Setzt man in den Formeln $b = a$, so erhält man die Schnittkräfte für den Kreiszylinder:

$$N_\varphi = -p\,a\cos\varphi,$$

$$N_{x\varphi} = -2p\,x\sin\varphi,$$

$$N_x = -\frac{p}{4a}(l^2 - 4x^2)\cos\varphi.$$

Die Längskräfte N_x sind hier ebenso wie beim Rohr mit Wasserfüllung dem lotrechten Abstand $a\cos\varphi$ vom Kämpfer proportional. Man erhält eine lineare Spannungsverteilung über den Querschnitt (Abb. 47), wie sie in der Balkenbiegelehre für gedrungene Querschnitte allgemein angenommen wird. Dieses Ergebnis darf aber weder für jede Belastung noch für andere Schalenformen verallgemeinert werden.

Während die Anwendung der Membrantheorie auf Rohre beliebigen Querschnittes verläßliche Ergebnisse liefert, führt die bei Tonnendächern nötige Verbindung der Schale mit Randgliedern zu zusätzlichen Biegespannungen, die sehr wesentliche Werte annehmen können. Sie gehen auf zwei Ursachen zurück, Unverträglichkeit der Formänderungen und Verletzung der Gl. (52a).

Die Spannung σ_x längs des geraden Schalenrandes ist entweder null oder eine Druckspannung, während das Randglied Zugspannungen hat, und zwar sehr hohe, da man dort durch entsprechende Bemessung natürlich bestrebt ist, das Material so vollständig wie möglich auszunutzen. Die elastische Dehnung stimmt also in benachbarten Fasern von Tonne und Randglied rechnerisch bei weitem nicht überein. Das ist physikalisch unmöglich und hat zur Folge, daß der Membranspannungszustand vom Rand her gestört wird. Dazu kommt, daß das Randglied, das an Zugkräften so viel aufnehmen muß, wie der ganze Tonnenquerschnitt an Druckkräften führt, auch ein gehöriges Gewicht hat, unter dem es sich entsprechend durchbiegt. Die Schale ist viel steifer, senkt sich nur wenig durch. Die Folge ist, daß sich das Randglied mit dem größten Teil seiner Last an die Schale anhängt. Die Zugkräfte N_φ, die dazu nötig sind, können vom Membranzustand nicht geliefert werden, der damit abermals gestört wird. Der Einfluß dieser Störungen ist in manchen Fällen so groß, daß das Kräftebild der Tonne dadurch grundlegend geändert wird. Wir werden uns deshalb in Kapitel V noch mit der Biegetheorie der Zylinderschale zu befassen haben.

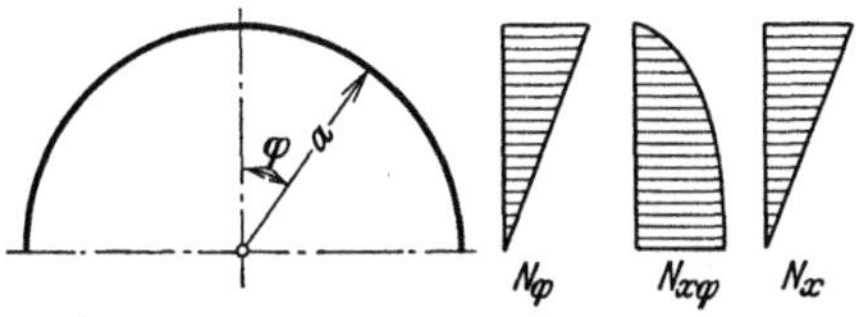

Abb. 47. Kreiszylinder, Schnittkräfte für Eigengewicht

Es gibt anderseits auch Fälle, in denen die Membrantheorie in allen wesentlichen Zügen das Richtige trifft. Das trifft vor allem dann zu, wenn die „Trägerspannweite" l kleiner ist als die „Gewölbespannweite" (der Abstand der Kämpferränder). Dann laufen die Randstörungen nicht bis zum Scheitel hinauf, sondern beschränken sich auf eine Randzone.

2. Formänderungen

Die Berechnung der von den Membrankräften herrührenden Formänderungen vollzieht sich bei den Zylinderschalen ähnlich wie bei den Drehschalen. Das häufige Auftreten wesentlicher Biegespannungen in Zylindern macht jedoch ihre Membranformänderungen weniger interessant und wir wollen uns deshalb hier auf die Behandlung der Kreiszylinderschale beschränken.

Während die Spannungstheorie der Membranschalen auf die Gleichgewichtsbedingungen des Schalenelementes aufgebaut ist, benötigen wir zum Studium der Formänderungen zwei weitere Gruppen von Gleichungen, das HOOKEsche Gesetz, das die Spannungen (oder Schnittkräfte) mit den Verzerrungen verbindet, und die kinematischen Beziehungen, die die Verbindung zwischen den Verzerrungen und den Verschiebungen herstellen. Wir beginnen mit den letzteren.

An Hand der Abb. 48, die ein Schalenelement vor und nach der Verformung darstellt, definieren wir ähnlich wie bei den achsensymmetrischen Schalen eine „Ringdehnung“

$$\varepsilon_\varphi = \frac{\Delta ds}{ds},$$

eine axiale Dehnung

$$\varepsilon_x = \frac{\Delta dx}{dx}$$

und eine Gleitung

$$\gamma_{x\varphi} = \sphericalangle B\,A\,C - \sphericalangle B'\,A\,C'.$$

Die drei Verschiebungen bezeichnen wir mit u, v, w, wobei u in Richtung x, v in Richtung φ und w normal zur Schale positiv nach außen gezählt wird. Die Längsdehnung ε_x entsteht offenbar nur dadurch, daß das rechte Ende des Linienelementes dx der Erzeugenden eine um $\Delta dx = \frac{\partial u}{\partial x}\,dx$ größere Verschiebung u erfährt als das linke:

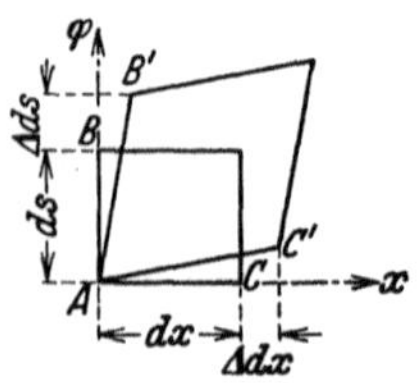

Abb. 48
Verzerrung eines Zylinderschalenelementes

$$\varepsilon_x = \frac{\Delta dx}{dx} = \frac{\partial u}{\partial x}. \qquad (56\,\text{a})$$

Entsprechend gibt $\frac{\partial v}{a\,\partial\varphi}$ einen Beitrag zur Ringdehnung, aber nicht den einzigen; denn durch eine Verschiebung w vergrößert sich der Schalenradius von a auf $a + w$, und im selben Verhältnis wächst auch der Umfang. Dividiert man dessen Zuwachs $2\pi w$ durch den früheren Wert $2\pi a$, so erhält man den zweiten Beitrag zur Ringdehnung, also insgesamt

$$\varepsilon_\varphi = \frac{1}{a}\left(\frac{\partial v}{\partial\varphi} + w\right). \qquad (56\,\text{b})$$

Die Gleitung setzt sich zusammen aus der Drehung der Kante BA um den Winkel $\frac{\partial u}{a\,\partial\varphi}$ und der Drehung von CA um $\frac{\partial v}{\partial x}$:

$$\gamma_{x\varphi} = \frac{\partial v}{\partial x} + \frac{1}{a}\,\frac{\partial u}{\partial\varphi}. \qquad (56\,\text{c})$$

Wir wollen hier eine Bezeichnungsweise einführen, die es ermöglicht, unsere Formeln kürzer und damit klarer zu schreiben. Es sei $f(x, \varphi)$ eine beliebige Funktion der beiden Koordinaten auf der Schale. Dann sollen die Ableitungen nach x und φ durch Striche und Punkte bezeichnet werden:

$$a\frac{\partial f}{\partial x} = f', \qquad \frac{\partial f}{\partial \varphi} = f^{\cdot}$$

und die Integrale über x, die im folgenden in größerem Umfange auftreten werden, durch ein links angesetztes Differentiationszeichen:

$$\frac{1}{a}\int\limits_0^x f(x,\varphi)\,dx = {}'f.$$

Dann können wir die kinematischen Beziehungen schreiben

$$a\,\varepsilon_x = u', \qquad a\,\varepsilon_\varphi = v^{\cdot} + w, \qquad a\,\gamma_{x\varphi} = u^{\cdot} + v'. \tag{57}$$

Das Elastizitätsgesetz der Membrantheorie, das wir auf S. 68 für die achsensymmetrischen Schalen angegeben haben, können wir ohne weiteres übernehmen, wenn wir den Index ϑ durch x ersetzen. Durch Elimination der Verzerrungen aus (34) und (57) folgt der unmittelbare Zusammenhang zwischen den Schnittkräften einerseits und den Verschiebungen und ihren Ableitungen anderseits:

$$u' = \frac{a}{E\,t}(N_x - \nu\,N_\varphi),$$

$$v^{\cdot} + w = \frac{a}{E\,t}(N_\varphi - \nu\,N_x),$$

$$u^{\cdot} + v' = 2\frac{a}{E\,t}(1+\nu)\,N_{x\varphi}.$$

In diesen Formeln drücken wir die Schnittkräfte nach (52a) und (53) durch die Lasten und die Integrationskonstanten $c_1(\varphi)$ und $c_2(\varphi)$ aus. Die erste Gleichung liefert nach einer Integration sofort

$$u = -\frac{a^2}{E\,t}\left({}''p_x - {}'''\dot{p}_\varphi - {}'''\ddot{p}_r + \nu\,{}'p_r + \dot{c}_1\frac{x^2}{2a^3} - c_2\frac{x}{a^2} + c_3\right)$$

und die dritte

$$u^{\cdot} + v' = -\frac{2a^2(1+\nu)}{E\,t}\left({}'p_\varphi + {}'\dot{p}_r - \frac{c_1}{a}\right).$$

Daraus kann man durch Subtraktion von $u^{\cdot}$ und Integration nach x die Verschiebung v finden:

$$v = -\frac{a^2}{E\,t}\Big[2(1+\nu)\,{}''p_\varphi + (2+\nu)\,{}''\dot{p}_r - {}'''\dot{p}_x + {}''''\ddot{p}_\varphi + {}''''\dddot{p}_r -$$
$$-2(1+\nu)\,c_1\frac{x}{a^2} - \ddot{c}_1\frac{x^3}{6a^4} + \dot{c}_2\frac{x^2}{2a^3} - \dot{c}_3\frac{x}{a} + c_4\Big],$$

und daraus und aus $v^{\cdot} + w$ schließlich auch

$$w = \frac{a^2}{E\,t}\Big[p_r + 2\,{}''\ddot{p}_r + {}''''\ddddot{p}_r + \nu\,{}'p_x - {}'''\ddot{p}_x + (2+\nu)\,{}''\dot{p}_\varphi + {}''''\dddot{p}_\varphi -$$
$$-(2+\nu)\,\dot{c}_1\frac{x}{a^2} - \dddot{c}_1\frac{x^3}{6a^4} - \nu\frac{c^2}{a} + \ddot{c}_2\frac{x^2}{2a^3} - \ddot{c}_3\frac{x}{a} + \dot{c}_4\Big].$$

Da immer nur nach x, nie nach φ integriert wird, sind alle Integrationskonstanten von φ abhängig, und es treten dementsprechend ihre Ableitungen nach φ in den Formeln auf. c_4 kommt nur in v und w vor, nicht jedoch in $v^{\cdot} + w$, also auch nicht in der Ringdehnung ε_φ. Das heißt, um auch c_4 zu bestimmen, muß v oder w auf mindestens einem Schalenrand gegeben sein; es ist aber nicht möglich, die Ringdehnung vorzuschreiben, ebensowenig, wie man die Längskraft N_φ durch Randbedingungen beeinflussen kann. Nur durch die Querdehnung ist ε_φ von c_1 und c_2 abhängig. Es trifft aber offenbar nicht das wirkliche Verhalten der Schale, wollte man auf diesem Wege, d. h. durch Anbringen entsprechender Randkräfte N_x erreichen, daß die Ringdehnung längs einer Binderscheibe null wird. Die Erfüllung dieser Bedingung muß vielmehr der in Kapitel V behandelten Biegetheorie vorbehalten bleiben. Statt dessen kann die Vorschrift $v = 0$ als Notbehelf dienen, um die Verbindung von Schale und Binder zum Ausdruck zu bringen, entsprechend der Tatsache, daß wir in der Membrantheorie zur Verzerrung des Schalenrandes innerhalb seiner Ebene nur tangentiale Randkräfte $N_{x\varphi}$ zur Verfügung haben, aber keine zur Schale normal stehenden Querkräfte.

3. Statisch unbestimmte Zylinderschalen

Wir wollen die oben gefundenen Formeln benutzen, um die Kräfteverteilung in einer auf drei Bindern gelagerten Tonne zu berechnen (Abb. 49). Wir wählen wieder Eigengewicht

$$p_x = 0, \quad p_\varphi = p \sin\varphi, \quad p_r = -p\cos\varphi$$

als Belastung. Dann sind die Verschiebungen

$$E\,t\,u = \quad a^2\left[p\left(\frac{x^3}{3a^3} + \nu\,\frac{x}{a}\right)\cos\varphi - \dot{c}_1\,\frac{x^2}{2a^3} + c_2\,\frac{x}{a^2} - c_3\right],$$

$$E\,t\,v = -a^2\left[p\left(\frac{4+3\nu}{2}\cdot\frac{x^2}{a^2} - \frac{x^4}{12a^4}\right)\sin\varphi - \right.$$

$$\left. -2(1+\nu)\,c_1\,\frac{x}{a^2} - \ddot{c}_1\,\frac{x^3}{6a^4} + \dot{c}_2\,\frac{x^2}{2a^3}\,c \; -{}_{\dot{3}}\,\frac{x}{a} + c_4\right]$$

und die waagerechte Längskraft

$$N_x = \frac{p}{a}\,x^2\cos\varphi - \dot{c}_1\,\frac{x}{a} + c_2\,.$$

Wir formulieren nun für die rechte Spannweite ($x \geqq 0$) folgende Randbedingungen:

Am Mittelbinder $x = 0$ muß wegen der Symmetrie des Tragwerkes $u = 0$ sein. Ferner bringen wir durch die Forderung $v = 0$ die Verbindung von Schale und Binder zum Ausdruck. Am Endbinder $x = l$ muß ebenso $v = 0$ sein und außerdem wie früher $N_x = 0$. Die ersten beiden Forderungen geben $c_3 \equiv c_4 \equiv 0$. Die beiden anderen führen auf zwei lineare Gleichungen einfacher Art zur Bestimmung von c_1 und c_2, die aufzustellen und zu lösen dem Leser überlassen sei. Man erhält als Ergebnis die folgenden Schnittkräfte:

$$N_\varphi = -p\,a\cos\varphi,$$

$$N_{x\varphi} = -p\sin\varphi\left[2x - \frac{l}{4}\,\frac{5l^2 + 6(4+3\nu)a^2}{l^2 + 6(1+\nu)a^2}\right],$$

$$N_x = \frac{p}{a}\cos\varphi\left[x^2 - \frac{l}{4}\,\frac{5l^2 + 6(4+3\nu)a^2}{l^2 + 6(1+\nu)a^2}\,x + \frac{l^2}{4}\,\frac{l^2 - 6\nu a^2}{l^2 + 6(1+\nu)a^2}\right].$$

Die Längskraft N_φ ist also auch hier unabhängig von allen Randbedingungen geblieben. Wir wenden unser besonderes Augenmerk auf die Nullstelle von $N_{x\varphi}$. Sie liegt bei

$$x_0 = \frac{l}{8}\,\frac{5l^2 + 6(4+3\nu)a^2}{l^2 + 6(1+\nu)a^2}.$$

Wenn der Schalenradius sehr klein ist im Vergleich zur Stützweite l, so kann man in Zähler und Nenner die Glieder mit a^2 vernachlässigen und erhält $x_0 = \frac{5}{8}l$. Das ist genau die Abszisse der Querkraftnullstelle eines durchgehenden Trägers. Ist a nicht klein gegen l, und das ist die Regel, so ist x_0 kleiner, und im anderen Grenzfall, daß die Trägerspannweite l klein gegen die Gewölbespannweite $2a$ ist, erhält man unter Vernachlässigung der Querdehnung $x_0 = l/2$.

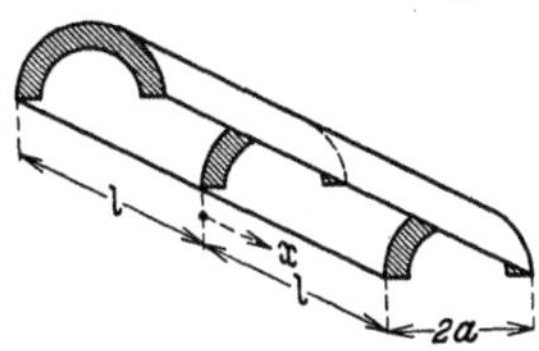

Abb. 49
Tonne mit drei Bindern

Dieses Ergebnis ist einigermaßen überraschend, zumal gerade die Kreistonne mit Eigengewicht auch noch die lineare Spannungsverteilung über den Querschnitt hat. Man sollte also doch erwarten, daß ihre Durchbiegungen ebenso aussehen wie die eines Balkens, und daraus würden dann auch das Moment über der Mittelstütze und die Querkraftnullstelle bei $\frac{5}{8}l$ zwangläufig folgen. Der Grund für die Abweichung liegt darin, daß die bekannten Balkenformeln unter Vernachlässigung der Querkraftformänderung gewonnen sind, während wir bei der Schale natürlich keinen Grund (und auch kein Recht) haben, den Anteil von $N_{x\varphi}$ an der Formänderung zu vernachlässigen. Die Vernachlässigung ist berechtigt, wenn die Trägerhöhe klein ist gegen die Spannweite, und für $a \ll l$ finden wir in der Tat das Ergebnis der Balkentheorie.

4. Vieleckkuppeln

Wir haben bisher nur Zylinder untersucht, die durch zwei Normalschnitte begrenzt waren, in denen wir die aussteifenden Binderscheiben anbrachten. Man kann aus Zylinderschalen auch in anderer Weise Baukörper bilden. Bringt man mehrere kongruente Zylinder so zum Schnitt, daß die Kämpferlinien ein regelmäßiges Vieleck bilden (Abb. 50), so entsteht eine regelmäßige Vieleckkuppel. Die Schnittkanten heißen die Grate der Kuppel und sind konstruktiv als Verstärkungsrippen auszuführen. Die Schnitte einer solchen symmetrischen Vieleckkuppel mit waagerechten Ebenen sind regelmäßige Vielecke, die dem Kämpferpolygon ähnlich sind, und deren Mittelpunkte lotrecht übereinander auf der Kuppelachse liegen. Die zwischen zwei benachbarten Graten liegende Zylinderschale nennen wir Kuppelsektor und denjenigen seiner Normalschnitte, der durch die Kuppelachse geht, Sektormittellinie. Als Koordinaten benutzen wir wieder die Neigung φ der Schalennormalen gegen die Lotrechte und den waagerechten Abstand x, den wir jetzt in jedem Sektor von der Mittellinie aus messen wollen.

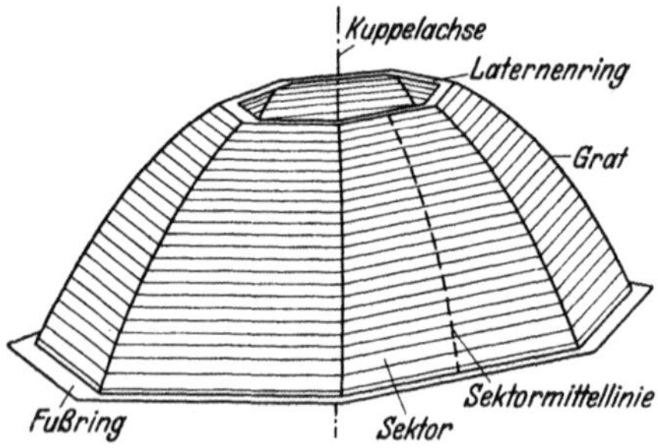

Abb. 50. Regelmäßige Vieleckkuppel

Die wichtigste Belastung der Vieleckkuppel ist das Gewicht der Konstruktion, das sich zusammensetzt aus dem Gewicht der Schale, dem der Rippen und der Last des Laternenaufbaues, der in der Regel zur Belüftung und Beleuchtung nötig ist. Alle diese Lasten besitzen die n-zählige Symmetrie der Kuppel und sie findet sich daher auch im ganzen Spannungszustand wieder. Sie liefert für das Kräftebild des Kuppelsektors als erste Randbedingung, daß auf seiner Mittellinie, die ja in einer Symmetrieebene liegt, $N_{x\varphi} = 0$ sein muß. Nach (54) gibt das $c_1 \equiv 0$.

Schwieriger ist die zweite Bedingung zu finden. Zu fordern, daß die Grate nur in ihrer Ebene belastet sein sollen, wie wir das bei den Binderscheiben der Tonne getan haben, ist überflüssig, denn da die Grate in Symmetrieebenen der Kuppel liegen, fallen die Resultierenden der von den beiden anschließenden Sektoren abgegebenen Kräfte ohnehin in die Gratebene, und es ist durch Symmetrie von selbst erfüllt, was bei den Tonnen durch eine Randbedingung vorgeschrieben werden mußte. Man kann also mehr verlangen, und wir wollen zeigen, daß es möglich ist, die Grate ganz frei von Biegungsbeanspruchungen zu machen.

Wir setzen zunächst willkürlich auch $c_2(\varphi) \equiv 0$. Damit ist ein Spannungszustand eindeutig festgelegt. Wir denken uns nun die Kräfte ausgerechnet, die dabei von den anstoßenden Sektoren an jeden Grat abgegeben werden. Daß sie in die Gratebene fallen, haben wir schon eingesehen. Der Grat ist also ein gewöhnlicher Bogenträger, etwa ein Dreigelenkbogen, für den man Längskraft, Querkraft und Moment bestimmen kann. Wir können nun noch über $c_2(\varphi)$ beliebig verfügen, d.h. wir können noch eine in x konstante, in φ beliebig veränderliche Längskraft N_x superponieren. Für die Grate bedeutet das eine zusätzliche waagerechte, in ihrer Ebene liegende Belastung. Man kann nun c_2 so wählen, daß dadurch im Grat Biegemomente erzeugt werden, die den aus den übrigen Lasten vorhandenen entgegegesetzt gleich sind. Durch diese Forderung ist $c_2(\varphi)$ eindeutig bestimmt.

Daß dieses als möglich erkannte biegungsfreie Kräftebild auch wirklich eintritt, ist eine ganz allgemeine Erkenntnis der Baustatik. Es ist dieselbe Erscheinung, auf der überhaupt die ganze Membrantheorie der Schalen beruht, und die es auch ermöglicht, die bekannte Fachwerktheorie mit ihrer Voraussetzung reibungsloser Gelenke auf Brückenträger und Dachbinder mit steif vernieteten Knoten anzuwenden.

Den eben angedeuteten Rechnungsgang, der die Ermittlung der von der Schale an den Grat abgegebenen Kräfte nötig macht, kann man bei einer symmetrischen, symmetrisch belasteten Kuppel leicht in der folgenden Weise umgehen.

Für N_φ und $N_{x\varphi}$ liefern die einfachen Zylindergleichungen (52a) und (54)

$$N_\varphi = p_r r,$$

$$N_{x\varphi} = -\left(p_\varphi + \frac{1}{r}\frac{\partial N_\varphi}{\partial \varphi}\right)x.$$

Um die Gratkräfte G zu finden, teilt man die Kuppel durch waagerechte Schnitte in einer größere Anzahl von Zonen ein und berechnet die über einem jeden Schnitt angreifende Gesamtlast R. Diese muß von den lotrechten Komponenten $N_\varphi \sin\varphi$ der Schalenkräfte und $G \sin\psi$ der Gratkräfte getragen werden. Bezeichnet man die von φ abhängige Seitenlänge des Schnittpolygons mit l (Abb. 51a), seine Eckenzahl mit n, so ist also

$$nG\sin\psi + nl\cdot N_\varphi \sin\varphi + R = 0,$$

und daraus folgt

$$G = -\frac{R + nl\,N_\varphi \sin\varphi}{n\sin\psi},$$

wobei der Neigungswinkel ψ der Grattangente gegen die Waagerechte durch die Formel

$$\tan\psi = \tan\varphi\cdot\cos\frac{\pi}{n}$$

bestimmt ist, wie man durch eine einfache geometrische Überlegung feststellt.

Am Kämpfer muß die Kuppel ein Randglied erhalten, auf das die waagerechte Komponente der Meridiankräfte N_φ, die Randschubkräfte $N_{x\varphi}$ und in den Ecken die Gratkräfte wirken. Es ist für diese Belastung als geschlossener Vieleckrahmen zu berechnen, in dem durch die Gratkraftkomponenten $G\cos\psi$ und die Schubkräfte der Schale nur Längskräfte entstehen, während die Meridiankräfte N_φ auch Biegungsspannungen erzeugen, und zwar verhält sich aus Symmetriegründen jeder einzelne Vieleckstab wie ein beiderseits eingespannter Träger, hat also in Feldmitte das Moment

$$\mathsf{M} = \frac{l_2}{24} N_\varphi \cos\varphi,$$

und am Feldende das negativ doppelte. Ist am Rand $\varphi = \pi/2$, so ist der Zugring biegungsfrei ebenso wie die Randglieder entsprechend geformter Tonnen.

Um die Zugringlängskraft N zu berechnen, schneiden wir einen Eckpunkt mit zwei anschließenden halben Stäben aus dem Ring heraus.

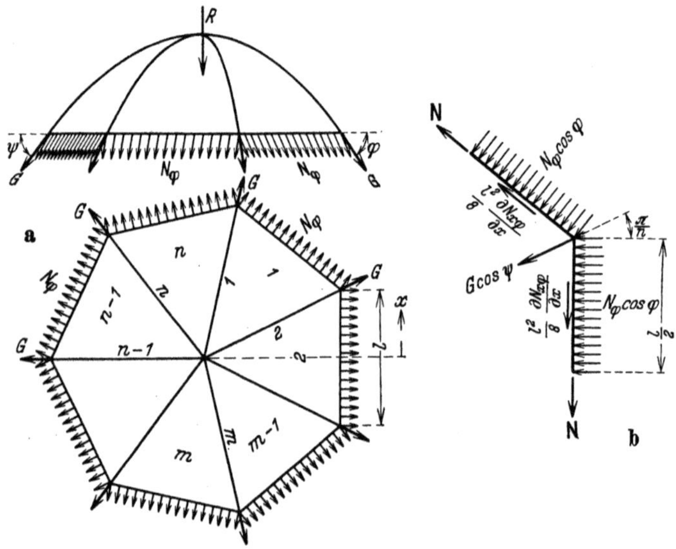

Abb. 51. Zur Berechnung von G und N_x in regelmäßigen Vieleckkuppeln

Da in den Feldmitten die Querkraft null ist, so greifen an diesem Zugringstück nur die in Abb. 51b eingetragenen Kräfte an. Die Schubkräfte $N_{x\varphi}$ wachsen von der Feldmitte nach der Ecke zu linear an und erreichen dort den Wert $\frac{l}{2} \cdot \frac{\partial N_{x\varphi}}{\partial x}$. Daraus ergibt sich für den Halbstab die in der Abbildung eingetragene Resultierende. Das Gleichgewicht aller Kräfte liefert die Bedingung:

$$2\mathsf{N} \sin\frac{\pi}{n} + G\cos\psi + N_\varphi \cos\varphi \cdot l \cdot \cos\frac{\pi}{n} + 2 \cdot \frac{l^2}{8} \frac{\partial N_{x\varphi}}{\partial x} \cdot \sin\frac{\pi}{n} = 0,$$

und daraus folgt

$$\mathsf{N} = -\frac{G\cos\psi}{2\sin\pi/n} - \frac{l^2}{8}\frac{\partial N_{x\varphi}}{\partial x} - N_\varphi r_0 \cos\varphi$$

als Wert der Zugringkraft in Feldmitte, wenn wir den Radius des einbeschriebenen Kreises $\frac{1}{2} l \cot \pi/n = r_0$ setzen. Sie ist längs des Stabes nach einem quadratischen Gesetz veränderlich, und ihren Wert für den Eckpunkt erhält man, indem man einfach das Glied mit $N_{x\varphi}$ wegläßt, während für einen Zwischenpunkt dafür $-\frac{l^2 - 4x^2}{8} \frac{\partial N_{x\varphi}}{\partial x}$ zu schreiben ist.

Nimmt man an, daß die Kuppel nicht bis zu ihrem wirklichen Kämpfer reicht, sondern schon vorher bei einem kleineren Winkel φ aufhört, so kann man auch für diese Stelle eine Zugringkraft N ausrechnen, die dann eine Funktion von φ ist. Wir wollen uns nun aus der Kuppel durch zwei Ebenen φ und $\varphi + d\varphi$ einen Streifen herausgeschnitten denken. Auf seinen oberen Rand wirken gerade die Kräfte, die wir eben zur Berechnung von $\mathsf{N}(\varphi)$ gebraucht haben, und auf den unteren Rand die Kräfte, die zu $\mathsf{N}(\varphi + d\varphi)$ führen würden, jedoch in umgekehrter Richtung. Die in dem Kuppelstreifen wirkende Ringkraft $N_x \, r \, d\varphi$ ist also gerade gleich der Differenz $\mathsf{N}(\varphi) - \mathsf{N}(\varphi + d\varphi) = -d\mathsf{N}$ der Längskraft des in zwei benachbarten Lagen gedachten Zugringes, also

$$N_x = -\frac{1}{r} \cdot \frac{d\mathsf{N}}{d\varphi}.$$

Im allgemeinen ist es nicht tunlich, für die Gratkraft $G(\varphi)$ und die Zugringkraft $\mathsf{N}(\varphi)$ geschlossene Formeln aufzustellen, da man auf umfangreiche trigonometrische Ausdrücke kommt, deren zahlenmäßige Auswertung viel zu mühsam ist. Man begnügt sich deshalb damit, für eine Anzahl von Schnitten diese Größen numerisch auszuwerten und erhält dann die Ringkraft N_x als Differenzenquotienten

$$N_x = -\frac{\Delta \mathsf{N}}{r \cdot \Delta\varphi}.$$

Die hier dargestellte Berechnungsmethode ist auf eine große Fülle von Kuppelformen anwendbar, von denen in Abb. 52 einige abgebildet sind. Allen sind zwei Merkmale gemeinsam:

1. Jede Sektormittellinie liegt in einer Symmetrieebene.
2. Alle Grate sind gleichberechtigt und erhalten dieselben Kräfte.

Dagegen brauchen nicht alle Sektoren gleichartig zu sein, wie einige der Abbildungen zeigen. Das oben gegebene Formelwerk ist dann natürlich entsprechend abzuändern, aber der Grundgedanke des Rechnungsganges bleibt auch in diesen Fällen erhalten. Bei den Kuppeln mit viereckigem Grundriß, insbesondere also bei dem Walmdach, brauchen auch nur die gegenüberliegenden Sektoren gleichbelastet zu sein, ohne daß die für die Berechnung nötigen Symmetriebedingungen verletzt werden.

Am Kämpfer und am Laternenrand aller Kuppeln müssen Zug- und Druckring angebracht werden. Wenn der Normalschnitt der Schale eine senkrechte Endtangente hat, ist der Zugring biegungsfrei. Am Laternenring ist das kaum zu erreichen, aber auch nicht nötig, weil die Stäbe nicht lang sind und auch in Zwischenpunkten noch gegenseitig abgestützt werden können. Es kann sogar zweckmäßig sein, den Laternendruckring ganz wegzulassen und dafür die in der Schale auftretenden Biegungsspannungen in Kauf zu nehmen. Ein entarteter Laternendruckring ist

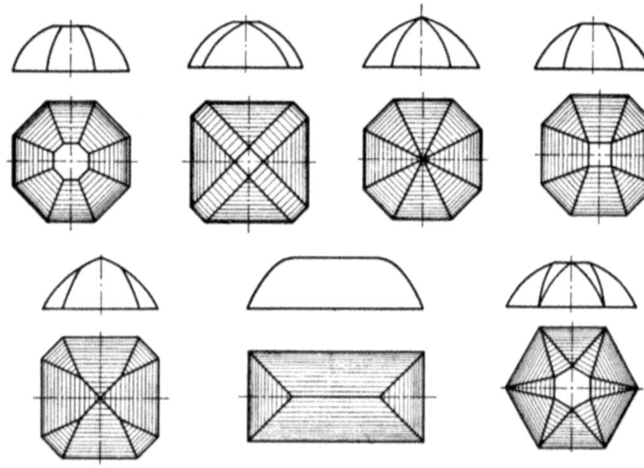

Abb. 52. Formen von Vieleckkuppeln, die für polygonalsymmetrische Last ebenso wie regelmäßige Kuppeln berechnet werden können

auch die bei dem Walmdach auftretende Firstpfette, die also keinen Anspruch auf Biegungsfreiheit hat. Es ist aber konstruktiv durch geeignete Wahl der Neigung der anstoßenden Dachflächen immer möglich, die nach oben gerichtete Resultierende der N_φ mit dem Eigengewicht der Pfette ins Gleichgewicht zu setzen und auf diese Weise wenigstens für eine ausgezeichnete Belastung die Biegemomente in ihr zum Verschwinden zu bringen.

Die Vieleckkuppeln haben natürlich auch andere als polygonalsymmetrische Lasten zu tragen. Die wichtigste unter ihnen ist der Winddruck, aber darüber hinaus interessiert natürlich die Aufgabe, die Kuppel für eine ganz beliebige Belastung der Sektoren und der Gräte zu berechnen.

Das für symmetrische Lasten angegebene Rechenverfahren, das als wesentlichen Bestandteil eine Gleichgewichtsbedingung im großen benutzt, ist hier nicht anwendbar, weil man nicht von vornherein weiß, wie sich die Kräfte auf die einzelnen Sektoren und Grate verteilen. Es ist daher nötig, aus dem Gleichgewicht von Schalen- und Gratelementen Differentialgleichungen zu gewinnen und diese zu lösen.

Wir gehen von den Gln. (52a) und (54) aus, die wir jetzt für den m-ten Sektor in der Form schreiben wollen

$$\left.\begin{aligned} N_\varphi^{(m)} &= p_r^{(m)} r, \\ N_{x\varphi}^{(m)} &= -\left(p_\varphi^{(m)} + \frac{\dot{N}_\varphi^{(m)}}{r}\right) x + c_1^{(m)}, \\ N_x^{(m)} &= \frac{1}{r}\left(p_\varphi^{(m)} + \frac{\dot{N}_\varphi^{(m)}}{r}\right)^{\cdot} \frac{x^2}{2} - \frac{\dot{c}_1^{(m)}}{r} x + c_2^{(m)}, \end{aligned}\right\} \tag{58}$$

wobei wir Differentiationen nach φ durch einen Punkt bezeichnet haben. Zur Bestimmung der Integrationskonstanten, zwei für jeden Sektor, dient die Forderung, daß die Grate biegungsfrei sein sollen. Sie liefert für jeden Grat zwei Gleichungen, eine, die aussagt, daß die von der Schale an den Grat abgegebenen Kräfte keine Komponente normal zur Gratebene haben sollen, und eine zweite, die die Biegungsfreiheit innerhalb der Gratebene zum Ausdruck bringt. Es stehen also $2n$ Unbekannten $c_1(\varphi)$ und $c_2(\varphi)$ gerade $2n$ Differentialgleichungen für diese Funktionen zur Verfügung, so daß die Möglichkeit biegungsfreier Grate auch bei einer ganz beliebigen Belastung der Kuppel sichergestellt ist, während es von der Ordnung der genannten Differentialgleichungen abhängt, in welchem Umfang noch Bedingungen für die Endpunkte der Gratbogen vorgeschrieben werden können, eine Frage, die wir erst am Ende unserer Rechnung werden diskutieren können.

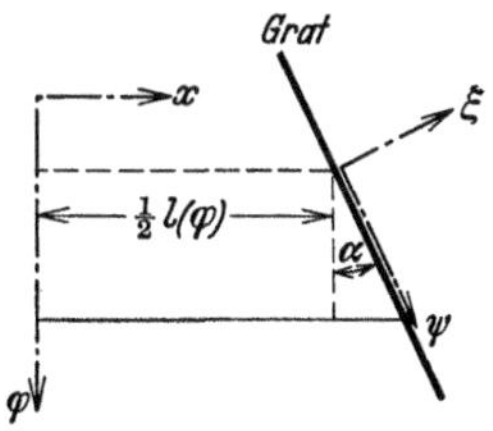

Abb. 53. Ausschnitt aus einem Kuppelsektor mit dem ihn begrenzenden Grat

Um die Bedingungen für die Biegungsfreiheit der Grate zu formulieren, rechnen wir uns die von der Schale an sie abgegebenen Kräfte aus. Abb. 53 zeigt ein Stück des m-ten Kuppelsektors. An seinem rechten Rand, also bei $x = +l/2$, führen wir das eingetragene Achsensystem ξ, ψ ein, für das wir nach den Transformationsgleichungen (2) auf S. 7 die Schnittkräfte angeben können:

$$\left.\begin{aligned} N_\xi^{(m)} &= N_\varphi^{(m)} \sin^2\alpha + N_x^{(m)} \cos^2\alpha - 2N_{x\varphi}^{(m)} \cos\alpha \sin\alpha, \\ N_{\xi\psi}^{(m)} &= (N_x^{(m)} - N_\varphi^{(m)}) \cos\alpha \sin\alpha + N_{x\varphi}^{(m)} (\cos^2\alpha - \sin^2\alpha). \end{aligned}\right\} \tag{59}$$

Der in den Formeln vorkommende Winkel α zwischen der Richtung des Grates und den Linien $x = \text{const}$ ist durch die geometrische Beziehung

$$\tan\alpha = \tan\frac{\pi}{n}\cos\varphi$$

bestimmt, also eine Funktion von φ (s. Abb. 54). Das ist zu beachten, wenn im weiteren Verlauf der Rechnung nach φ differenziert werden muß.

Führt man (58) in (59) ein und setzt noch $x = \pm l/2$, so erhält man für die Randkräfte:

$$\left.\begin{aligned}(N_\xi^{(m)})_{x=\pm l/2} &= \mathfrak{N}_\xi^{(m)} \mp \dot{c}_1^{(m)} \cdot \frac{l}{2r}\cos^2\alpha \mp c_1^{(m)} \cdot 2\cos\alpha\sin\alpha + c_2^{(m)}\cos^2\alpha,\\ (N_{\xi\varphi}^{(m)})_{x=\pm l/2} &= \pm\mathfrak{N}_{\xi\varphi}^{(m)} - \dot{c}_1^{(m)} \cdot \frac{l}{2r}\cos\alpha\sin\alpha + c_1^{(m)}(\cos^2\alpha - \sin^2\alpha) \pm \\ &\quad \pm c_2^{(m)}\cos\alpha\sin\alpha,\end{aligned}\right\} \qquad (60)$$

wobei die oberen Vorzeichen für den rechten, die unteren für den linken Rand des Sektors gelten und $\mathfrak{N}_\xi^{(m)}$, $\mathfrak{N}_{\xi\varphi}^{(m)}$ die Werte der Schnittkräfte sind, die sich am rechten Rande bei Nullsetzung aller Integrationskonstanten ergeben.

Die Schubkräfte $N_{\xi\psi}$ haben die Richtung des Grates, während die Längskräfte N_ξ unter einem Winkel β gegen die Gratebene geneigt sind (Abb. 54), für den man leicht die Formel

$$\cot\beta = \sin\psi\tan\frac{\pi}{n}$$

gewinnen kann. Ihre Komponenten normal zur Ebene des m-ten Grates sind daher $(N_\xi^{(m)})_{x=+l/2}\cdot\sin\beta$ und $(N_\xi^{(m-1)})_{x=-l/2}\cdot\sin\beta$, die entgegen-

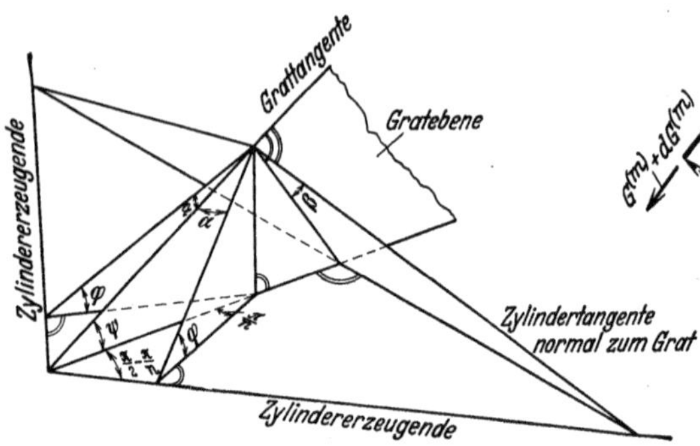

Abb. 54. Darstellung der Winkel zwischen der verschiedenen Tangenten, Tangentialebenen usw. in der Umgebung eines Grates

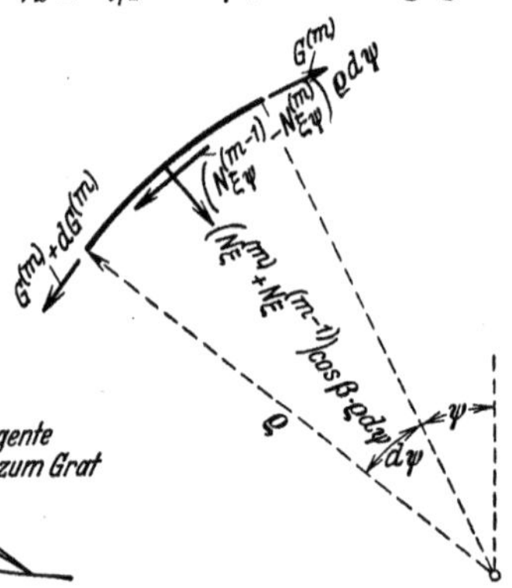

Abb. 55. Linienelement des Gratbogens mit den in der Gratebene liegenden Kräften

gesetzt gerichtet sind. Damit der Grat nur in seiner Ebene beansprucht wird, müssen sie gleich sein, und das gibt uns nach Einsetzen von (60) die erste der beiden Differentialgleichungen für die $c(\varphi)$:

$$\begin{aligned}(\dot{c}_1^{(m-1)} + \dot{c}_1^{(m)})\frac{l}{2r}\cos^2\alpha + (c_1^{(m-1)} + c_1^{(m)})\cdot 2\cos\alpha\sin\alpha + \\ + (c_2^{(m-1)} - c_2^{(m)})\cos^2\alpha = \mathfrak{N}_\xi^{(m)} - \mathfrak{N}_\xi^{(m-1)}.\end{aligned} \qquad (61)$$

Die andere Komponente $N_\xi^{(m)}\cos\beta$ und $N_\xi^{(m-1)}\cos\beta$ der Normalkräfte belastet den Grat radial (Abb. 55), und das Gleichgewicht aller am

Bogenelement des Grates in dieser Richtung wirkenden Kräfte gibt die Gleichung

$$(N_\xi^{(m)})_{x=+l/2} \cdot \cos\beta \cdot \varrho\, d\psi + (N_\xi^{(m-1)})_{x=-l/2} \cdot \cos\beta \cdot \varrho\, d\psi + G^{(m)}\, d\psi = 0,$$

also

$$G^{(m)} = -[\mathfrak{N}_\xi^{(m-1)} + \mathfrak{N}_\xi^{(m)} + (\dot c_1^{(m-1)} - \dot c_1^{(m)}) \frac{l}{2r} \cdot \cos^2\alpha + (c_1^{(m-1)} - c_1^{(m)}) \times$$

$$\times\, 2\cos\alpha \sin\alpha + (c_2^{(m-1)} + c_2^{(m)}) \cos^2\alpha]\, \varrho \cos\beta, \tag{62a}$$

wobei der Krümmungsradius ϱ des Grates mit dem Radius r der Schale durch die Beziehung

$$\varrho = r \frac{\cos\varphi}{\cos^2\alpha \cdot \cos\psi}$$

verknüpft ist, die man mit einigen goniometrischen Umformungen aus bekannten Sätzen der Flächentheorie gewinnen kann.

Die dritte Gleichgewichtsbedingung am Bogenelement $\varrho\, d\psi$ des Grates enthält die in Richtung seiner Tangente wirkenden Kräfte. Es sind das die Schubkräfte der Schale und der Zuwachs $dG^{(m)}$ der Gratkraft. Die Gleichung heißt

$$dG^{(m)} + (N_{\xi\psi}^{(m-1)})_{x=-l/2} \cdot \varrho\, d\psi - (N_{\xi\psi}^{(m)})_{x=+l/2} \cdot \varrho\, d\psi = 0$$

und liefert

$$\frac{dG^{(m)}}{d\psi} = [\mathfrak{N}_{\xi\psi}^{(m-1)} + \mathfrak{N}_{\xi\psi}^{(m)} + (\dot c_1^{(m-1)} - \dot c_1^{(m)}) \frac{l}{2r} \cos\alpha \sin\alpha -$$

$$-\, (c_1^{(m-1)} - c_1^{(m)}) (\cos^2\alpha - \sin^2\alpha) + (c_2^{(m-1)} + c_2^{(m)}) \cos\alpha \sin\alpha]\, \varrho. \tag{62b}$$

Aus diesen beiden Gleichgewichtsbedingungen (62a, b) können wir die Gratkraft eliminieren. Dabei muß (62a) nach ψ differenziert werden und erhält dadurch, weil alle darin vorkommenden Größen von φ und damit auch von ψ abhängig sind, recht umfangreiche Koeffizienten. Das Eliminationsergebnis kann man in der Form schreiben:

$$(\ddot c_1^{(m-1)} - \ddot c_1^{(m)}) A_1(\varphi) + (\dot c_1^{(m-1)} - \dot c_1^{(m)}) A_2(\varphi) + (c_1^{(m-1)} - c_1^{(m)}) A_3(\varphi) +$$

$$+ (\dot c_2^{(m-1)} + \dot c_2^{(m)}) A_4(\varphi) + (c_2^{(m-1)} + c_2^{(m)}) A_5(\varphi) = A_0(\varphi). \tag{63a}$$

Wir fügen noch unter Einführung entsprechender Abkürzungen die Gl. (61) hinzu

$$(\dot c_1^{(m-1)} + \dot c_1^{(m)}) B_1(\varphi) + (c_1^{(m-1)} + c_1^{(m)}) B_2(\varphi) +$$

$$+ (c_2^{(m-1)} - c_2^{(m)}) B_3(\varphi) = B_0(\varphi). \tag{63b}$$

Das sind die beiden Differentialgleichungen für den m-ten Grat, und ein solches Gleichungspaar kann man für jeden der n Grate aufstellen, insgesamt $2n$ Gleichungen für die $2n$ Integrationskonstanten $c_1^{(m)}$ und $c_2^{(m)}$.

Die Koeffizienten A_1 bis A_5 und B_1 bis B_3 sind von der Nummer m des Grates unabhängig, wenn der Kuppelgrundriß, wie wir voraussetzen wollen, ein regelmäßiges Vieleck ist. Dagegen sind die rechten

Seiten $A_0(\varphi)$ und $B_0(\varphi)$ von m abhängig, denn sie enthalten ja die von den verschieden belasteten Sektoren an die Grate abgegebenen Kräfte.

Die Auflösung des Systems der $2n$ Differentialgleichungen (63a, b) ist der Weg, der grundsätzlich zur Berechnung jeder Vieleckkuppel führt, auch der nicht regelmäßigen, wenn man die eben erwähnte Unabhängigkeit der Koeffizienten vom Index m fallen läßt. Die Rechnung ist dann allerdings so umfangreich, daß sie nur mit elektrischem Rechengerät bewältigt werden kann.

Für die Vieleckkuppel mit regelmäßigem Grundriß kann man aber einen Lösungsweg finden, der dem in II, 4 für die achsensymmetrische Schale angegebenen analog ist, und dessen Grundgedanken wir hier entwickeln wollen.

Wir nehmen an, daß die Belastung die spezielle Form habe

$$p_x = 0,$$
$$p_\varphi = \bar{p}_\varphi(\varphi) \cdot \cos\lambda m, \qquad m = 0, 1, 2, \ldots, n-1$$
$$p_r = \bar{p}_r(\varphi) \cdot \cos\lambda m,$$

wobei λ ein ganzzahliges Vielfaches von $2\pi/n$ sein muß, damit die Lasten auch für $m \geqq n$ eindeutige Funktionen des Ortes sind. Die Abhängigkeit der Belastung von x und das Vorhandensein der dritten Komponente p_x, die entsprechend anzusetzen wäre, würden die Rechnung nur unwesentlich erschweren, doch wollen wir darauf verzichten, um unsere Formeln nicht durch eine praktisch nutzlose Allgemeinheit zu überladen.

Rechnet man zu den angegebenen Lasten die Schnittkräfte aus, so findet man, daß auch sie sich auf die Form bringen lassen

$$\mathfrak{N}_\xi^{(m)} = \bar{\mathfrak{N}}_\xi(\varphi) \cdot \cos\lambda m, \qquad \mathfrak{N}_{\xi\varphi}^{(m)} = \bar{\mathfrak{N}}_{\xi\varphi}(\varphi) \cdot \cos\lambda m,$$

und ebenso setzen wir nun auch die Unbekannten an:

$$c_1^{(m)}(\varphi) = \bar{c}_1(\varphi) \cdot \sin\lambda m, \qquad c_2^{(m)}(\varphi) = \bar{c}_2(\varphi) \cdot \cos\lambda m.$$

Damit wird z. B.

$$c_1^{(m-1)} - c_1^{(m)} = \bar{c}_1\bigl(\sin\lambda(m-1) - \sin\lambda m\bigr) = -2\bar{c}_1 \sin\frac{\lambda}{2} \cdot \cos\lambda\left(m - \frac{1}{2}\right),$$

und ähnlich läßt sich auch von den anderen in (63a) vorkommenden Summen und Differenzen der Unbekannten benachbarter Sektoren und auch vom Absolutglied $A_0(\varphi)$ ein Faktor $\cos\lambda(m - \frac{1}{2})$ abspalten, mit dem man die ganze Gleichung durchdividieren kann. Die Veränderliche m kommt dann überhaupt nicht mehr in ihr vor, d. h.: Alle Grate liefern dieselbe gewöhnliche Differentialgleichung für die beiden Unbekannten $\bar{c}_1(\varphi)$ und $\bar{c}_2(\varphi)$.

Ganz in derselben Weise läßt sich aus der zweiten Gl. (63b) ein Faktor $\sin\lambda(m - \frac{1}{2})$ herausziehen, durch den auch sie von m unabhängig wird. Aus den beiden so gewonnenen Gleichungen kann man $\bar{c}_2$ und $\dot{\bar{c}}_2$ eliminieren und erhält eine Differentialgleichung zweiter Ordnung für $\bar{c}_1$:

$$C_1(\varphi) \cdot \ddot{\bar{c}}_1 + C_2(\varphi) \cdot \dot{\bar{c}}_1 + C_3(\varphi) \cdot \bar{c}_1 = C_0(\varphi), \tag{64}$$

deren Koeffizienten $C(\varphi)$ einen recht verwickelten Bau haben und deren Berechnung deshalb ziemlich mühsam ist. Am zweckmäßigsten ist es, auf die Ausrechnung von Formeln dafür ganz zu verzichten und sie im konkreten Fall zu bestimmen, indem man gleich zu Beginn der Rechnung Zahlenwerte einführt. Da zweimal numerisch differenziert werden muß, bei der Elimination von $G^{(m)}$ und von $\bar{c}_2$, ist eine vielstellige Rechnung nötig.

Die für $\bar{c}_1$ gewonnene Differentialgleichung kann numerisch integriert werden. Dabei bleiben zwei Integrationskonstanten willkürlich. Zur Berechnung von $\bar{c}_2$ dient dann die Gleichung, mit der es vorher eliminiert wurde, und die es ohne Integration, also auch ohne neue Integrationskonstante liefert. Auch die Gratkräfte $G^{(m)}$ sind dann aus (62a) ohne weitere Konstante eindeutig bestimmt, und damit ist das ganze Kräftebild der Kuppel berechnet.

Die hier in ihrem Gedankengang skizzierte Rechnung ist ein Gegenstück zu der in II, 4 entwickelten Berechnung der achsensymmetrischen Schalen für eine Belastung, die $\cos n\,\vartheta$ oder $\sin n\,\vartheta$ proportional ist, ebenso wie die über einem regelmäßigen Polygon aufgebaute Vieleckkuppel ein unstetiges Gegenstück zu der kontinuierlichen Rotationskuppel ist. An Stelle der partiellen Differentialgleichungen (11) treten hier zwei Gleichungen, die nur in der Koordinate φ Differentialgleichungen, in der anderen unabhängigen Veränderlichen m aber Differenzengleichungen sind. Der bei der drehsymmetrischen Kuppel benutzten Analyse nach sin und cos der Vielfachen von ϑ steht hier eine Darstellung der Lasten durch abbrechende Summen der Form

$$p_\varphi = \sum_{k=0}^{n-1} \bar{p}_{\varphi k}(\varphi) \cdot \cos \frac{2\pi k}{n} m, \qquad p_r = \sum_{k=0}^{n-1} \bar{p}_{r k}(\varphi) \cdot \cos \frac{2\pi k}{n} m$$

und eine entsprechende Darstellung der Schnittkräfte gegenüber.

IV. Membrantheorie für beliebige Schalenformen

1. Gleichgewichtsbedingungen für eine Schale beliebiger Form

Bei der Betrachtung der Drehschalen und der Zylinder sind wir von vornherein von der speziellen Form der Mittelfläche ausgegangen und haben ihr die benutzten Koordianten angepaßt. Für diese wichtigen Schalengruppen ist das zweckmäßig, aber daneben braucht man auch eine allgemeiner formulierte Theorie, die sich auf jede mögliche Schalenform anwenden läßt. Eine solche wollen wir jetzt aufstellen.

Wir denken uns die Schale dadurch beschrieben, daß in einem kartesischen Koordinatensystem die Ordinate z der Mittelfläche als eine Funktion $z(x, y)$ der Grundrißkoordinaten gegeben ist (Abb. 56).

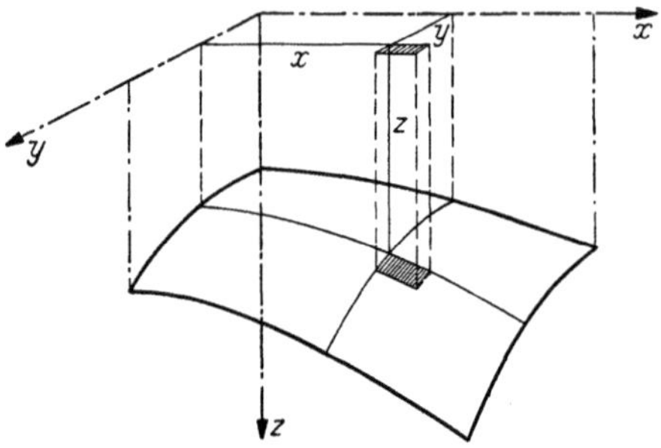

Abb. 56. Schale in rechtwinkligen Koordinaten

Das Schalenelement wählen wir so, daß sein Grundriß ein Rechteck mit den Kanten dx und dy ist. Die Linien $x = \text{const}$ und $y = \text{const}$ auf der Mittelfläche bilden dann ein schiefwinkliges Koordinatennetz, und wir werden deshalb den Spannungszustand in der Schale durch schiefwinklige Längskräfte und Schubkräfte darstellen, wie es unter I, 4 allgemein erörtert worden ist. Diese Kräfte sind in Abb. 57 dargestellt. Zwei von ihnen, N_x und N_{yx}, sind parallel zur x-z-Ebene, haben also keine y-Komponente, und die beiden andern haben keine x-Komponente. Die Kräftegleichungen für die Richtungen x und y werden also durch die Benutzung schiefer Schnittkräfte besonders einfach.

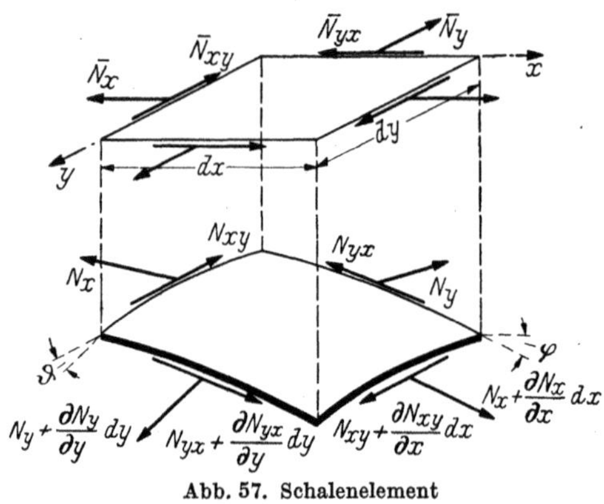

Abb. 57. Schalenelement

Wir beginnen nun die Aufstellung der Gleichgewichtsbedingungen mit den Kräften in Richtung der x-Achse. Die Längskraft N_x ist mit der Länge $dy/\cos\vartheta$ des Schnittelementes zu multiplizieren, an dem sie angreift. Um die Komponente dieser Kraft in Richtung der x-Achse zu erhalten, ist sie noch mit $\cos\varphi$ zu multiplizieren, und das ergibt

$$N_x \frac{dy}{\cos\vartheta} \cos\varphi = \bar{N}_x dy. \tag{65a}$$

Für die Schubkraft N_{yx} dagegen, die ja dieselbe Richtung hat wie das Schnittelement, in dem sie wirkt, ist der cos, der das Schnittelement verzerrt, und der cos, der die Kraft in den Grundriß projiziert, derselbe, so daß die x-Komponente die Größe hat

$$N_{yx} \frac{dx}{\cos\varphi} \cos\varphi = N_{yx}\, dx = \bar{N}_{yx}\, dx. \tag{65b}$$

Die damit neu eingeführten Größen $\overline{N}_x$, $\overline{N}_{yx}$, zu denen wir gleich noch die weiteren

$$\overline{N}_y = N_y \frac{\cos\vartheta}{\cos\varphi}, \qquad \overline{N}_{xy} = N_{xy} \tag{65c, d}$$

fügen, beschreiben einen Tensor, den wir als die Grundrißprojektion des Schnittkrafttensors bezeichnen. Mit seiner Hilfe nehmen die beiden Gleichgewichtsbedingungen für die Richtungen x und y die einfache Form an

$$\frac{\partial \overline{N}_x}{\partial x} + \frac{\partial \overline{N}_{yx}}{\partial y} + p_x = 0, \qquad \frac{\partial \overline{N}_{xy}}{\partial x} + \frac{\partial \overline{N}_y}{\partial y} + p_y = 0, \tag{66a, b}$$

wenn wir mit p_x, p_y die auf die Flächeneinheit *des Grundrisses* bezogenen äußeren Kräfte an der Schale bezeichnen.

Etwas umfangreicher ist die dritte Gleichung, die Gleichgewichtsbedingung für die z-Kräfte. Die z-Komponente der Längskraft N_x am Schnittelement $dy/\cos\vartheta$ ist

$$N_x \frac{dy}{\cos\vartheta} \sin\varphi = \overline{N}_x \tan\varphi\, dy,$$

und die z-Komponente der Schubkraft N_{xy} an demselben Schnittelement ist

$$N_{xy} \frac{dy}{\cos\vartheta} \sin\vartheta = \overline{N}_{xy} \tan\vartheta\, dy.$$

Entsprechendes liefern auch die beiden andern Kräfte. Die lotrechte Last bezeichnen wir mit $p_z\, dx\, dy$, beziehen sie also wie die beiden andern auf die Flächeneinheit des Grundrisses und erhalten damit die Gleichgewichtsbedingung

$$\frac{\partial}{\partial x}(\overline{N}_x \tan\varphi) + \frac{\partial}{\partial y}(\overline{N}_{xy} \tan\varphi) + \frac{\partial}{\partial x}(\overline{N}_{xy} \tan\vartheta) + {} \\ + \frac{\partial}{\partial y}(\overline{N}_y \tan\vartheta) + p_z = 0.$$

Da hier nur Winkeltangenten vorkommen, empfiehlt es sich, sie durch die Ableitungen von z zu ersetzen:

$$\tan\varphi = \frac{\partial z}{\partial x}, \qquad \tan\vartheta = \frac{\partial z}{\partial y},$$

so daß sich durch Ausdifferenzieren der Produkte die Gleichung ergibt:

$$\overline{N}_x \frac{\partial^2 z}{\partial x^2} + 2\overline{N}_{xy} \frac{\partial^2 z}{\partial x\, \partial y} + \overline{N}_y \frac{\partial^2 z}{\partial y^2} = -p_z - {} \\ - \left(\frac{\partial \overline{N}_x}{\partial x} + \frac{\partial \overline{N}_{xy}}{\partial y}\right)\frac{\partial z}{\partial x} - \left(\frac{\partial \overline{N}_{xy}}{\partial x} + \frac{\partial \overline{N}_y}{\partial y}\right)\frac{\partial z}{\partial y},$$

also mit Benutzung von (66a, b):

$$\overline{N}_x \frac{\partial^2 z}{\partial x^2} + 2\overline{N}_{xy} \frac{\partial^2 z}{\partial x\, \partial y} + \overline{N}_y \frac{\partial^2 z}{\partial y^2} = -p_z + p_x \frac{\partial z}{\partial x} + p_y \frac{\partial z}{\partial y}. \tag{66c}$$

Damit haben wir die drei Gleichungen zur Bestimmung der drei Schnittkraftprojektionen $\overline{N}_x$, $\overline{N}_{xy}$, $\overline{N}_y$ gefunden, aus deren Lösungen die schiefen Schnittkräfte selbst sofort berechnet werden können.

In manchen Fällen bilden diese Gleichungen schon den zweckmäßigen Ausgangspunkt für die Durchrechnung des Einzelfalles. Oft ist es aber auch nützlich, sie durch Einführung einer Hilfsunbekannten noch weiter zu vereinfachen. Die Gln. (66a, b) sind nämlich genau dieselben wie für eine ebene Scheibe in der Grundrißebene. Aus der Theorie der Scheiben ist bekannt, daß man diese Gleichungen identisch erfüllt, wenn man die Schnittkräfte als Ableitungen einer neuen Unbekannten, der Spannungsfunktion $\Phi(x, y)$ schreibt:

$$\overline{N}_x = \frac{\partial^2 \Phi}{\partial y^2} - \int p_x\, dx, \quad \overline{N}_y = \frac{\partial^2 \Phi}{\partial x^2} - \int p_y\, dy, \quad \overline{N}_{xy} = -\frac{\partial^2 \Phi}{\partial x\, \partial y}. \tag{67}$$

Setzt man diese Beziehungen in die dritte Gleichgewichtsbedingung (66c) ein, so wird sie zu einer Differentialgleichung für Φ:

$$\frac{\partial^2 \Phi}{\partial x^2}\frac{\partial^2 z}{\partial y^2} - 2\frac{\partial^2 \Phi}{\partial x\, \partial y}\frac{\partial^2 z}{\partial x\, \partial y} + \frac{\partial^2 \Phi}{\partial y^2}\frac{\partial^2 z}{\partial x^2} = -p_z + p_x \frac{\partial z}{\partial x} + p_y \frac{\partial z}{\partial y} + \int p_x\, dx \cdot \frac{\partial^2 z}{\partial x^2} + \int p_y\, dy \cdot \frac{\partial^2 z}{\partial y^2}. \tag{68}$$

Die Randbedingung für diese Gleichung besteht in einer Vorschrift über den Wert einer Schnittkraft am Rande, also nach (67) in einer Vorschrift über eine zweite Ableitung von Φ. Wie sie sich im Einzelfall auswirkt, hängt von der Funktion $z(x, y)$ ab. Wir werden bei den einzelnen Anwendungen näher darauf einzugehen haben.

2. Elliptisches Paraboloid

Gl. (68) nimmt eine besonders einfache Form an, wenn auf der linken Seite das mittlere Glied fortfällt. Diese Bedingung wird von einem elliptischen Paraboloid

$$z = \frac{x^2}{h_1} + \frac{y^2}{h_2}$$

erfüllt. Wie man aus der Gleichung ersieht, sind seine Schnitte mit waagerechten Ebenen $z = \text{const}$ Ellipsen, während die lotrechten Schnitte $x = \text{const}$ und $y = \text{const}$ zwei Scharen von verschiedenen, aber je unter sich kongruenten Parabeln sind.

Da das wesentlich Neue, das die Theorie der Spannungsfunktion zu erschließen vermag, neue Randbedingungen sind, wollen wir uns hier auf einfache Lasten beschränken und wählen $p_x = p_y = 0$, $p_z = p = \text{const}$. Die Differentialgleichung für die Spannungsfunktion Φ heißt dann

$$\frac{1}{h_2}\frac{\partial^2 \Phi}{\partial x^2} + \frac{1}{h_1}\frac{\partial^2 \Phi}{\partial y^2} = -\frac{p}{2}. \tag{69}$$

Wir wollen aus dem Paraboloid nach Abb. 58 ein im Grundriß rechteckiges Stück herausschneiden und es zur Mittelfläche einer Schale machen. Für jeden der vier parabelförmigen Ränder schreiben wir vor, daß dort die schiefe Längskraft N_x oder N_y verschwindet, so daß die Schale nur von Randschubkräften getragen wird, die an vier Randbogen abgegeben werden. Wir werden im Verlaufe der Rechnung sehen, wie weit wir mit dieser Forderung kommen, und wir werden auf S. 118 sehen, daß sie nicht für jede Schalenform erfüllbar ist.

Wenn wir die ebene aufgestellte Randbedingung in Φ ausdrücken, so erhalten wir

$$\text{für} \quad x = \pm \frac{a}{2}: \quad N_x = 0, \quad \text{also} \quad \frac{\partial^2 \Phi}{\partial y^2} = 0,$$

$$\text{für} \quad y = \pm \frac{b}{2}: \quad N_y = 0, \quad \text{also} \quad \frac{\partial^2 \Phi}{\partial x^2} = 0.$$

Das heißt insgesamt, da es ja bei der Spannungsfunktion auf eine lineare Funktion in x und y nicht ankommt, daß längs des ganzen Randes $\Phi \equiv 0$ sein muß, wobei wir allerdings eine mit den Randbedingungen noch verträgliche Lösung $\Phi = x\,y$ unterschlagen, die einen leicht übersehbaren Schubspannungszustand bedeutet.

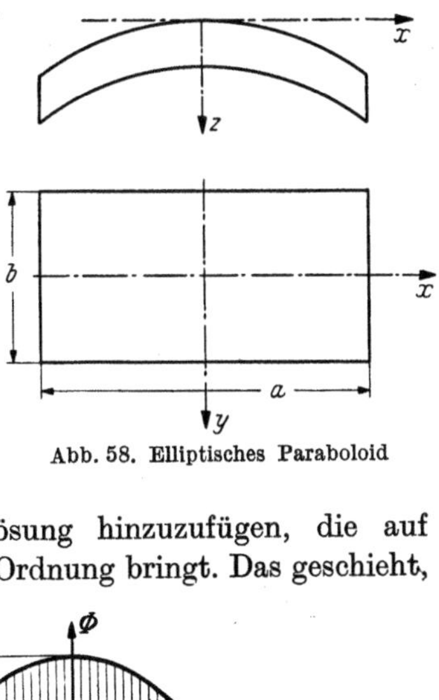

Abb. 58. Elliptisches Paraboloid

Um die Lösung der Differentialgleichung (69) zu finden, die dieser Randbedingung genügt, gehen wir aus von der Partikularlösung

$$\Phi = \Phi_0 = \frac{p\,h_1}{4}\left(\frac{b^2}{4} - y^2\right).$$

Sie erfüllt die Randbedingung auf den Langseiten des Rechtecks. Wir brauchen also nur noch eine homogene Lösung hinzuzufügen, die auf den Schmalseiten die Randbedingung in Ordnung bringt. Das geschieht, indem wir dort die Randwerte der inhomogenen Lösung in eine Fourier-Reihe entwickeln und zu jedem Glied dieser Entwicklung eine homogene Lösung beschaffen, die seine Randwerte tilgt.

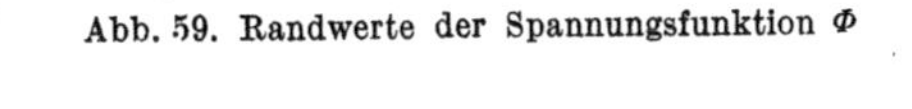

Abb. 59. Randwerte der Spannungsfunktion Φ

Die Entwicklung der nach einer Parabel verlaufenden Randwerte Φ in eine Fourier-Reihe ist in verschiedener Weise möglich. Sie muß hier so vorgenommen werden, daß jedes einzelne Reihenglied an den Intervallenden null ist, und das erreicht man, indem man für $y > b/2$ dieselben Werte mit geänderten Vorzeichen übernimmt und diesen ganzen in Abb. 59 dargestellten Verlauf über der Periode $2b$ entwickelt.

Die Reihe heißt, wie man leicht nachprüft:

$$\frac{p\,h_1}{4}\left(\frac{b^2}{4}-y^2\right)$$
$$=\frac{p\,h_1}{4}\,\frac{8\,b^2}{\pi^3}\left(\cos\frac{\pi\,y}{b}-\frac{1}{3^3}\cos\frac{3\pi\,y}{b}+\frac{1}{5^3}\cos\frac{5\pi\,y}{b}-+\cdots\right).$$

Sie konvergiert ungewöhnlich rasch, weil der aus zwei Parabelbogen gebildete Wellenzug schon einer Sinuslinie sehr ähnlich ist, und diese gute Konvergenz überträgt sich auf alle in der weiteren Rechnung noch auftretenden Reihen.

Die homogene Lösung von (69), die geeignet ist, diese Randwerte zu tilgen, heißt

$$\Phi=\Phi_1=\sum_{n=1,3,5,\ldots}^{\infty} C_n \operatorname{Cosh}\frac{n\,\pi\,x}{c}\cos\frac{n\,\pi\,y}{b}. \tag{70}$$

Sie erfüllt die Differentialgleichung gliedweise, wenn $c=b\sqrt{h_1/h_2}$ ist. Damit für $x=\pm a/2$ die Randwerte von $\Phi=\Phi_0+\Phi_1=0$ sind, muß

$$\frac{p\,h_1}{4}\,\frac{8\,b^2}{\pi^3}\,(-1)^{\frac{n-1}{2}}\cdot\frac{1}{n^3}+C_n\operatorname{Cosh}\frac{n\,\pi\,a}{2\,c}=0$$

sein, woraus C_n folgt. Die vollständige Lösung heißt also:

$$\Phi=\frac{p\,h_1}{4}\left[\frac{b^2}{4}-y^2+\frac{8\,b^3}{\pi^2}\sum_{n=1,3,\ldots}^{\infty}(-1)^{\frac{n+1}{2}}\cdot\frac{1}{n^3}\,\frac{\operatorname{Cosh}\frac{n\,\pi\,x}{c}}{\operatorname{Cosh}\frac{n\,\pi\,a}{2\,c}}\cos\frac{n\,\pi\,y}{b}\right]. \tag{71}$$

Durch Differenzieren gemäß (67) folgen daraus die projizierten Schnittkräfte $\overline{N}$ und daraus nach (65) die Kräfte N:

$$\left.\begin{aligned}
N_x&=-\frac{p\,h_2}{2}\sqrt{\frac{h_1^2+4\,x^2}{h_2^2+4\,y^2}}\times\\
&\times\left[1+\frac{4}{\pi}\sum_{n=1,3,\ldots}^{\infty}(-1)^{\frac{n+1}{2}}\cdot\frac{1}{n}\,\frac{\operatorname{Cosh}\frac{n\,\pi\,x}{c}}{\operatorname{Cosh}\frac{n\,\pi\,a}{2\,c}}\cos\frac{n\,\pi\,y}{b}\right],\\
N_{xy}&=2\,\frac{p}{\pi}\sqrt{h_1\,h_2}\sum_{n=1,3,\ldots}^{\infty}(-1)^{\frac{n+1}{2}}\cdot\frac{1}{n}\,\frac{\operatorname{Sinh}\frac{n\,\pi\,x}{c}}{\operatorname{Sinh}\frac{n\,\pi\,a}{2\,c}}\sin\frac{n\,\pi\,y}{b},\\
N_y&=2\,\frac{p\,h_2}{\pi}\sqrt{\frac{h_2^2+4\,y^2}{h_1^2+4\,x^2}}\sum_{n=1,3,\ldots}^{\infty}(-1)^{\frac{n+1}{2}}\cdot\frac{1}{n}\,\frac{\operatorname{Cosh}\frac{n\,\pi\,x}{c}}{\operatorname{Cosh}\frac{n\,\pi\,a}{2\,c}}\cos\frac{n\,\pi\,y}{b}.
\end{aligned}\right\} \tag{72}$$

Diese Reihen zeigen Besonderheiten in ihrem Konvergenzverhalten: Der Faktor $1/n$ reicht, da die Glieder alternieren, zur Erzeugung der Konvergenz aus. Dazu kommt aber der Quotient der beiden Hyperbelfunktionen, der, gleichgültig ob es sich um Cosh oder Sinh handelt, für große n und $x > 0$ immer durch $\exp \frac{n\pi(2x-a)}{2c}$ ersetzt werden kann und für wachsende n exponentiell abnimmt, wenn $x < a/2$ ist. Dadurch wird die Konvergenz, solange man dem Rand $x = a/2$ nicht allzu nahe kommt, sogar ganz ausgezeichnet. Eine Ausnahme macht die Schubkraft in der Ecke $x = a/2$, $y = b/2$. Dort ist nämlich der sin abwechselnd $+1$ und -1 und hebt daher den durch den Faktor $(-1)^{(n+1)/2}$ geschaffenen Vorzeichenwechsel gerade wieder auf, so daß die unendliche Summe hier in die Summe der ungeraden Glieder der harmonischen Reihe übergeht, also divergiert. Das ist nicht etwa ein Versagen der Rechenmethode, sondern bedeutet tatsächlich eine Unendlichkeitsstelle der Funktion, die durch eine Besonderheit der Schalenmittelfläche verursacht wird. Das elliptische Paraboloid ist eine Translationsfläche, d. h. es kann erzeugt werden, indem man eine Parabel, z. B. den Schnitt $x = 0$, so parallel zu sich selbst verschiebt, daß alle ihre Punkte kongruente Parabeln beschreiben. Diese Eigenschaft haben alle Flächen, deren Gleichung den Bau $z = f(x) + g(y)$ hat. Aus der Art ihrer Entstehung folgt, daß auf der Translationsfläche die Flächenelemente keine Verwindung haben, daß also die gegenüberliegenden Seiten streng parallel sind. Daher können die darin übertragenen Schubkräfte sich nicht am Tragen der Normallast beteiligen, wie es ja auch in der Differentialgleichung durch Fehlen des mittleren Gliedes zum Ausdruck kommt. In dem Flächenelement, das in der Ecke der Schale liegt, sind nun infolge der Randbedingungen an den beiden dort zusammenstoßenden Rändern beide Längskräfte null, so daß also die Schubkraft, die an der Verwindung null die Last tragen *muß*, unendlich groß sein muß. Hätten wir eine Belastung gewählt, die im Eckpunkt null ist, so wäre diese Singularität im Spannungszustand nicht aufgetreten. Praktisch bedeutet das, daß hier die Last durch Querkräfte und Momente getragen werden muß oder daß die Randbedingungen $N_x = 0$ und $N_y = 0$ in der Ecke nicht streng erfüllt werden.

Der Lastfall, für den wir hier die Lösung gefunden und diskutiert haben, entspricht nicht ganz den Bedürfnissen des Dachbaues. Je weiter man sich nämlich vom Scheitel der Schale entfernt, desto größer wird der Inhalt des wahren Flächenelementes im Verhältnis zu dem des projizierten Elementes $dx \cdot dy$, und selbst für eine Schale konstanter Wandstärke wächst die auf die Projektion bezogene Last p_z mit dem Abstand vom Scheitel, viel mehr noch für eine Schale, die in den Zwickeln verstärkt ist. Für eine solche Last könnte man sich die Lösung leicht mit Hilfe des Relaxationsverfahrens beschaffen, wenn die Singularitäten in den Ecken nicht wären. Unendlichkeitsstellen stören den glatten Verlauf einer Rechnung mit endlichen Differenzen beträchtlich. Man geht dieser Schwierigkeit aus dem Wege, indem man die wirkliche Last in zwei Teile spaltet: eine konstante Last $p_z = p$, wie wir sie eben untersucht haben, die in den Eckpunkten mit der gegebenen Last übereinstimmt, und eine (negative) Zusatzlast, die in den Ecken null ist und daher zu Singularitäten keinen Anlaß gibt. Diese Zusatzlast kann daher mit dem Relaxationsverfahren behandelt werden, und die so erhaltenen Schnittkräfte werden mit denen aus (72) superponiert.

Für andere als Paraboloidschalen sind die Koeffizienten der Differentialgleichung nicht mehr konstant, und das Relaxationsverfahren wird mühseliger. Es bleibt aber stets anwendbar, solange das Krümmungsmaß der Mittelfläche positiv ist. Für Translationsflächen ergibt sich dabei die nicht unwesentliche Erleichterung, daß das Glied mit der gemischten Ableitung nicht auftritt.

3. Hyperbolisches Paraboloid

a) Ränder längs der Erzeugenden

Ein weiterer Typ von Schalen, bei dem sich das Verfahren der Spannungsfunktion empfiehlt, sind die nach einem hyperbolischen Paraboloid geformten. Die Fläche, die ein windschiefes Viereck ausfüllt (Abb. 60), hat die Gleichung

$$z = \frac{x\,y}{c}. \tag{73}$$

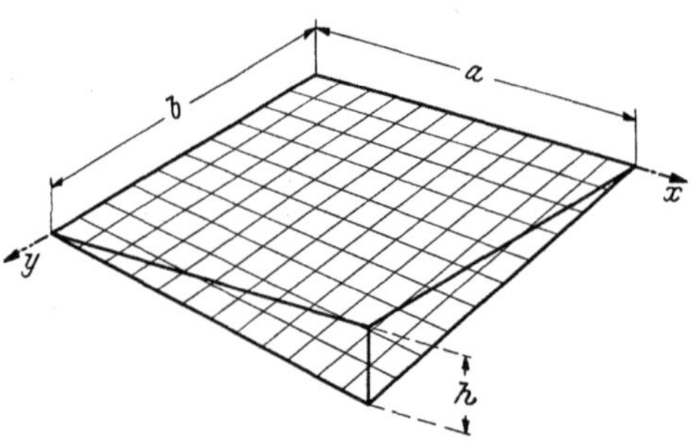

Abb. 60. Hyperbolisches Paraboloid

Die Größe $1/c$, eine reziproke Länge, ist die Windung $\partial^2 z/\partial x\,\partial y$ der Fläche, d. h. sie gibt an, um wieviel eine gerade Erzeugende sich dreht, wenn man sie um die Längeneinheit quer zu sich selbst verschiebt. Aus (73) folgt, daß $h = a\,b/c$ ist, und diese Beziehung gestattet, c aus gegebenen Abmessungen der Mittelfläche zu berechnen.

Die Differentialgleichung der Schale erhält man sofort, wenn man (73) in (68) einsetzt:

$$-\frac{2}{c}\,\frac{\partial^2 \Phi}{\partial x\,\partial y} = -p_z + p_x\frac{y}{c} + p_y\frac{x}{c}. \tag{74}$$

Ist nur lotrechte Last vorhanden und auch diese noch konstant je Einheit der Grundrißfläche, $p_z = p$, so ist

$$\left.\begin{aligned} \frac{\partial^2 \Phi}{\partial x\,\partial y} &= \frac{c\,p}{2}, \\ N_{xy} &= -\frac{c\,p}{2} \end{aligned}\right\} \tag{75}$$

und mithin

$$\Phi = \frac{c\,p}{2}\,x\,y + f_1(y) + f_2(x).$$

Daraus folgen schließlich die Längskräfte

$$\frac{\partial^2 \Phi}{\partial y^2} = f_1''(y), \qquad N_x = \sqrt{\frac{c^2 + y^2}{c^2 + x^2}} \cdot f_1''(y),$$

$$\frac{\partial^2 \Phi}{\partial x^2} = f_2''(x), \qquad N_y = \sqrt{\frac{c^2 + x^2}{c^2 + y^2}} \cdot f_2''(x).$$

Die Schubkraft ist konstant und trägt die Last, und jede der Längskräfte ist in der Richtung, in der sie wirkt, in der Grundrißprojektion unveränderlich, aber in der andern Richtung ihrem Verlaufe nach beliebig. Man kann also z. B. N_x längs des einen Randes $x = \text{const}$ frei vorgeben, muß dann aber dafür sorgen, daß dieselben Kräfte, die längs der geraden Erzeugenden der Fläche einfach durchlaufen, am gegenüberliegenden Rande aufgenommen werden können.

Abb. 61 zeigt, wie man aus solchen Schalen ein Dach bauen kann. Vier der in der Abb. 60 gezeichneten Schalen sind so zusammengefügt, daß ein zu zwei lotrechten Ebenen symmetrisches Gebilde entsteht. Wir

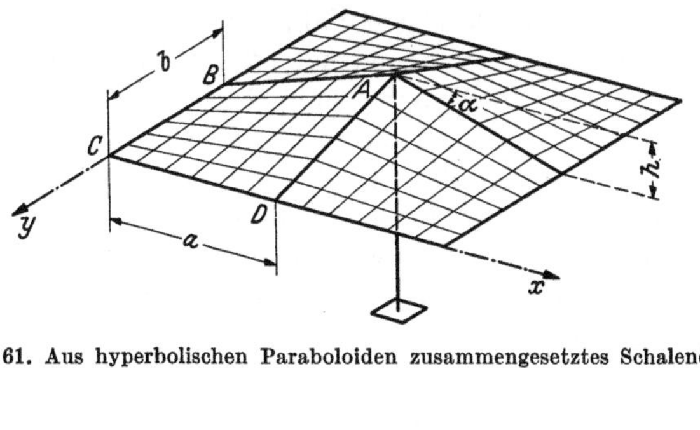

Abb. 61. Aus hyperbolischen Paraboloiden zusammengesetztes Schalendach

können die eben gewonnenen Formeln für die Schnittkräfte unmittelbar auf die linke Schale $ABCD$ anwenden, wenn wir das in der Abbildung eingetragene Koordinatensystem x, y benutzen.

Zur Aufnahme der an den freien Rändern auftretenden Schubkräfte N_{xy} müssen dort Randglieder vorgesehen werden. Die Längskraft N_R in jedem dieser Randglieder muß in den Endpunkten null sein. Für die linke Hälfte des vorderen Randgliedes gilt daher

$$\mathsf{N}_R = x\,N_{xy} = -\frac{1}{2}c\,p\,x\,.$$

Da die Steifigkeit der Randglieder gegenüber seitlichen Kräften gering ist, sicher gering gegenüber der Steifigkeit der Schale, ist natürlich längs des Vorderrandes und damit in der ganzen Schale $N_y = 0$, und aus demselben Grunde auch $N_x = 0$.

Die Grate werden durch die von den beiden angrenzenden Schalen in sie eingeleiteten Schubkräfte auf Zug belastet. Am unteren Ende eines jeden Grates ist seine Längskraft $\mathsf{N}_G = 0$, und man findet, daß z. B. für den Grat AB

$$\mathsf{N}_G = -2\frac{x}{\cos\alpha}N_{xy} = \frac{p\,b\,x}{h}\sqrt{a^2+h^2}$$

ist. Die waagerechten Komponenten der im Punkt A zusammenlaufenden Grate heben sich gegenseitig auf, und die lotrechten addieren sich zu der Kraft $G = 4p\,a\,b$, die gleich dem Gesamtgewicht der vier Schalen ist.

So einfach dieses Kräftespiel aussieht, so unvollkommen ist es in Wirklichkeit. Schon die Gewichte der Randglieder lassen sich nicht aufnehmen, denn eine lotrechte Last kann der Schalenrand überhaupt nicht vertragen. Ebenso geht es mit dem Gratgewicht: Durch Längskräfte, die ja an sich infolge des Knickes in der Schalenfläche dazu in der Lage wären, geht es nicht, denn wir haben ja schon gesehen, daß diese Längskräfte aus anderen Gründen null sind.

Noch viel schlimmer sieht es aber aus, wenn man das Dach einseitig belastet. Überlegen wir etwa den Fall, daß eines der vier Felder eine gleichmäßige Schneelast zu tragen hat, die anderen aber lastfrei sind! Dann entsteht in dem belasteten Feld der eben ausgerechnete Spannungszustand und damit auch die Randglieddruckkraft N_R, die in der Randgliedmitte ihren größten Wert erreicht. Da das anschließende Schalenfeld unbelastet und daher spannungslos ist, kann nun aber die Kraft im Randglied bis zu seinem rechten Ende nicht wieder auf null abnehmen, denn dazu müßte die unbelastete Schale ja Schubkräfte aufbringen, die mit (75) nicht verträglich sind. Man kommt also zu überhaupt keinem Gleichgewichtszustand.

Die Tatsache, daß die Schale keine äußere Schubbelastung beliebiger Größe zu tragen vermag, bedeutet kinematisch, daß die Schale mit ihren Randgliedern nicht starr ist, sondern einer dehnungslosen Deformation fähig ist. Das bedeutet, daß Schalenformen dieser Art mit äußerster Vorsicht zu gebrauchen sind.

Abb. 62 zeigt noch einige mögliche Dachformen, die in ähnlicher Weise gebildet sind. Man überlegt sich leicht, daß sie alle in ähnlicher

Weise zu berechnen sind, daß sich aber auch für alle dieselben Schwierigkeiten ergeben.

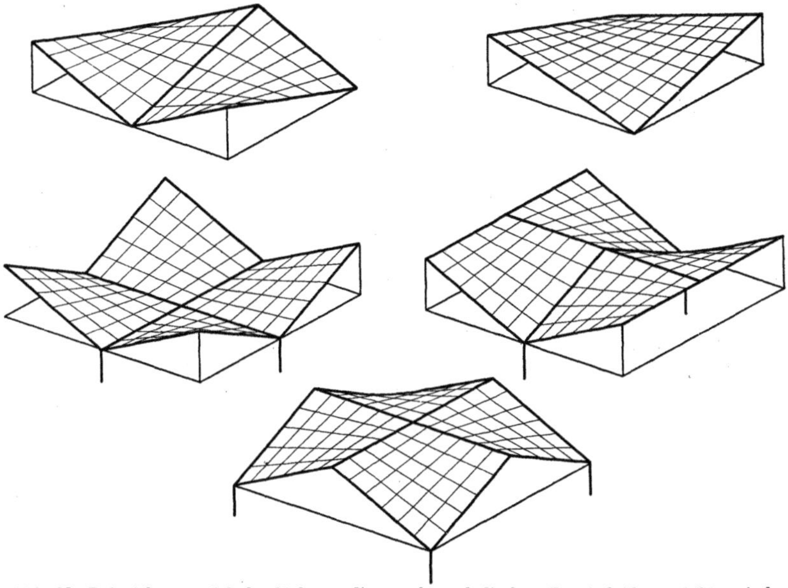

Abb. 62. Beispiele von Schalendächern, die aus hyperbolischen Paraboloiden gebildet sind

b) Ränder längs der Hauptkrümmungslinien

Dreht man das Achsenkreuz x, y um 45°, so geht die Gleichung des hyperbolischen Paraboloids über in

$$z = \frac{x^2 - y^2}{2c},$$

und unterwirft man es noch einer affinen Reckung in der x-Richtung, so erhält man die etwas allgemeinere Gleichung

$$z = \frac{x^2}{h_1} - \frac{y^2}{h_2}. \tag{76}$$

Die hierdurch dargestellte Schale wollen wir jetzt untersuchen. Die Differentialgleichung der Spannungsfunktion heißt dafür

$$\frac{2}{h_1}\frac{\partial^2 \Phi}{\partial y^2} - \frac{2}{h_2}\frac{\partial^2 \Phi}{\partial x^2} = -p_z + p_x\frac{2x}{h_1} - p_y\frac{2y}{h_2} \tag{77}$$

Sie sieht der Gl. (69) für das elliptische Paraboloid sehr ähnlich, hat aber vor dem zweiten Glied ein Minuszeichen, ist also ebenso wie Gl. (74) von hyperbolischem Typ, und das hat sehr wesentliche Folgen für das Verhalten der Lösung. Wir können auch hier sofort eine Partikularlösung angeben, z. B. für $p_z = p = \text{const}$:

$$\Phi = \frac{p}{8}(h_2 x^2 - h_1 y^2) \quad \text{oder} \quad \Phi = \frac{p h_2}{4} x^2 \quad \text{oder} \quad \Phi = -\frac{p h_1}{4} y^2. \quad (78)$$

Rechnet man sich das zugehörige Kräftespiel aus, so sieht man, daß die Parabelbogen in der einen oder anderen Koordinatenrichtung als Druck- oder Zuggewölbe die Last tragen oder auch beide gemeinsam. Soweit stimmt das Ergebnis noch qualitativ mit dem beim elliptischen Paraboloid erhaltenen überein, nur daß dort beide Parabelscharen Druckgewölbe waren. Aber dort war es möglich, durch Hinzufügen einer homogenen Lösung die austretenden Längskräfte an allen Rändern verschwinden zu lassen und statt dessen die Schale durch Schubkräfte zu tragen. Dazu gibt es hier kein Gegenstück.

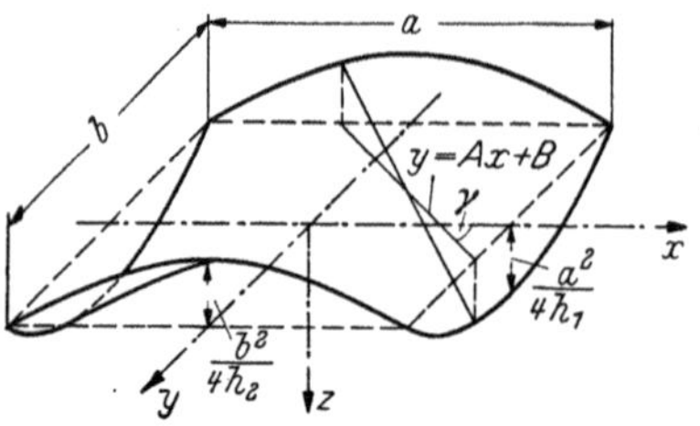

Abb. 63. Hyperbolisches Paraboloid

Um das einzusehen, sehen wir uns die Geometrie der Schale näher an (Abb. 63). Setzt man

$$y = A + B x,$$

zieht also im Grundriß eine Gerade, so sind die darüberliegenden Ordinaten der Schale

$$z = \frac{x^2}{h_1} - \frac{A^2 + 2 A B x + B^2 x^2}{h_2},$$

und wenn $B^2 = h_2/h_1$ ist, so heben sich die Glieder mit x^2 heraus, und z ist eine lineare Funktion von x, der Schnitt der durch die Grundrißgerade $y = A + B x$ gelegten lotrechten Ebene mit der Schale also eine gerade Linie. Da $B = \pm\sqrt{h_2/h_1}$ sein kann, so gibt es zwei solche Geradenscharen, deren Grundrisse je untereinander parallel sind. Ihre Neigung gegen die x-Achse ist bestimmt durch

$$\tan\gamma = \pm\sqrt{h_2/h_1}.$$

Die dadurch bestimmten Geraden auf der Schale nennen wir ihre Erzeugenden. Es sind dieselben Geraden, die wir im Abschnitt a) als Koordinatenlinien gewählt hatten. Wegen der Verallgemeinerung $h_1 \neq h_2$ stehen hier ihre Grundrisse nicht mehr aufeinander senkrecht.

Wirkt auf einen Punkt des Schalenrandes eine natürlich in der Tangentialebene liegende äußere Kraft, so können wir sie nach den beiden durch diesen Punkt gehenden Erzeugenden zerlegen. Wir haben oben schon gesehen, daß jede dieser Kraftkomponenten längs einer Erzeugenden durch die Schale hindurchläuft und am anderen Rande abgenommen werden muß. Diese Eigenschaft können wir benutzen, um einzelne Ränder der Schale kräftefrei zu machen oder doch wenigstens von Normalkräften zu befreien, so daß es genügt, sie durch Binderscheiben zu stützen, die nur in ihrer Ebene Kräfte aufnehmen.

Durch jeden Punkt der Schale gehen zwei Erzeugende, auch durch jeden Randpunkt, nur durch die Eckpunkte geht nur eine, die in das Schaleninnere eindringt. Sie kann ausnahmsweise zugleich durch die gegenüberliegende Ecke gehen, wird aber im allgemeinen einen der vier Schalenränder schneiden, und wenn man durch alle vier Ecken die Erzeugenden legt, so treffen diese nicht alle vier Schalenränder, sondern zwei gegenüberliegende. Diese beiden nennen wir die Hauptränder, die anderen die Nebenränder.

Um nun z. B. an dem Nebenrand AB der in Abb. 64 im Grundriß dargestellten Schale die von irgendeiner Partikularlösung gelieferten Randschnittkräfte zu beseitigen, brauchen wir nur entgegengesetzt gleiche äußere Kräfte hinzuzufügen und diese in jedem Punkt nach den beiden dort beginnenden Erzeugenden zu zerlegen. Damit ergeben sich längs dieser Erzeugenden Zug- oder Druckkräfte, die an den Randstücken AB_1 und BA_1 wieder in Erscheinung treten. Dort können wir also nur noch über die Komponente der äußeren Kraft in Richtung der zweiten dort entspringenden Erzeugenden verfügen und dadurch erreichen, daß entweder die Längskraft N_y oder die Schubkraft N_{xy} null wird. Diese zusätzlichen Kräfte laufen nun wieder längs der Erzeugenden durch die Schale hindurch und müssen an den Randstücken A_1B_2 und B_1A_2 aufgenommen werden. Das kann sich, wenn die Schale lang genug ist, noch oft wiederholen, bis man schließlich auf die vierte Seite CD stößt. Die dort auftretenden Kräfte lassen sich nach demselben Verfahren nicht mehr beseitigen und müssen ebenso wie die Randkräfte der zugrunde gelegten Partikularlösung von der Stützung aufgenommen werden. Damit haben wir eine Stützung für eine solche Schale gefunden, die unabhängig von ihrer Lage immer möglich ist: ein Nebenrand kräftefrei, der andere vollkommen gestützt und die beiden Hauptränder etwa mit Binderscheiben, die nur Schubkräfte aufnehmen, oder allgemein so gestützt, daß nur eine Komponente der Randschnittkraft aufgenommen wird.

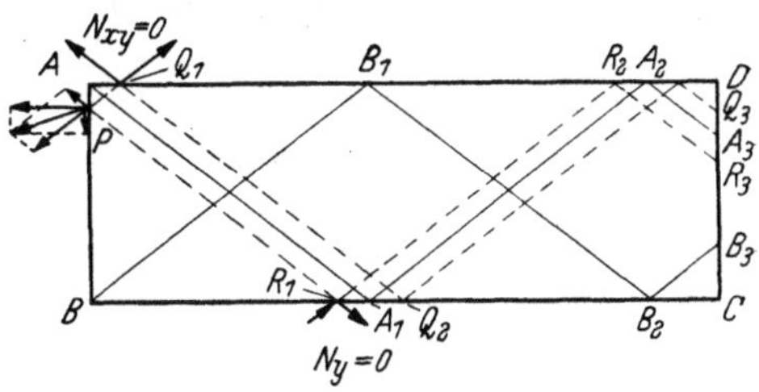

Abb. 64. Grundriß einer hyperbolischen Paraboloidschale. Fortleitung von Randlasten längs der Erzeugenden

Das Verfahren, unerwünschte Randkräfte längs der Erzeugenden durch die Schale hindurch an andere Stellen zu verlegen, kann man natürlich weiter anwenden und z. B. den Rand CD kräftefrei machen, indem man dafür entsprechende Teile der Hauptränder auch gegen Normalkräfte abstützt. Abb. 65 zeigt einige Beispiele für die Möglichkeiten, die sich so ergeben. Inwieweit sie technisch brauchbar sind,

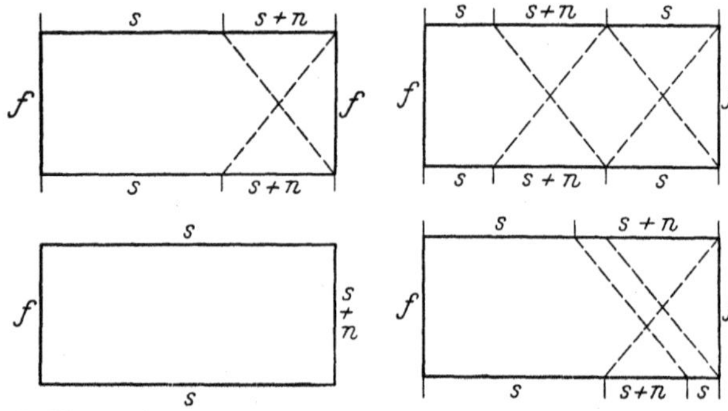

Abb. 65. Möglichkeiten der Stützung einer hyperbolischen Paraboloidschale
f = freier Rand, s = Rand mit Schubkraft, $s + n$ = Rand mit Schub- und Normalkraft

hängt sehr davon ab, aus wieviel Stücken der Geradenzug $AA_1A_2A_3$ besteht und wo er schließlich endet. Es liegt natürlich nahe, zu fragen, ob man nicht auf diese Weise die Normalkräfte am Rande CD gegen Schubkräfte am Rande AB eintauschen und so zu einer ringsum durch Binderscheiben gestützten Schale kommen kann, wie wir sie bei den elliptischen Paraboloiden kennengelernt haben. Daß es manchmal geht, werden wir weiter unten sehen, daß es aber nicht immer geht, zeigt ein einfacher Sonderfall: Endet der von der Ecke A ausgehende Linienzug $AA_1A_2A_3, \ldots$ schließlich in der Ecke C oder D, so hat, wie die Abb. 66 unmittelbar lehrt, die Schale die besondere Eigenschaft, daß die beiden durch irgendeinen Punkt des Randes AB gelegten Zickzackzüge sich in einem Punkte des Randes CD wieder treffen und so die beiden Ränder eindeutig aufeinander abbilden. Bringen wir, wie in Abb. 66 gezeigt, links die beiden einer Schubbelastung entsprechenden Kräfte an und verfolgen sie so durch die Schale hindurch, daß an den Längsrändern immer nur Schubkräfte abgenommen werden, so sehen wir, daß auch rechts eine Schubkraft angebracht werden muß. Es ist also nicht möglich, rechts eine Normalkraft zu tilgen, indem man links eine Schubkraft zuläßt.

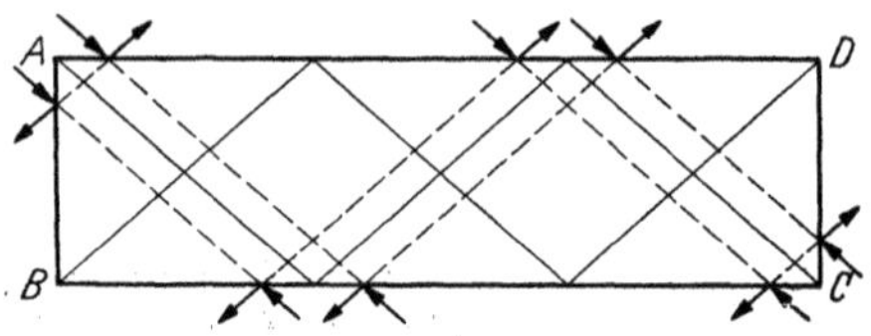

Abb. 66. Sonderfall einer hyperbolischen Paraboloidschale: Ein Erzeugendenzug geht von Ecke zu Ecke

Schon diese Beispiele zeigen, daß die Randbedingungen, die die Differentialgleichung (77) für das hyperbolische Paraboloid erlaubt, konstruktiv nicht immer angenehm sind. Das schließt natürlich nicht aus, daß für die meist vorhandenen einfachen symmetrischen Lastfälle die unangenehmen Stützkräfte, z. B. die Normalkraft am Rande CD, zufällig null sind. Dann hat man die Möglichkeit, auf die Ausbildung der Stützung in dem eigentlich nötigen Umfange zu verzichten, hat dann aber ein Tragwerk, das zwar die ihm zugedachte, nicht aber jede beliebige Belastung aufnehmen kann, mit anderen Worten: ein Tragwerk, das nicht starr ist. Nimmt man das in Kauf, so ist allerdings die einfache, anschauliche Berechnungsweise, bei der man kaum Formeln aufzuschreiben braucht, ein wesentlicher Vorzug dieser Schalenformen.

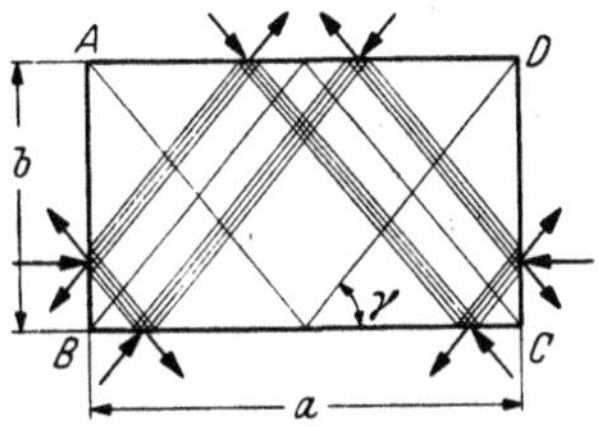

Abb. 67. Zur Schnittkraftberechnung in einer hyperbolischen Paraboloidschale

Wir geben von dieser einfachen Berechnungsweise ein paar Proben, indem wir einige einfache Fälle vorrechnen, und beginnen mit der Untersuchung der in Abb. 67 gezeichneten Schale für Eigengewicht $p = \text{const}$. Mehrere inhomogene Lösungen dafür hatten wir in (78) schon angegeben und wählen davon die letzte, zu der die Schnittkräfte

$$\bar{N}_x = -\frac{p\,h_1}{2}, \qquad \bar{N}_y = \bar{N}_{xy} = 0 \tag{79}$$

gehören. Da uns die Druckkräfte N_x an den Rändern AB und CD stören, bringen wir Zugkräfte gleicher Größe an und zerlegen sie nach den Erzeugenden. Das gibt in der Grundrißprojektion je Längeneinheit des Randes in jeder Richtung eine Kraft $p\,h_1/4\cos\gamma$, die an den Längsrändern in der gezeichneten Art wieder auftritt, sich hier aber auf eine andere Länge verteilt und daher je Längeneinheit dieses Randes die Größe

$$\frac{p\,h_1}{4\cos\gamma}\,\frac{2\,b}{a} = \frac{p\,h_1}{4\cos\gamma}\tan\gamma = \frac{p\,h_2}{4\sin\gamma}$$

hat. Dazu fügen wir eine gleich große Druckkraft in Richtung der anderen durch jeden Randpunkt gehenden Erzeugenden und stellen fest, daß diese Druckkräfte an jeder Erzeugenden immer gerade miteinander im Gleichgewicht stehen. Damit ist ein zusätzlicher Spannungszustand, d. h. eine homogene Lösung der Gl. (77) gefunden, die die Eigenschaft hat, gemeinsam mit der gewählten inhomogenen Lösung die Schmalseiten ganz kräftefrei zu machen und an den Längsseiten nur Schubkräfte zu fordern.

Diesen Spannungszustand haben wir aber bislang nur durch die Kräfte längs der Erzeugenden ausgedrückt und müssen ihn noch auf die Schnittkräfte $\bar{N}_x$, $\bar{N}_{xy}$, $\bar{N}_y$ umrechnen. Dazu teilen wir die Schale nach Abb. 68a in drei verschiedene Zonen. In der Zone I herrscht längs beider Erzeugenden Zug. An dreieckigen Schalenelementen, deren lotrechte oder waagerechte Kante die Länge 1 hat, greifen die in Abb. 68b, c angegebenen Kräfte an und liefern

$$\bar{N}_x = \frac{p\,h_1}{2}, \qquad \bar{N}_{xy} = 0, \qquad \bar{N}_y = \frac{p\,h_2}{2}.$$

Im Bereich *III* herrscht in beiden Richtungen Druck von gleicher Größe, und die Schnittkräfte sind daher dieselben mit entgegengesetztem Vorzeichen. Im Bereich *II* dagegen herrscht in einer Richtung Zug, in der anderen Druck. Man erhält dort durch entsprechende Überlegungen

$$N_x = N_y = 0, \qquad N_{xy} = \pm\frac{p\,h_1}{2}\tan\gamma = \pm\frac{p\,h_2}{2}\cot\gamma = \pm\frac{p\sqrt{h_1 h_2}}{2}.$$

Dieser Spannungszustand ist durchaus unstetig, und zwar ändert sich beim Überschreiten einer durch einen Eckpunkt gehenden Erzeugenden die Längskraft und damit die Dehnung in Richtung dieser Grenzlinie, so daß also hier mitten in der Schale die Kontinuität der Formänderung grob verletzt ist. Dasselbe gilt natürlich für den durch

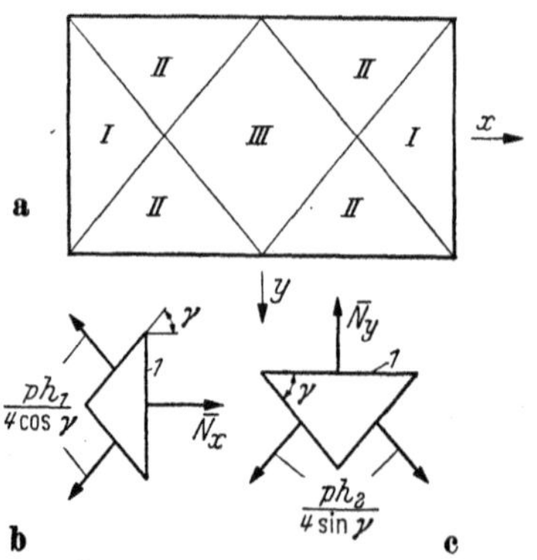

Abb. 68a–c. Zoneneinteilung für die in Abb. 67 dargestellte Schale

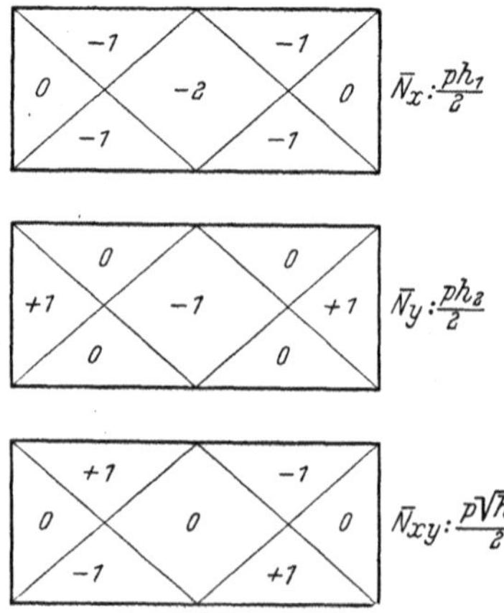

Abb. 69. Schnittkräfte in der in Abb. 67 dargestellten Schale

Überlagerung mit der inhomogenen Lösung sich ergebeneden endgültigen Spannungszustand für gleichförmige Belastung (Abb. 69). Während wir solche Unstetigkeiten bei den Schalen positiver Krümmung nur längs der Ränder vorfanden, trafen wir schon beim Rotationshyperboloid auf dieselbe Erscheinung, daß ausgehend von einer Unstetigkeit des Randes (dort einer Unstetigkeit der angreifenden Kräfte, hier einer Ecke) sich eine Unstetigkeit des Spannungszustandes längs bestimmter Linien durch die ganze Schale ausbreitet. Das ist eine allgemeine Eigenschaft dieser Schalen, die darauf hindeutet, daß die Ergebnisse der Membrantheorie hier mit besonderer Behutsamkeit zu benutzen sind.

Wie sonderbar das Verhalten dieses Schalentyps ist, möge noch folgendes Beispiel zeigen: Wir verkürzen die eben untersuchte Schale um $^1/_4$ ihrer Länge und gehen wieder von derselben Partikularlösung aus. Bringen wir wieder am linken Rand dieselben Zugkräfte an, wie in Abb. 67, und verfolgen sie längs der Erzeugenden durch die Schale hindurch, so kommen wir am rechten Rand diesmal auf die in Abb. 70 eingetragenen Kräfte. Dehnt man die Zugbelastung auf den ganzen linken Schalenrand aus, so entstehen rechts Schubkräfte der Größe $\bar{N}_{xy} = \pm \frac{1}{2} p\, h_1 \tan\gamma$, und zwar in der oberen Hälfte negative, in der unteren positive. Man kann also hier die Normalkräfte der inhomogenen Lösung auf dem linken Rande til-

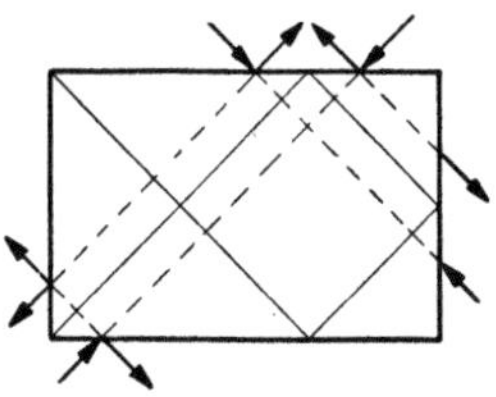

Abb. 70. Erzeugende

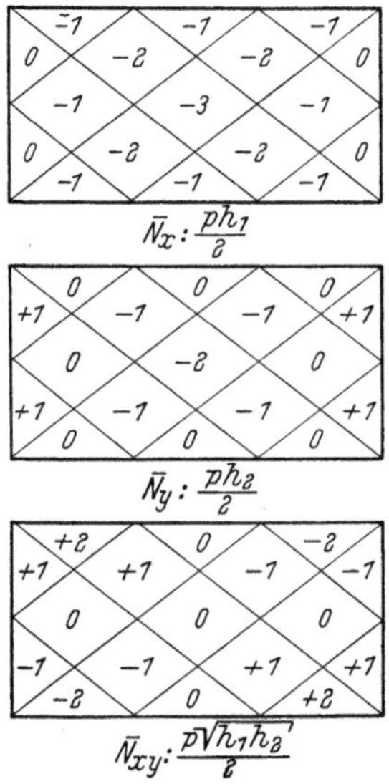

Abb. 71. Schnittkräfte für Eigengewicht p und Schubstützung längs aller Ränder

Abb. 70 u. 71. Weiteres Beispiel einer hyperbolischen Paraboloidschale

gen, wenn man rechts Schubkräfte zuläßt, und natürlich auch umgekehrt die rechts noch vorhandenen Normalkräfte tilgen, indem man links Schubkräfte einführt. Man kommt so zu einer Schale, die auf ihrem ganzen Rand durch Schubkräfte getragen ist, also zu demselben Ergebnis wie beim elliptischen Paraboloid. Allerdings ist ein wesentlicher Unterschied, abgesehen von der Bindung an ein bestimmtes Verhältnis der Rechteckseiten, immer noch der, daß diese Schubkräfte recht unstetig über die Ränder verteilt sind. In Abb. 71 ist der Spannungszustand im einzelnen dargestellt. Man überzeugt sich leicht, daß die Randschubkräfte eine lotrechte Resultierende haben, die dem Gewicht der Schale gleich ist.

4. Konoidschale

Als ein Beispiel für die unmittelbare Verwendung der Gln. (66a—c) ohne Benutzung der Spannungsfunktion behandeln wir die in Abb. 72 dargestellte Konoidschale. Ein Konoid entsteht, wenn man eine Gerade so bewegt, daß sie die x-Achse stets senkrecht schneidet und dabei immer einen zur x-z-Ebene parallelen Kreis vom Radius a trifft. Er ist in der Abbildung als rechter Rand der Schale gezeichnet, die sich aber natürlich über ihn und auch über die x-Achse hinaus ins Unendliche fortsetzen läßt.

Aus dem Erzeugungsmechanismus folgt eine Parameterdarstellung der Fläche:

$$x = a\sin\varphi, \qquad y = \frac{z\,b}{a\cos\varphi}$$

und durch Elimination von φ:

$$z = \frac{y}{b}\sqrt{a^2 - x^2}.$$

Die in Gl. (66c) vorkommenden Ableitungen ergeben sich damit zu

$$\frac{\partial^2 z}{\partial x^2} = -\frac{y}{a\,b\cos^3\varphi}, \qquad \frac{\partial^2 z}{\partial x\,\partial y} = -\frac{\tan\varphi}{b}, \qquad \frac{\partial^2 z}{\partial y^2} = 0.$$

Als Belastung, die wir näher untersuchen wollen, wählen wir einen Normaldruck p von außen, über dessen Abhängigkeit von x, y wir noch nichts festsetzen. Die Komponenten der Last, die an dem Flächenelement angreifen, sind gleich p multipliziert mit den Flächeninhalten der drei Projektionen dieses Elementes. Die auf die Einheit der Grundrißfläche bezogenen Lastkomponenten sind

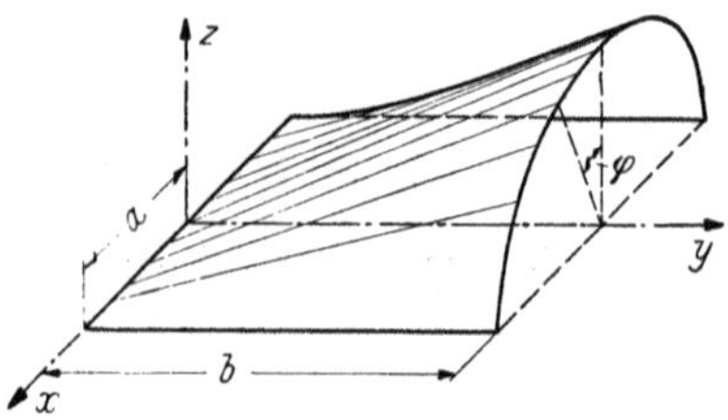

Abb. 72. Konoidschale

$$p_x = p\frac{\partial z}{\partial x} = -\frac{p\,y}{b}\tan\varphi,$$

$$p_y = p\frac{\partial z}{\partial y} = \frac{p\,a}{b}\cos\varphi, \qquad p_z = p.$$

Setzen wir diese Lasten und die geometrischen Größen in die Gln. (66a—c) ein, so erhalten wir die Differentialgleichungen unseres Problems:

$$\frac{\partial \bar N_x}{\partial x} + \frac{\partial \bar N_{xy}}{\partial y} = \frac{p\,y}{b}\tan\varphi,$$

$$\frac{\partial \bar N_{xy}}{\partial x} + \frac{\partial \bar N_y}{\partial y} = -\frac{p\,a}{b}\cos\varphi, \qquad (80\text{a—c})$$

$$\bar N_x \frac{y}{a\,b\cos^3\varphi} + N_{xy}\frac{2\tan\varphi}{b} = -p\left(1 + \frac{y^2}{b^2}\tan^2\varphi + \frac{a^2}{b^2}\cos^2\varphi\right).$$

Da die Längskraft $\bar N_y$ nur in (80b) vorkommt, kann ihre Berechnung bis zuletzt zurückgestellt werden. Zur Lösung der beiden anderen Gleichungen eliminieren wir die Schubkraft $\bar N_{xy}$, indem wir (80c) nach y differenzieren und $\partial \bar N_{xy}/\partial y$ aus (80a) einsetzen. Es ergibt sich so für

$\overline{N}_x$ die partielle Differentialgleichung erster Ordnung

$$\overline{N}_x \frac{1}{a\,b\cos^3\varphi} + \frac{\partial \overline{N}_x}{\partial y}\,\frac{y}{a\,b\cos^3\varphi} - \frac{\partial \overline{N}_x}{\partial x}\,\frac{2\tan\varphi}{b} = -\frac{4\,p\,y}{b^2}\tan^2\varphi\,.$$

Da sich die Koeffizienten dieser Gleichung angenehmer durch φ als durch x ausdrücken lassen, ist es zweckmäßig, die Koordinate x ganz durch φ zu ersetzen:

$$\overline{N}_x + y\,\frac{\partial \overline{N}_x}{\partial y} - 2\sin\varphi\cos\varphi\,\frac{\partial \overline{N}_x}{\partial \varphi} = -\frac{4\,p\,a}{b}\,y\cos\varphi\sin^2\varphi\,. \tag{81}$$

Zur Lösung dieser Gleichung benutzen wir die Charakteristikenmethode. Denken wir uns die Lösung in der Form $f(\varphi, y, \overline{N}_x) = 0$ gefunden, so ist

$$\frac{\partial \overline{N}_x}{\partial y} = -\frac{\partial f/\partial y}{\partial f/\partial \overline{N}_x}\,, \qquad \frac{\partial \overline{N}_x}{\partial \varphi} = -\frac{\partial f/\partial \varphi}{\partial f/\partial \overline{N}_x}\,,$$

und wenn wir das in (81) einsetzen, so erhalten wir

$$\left[\overline{N}_x + \frac{4\,p\,a}{b}\,y\cos\varphi\sin^2\varphi\right]\frac{\partial f}{\partial \overline{N}_x} - y\,\frac{\partial f}{\partial y} + \sin 2\varphi\cdot\frac{\partial f}{\partial \varphi} = 0\,. \tag{82}$$

Gl. (81) ist damit in eine Differentialgleichung für f in den *drei* Koordinaten φ, y, N_x verwandelt worden. Die Charakteristiken dieser Gleichung sind durch die beiden gewöhnlichen Differentialgleichungen[1]

$$\frac{d\overline{N}_x}{\overline{N}_x + \frac{4\,p\,a}{b}\,y\cos\varphi\sin^2\varphi} = -\frac{dy}{y} = \frac{d\varphi}{\sin 2\varphi} \tag{83}$$

bestimmt. Die zweite Gleichung ist eine Beziehung zwischen y und φ, die sich leicht integrieren läßt:

$$-\ln y = \frac{1}{2}\ln\tan\varphi + \text{const}\,,$$

also, wenn wir den zu $y = y_0$ gehörenden Wert von φ mit φ_0 bezeichnen:

$$\cot\varphi = \frac{y^2}{y_0^2}\cot\varphi_0\,. \tag{84}$$

Damit ist auf der Schale eine Kurvenschar definiert, die wir ihre Charakteristiken nennen wollen, und die in Abb. 73 im Grundriß dargestellt ist. Die Kurven werden durch den Parameter φ_0 unterschieden, der in der Abbildung für $y_0 = b$ eingetragen ist. Wählt man y_0 anders, so erhält man dieselben Kurven, aber mit einer verschobenen Bezifferung.

Die charakteristischen Linien der Schale sind noch nicht die Charakteristiken der Differentialgleichung (82). Diese sind vielmehr Kurven in einem dreidimensionalen Koordinatensystem $\varphi, y, \overline{N}_x$, deren Ordinaten

[1] Frank, Ph., u. R. v. Mises: Die Differential- und Integralgleichungen der Mechanik und Physik, 2. Aufl. Braunschweig 1930, S. 631.

$\bar{N}_x$ wir noch aus dem ersten Teil des Gleichungspaares (83) zu berechnen haben, also wenn wir φ mit Hilfe von (84) durch y ausdrücken, aus der Differentialgleichung

$$\frac{d\bar{N}_x}{dy} + \frac{\bar{N}_x}{y} + \frac{4pa}{b} \frac{y^2 y_0^4 \cot\varphi_0}{\sqrt{y_0^4 + y^4 \cot^2\varphi_0}^3} = 0 .$$

Die Gleichung läßt sich elementar lösen:

$$\bar{N}_x = \exp\left(-\int \frac{dy}{y}\right) \cdot \left[-\frac{4a\,y_0^4 \cot\varphi_0}{b} \int \frac{p\,y^2}{\sqrt{y_0^4 + y^4\cot^2\varphi_0}^3}\left(\exp\frac{dy}{y}\right) dy + C\right].$$

Da die Differentialgleichung, die wir integriert haben, den Verlauf von $\bar{N}_x$ längs einer Charakteristik beschreibt, so ist C für ein festes φ_0 eine

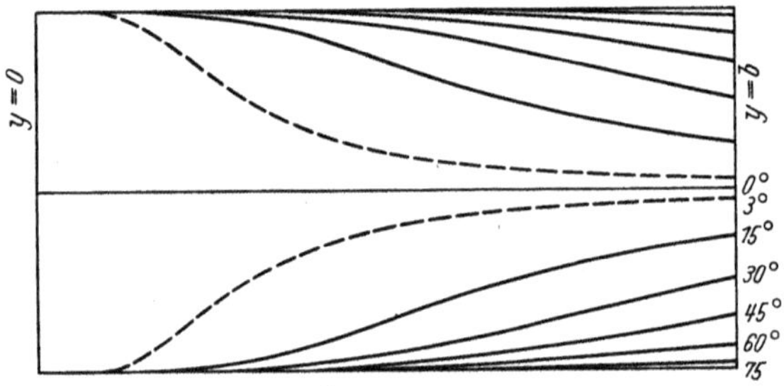

Abb. 73. Charakteristiken im Grundriß einer Konoidschale

Konstante, aber natürlich von einer Charakteristik zur anderen beliebig veränderlich, so daß wir $C = C(\cot\varphi_0)$ schreiben können.

Die unbestimmten Integrale lassen sich leicht auswerten. Für $p = \text{const}$ findet man z. B.

$$\bar{N}_x = \frac{1}{y}\left[\frac{2pa\,y_0^4}{b} \frac{\tan\varphi_0}{\sqrt{y_0^4 + y^4\cot^2\varphi_0}} + C(\cot\varphi_0)\right].$$

Mit Hilfe von (84) kann man φ_0 durch φ und y ausdrücken und erhält so

$$\bar{N}_x = \frac{1}{y}\left[\frac{2pa\,y^2}{b}\tan\varphi\sin\varphi + C(\cot\varphi_0)\right].$$

Die Schubkraft dazu folgt eindeutig aus (80c):

$$\bar{N}_{xy} = \frac{pb}{2}\cot\varphi\left(1 + \frac{y^2}{b^2}(1 - \tan^2\varphi) + \frac{a^2}{b^2}\cos^2\varphi\right) - \frac{C(\cot\varphi_0)}{2a\cos^2\varphi\sin\varphi}.$$

Man kann also in einem Querschnitt $y = y_0$ oder ganz allgemein für einen Punkt auf jeder Schalencharakteristik den Wert von $\bar{N}_x$ oder $\bar{N}_{xy}$ vorschreiben. Wenn wir z. B. fordern, daß für $y = y_0$, d. h. $\varphi = \varphi_0$, die Schubkraft $\bar{N}_{xy} \equiv 0$ sein soll, so muß C der Gleichung genügen:

$$\frac{pb}{2}\cot\varphi_0\left(1 + \frac{y_0^2}{b^2}(1 - \tan^2\varphi_0) + \frac{a^2}{b^2}\cos^2\varphi_0\right) = \frac{C}{2a\cos^2\varphi_0\sin\varphi_0},$$

und daraus ergibt sich

$$C = \frac{p\,b}{2}\cos^3\varphi_0\left[1 + \frac{y_0^2}{b^2}(1 - \tan^2\varphi_0) + \frac{a^2}{b^2}\cos^2\varphi_0\right],$$

also mit Benutzung von (84):

$$C = \frac{p\,b}{2}\,\frac{y_0^6\cot^3\varphi}{\sqrt{y^4 + y_0^4\cot^2\varphi}^3}\left[1 + \frac{y_0^2}{b^2}\left(1 - \frac{y^4}{y_0^4}\tan^2\varphi\right) + \frac{a^2}{b^2}\cdot\frac{y_0^4\cot^2\varphi}{y^4 + y_0^4\cot^2\varphi}\right],$$

und damit wird

$$\overline{N}_x = \frac{p\,b}{2}\left[\frac{4\,a\,y}{b^2}\tan\varphi\sin\varphi + \frac{y_0^6\cot^3\varphi}{y\sqrt{y^4 + y_0^4\cot^2\varphi}^3}\times\right.$$

$$\left.\times\left[1 + \frac{y_0^2}{b^2}\left(1 - \frac{y^4}{y_0^4}\tan^2\varphi\right) + \frac{a^2}{b^2}\cdot\frac{y_0^4\cot^2\varphi}{y^4 + y_0^4\cot^2\varphi}\right]\right],$$

$$\overline{N}_{xy} = \frac{p\,b}{2}\cot\varphi\left[1 + \frac{y^2}{b^2}(1 - \tan^2\varphi) + \frac{a^2}{b^2}\cos^2\varphi - \right.$$

$$\left.- \frac{y_0^6}{2a\sin^3\varphi\sqrt{y^4 + y_0^4\cot^2\varphi}^3}\left[1 + \frac{y_0^2}{b^2}\left(1 - \frac{y^4}{y_0^4}\tan^2\varphi\right) + \frac{a^2}{b^2}\cdot\frac{y_0^4\cot^2\varphi}{y^4 + y_0^4\cot^2\varphi}\right]\right],$$

Die zweite Längskraft $\overline{N}_y$ ergibt sich, wenn man die anderen Schnittkräfte gefunden hat, nach (80b) durch eine Integration:

$$\overline{N}_y = -\int\frac{\partial\overline{N}_{xy}}{\partial x}\,dy - \frac{p\,a\,y}{b}\cos\varphi + g(x)$$

$$= -\frac{1}{a\cos\varphi}\int\frac{\partial\overline{N}_{xy}}{\partial\varphi}\,dy - \frac{p\,a\,y}{b}\cos\varphi + g_1(\varphi),$$

wobei $g(x) = g_1(\varphi)$ eine willkürliche Funktion ist, die dazu benutzt werden kann, eine weitere Randbedingung zu erfüllen. Fordert man z. B. daß für $y = y_0$ die Längskraft $\overline{N}_y \equiv 0$ sein soll, so erreicht man das am einfachsten, indem man das Integral von y_0 an erstreckt und die Funktion g_1 wegläßt:

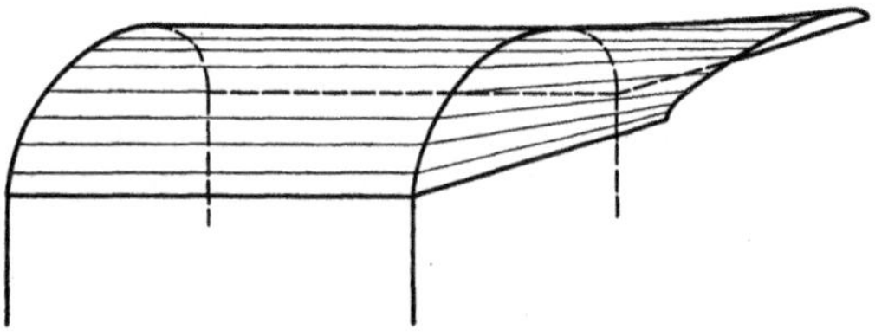

Abb. 74. Konoidschale als Kragdach in Verbindung mit einer Zylinderschale

$$\overline{N}_y = -\frac{1}{a\cos\varphi}\int\limits_{y_0}^{y}\frac{\partial\overline{N}_{xy}}{\partial\varphi}\,dy - \frac{p\,a\,y}{b}\cos\varphi.$$

Konoidschalen sind als Kragdächer nach Art der Abb. 74 im Anschluß an Zylinderschalen gebaut worden und als Gewölbe für Talsperren vorgeschlagen. Für Dachbauten braucht man vor allem eine Eigengewichtsbelastung, für Talsperren neben der hier vorgerechneten auch die proportional mit y anwachsende, deren Durchrechnung auf elliptische Integrale führt. Die Ausrechnung sei dem Leser überlassen. Sie bietet an Hand des hier vorgeführten Beispieles keine grundsätzlichen Schwierigkeiten, kann aber natürlich auf ziemlich komplizierte Formeln führen. Ob die Schalenform für Gewölbereihendämme wirklich zweckmäßiger ist als die bisher benutzte Zylinderschale, mag allerdings bezweifelt werden.

5. Der Spannungszustand affiner Schalen

a) Allgemeine Theorie

Die Tatsache, daß sich manche Aufgabe für die Kugelschale leicht lösen läßt, während sie an der für die Anwendung oft brauchbareren Ellipsoidschale Schwierigkeiten bereitet, führt auf die Frage, ob sich die geometrische Verwandtschaft zwischen Kugel und Rotationsellipsoid nicht auch im Spannungszustand der nach solchen Flächen geformten Schalen wiederfindet. Wir fassen das Problem gleich etwas weiter:

Es sei eine Schale S von beliebiger Gestalt gegeben, deren Punkte die Koordinaten x, y, z haben mögen, und der durch eine beliebige gegebene Belastung in ihr erzeugte Spannungszustand sei bekannt. Durch eine affine Transformation

$$x^* = n_1 x, \qquad y^* = n_2 y, \qquad z^* = n_3 z \tag{85}$$

bilden wir S auf eine Schale S^* ab und fragen uns, ob es an dieser einen Belastungs- und Spannungszustand gibt, der zu den bekannten Kräften der Schale S in einer einfachen Beziehung steht.

Man kann diese Frage unmittelbar aus der Differentialgleichung (68) für die Spannungsfunktion beantworten. Wenn die Lösung Φ dieselbe bleibt, so kommt die linke Seite der Gleichung durch die Transformation auf den $(n_3/n_1^2\, n_2^2)$fachen Wert, und die Lasten müssen so abgeändert werden, daß auf der rechten Seite dasselbe erreicht wird. Man überzeugt sich leicht, daß das möglich ist. Die reduzierten Schnittkräfte, die ja zweite Ableitungen der Spannungsfunktion sind, würden sich dann allerdings doch ändern und jede in anderer Weise. Auf ein einfaches Ergebnis kommt man, wenn man es so einrichtet, daß sich beide Seiten der Differentialgleichung mit dem Faktor $n_3/n_1 n_2$ multiplizieren. Dann muß die Spannungsfunktion auf den $n_1 n_2$-fachen Wert gehen:

$$\Phi^* = n_1 n_2 \Phi,$$

und für die Lasten je Flächeneinheit des Grundrisses ist zufordern, daß

$$p_x^* = p_x/n_2, \qquad p_y^* = p_y/n_1, \qquad p_z^* = p_z \frac{n_3}{n_1 n_2}$$

ist. Dann sind alle Kräfte, die an einander entsprechenden Flächen- oder Schnittelementen angreifen, genauso transformiert wie die gleichgerichteten Strecken. In der Tat ist z. B. die Last in x-Richtung $p_x\,dx\,dy$ mit $\frac{1}{n_2}\cdot n_1\cdot n_2 = n_1$ zu multiplizieren, die reduzierte Längskraft $\bar{N}_x\,dy = \frac{\partial^2 \Phi}{\partial y^2}\,dy$ mit $\frac{n_1 n_2}{n_2^2}\,n_2 = n_1$, beide wie die x-Koordinate, und die z-Komponente der Längskraft N_x hat ja den Wert $\bar{N}_x\,dy\cdot\frac{\partial z}{\partial x}$ und erhält den Faktor $n_1\cdot\frac{n_3}{n_1} = n_3$ wie die z-Koordinate.

Als Ergebnis stellen wir fest: Kennt man für eine Schale den zu einer bestimmten Belastung gehörenden Membranspannungszustand, so erhält man für eine affin verzerrte Schale ein Kräftebild, das wieder den Gleichgewichtsbedingungen der Membrantheorie genügt, wenn man auf alle an und in ihr wirkenden äußeren und inneren Kräfte dieselbe affine Transformation anwendet. Natürlich kann man außerdem noch alle Kräfte mit einem gemeinsamen Faktor multiplizieren, was ja einfach eine Vergrößerung oder Verkleinerung der Lasten bedeutet.

Wenn wir die Spannungen in der Schale S^* berechnen wollen, brauchen wir die Beziehungen zwischen ihren Schnittkräften N^* und den entsprechenden Schnittkräften N der Schale S. Um sie aufzufinden, müssen wir die Verzerrungen von Kraftvektoren und Linienelementen studieren, die gegen die Koordinatenachsen x, y, z geneigt sind.

Zur Definition von Schnittkräften überziehen wir die Schale mit einem krummlinigen Koordinatennetz ξ, η, das nicht notwendigerweise rechtwinklig zu sein braucht. Wenn wir jeweils einem Punkt der Schale S und seinem Blickpunkt in der Schale S^* dasselbe Wertepaar ξ, η zuordnen, erhalten wir auch auf der Schale S^* ein Netz von Linien $\xi = \text{const}$ und $\eta = \text{const}$.

Ein Linienelement ds_ξ auf einer Linie $\eta = \text{const}$ der Schale S habe die drei Komponenten $dx = ds_\xi\,\lambda_\xi$, $dy = ds_\xi\,\mu_\xi$, $dz = ds_\xi\,\nu_\xi$, wo λ_ξ, μ_ξ, ν_ξ die Richtungscosinus des Linienelementes sind. Das entsprechende Linienelement ds^* der Schale S^* hat dann die Länge

$$ds_\xi^* = \sqrt{n_1^2\,dx^2 + n_2^2\,dy^2 + n_3^2\,dz^2} = ds_\xi\sqrt{n_1^2\lambda_\xi^2 + n_2^2\mu_\xi^2 + n_3^2\nu_\xi^2} \tag{86a}$$

und entsprechend gilt für ein Element ds_η^* einer Linie $\xi = \text{const}$

$$ds_\eta^* = ds_\eta\sqrt{n_1^2\lambda_\eta^2 + n_2^2\mu_\eta^2 + n_3^2\nu_\eta^2}\,, \tag{86b}$$

wenn wir mit λ_η, μ_η, ν_η die Richtungscosinus von ds_η bezeichnen.

Die Wirkungslinie der Kraft $N_\xi\,ds_\eta$ hat die Richtung des Linienelementes ds_ξ, und die Kraft hat daher denselben Verzerrungsfaktor wie dieses Linienelement, d. h., es ist

$$N_\xi^*\,ds_\eta^* = N_\xi\,ds_\eta\sqrt{n_1^2\lambda_\xi^2 + n_2^2\mu_\xi^2 + n_3^2\nu_\xi^2}\,,$$

also

$$N_\xi^* = N_\xi\sqrt{\frac{n_1^2\lambda_\xi^2 + n_2^2\mu_\xi^2 + n_3^2\nu_\xi^2}{n_1^2\lambda_\eta^2 + n_2^2\mu_\eta^2 + n_3^2\nu_\eta^2}} = N_\xi\,\frac{ds_\xi^*/ds_\xi}{ds_\eta^*/ds_\eta}\,. \tag{87a}$$

Für N_η^* ergibt dieselbe Überlegung den reziproken Umrechnungsfaktor:

$$N_\eta^* = N_\eta \frac{ds_\eta^*/ds_\eta}{ds_\xi^*/ds_\xi}. \tag{87b}$$

Sehr viel einfacher liegen die Dinge bei den Schubkräften. Die Kraft $N_{\xi\eta}\, ds_\eta$ hat dieselbe Richtung wie das Linienelement ds_η, an dem sie angreift, und wird daher in demselben Verhältnis verzerrt:

$$\frac{N_{\xi\eta}^*\, ds_\eta^*}{N_{\xi\eta}\, ds_\eta} = \frac{ds_\eta^*}{ds_\eta},$$

und daraus folgt

$$N_{\xi\eta}^* = N_{\xi\eta}, \tag{87c}$$

d. h.: Die Schubkräfte ändern sich bei der Transformation überhaupt nicht.

Um die Belastung der Schale S^* zu berechnen, brauchen wir das Verhältnis der Flächenelemente. Es seien λ, μ, ν die Richtungscosinus der Normalen der Schale S. Dann ist z. B. $dF\,\lambda$ die Projektion des Flächenelementes dF auf die y-z-Ebene, und diese geht bei der Abbildung auf die Schale S^* in $n_2\, n_3\, dF\, \lambda$ über. Das Flächenelement selbst transformiert sich daher nach der Formel

$$dF^* = dF \sqrt{n_2^2 n_3^2 \lambda^2 + n_3^2 n_1^2 \mu^2 + n_1^2 n_2^2 \nu^2}\,.$$

Damit können wir die Lasten p_x^*, p_y^*, p_z^* je Flächeneinheit der Schale S^* berechnen als

$$p_x^* = n_1\, p_x \frac{dF}{dF^*}, \qquad p_y^* = n_2\, p_y \frac{dF}{dF^*}, \qquad p_z^* = n_3\, p_z \frac{dF}{dF^*}. \tag{88}$$

b) Kuppeln

α) Lotrechte Verzerrung von Drehschalen

Der einfachste Fall ist der, daß eine Drehschale, deren Symmetrieachse wir zur z-Achse machen, durch die Transformation

$$x^* = x, \qquad y^* = y, \qquad z^* = n\, z$$

in eine andere übergeführt wird. Dann schneiden sich auch auf der neuen Kuppel die Koordinatenlinien unter rechten Winkeln, und das Bogenelement des Breitenkreises bleibt unverändert $ds_\vartheta = ds_\vartheta^*$. Die Kräfte N_ϑ und $N_{\varphi\vartheta}$ behalten ihre waagerechte Richtung, während N_φ und $N_{\vartheta\varphi}$ ebenso wie das Bogenelement ds_φ des Meridians ihre lotrechten Komponenten vergrößern. Wir berechnen zunächst ds_φ^*. Für den in der x-z-Ebene liegenden Meridian ist

$$ds_\varphi^* = \sqrt{dx^2 + n^2\, dz^2} = ds_\varphi \cdot \sqrt{\cos^2\varphi + n^2 \sin^2\varphi},$$

und aus (87) folgen damit die Schnittkräfte der verzerrten Kuppel:

$$N_\vartheta^* = N_\vartheta \cdot \frac{ds_\vartheta^*/ds_\vartheta}{ds_\varphi^*/ds_\varphi} = \frac{N_\vartheta}{\sqrt{\cos^2\varphi + n^2\sin^2\varphi}},$$

$$N_\varphi^* = N_\varphi \cdot \sqrt{\cos^2\varphi + n^2\sin^2\varphi},$$

$$N_{\vartheta\varphi}^* = N_{\vartheta\varphi}.$$

Da die rechten Winkel zwischen den Koordinatenlinien erhalten bleiben, ist das Verhältnis der Flächenelemente in diesem Falle gleich dem der Meridianelemente, und daher nach (88) die Belastung:

$$p_x^* = \frac{p_x}{\sqrt{\cos^2\varphi + n^2\sin^2\varphi}}, \qquad p_y^* = \frac{p_y}{\sqrt{\cos^2\varphi + n^2\sin^2\varphi}},$$

$$p_z^* = \frac{n \cdot p_z}{\sqrt{\cos^2\varphi + n^2\sin^2\varphi}}.$$

Diese Beziehungen zwischen den Lasten der beiden Kuppeln bedeuten, daß eine Eigengewichtslösung für die unverzerrte Kuppel von konstanter Wandstärke bei der zweiten Kuppel eine Lösung für veränderliche Wandstärke ist, und zwar verändert sie sich so, daß in jeder Masche des Koordinatennetzes eine n-mal so große Last liegt wie in der unverzerrten Kuppel. Wo also die Flächenelemente bei der Transformation kleiner werden, muß die Wandstärke zunehmen, so daß man mit $n < 1$ eine flache, am Kämpfer verstärkte, mit $n > 1$ dagegen eine steile Schale erhält, die im Scheitel am dicksten ist. Der erste Fall hat praktische Bedeutung. Es bereitet zwar, wie auf S. 51f. gezeigt wurde, keine grundsätzlichen Schwierigkeiten, für eine beliebig belastete und beliebig geformte achsensymmetrische Schale die Membrankräfte auszurechnen, doch bringt die affine Verzerrung gelegentlich erwünschte Rechenvorteile. Man kann z. B. vorhandene numerische Ergebnisse der Kugelschale auf Rotationsellipsoide übertragen, oder man kann sich mühsame Berechnungen, z. B. für eine Spitzkuppel mit elliptischem Meridian, die in einzelnen Punkten unterstützt ist, dadurch erleichtern, daß man das auf S. 52 geschilderte Verfahren für die einfacher zu rechnende Kuppel mit Kreismeridian durchführt und das Ergebnis dann affin transformiert. Auch die Lösungen für die Halbkuppel (S. 48) und für die Wirkung von Einzelkräften an beliebiger Stelle (S. 62) lassen sich mit Hilfe der affinen Verzerrung von der Kugelschale auf Ellipsoidschalen übertragen, auf die die für die Kugel gegebenen Verfahren nicht unmittelbar anwendbar sind.

β) Waagerechte Verzerrung von Drehschalen

Während die lotrechte Verzerrung einer Kuppelschale nur Rechenerleichterungen und neue Lösungen liefert, führt die waagerechte Verzerrung, wie wir sogleich sehen werden, zu einem Vorschlag für die beste Verteilung der Belastung. Abb. 75 zeigt im Grundriß und Aufriß eine achsensymmetrische Schale und die durch affine Verzerrung daraus entstandene mit elliptischem Grundriß. Die Transformationsgleichungen heißen in diesem Falle

$$x^* = n\,x, \qquad y^* = y, \qquad z^* = z.$$

Das verzerrte Bogenelement kann man sofort hinschreiben, wenn man

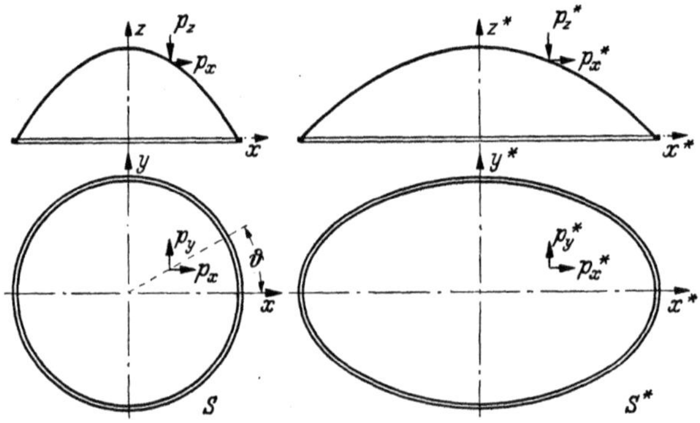

Abb. 75. Schale mit elliptischem Grundriß als affines Bild einer Drehschale

es in Komponenten zerlegt und diese durch die unverzerrten und die Koordinaten ϑ und φ ausdrückt. Man findet für den Meridian

$$ds_\varphi^* = ds_\varphi \cdot \sqrt{n^2 \cos^2\vartheta \cos^2\varphi + \sin^2\vartheta \cos^2\varphi + \sin^2\varphi}\,,$$

für den Breitenschnitt

$$ds_\vartheta^* = ds_\vartheta \cdot \sqrt{n^2 \sin^2\vartheta + \cos^2\vartheta}$$

und für das Flächenelement

$$dF^* = dF \cdot \sqrt{\cos^2\vartheta \sin^2\varphi + n^2 \sin^2\vartheta \sin^2\varphi + n^2 \cos^2\varphi}\,.$$

Mit Hilfe dieser geometrischen Beziehungen kann man nun leicht zu den gesuchten Formeln für die Kräfte kommen, indem man die Gleichungen (87) und (88) anwendet. Man erhält für die Schnittkräfte:

$$\left.\begin{aligned} N_\vartheta^* &= N_\vartheta \cdot \sqrt{\frac{n^2 \sin^2\vartheta + \cos^2\vartheta}{n^2 \cos^2\vartheta \cos^2\varphi + \sin^2\vartheta \cos^2\varphi + \sin^2\varphi}}\,, \\ N_\varphi^* &= N_\varphi \cdot \sqrt{\frac{n^2 \cos^2\vartheta \cos^2\varphi + \sin^2\vartheta \cos^2\varphi + \sin^2\varphi}{n^2 \sin^2\vartheta + \cos^2\vartheta}}\,, \\ N_{\vartheta\varphi}^* &= N_{\vartheta\varphi} \end{aligned}\right\} \qquad (89\text{a—b})$$

und für die Lasten:

$$\left.\begin{aligned} p_x^* &= \frac{n\, p_x}{\sqrt{\cos^2\vartheta\sin^2\varphi + n^2\sin^2\vartheta\sin^2\varphi + n^2\cos^2\varphi}}\,, \\ p_y^* &= \frac{p_y}{\sqrt{\cos^2\vartheta\sin^2\varphi + n^2\sin^2\vartheta\sin^2\varphi + n^2\cos^2\varphi}}\,, \\ p_z^* &= \frac{p_z}{\sqrt{\cos^2\vartheta\sin^2\varphi + n^2\sin^2\vartheta\sin^2\varphi + n^2\cos^2\varphi}}\,. \end{aligned}\right\} \quad (90)$$

Diese Formeln eröffnen nicht nur die Möglichkeit, das Kräftebild in Schalen mit elliptischem Grundriß zu berechnen, sondern sie zeigen auch, wie die Lasten verteilt werden müssen, damit Zug- und Druckring frei von Biegungsmomenten sind. Wir sahen schon bei der Besprechung der achsensymmetrischen Kuppeln auf einzelnen Stützen (S. 47), daß Biegungsfreiheit des Kuppelrandgliedes nicht die Regel ist, sondern nur für zentralsymmetrische Belastung und Stützung erreicht wird. Da die Transformationsformeln auch auf die Schnittkräfte der Randglieder anwendbar sind, wenigstens wenn diese statisch bestimmt sind, so haben also die Kuppeln mit elliptischem Grundriß gerade dann biegungsfreie Randglieder, wenn das Eigengewicht so verteilt wird, wie es sich aus diesen Gleichungen durch Verzerrung einer drehsymmetrischen Schale ergibt. Wenn die Endtangente der Meridiankurve lotrecht steht, ist dann überhaupt kein Randglied mehr nötig.

Es sei ausdrücklich darauf hingewiesen, daß die affine Verzerrung nur möglich ist für statisch bestimmte Aufgaben. Tonnendächer über drei Bindern und ähnliche Systeme können nicht damit behandelt werden. Auch auf die auf mehr als vier Einzelstützen ruhende Drehschale darf die Verzerrung in waagerechter Richtung nicht angewandt werden, weil die Verteilung der Last auf die Stützen durch Formänderungsbedingungen geregelt wird. Die auf vier Punkten ruhende elliptische Kuppel kann nur dann durch Verzerrung der kreisrunden berechnet werden, wenn ihre Stützen so stehen, daß sie auch nach der Verzerrung alle gleichberechtigt sind, also z. B. nicht in den Scheiteln der Grundrißellipse.

Als Beispiel wollen wir die Formeln für die auf S. 27 berechnete Spitzkuppel mit kreisförmigem Meridian auf eine Kuppel mit elliptischem Grundriß umrechnen. Das dort als Belastung verwendete Eigengewicht enthält keine Komponente in Richtung der Verzerrung, und der Ansatz bleibt gültig, wenn man

$$p^* = \frac{p}{\sqrt{\cos^2\vartheta\sin^2\varphi + n^2\sin^2\vartheta\sin^2\varphi + n^2\cos^2\varphi}}$$

setzt, wobei p konstant ist. Das Gesetz der Veränderlichkeit der Schalenstärke erhält man, wenn man von p^* das konstante Gewicht der Dachhaut abzieht. Der Rest ist t proportional.

Die Schnittkräfte erhalten wir einfach durch Anwendung der Gleichungen (89) auf die Formeln für die Schnittkräfte der Spitzkuppel. Es ergibt sich (vgl. Abb. 76):

$$N_\varphi^* = -p\,a\,\frac{(\cos\varphi_0 - \cos\varphi) - (\varphi - \varphi_0)\sin\varphi_0}{(\sin\varphi - \sin\varphi_0)\sin\varphi}$$

$$\times\sqrt{\frac{n^2\cos^2\vartheta\cos^2\varphi + \sin^2\vartheta\cos^2\varphi + \sin^2\varphi}{n^2\sin^2\vartheta + \cos^2\vartheta}},$$

$$N_\vartheta^* = -\frac{p\,a}{\sin^2\varphi}\left[(\varphi - \varphi_0)\sin\varphi_0 - (\cos\varphi_0 - \cos\varphi) + (\sin\varphi + \sin\varphi_0)\cos\varphi\sin\varphi\right]$$

$$\times\sqrt{\frac{n^2\sin^2\vartheta + \cos^2\vartheta}{n^2\cos^2\vartheta\cos^2\varphi + \sin^2\vartheta\cos^2\varphi + \sin^2\varphi}},$$

$$N_{\vartheta\varphi}^* = 0.$$

Die Koordinaten φ und ϑ in diesen Formeln bedeuten, wie sich aus der Herleitung ergibt, die an der achsensymmetrischen „Grundkuppel“

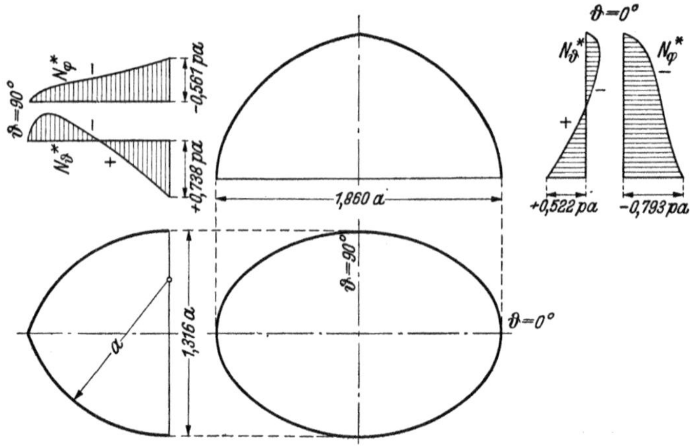

Abb. 76. Spitzkuppel mit elliptischem Grundriß, Schnittkräfte für Eigengewicht

gemessenen Winkel, die als Koordinaten besser geeignet sind als die Tangentenneigungen an der verzerrten Kuppel.

γ) Vieleckkuppeln

Die waagerechte Verzerrung läßt sich mit Vorteil auch auf Vieleckkuppeln anwenden, weil dadurch die Möglichkeit gegeben ist, mit diesem System längliche Grundrisse zu überdachen (Abb. 77). Versteht man unter ϑ hier den Winkel $m \cdot \frac{2\pi}{n}$, der sektorweise konstant ist, so kann man die Gln. (89) und (90) unmittelbar übernehmen, wobei natürlich N_x und $N_{x\varphi}$ statt N_ϑ und $N_{\vartheta\varphi}$ zu schreiben ist. In den von den Symmetrieachsen getroffenen Sektoren sind die so erhaltenen Schnittkräfte N_x^*, N_φ^*, $N_{x\varphi}^*$ gewöhnliche Längs- und Schubkräfte, während sie in allen anderen Sektoren ein schiefwinkliges System bilden.

Die Gratkräfte der lotrecht belasteten Kuppel ändern bei der Abbildung nur ihre waagerechte Komponente. Wenn wir mit ψ die Neigung

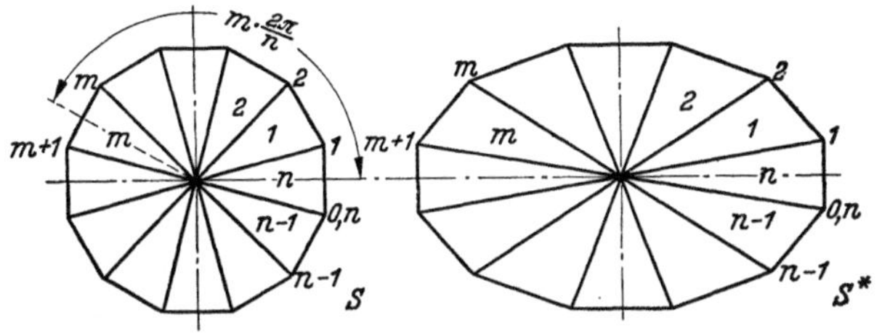

Abb. 77. Affine Verzerrung einer Vieleckkuppel

des Grates der Grundkuppel S bezeichnen, und die Neigung des m-ten Grates von S^* mit ψ_m^*, dann liefert das geometrische Abbildungsgesetz

$$\tan \psi_m^* = \frac{\tan \psi}{\sqrt{n^2 \cos^2 (2\,m - 1)\,\dfrac{\pi}{n} + \sin^2 (2\,m - 1)\,\dfrac{\pi}{n}}},$$

und damit folgt die Gratkraft

$$G_m^* = G_m \cdot \frac{\sin \psi}{\sin \psi_m^*}.$$

Das Zugband am Kämpfer ist als geschlossener Rahmen dreifach statisch unbestimmt. Die in ihm wirkenden Biegemomente, auf deren Verteilung seine elastische Formänderung Einfluß hat, können also nicht durch affine Abbildung aus den Momenten der Grundkuppel gewonnen werden, sondern sind neu zu berechnen. Eine wesentliche Ausnahme hierzu verdient besondere Beachtung: Das Eigengewicht der Kuppel wird man, schon um der bequemen Berechnung willen, so verteilen, wie es sich durch affine Abbildung aus einer vollsymmetrischen Belastung des ursprünglichen Systems ergibt. Dann erhält dessen Zugring nur Biegemomente aus den Randkräften N_φ, aber nicht aus den in den Ecken angreifenden waagerechten Komponenten der Gratstützkräfte, weil er zu ihnen eine Seillinie bildet. Dieser biegungsfreie Spannungszustand läßt sich unabhängig von elastischen Formänderungen berechnen und daher auch auf die verzerrte Kuppel übertragen, und das bietet nicht nur eine Rechenerleichterung, sondern ist von ausschlaggebendem Einfluß auf die Kosten des Zugbandes, denn die bei anderer Lastverteilung von den Gratkräften erzeugten Biegemomente sind von ganz anderer Größenordnung als die von den Lasten N_φ^* herrührenden. Die Vieleckkuppel mit länglichem Grundriß muß deshalb in den einzelnen Sektoren verschiedene Schalenstärke haben, und zwar wird t um so kleiner, je größer die Oberfläche des Sektors ist, so daß ein jeder dasselbe Gesamtgewicht hat, ebenso wie bei der über einem regelmäßigen Vieleck errichteten Grundkuppel S.

V. Biegetheorie der Kreiszylinderschale

1. Die Differentialgleichungen der Zylindertheorie

Beim Aufbau der Membrantheorie in den vorangehenden Kapiteln sind wir von der grundlegenden Annahme ausgegangen, daß sich alle Spannungen gleichmäßig über die Schalenstärke verteilen, daß also die durch (1g—j) definierten Momente null sind. Daraus konnten wir sofort folgern, daß auch die Querkräfte verschwinden müssen (S. 5) und daß die Schubkräfte in zueinander senkrechten Schnittrichtungen gleich sind (S. 4), so daß sich die Zahl der zu berechnenden Schnittkräfte von 10 auf 3 verminderte. Man kann die grundlegende Voraussetzung der Membrantheorie auch so ausdrücken, daß man nur solche Schalen untersucht, die einer Verbiegung, d. h. einer Änderung der Krümmungsverhältnisse der Mittelfläche keinen elastischen Widerstand entgegensetzen, also nur eine Dehnsteifigkeit, aber keine Biegesteifigkeit haben. Solche Schalen sind, wie wir gesehen haben (S. 71ff.), sogar imstande, bei geeigneten Randbedingungen spannungslose Formänderungen auszuführen, und man überzeugt sich leicht, daß diese nicht einmal immer unendlich klein sein müssen. Die Schale ohne Biegungswiderstand ist also gar kein Sonderfall eines elastischen Körpers, sondern sie besitzt gegenüber geeignet ausgewählten Belastungen überhaupt keine Elastizität, gibt willenlos nach. In solchen Fällen wird die bei einer wirklichen Schale stets vorhandene, wenn auch meist sehr kleine Biegesteifigkeit von wesentlicher Bedeutung für ihre Tragfähigkeit.

Das ist der eine Anlaß zur Aufstellung einer Biegetheorie. Der andere, noch wichtigere, ist der, daß infolge der Vernachlässigung der Querkräfte und Momente in der Schale auch an ihren Rändern nur Längs- und Schubkräfte angebracht werden können, um ihr dort vorgeschriebene Formänderungen aufzuzwingen. Daß diese Kräfte dazu nicht immer ausreichen, haben wir in den vorangehenden Kapiteln oft genug erfahren. Daß aber auch in diesen Fällen die Membrantheorie oft ein nützliches Werkzeug ist und nur in den randnahen Gebieten einer Korrektur bedarf, werden wir in den folgenden Kapiteln sehen.

Wir beginnen mit der Theorie der Kreiszylinderschale, weil diese wegen ihrer Einfachheit zur Entwicklung der Grundgedanken am besten geeignet ist. Den Radius der Mittelfläche nennen wir a, und als Koordinaten benutzen wir wieder x und φ wie in Kapitel III. Auch die Ableitungen nach φ und x/a wollen wir wieder durch Punkt und Strich bezeichnen, wie wir es schon in III, 2 getan haben.

In Abb. 78 ist das durch die Wahl der Koordinaten bestimmte Flächenelement der Schale mit den daran angreifenden Schnittkräften und Lasten dargestellt. Die sechs Gleichgewichtsbedingungen dieses räumlichen Kräftesystems bilden den Ausgangspunkt für die Spannungsberechnung. Da wir die drei Kräftegleichungen in ähnlicher Art schon

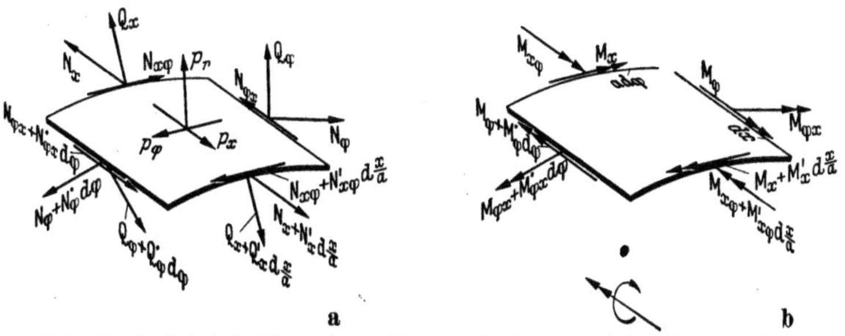

Abb. 78a, b. Schnittkräfte und Schnittmomente der biegesteifen Zylinderschale

oft formuliert haben, können wir uns hier kurz fassen. Die Bedingung für die Richtung x unterscheidet sich nicht von der schon in der Membrantheorie benutzten (52c):

$$N_x' + N_{\varphi x}^{\cdot} + a\,p_x = 0. \tag{91a}$$

Einen Beitrag in φ-Richtung liefert außer den schon in (52b) aufgenommenen Membrankräften noch die Resultierende der beiden Querkräfte $Q_\varphi\,dx$, die den Winkel $d\varphi$ miteinander einschließen:

$$N_\varphi^{\cdot} + N_{x\varphi}' - Q_\varphi + a\,p_\varphi = 0. \tag{91b}$$

Die dritte Gleichung, die die zur Schale normalen Kraftkomponenten umfaßt, unterscheidet sich sehr wesentlich von der entsprechenden Membrangleichung. Es treten zwei neue Glieder hinzu, die die Veränderlichkeit der Querkräfte Q_φ und Q_x ausdrücken:

$$Q_\varphi^{\cdot} + Q_x' + N_\varphi - a\,p_r = 0, \tag{91c}$$

und dadurch wird die Längskraft N_φ von der örtlichen Belastung der Schale unabhängig, d. h., es wird die Einschränkung beseitigt, die in der Membrantheorie der Zylinder die meisten Schwierigkeiten macht.

Die Gleichungen, die das Gleichgewicht der Momente in bezug auf zwei Tangenten und die Normale ausdrücken, bedürfen kaum der Erklärung:

$$\left.\begin{aligned} M_\varphi^{\cdot} + M_{x\varphi}' - a\,Q_\varphi &= 0,\\ M_x' + M_{\varphi x}^{\cdot} - a\,Q_x &= 0,\\ a\,N_{x\varphi} - a\,N_{\varphi x} + M_{\varphi x} &= 0. \end{aligned}\right\} \tag{91d—f}$$

Der Summand $M_{\varphi x}$ in der letzten Gleichung rührt daher, daß die Achsen dieser Drillmomente auf gegenüberliegenden Seiten des Schalenelementes nicht parallel sind, so daß ein um die Schalennormale drehendes Moment resultiert.

Die sechs Gleichgewichtsbedingungen (91a—f) reichen natürlich nicht zur Berechnung der zehn Schnittkräfte aus. Die biegungssteife Zylinderschale ist also innerlich statisch unbestimmt in dem Sinne, den wir dieser Bezeichnung auf S. 83 gegeben haben. Um die Zahl der Unbekannten mit der der Gleichungen in Übereinstimmung zu bringen, müssen wir die Kräfte durch die Formänderungen ausdrücken, also das Elastizitätsgesetz der Schale aufstellen.

Die Schnittkräfte haben wir ganz allgemein auf S. 3—4 definiert. Für die Zylinderschale haben wir in diesen Formeln den Index y durch φ zu ersetzen und für die Krümmungsradien die speziellen Werte $r_x = \infty$ und $r_\varphi = a$ einzuführen. Dann liefern die Gln. (1a—d, g—j):

$$\left.\begin{aligned}
N_\varphi &= \int_{-t/2}^{+t/2} \sigma_\varphi \, dz, & N_x &= \int_{-t/2}^{+t/2} \sigma_x \left(1 + \frac{z}{a}\right) dz,\\
N_{\varphi x} &= \int_{-t/2}^{+t/2} \tau_{x\varphi} \, dz, & N_{x\varphi} &= \int_{-t/2}^{+t/2} \tau_{x\varphi} \left(1 + \frac{z}{a}\right) dz,\\
M_\varphi &= -\int_{-t/2}^{+t/2} \sigma_\varphi \, z \, dz, & M_x &= -\int_{-t/2}^{+t/2} \sigma_x \left(1 + \frac{z}{a}\right) z \, dz,\\
M_{\varphi x} &= -\int_{-t/2}^{+t/2} \tau_{x\varphi} \, z \, dz, & M_{x\varphi} &= -\int_{-t/2}^{+t/2} \tau_{x\varphi} \left(1 + \frac{z}{a}\right) z \, dz.
\end{aligned}\right\} \quad (92)$$

Die Formänderung der Schale, die wir mit diesen Kräften und Momenten in Zusammenhang bringen wollen, beschreiben wir durch die Komponenten der elastischen Verschiebung, und zwar sei für einen Punkt im Abstand z von der Mittelfläche:

u_z die Verschiebung in Richtung wachsender x,
v_z die Verschiebung in Richtung wachsender φ,
w_z die Verschiebung normal zur Schale, positiv nach außen,

während wir die entsprechenden Größen für die Mittelfläche einfach mit u, v, w bezeichnen wollen. Über diese Verschiebungen machen wir folgende grundlegenden Annahmen:

1. Die bei der Verformung der Schale eintretende Verschiebung eines beliebigen Punktes sei durch die Verschiebung des zugehörigen Punktes der Mittelfläche derart bestimmt, daß die Normalen zur Mittelfläche auch nach der Verformung zur neuen Mittelfläche normal sind.

2. Die Verschiebungen seien klein gegen die Schalenstärke.

3. Die Spannung σ_z normal zur Mittelfläche sei so klein im Vergleich zu den anderen, daß ihr Einfluß auf die Formänderungen vernachlässigt werden kann.

Die erste dieser Voraussetzungen ist immer dann erfüllt, wenn die Schalenstärke t klein ist gegen alle Abmessungen der Mittelfläche, insbesondere gegen ihre Krümmungsradien und gegen den Abstand vom nächsten Schalenrand. Auch am Rande bleibt sie erfüllbar, wenn man die dort angreifenden Spannungen in geeigneter Weise über die Schalenstärke verteilt. Anderenfalls entsteht eine gestörte Zone, deren Breite von der Größenordnung der Schalenstärke ist und um die wir uns nicht weiter kümmern wollen.

Die zweite Voraussetzung ist für dünne Schalen nicht immer erfüllt, aber sie ist unerläßlich für die Linearisierung der Gleichungen. Wenn sie nicht erfüllt ist, hat man die Wahl, entweder die lineare Theorie als eine mehr oder weniger gute Annäherung zu benutzen oder eine nichtlineare Schalentheorie aufzustellen. Wir wollen uns in diesem Buch auf die lineare Theorie beschränken.

Die Aufstellung des Elastizitätsgesetzes der Zylinderschale, d. h. eines Zusammenhanges zwischen den Schnittkräften einerseits und den Verschiebungen u, v, w der Mittelfläche und ihren Ableitungen anderseits, vollzieht sich in mehreren Schritten. Wir gehen aus vom Hookeschen Gesetz, das die Spannungen an der Stelle x, φ, z mit den Bestimmungsstücken der Verzerrung eines dort befindlichen Raumelementes verbindet. Die Verzerrungsgrößen lassen sich durch die Verschiebungskomponenten u_z, v_z, w_z des Punktes und seiner Nachbarpunkte ausdrücken, und diese wiederum mit Hilfe der eben formulierten Grundannahmen durch die Verschiebungen der Mittelfläche. Damit hat man die Spannungen durch u, v, w und deren Ableitungen dargestellt und erhält daraus durch Integration über die Schalenstärke die Schnittkräfte ebenfalls als Funktionen dieser drei Größen.

Wir wollen nun die eben skizzierte Rechnung im einzelnen ausführen. Die Dehnung der Längsfaser $\varphi = \text{const}, z = z$ bezeichnen wir mit ε_x, die der Ringfaser $x = \text{const}, z = z$ mit ε_φ und die Abnahme des von beiden gebildeten, ursprünglich rechten Winkels mit $\gamma_{x\varphi}$. Wenn wir nach unserer ersten Grundannahme die Querkraftformänderungen γ_{xz} und $\gamma_{\varphi z}$ und nach der dritten die Normalspannung σ_z null setzen, so liefert das Hookesche Gesetz zwischen $\varepsilon_x, \varepsilon_\varphi, \gamma_{x\varphi}$ und den entsprechenden Normal- und Schubspannungen $\sigma_x, \sigma_\varphi, \tau_{x\varphi}$ die Beziehungen

$$\sigma_\varphi = \frac{E}{1-\nu^2}(\varepsilon_\varphi + \nu\,\varepsilon_x), \quad \sigma_x = \frac{E}{1-\nu^2}(\varepsilon_x + \nu\,\varepsilon_\varphi), \quad \tau_{x\varphi} = \frac{E}{2(1+\nu)}\gamma_{x\varphi}.$$

Die drei Größen $\varepsilon_x, \varepsilon_\varphi, \gamma_{x\varphi}$ beschreiben die Verzerrungen innerhalb einer Zylinderfläche vom Radius $r = a + z$. Ihren Zusammenhang mit den Verschiebungen u_z, v_z, w_z der Punkte dieser Fläche können wir aus den schon in der Membrantheorie aufgestellten kinematischen Beziehungen (56a—c) entnehmen, wenn wir den dort vorkommenden

Radius a durch $a + z$ ersetzen und die Bezeichnungen u, v, w in u_z, v_z, w_z umändern:

$$\left.\begin{aligned} \varepsilon_x &= \frac{\partial u_z}{\partial x} = \frac{u_z'}{a}\,, \\ \varepsilon_\varphi &= \frac{1}{a+z}\left(\frac{\partial v_z}{\partial \varphi} + w_z\right) = \frac{v_z^{\cdot} + w_z}{a+z}\,, \\ \gamma_{x\varphi} &= \frac{\partial v_z}{\partial x} + \frac{1}{a+z}\,\frac{\partial u_z}{\partial \varphi} = \frac{v_z'}{a} + \frac{u_z^{\cdot}}{a+z}\,. \end{aligned}\right\} \qquad (93\,\text{a—c})$$

Unsere nächste Aufgabe ist, u_z, v_z, w_z durch u, v, w auszudrücken. Dazu benutzen wir Abb. 79a, b, die ein Stück der Schale vor und nach der

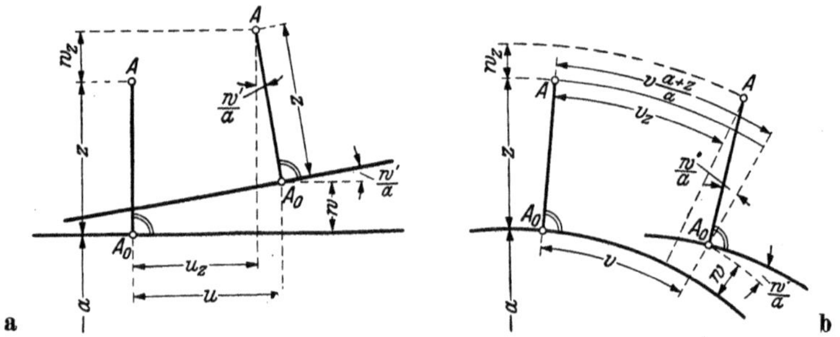

Abb. 79a, b. Komponenten der elastischen Verschiebung für einen beliebigen Schalenpunkt A und seine Projektion A_0 auf die Mittelfläche

Verformung darstellt. Uns interessieren die Unterschiede zwischen den Verschiebungen u_z, v_z, w_z eines Punktes A und denen des zugehörigen Punktes A_0 der Mittelfläche. Sie rühren davon her, daß sich die Schalennormale AA_0 bei der Formänderung um die Winkel w'/a in der x-z-Ebene und $w^{\cdot}/a$ in der φ-z-Ebene verdreht. Dadurch wird der Punkt A in x-Richtung um die Strecke $z \cdot w'/a$ zurückgeschoben, so daß seine Gesamtverschiebung in dieser Richtung

$$u_z = u - \frac{z}{a}\,w' \qquad (94\,\text{a})$$

ist. Die entsprechende Verschiebung v_z in φ-Richtung findet man durch Betrachtung des Breitenschnittes $x = \text{const}$ (Abb. 79b).

Wenn sich der Punkt A_0 in der Mittelfläche um v verschiebt, so wandert A um $v(a + z)/a$, und durch die Verdrehung der Schalentangente um $w^{\cdot}/a$ wird A wieder um $z\,w^{\cdot}/a$ zurückgeschoben:

$$v_z = v\,\frac{a+z}{a} - \frac{z}{a}\,w^{\cdot}. \qquad (94\,\text{b})$$

Die Verschiebung w_z schließlich unterscheidet sich, wie man aus beiden Abb. 79 feststellen kann, von w nur um Glieder, die in w' und $w^{\cdot}$ quadratisch sind und deshalb wegbleiben können:

$$w_z = w\,. \qquad (94\,\text{c})$$

Durch Einsetzen von (94) in (93) erhält man die Verzerrungen an der Stelle x, φ, z in Abhängigkeit von den Verschiebungen der Mittelfläche:

$$\left.\begin{aligned} \varepsilon_x &= \frac{u'}{a} - z\frac{w''}{a^2}, \\ \varepsilon_\varphi &= \frac{v^{\cdot}}{a} - \frac{z}{a}\frac{w^{\cdot\cdot}}{a+z} + \frac{w}{a+z}, \\ \gamma_{x\varphi} &= \frac{u^{\cdot}}{a+z} + \frac{a+z}{a^2}v' - \frac{w'^{\cdot}}{a}\left(\frac{z}{a} + \frac{z}{a+z}\right). \end{aligned}\right\} \tag{95}$$

Setzt man das in das HOOKEsche Gesetz ein und dann dieses in die Definitionsgleichungen der Schnittkräfte, so kann man die Integration nach z ausführen und erhält z. B. für N_φ

$$\begin{aligned} N_\varphi &= \frac{E}{1-\nu^2}\int\limits_{-t/2}^{+t/2}(\varepsilon_\varphi + \nu\,\varepsilon_x)\,dz \\ &= \frac{E}{a(1-\nu^2)}\left[(v^{\cdot} + \nu\,u')\,t + w\left(t + \frac{t^3}{12a^2}\right) + w^{\cdot\cdot}\frac{t^3}{12a^2}\right] \end{aligned}$$

und ähnlich für die übrigen Schnittkräfte, wenn man die in einigen Integralen auftretenden Logarithmen nach t/a entwickelt und hinter der dritten Potenz abbricht. Die so erhaltenen Formeln führen dazu, neben der schon früher (s. S. 68) benutzten Dehnungssteifigkeit

$$D = \frac{E\,t}{1-\nu^2} \tag{96a}$$

noch eine Biegungssteifigkeit

$$K = \frac{E\,t^3}{12(1-\nu^2)} \tag{96b}$$

zur Beschreibung des elastischen Verhaltens der Schale einzuführen. Dann wird der Zusammenhang der Schnittkräfte mit den Verschiebungen durch folgende acht Gleichungen dargestellt:

$$\left.\begin{aligned} N_\varphi &= \frac{D}{a}(v^{\cdot} + w + \nu\,u') + \frac{K}{a^3}(w + w^{\cdot\cdot}), \\ N_x &= \frac{D}{a}(u' + \nu\,v^{\cdot} + \nu\,w) - \frac{K}{a^3}w'', \\ N_{\varphi x} &= \frac{D}{a}\frac{1-\nu}{2}(u^{\cdot} + v') + \frac{K}{a^3}\frac{1-\nu}{2}(u^{\cdot} + w'^{\cdot}), \\ N_{x\varphi} &= \frac{D}{a}\frac{1-\nu}{2}(u^{\cdot} + v') + \frac{K}{a^3}\frac{1-\nu}{2}(v' - w'^{\cdot}), \\ M_\varphi &= \frac{K}{a^2}(w + w^{\cdot\cdot} + \nu\,w''), \\ M_x &= \frac{K}{a^2}(w'' + \nu\,w^{\cdot\cdot} - u' - \nu\,v^{\cdot}), \\ M_{\varphi x} &= \frac{K}{a^2}(1-\nu)\left(w'^{\cdot} + \frac{u^{\cdot}}{2} - \frac{v'}{2}\right), \\ M_{x\varphi} &= \frac{K}{a^2}(1-\nu)\,(w'^{\cdot} - v'). \end{aligned}\right\} \tag{97a—h}$$

Es ist nützlich, sich den Inhalt dieser Gleichungen anschaulich klarzumachen. Setzt man $K = 0$, so verschwinden die Momente, und für die Längs- und Schubkräfte erhält man die durchsichtigen Formeln der Membrantheorie: Jede Längskraft ist proportional der in ihre Richtung fallenden Dehnung der Mittelfläche und dem ν-fachen der anderen Dehnung, und die beiden Schubkräfte sind einander gleich und proportional der Schubverzerrung der Mittelfläche. Bei den vier Momenten ist die Bedeutung von w und seinen Ableitungen leicht verständlich: $w + w^{\cdot\cdot}$ und w'' sind die Verkrümmungen, $w'^{\cdot}$ ist die Verwindung der Mittelfläche. Bei M_x treten Zusatzglieder auf: u' und $\nu v^{\cdot}$. Sie bedeuten, daß die bei entsprechenden Verschiebungen entstehenden, gleichmäßig über die Schalenstärke verteilten Spannungen (bei $\nu v^{\cdot}$ aus der Querdehnung) in bezug auf die Mittelfläche ein Moment ergeben, denn der Schwerpunkt der trapezförmigen Seitenfläche eines Schalenelementes liegt außerhalb der Mittelfläche. Ferner vermißt man bei M_x ein Glied mit νw, entsprechend dem w bei M_φ. Dies rührt daher, daß die zu w gehörigen Spannungen ungleichförmig und gerade so über die Schalenstärke verteilt sind, innen größer als außen, daß dadurch die Wirkung der Trapezform des Schnittes kompensiert wird. Der Einfluß von $u^{\cdot}$ und v' auf die Drillmomente ist ganz ähnlich zu deuten. Die Zusatzglieder bei den Längs- und Schubkräften rühren daher, daß die Spannungsverteilung über die Schalenstärke nicht linear ist. Die mit D multiplizierten Anteile enthalten die Spannungen der Mittelfläche, die nicht mit den Mittelwerten der Spannungen übereinstimmen. Den Unterschied stellen die mit K multiplizierten Glieder dar. Alle diese Zusätze entsprechen sinngemäß den bekannten Korrekturen in der Theorie der Biegung krummer Stäbe. Sie sind also sehr klein, und ihr Wert liegt weniger in einer Erhöhung der Genauigkeit des Ergebnisses als in der durch sie erreichten logischen Geschlossenheit des ganzen Formelwerkes. Man kann daher erwarten, daß man eine für viele Zwecke ausreichende Genauigkeit erhält, wenn man die kleinen Glieder wegläßt und das Elastizitätsgesetz in folgender Form schreibt:

$$\left.\begin{aligned} N_\varphi &= \frac{D}{a}(v^{\cdot} + w + \nu u'), \qquad N_x = \frac{D}{a}(u' + \nu v^{\cdot} + \nu w), \\ N_{\varphi x} &= N_{x\varphi} = \frac{D(1-\nu)}{2a}(u^{\cdot} + v'), \\ M_\varphi &= \frac{K}{a^2}(w^{\cdot\cdot} + \nu w''), \qquad M_x = \frac{K}{a^2}(w'' + \nu w^{\cdot\cdot}), \\ M_{\varphi x} &= M_{x\varphi} = \frac{K(1-\nu)}{a^2} w'^{\cdot}. \end{aligned}\right\} \quad (97'\text{a—f})$$

Die Gleichgewichtsbedingungen (91) und das Elastizitätsgesetz (97) sind zusammen vierzehn Gleichungen zur Berechnung der zehn Schnittkräfte und der drei Verschiebungen u, v, w, also von nur dreizehn Unbekannten. Der Gleichungsüberschuß ist nur scheinbar, denn (91f) erweist sich, wenn man die Kräfte durch die Verschiebungen ausdrückt, als eine Identität. Das hat seine Ursache in der paarweisen Gleichheit der Schubspannungen $\tau_{\varphi x} = \tau_{x \varphi}$, die ja in der Festigkeitslehre aus einer ganz entsprechenden Momentengleichung gefolgert wird, und unsere sechste Gleichgewichtsbedingung ist nichts anderes als diese Gleichung, auf beiden Seiten mit $(a + z)\,dz$ multipliziert und über die Schalenstärke integriert. Wir können sie für die weitere Untersuchung einfach als überschüssig betrachten.

Wenn wir das vereinfachte Elastizitätsgesetz (97′) zugrunde legen, haben wir wegen $N_{\varphi x} = N_{x \varphi}$ und $M_{\varphi x} = M_{x \varphi}$ zwei Unbekannte und zwei Gleichungen weniger, also wiederum eine Gleichung zu viel. In diesem Falle ist aber die sechste Gleichgewichtsbedingung nicht identisch erfüllt, sondern unerfüllbar, es sei denn, daß zufällig $M_{\varphi x} = 0$ ist. Da jedoch die beiden Schubkräfte $N_{\varphi x}$, $N_{x \varphi}$ nach den strengen Gleichungen (97c, d) fast gleich sind, würde eine im Rahmen der Näherungstheorie unerhebliche Korrektur dieser Kräfte ausreichen, um (91f) zu befriedigen. Wir können daher diese Gleichung als unerheblich fortlassen und haben dann 11 Gleichungen für 11 Unbekannte.

Unser nächster Schritt muß nun sein, die große Zahl der Unbekannten dadurch zu vermindern, daß wir möglichst viele eliminieren und so das umfangreiche Gleichungssystem in ein System von wenigen Differentialgleichungen höherer Ordnung überführen. Wir werden in beiden Fällen drei Gleichungen für die Verschiebungen u, v, w erhalten, und es wird sich herausstellen, daß dieses Gleichungssystem von der achten Ordnung ist, daß seine Lösung also über doppelt so viele Konstante verfügt als die vollständige Membranlösung einschließlich der dehnungslosen Verformungen. Dadurch ergibt sich die Möglichkeit, mit der Biegetheorie Randbedingungen zu erfüllen, die die Membranlösung nicht erfüllen kann. Daß andererseits die Membranlösungen als Lösungen der Biegetheorie durchaus annehmbar sind, wenn die Randbedingungen keine Schwierigkeiten machen, möge an dem folgenden Beispiel gezeigt werden.

Wenn man in Abb. 47 den Halbzylinder zu einem Vollzylinder ergänzt und die zugehörigen Formeln auf diesen anwendet, stellen sie die Schnittkräfte in einem durch sein Eigengewicht belasteten Rohr dar. Nach Kapitel III, 2 kann man leicht die zugehörigen Formänderungen finden. Unter Vernachlässigung der Querdehnung, die natürlich an der Größenordnung der Ergebnisse nichts zu ändern vermag, liefert die einfache Rechnung für die drei Verschiebungskomponenten folgende Formeln:

$$u = -\frac{p}{12Eta}(3l^2 - 4x^2)\,x\cos\varphi,$$

$$v = \frac{p}{2Et}\left[(l^2 - 4x^2) + \frac{1}{96a^2}(5l^4 - 24l^2x^2 + 16x^4)\right]\sin\varphi,$$

$$w = -\frac{p}{2Et}\left[2a^2 + (l^2 - 4x^2) + \frac{1}{96a^2}(5l^4 - 24l^2x^2 + 16x^4)\right]\cos\varphi.$$

Das ist die Deformation, die eine Schale mit der Dehnungssteifigkeit $D = Et$ und der Biegungssteifigkeit $K = 0$ durch ihr Eigengewicht erfährt. Wenn eine biegungssteife Schale dieselbe Formänderung erfahren soll, so sind dazu auch Biege- und Drillmomente nötig, deren Größe man finden kann, indem man diese u, v, w in das eben aufgestellte Elastizitätsgesetz (97) einsetzt. Die Rechnung ergibt $M_\varphi = M_{x\varphi} = 0$ und für die beiden anderen Momente

$$M_x = \frac{pt^2}{24a^2}(8a^2 + l^2 - 4x^2)\cos\varphi, \qquad M_{\varphi x} = -\frac{pt^2}{6a}x\sin\varphi.$$

Diese Momente haben wir vernachlässigt, als wir in der Membrantheorie die Gleichgewichtsbedingungen des Schalenelementes aufstellten. Wären sie groß, so wären diese Gleichgewichtsbedingungen wesentlich falsch und die darauf aufgebaute Theorie unbrauchbar. Sind sie dagegen klein, so werden zwar die vollständigen Gleichgewichtsbedingungen etwas andere Längs- und Schubkräfte ergeben als die von uns errechneten und damit natürlich auch etwas andere Formänderungen und mithin andere Momente, doch sind dann alle diese Abweichungen unbedeutend, und die Membrantheorie ist brauchbar. Um einen Maßstab dafür zu gewinnen, welche Bedeutung den hier errechneten Momenten beizumessen ist, dividiert man am besten jedes Moment durch die zugehörige Längs- oder Schubkraft:

$$\frac{M_x}{N_x} = -\frac{t^2}{a}\cdot\frac{8a^2 + l^2 - 4x^2}{6(l^2 - 4x^2)}, \qquad \frac{M_{\varphi x}}{N_{\varphi x}} = \frac{t^2}{12a}.$$

Diese Quotienten geben die Exzentrizität der Kräfte an, d. h. den Abstand, den die Resultierende der im Schnitt übertragenen Kräfte von der Schalenmittelfläche hat. Er ist, wie man sieht, von der Größenordnung t^2/a, also in demselben Maße klein gegen die Schalenstärke, in dem diese klein ist gegen den Zylinderradius.

Dieses Beispiel, das nicht vereinzelt dasteht, zeigt, daß es sich nicht verlohnt, die Biegetheorie dazu zu benutzen, die Genauigkeit der Membranlösungen um ein geringes zu verbessern. Ihr wesentlicher Zweck ist vielmehr, die Wirkung von Randbelastungen zu studieren, mit denen man der Schale solche Randbedingungen aufzwingen kann, die sich mit den Membranspannungen und -formänderungen allein nicht erfüllen lassen. Wir werden daher in der Folge in den Gln. (91a—c) die Lastglieder null setzen.

Da wir die von den Querkräften erzeugte Formänderung vernachlässigt haben, enthält das Elastizitätsgesetz nur die Komponenten des Längskraft- und des Momententensors. Wir beginnen daher die Elimination der Unbekannten mit der Elimination der Querkräfte, die wir mit Hilfe der Gln. (91d, e) durch die Momente ausdrücken und so in die ersten drei Gleichgewichtsbedingungen einsetzen:

$$\left.\begin{aligned} N_x' + N_{\varphi x}^{\cdot} &= 0, \\ a N_\varphi^{\cdot} + a N_{x\varphi}' - M_\varphi^{\cdot} - M_{x\varphi}' &= 0, \\ M_\varphi^{\cdot\cdot} + M_{x\varphi}'^{\cdot} + M_{\varphi x}'^{\cdot} + M_x'' + a N_\varphi &= 0. \end{aligned}\right\} \qquad (98\,\text{a—c})$$

Diese Gleichungen enthalten nur noch die acht Unbekannten N und M, die sich nach (97) alle durch die drei Verschiebungen u, v, w und deren Ableitungen ausdrücken lassen. Setzt man (97) ein, so erhält man die drei Differentialgleichungen der Zylindertheorie in ihrer endgültigen Form

$$\left.\begin{aligned} & u'' + \frac{1-\nu}{2} u^{\cdot\cdot} + \frac{1+\nu}{2} v'^{\cdot} + \nu w' + \\ & \qquad + k\left(\frac{1-\nu}{2} u^{\cdot\cdot} - w''' + \frac{1-\nu}{2} w'^{\cdot\cdot}\right) = 0, \\ & \frac{1+\nu}{2} u'^{\cdot} + v^{\cdot\cdot} + \frac{1+\nu}{2} v'' + w^{\cdot} + \\ & \qquad + k\left[\frac{3}{2}(1-\nu) v'' - \frac{3-\nu}{2} w''^{\cdot}\right] = 0, \\ & \nu u' + v^{\cdot} + w + k\left(\frac{1-\nu}{2} u'^{\cdot\cdot} - u''' - \frac{3-\nu}{2} v''^{\cdot} + w^{IV} + \right. \\ & \qquad \left. + 2 w''^{\cdot\cdot} + w^{::} + 2 w^{\cdot\cdot} + w\right) = 0. \end{aligned}\right\} \qquad (99)$$

In diesen Gleichungen ist

$$k = \frac{K}{D a^2} \qquad (100)$$

ein dimensionsloser Parameter, der um so kleiner ist, je dünner die Schale ist.

Da das vereinfachte Elastizitätsgesetz (97′) zwangläufig zu einer leichten Verletzung der sechsten Gleichgewichtsbedingung führt, empfiehlt es sich, auch die anderen fünf darauf hin zu durchmustern, ob man Glieder von untergeordneter Bedeutung streichen kann. Es zeigt sich, daß das Glied Q_φ in (91b) die kleine tangentiale Resultierende der schon an sich kleinen Querkräfte darstellt und neben den Ableitungen von N_φ und $N_{x\varphi}$ unbedeutend ist. Wir werden daher dieses Glied und die ihm entsprechenden Glieder mit M_φ und $M_{x\varphi}$ in (98b) fortlassen. Wir erhalten dann an Stelle von (99) die folgenden Gleichungen:

$$\left.\begin{aligned} u'' + \frac{1-\nu}{2} u^{\cdot\cdot} + \frac{1+\nu}{2} v'^{\cdot} + \nu w' &= 0, \\ \frac{1+\nu}{2} u'^{\cdot} + v^{\cdot\cdot} + \frac{1-\nu}{2} v'' + w^{\cdot} &= 0, \\ \nu u' + v^{\cdot} + w + k(w^{IV} + 2w''^{\cdot\cdot} + w^{\cdot\cdot\cdot\cdot}) &= 0. \end{aligned}\right\} \quad (99')$$

Mit der Lösung der Gln. (99) oder (99′) unter verschiedenen Randbedingungen haben wir uns im nächsten Abschnitt zu beschäftigen.

2. Lösung für die an den Rändern x = const belastete Zylinderschale

Wenn der Zylinder nur durch zwei Ränder x = const, etwa $x = 0$ und $x = l$, begrenzt, also rohrartig geschlossen ist, so müssen alle Schnittkräfte und Formänderungen periodische Funktionen von φ sein mit der Periode 2π. Wir können sie daher als FOURIER-Reihen ansetzen:

$$u = \sum_{m=0}^{\infty} u_m \cos m\varphi, \qquad v = \sum_{m=1}^{\infty} v_m \sin m\varphi, \qquad w = \sum_{m=0}^{\infty} w_m \cos m\varphi, \quad (101)$$

wobei u_m, v_m, w_m nur von x abhängig sind. Führt man diesen Ansatz in die Differentialgleichungen (99) ein, so kann man alle Differentiationen nach φ ausführen, und die linke Seite jeder Gleichung stellt eine FOURIER-Reihe dar, die für jedes φ identisch verschwinden muß. Das ist nur möglich, wenn alle ihre Koeffizienten null sind, wenn also für jedes m die folgenden drei gewöhnlichen Differentialgleichungen bestehen:

$$\left.\begin{aligned} & u_m'' - \frac{1-\nu}{2} m^2 u_m + \frac{1+\nu}{2} m v_m' + \nu w_m' - \\ & \qquad - k\left(\frac{1-\nu}{2} m^2 u_m + w_m''' + \frac{1-\nu}{2} m w_m'\right) = 0, \\ & -\frac{1+\nu}{2} m u_m' - m^2 v_m + \frac{1-\nu}{2} v_m'' - m w_m + \\ & \qquad + k\left(\frac{3}{2}(1-\nu) v_m'' + \frac{3-\nu}{2} m w_m''\right) = 0, \\ & \nu u_m' + m v_m + w_m + k\left(-\frac{1-\nu}{2} m^2 u_m' - u_m''' - \frac{3-\nu}{2} m v_m'' + \right. \\ & \qquad \left. + w^{IV} - 2m^2 w_m'' + m^4 w_m - 2m^2 w_m + w_m\right) = 0. \end{aligned}\right\} \quad (102)$$

Man kann sie durch einen Exponentialansatz lösen:

$$u_m = A \cdot e^{\lambda x/a}, \qquad v_m = B \cdot e^{\lambda x/a}, \qquad w_m = C \cdot e^{\lambda x/a}, \quad (103)$$

der sie in drei gewöhnliche lineare Gleichungen zur Berechnung der Konstanten A, B, C überführt:

$$\left.\begin{aligned}
&\left[\lambda^2 - \frac{1-\nu}{2} m^2 (1+k)\right] A + \left[\frac{1+\nu}{2}\lambda m\right] B + \\
&\qquad + \left[\nu\lambda - k\left(\lambda^3 + \frac{1-\nu}{2}\lambda m^2\right)\right] C = 0, \\
&\left[-\frac{1+\nu}{2}\lambda m\right] A + \left[\frac{1-\nu}{2}\lambda^2 - m^2 + \frac{3}{2}(1-\nu) k \lambda^2\right] B + \\
&\qquad + \left[-m + \frac{3-\nu}{2} k \lambda^2 m\right] C = 0, \\
&\left[\nu\lambda - k\left(\lambda^3 + \frac{1-\nu}{2}\lambda m^2\right)\right] A + \left[m - \frac{3-\nu}{2} k \lambda^2 m\right] B + \\
&\qquad + \left[1 + k(\lambda^4 - 2\lambda^2 m^2 + m^4 - 2m^2 + 1)\right] C = 0.
\end{aligned}\right\} \quad (104)$$

Da das Gleichungssystem homogen ist, hat es nur dann eine von null verschiedene Lösung A, B, C, wenn die aus seinen neun Koeffizienten gebildete Determinante verschwindet. Entwickelt man sie und ordnet nach Potenzen von λ, so führt das auf eine Gleichung vierten Grades für λ^2. Beachtet man, daß $k \ll 1$ ist, so lautet sie

$$\begin{aligned}
&\lambda^8 - 2(2m^2 - \nu)\lambda^6 + \left(\frac{1-\nu^2}{k} + 6m^2(m^2-1)\right)\lambda^4 - \\
&\qquad - 2m^2\big(2m^4 - (4-\nu)m^2 + (2-\nu)\big)\lambda^2 + m^4(m^2-1)^2 = 0. \qquad (105)
\end{aligned}$$

Wenn man mit (99′) entsprechend verfährt, erhält man für λ die folgende Gleichung:

$$\lambda^8 - 4\lambda^6 m^2 + \lambda^4\left(\frac{1-\nu^2}{k} + 6m^4\right) - 4\lambda^2 m^6 + m^8 = 0. \qquad (105')$$

Da k eine sehr kleine Größe ist, so ist in beiden Gleichungen der Koeffizient von λ^4 sehr viel größer als alle anderen, vorausgesetzt, daß m nicht zu groß ist. Die acht Wurzeln der Gleichung zerfallen dann in zwei Gruppen von vier sehr großen und vier sehr kleinen. Für die großen Lösungen spielen die beiden letzten Glieder der Gln. (105) oder (105′) keine Rolle, und ein Vergleich der anderen Koeffizienten zeigt, daß diese Wurzeln aus der Näherungsgleichung mit guter Genauigkeit berechnet werden können. Für die kleinen Lösungen spielen dagegen die beiden ersten Glieder der Gleichungen keine Rolle, und man sieht, daß hier (105′) wesentlich abweichenden Ergebnisse liefern wird. Am augenfälligsten ist das für $m = 1$. In diesem Falle hat (105) eine Doppelwurzel $\lambda = 0$, während (105′) keine verschwindende Wurzel hat. Wenn man die Doppelwurzel $\lambda = 0$ in die Lösung (103) einsetzt, entartet diese in die zwei Starrkörperbewegungen, die sich unter den Lösungen finden müssen und die in der Näherungstheorie fehlen. Ganz allgemein läßt sich für mäßig große Werte von m zeigen, daß die vier kleinen λ zu Lösungen führen, die sich nur wenig von Membranlösungen und dehnungslosen Formänderungen unterscheiden. Man kommt daher zu brauchbaren Ergebnissen, wenn man in der Näherungstheorie nur die vier großen λ benutzt und statt der kleinen die Membranlösung einschließlich der dehnungslosen Verbiegungen heranzieht.

Für große Werte von m verliert sich der dominierende Einfluß des Koeffizienten von λ^4 und damit die Unterscheidung von großen und kleinen Wurzeln. Da man aber dann 1 gegen m^2 vernachlässigen kann, verliert sich auch der Unterschied zwischen (105) und (105'). Die Näherungstheorie sieht daher verschieden aus, je nachdem es sich um kleine oder große m handelt. Ihre weitere Durchführung, die sich mehr oder weniger eng an die strenge Theorie anschließt, sei dem Leser überlassen.

Die acht Wurzeln von (105) sind paarweise entgegengesetzt gleich. Mit den Mitteln der elementaren Algebra läßt sich zeigen, daß keine von ihnen reell oder rein imaginär ist, so daß man sie in der folgenden Form schreiben kann:

$$\begin{aligned}
\lambda_1 &= -\varkappa_1 + i\,\mu_1, & \lambda_5 &= +\varkappa_1 + i\,\mu_1,\\
\lambda_2 &= -\varkappa_1 - i\,\mu_1, & \lambda_6 &= +\varkappa_1 - i\,\mu_1,\\
\lambda_3 &= -\varkappa_2 + i\,\mu_2, & \lambda_7 &= +\varkappa_2 + i\,\mu_2,\\
\lambda_4 &= -\varkappa_2 - i\,\mu_2, & \lambda_8 &= +\varkappa_2 - i\,\mu_2.
\end{aligned}$$

Die vier Zahlen $\varkappa_1$, $\varkappa_2$, μ_1, μ_2 werden numerisch durch Auflösung der Gl. (105) erhalten[1]. Jedem λ_j entspricht eine Partikularlösung der Differentialgleichungen (102) mit den Integrationskonstanten A_j, B_j, C_j, die durch die Gln. (104) derart verbunden sind, daß nur eine von ihnen, etwa C_j, beliebig gewählt werden kann.

Die allgemeine Lösung heißt für u_m

$$\begin{aligned}
u_m = {} & e^{-\varkappa_1 \frac{x}{a}} \left(A_1 e^{i\mu_1 \frac{x}{a}} + A_2 e^{-i\mu_1 \frac{x}{a}}\right) + e^{-\varkappa_2 \frac{x}{a}} \left(A_3 e^{i\mu_2 \frac{x}{a}} + A_4 e^{-i\mu_2 \frac{x}{a}}\right) + \\
& + e^{\varkappa_1 \frac{x}{a}} \cdot e^{-\varkappa_1 \frac{l}{a}} \left(A_5 e^{i\mu_1 \frac{x}{a}} + A_6 e^{-i\mu_1 \frac{x}{a}}\right) + \\
& + e^{\varkappa_2 \frac{x}{a}} \cdot e^{-\varkappa_2 \frac{l}{a}} \left(A_7 e^{i\mu_2 \frac{x}{a}} + A_8 e^{-i\mu_2 \frac{x}{a}}\right)
\end{aligned}$$

und für v_m und w_m entsprechend mit B und C statt A. Die runden Klammern können durch trigonometrische Funktionen reell ausgedrückt werden, doch empfiehlt es sich, die komplexen Konstanten A_1 bis A_8 beizubehalten, weil nur für sie die einfachen Beziehungen (104) zwischen A_j, B_j, C_j bestehen.

Die konstanten Faktoren $e^{-\varkappa_1 l/a}$ und $e^{-\varkappa_2 l/a}$ in der zweiten und dritten Zeile der Formel sind von den Konstanten A_5, B_5, C_5 bis A_8, B_8, C_8

[1] Ein ausgezeichnet arbeitendes numerisches Verfahren findet sich bei W. S. Brown: Solution of biquadratic equations. Aircr. Engng. Bd. 16 (1944) S. 14.

willkürlich abgespalten. Vereinigt man sie mit $e^{\varkappa_1 x/a}$ und $e^{\varkappa_2 x/a}$, so erkennt man, daß die Lösung aus zwei Teilen besteht, deren einer vom Rande $x = 0$ und deren anderer vom Rande $x = l$ aus nach Art gedämpfter Schwingungen abklingt. Einen derartigen Verlauf werden wir im folgenden überall wiederfinden, wo Schalen durch Randkräfte auf Biegung beansprucht werden, und wir werden sehen, daß die Exponenten $\varkappa$, von denen die Dämpfung abhängt, bei dünnen Schalen oft so groß sind, daß die Spannungen in einiger Entfernung vom Rande unmerklich klein werden. In Zylinderschalen trifft das bei kleinen Werten von m nur für die großen Wurzeln λ zu, bei großen m dagegen für alle λ, also immer dann, wenn die homogenen Membranlösungen nicht als Näherungslösungen verwendbar sind.

Zur Bestimmung der acht Konstanten C_j müssen wir acht Randbedingungen formulieren. Wie das zu geschehen hat, wollen wir an den drei wichtigsten Fällen noch näher betrachten, da sich dabei eigentümliche Schwierigkeiten herausstellen, und zwar geben wir die Randbedingungen an, die für den Gesamtspannungszustand gelten, so wie er durch Superposition der Membranlösung für die Lasten mit der eben entwickelten Lösung der homogenen Gleichungen der Biegetheorie entsteht.

a) *Der eingespannte Rand* ist dadurch gekennzeichnet, daß durch eine geeignete Unterstützung eine Verschiebung w und eine Tangentendrehung w'/a verhindert wird. Eine solche Stützung läßt gewöhnlich auch die tangentiale Verschiebung v nicht zu. Als vierte Randbedingung kann entweder $u = 0$ hinzukommen, wenn die Stütze ganz starr ist, oder der zu stützende Spant gibt in dieser Richtung nach und führt zu $N_x = 0$. Die vier Bedingungen am eingespannten Rand heißen also entweder

$$w = 0, \quad w' = 0, \quad v = 0, \quad u = 0 \tag{106a}$$

oder

$$w = 0, \quad w' = 0, \quad v = 0, \quad N_x = 0. \tag{106b}$$

b) *Der frei gelagerte Rand* ist ebenfalls so gestützt, daß die Durchbiegung $w = 0$ ist. Die Stützung ist jedoch nicht in der Lage, die Einspannmomente M_x aufzunehmen, die notwendig sind, um die Einspannungsbedingung $w' = 0$ zu erzwingen. Statt dessen fordern wir, daß das Moment verschwindet. Als dritte und vierte Gleichung kommen meist dieselben, wie in (106b), in Frage. Die Bedingungen für den frei gelagerten Rand heißen also

$$w = 0, \quad M_x = 0, \quad v = 0, \quad N_x = 0. \tag{107}$$

Die übrigen Randschnittkräfte $N_{x\varphi}$, $M_{x\varphi}$ und Q_x sind von null verschieden. Wir wollen uns überlegen, wie sie auf den stützenden Spant einwirken.

Abb. 80a zeigt ein Stück des Schalenrandes $x = 0$, auf dem zwei benachbarte Bogenelemente $ds = a\,d\varphi$ abgeteilt sind. An jedem Element wirken waagerechte Schubspannungen, aus denen wir die Drillmomente $M_{x\varphi}\,ds$ und $(M_{x\varphi} + \dot{M}_{x\varphi}\,d\varphi)\,ds$ bilden. Diese Momente müssen vom stützenden Spant auf die Schale ausgeübt werden. Es läßt sich nun zeigen, daß sie durch die in Abb. 80b dargestellte Kräftegruppe ersetzt werden können. Sie besteht für das Schalenelement ds aus zwei Kräften p_n normal zur Schale und der Tangentialkraft p_t. Die beiden Kräfte p_n bilden ein Kräftepaar, das gleich dem Drillmoment sein muß: $p_n\,ds = M_{x\varphi}\,ds$. Sie sind aber nicht genau parallel, sondern schließen den Winkel $d\varphi$ ein und haben daher die Resultierende $p_n\,d\varphi$. Macht man $p_t = p_n\,d\varphi$, so wird dadurch diese Resultierende wieder getilgt, und die Kräftegruppe p_n, p_n, p_t ist genau dem Drillmoment $M_{x\varphi}\,ds$ äquivalent. Ihr Einfluß auf den Spannungszustand der Schale kann sich daher nach dem ST.-VENANTschen Prinzip von dem Einfluß der Randdrillmomente nur in einer Zone längs des Randes unterscheiden, deren Breite von der Größenordnung der Schalendicke, also sehr gering ist. Wir sind daher berechtigt, statt der Drillmomente die Kräfte p_n und p_t am Rande anzubringen, und wir werden sehen, daß das sogar nötig werden kann.

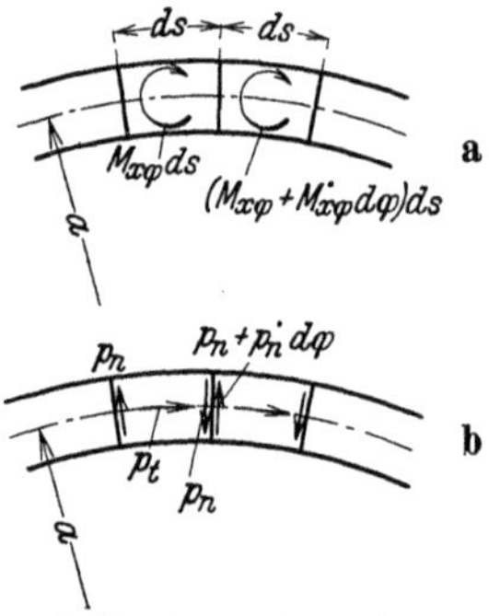

Abb. 80 a, b. Kräfte am Schalenrand $x = \text{const}$

Die Kräfte p_t bilden einen Zuschlag zu den Randschubkräften. Wir führen für die Summe beider eine neue Bezeichnung ein, die Ersatzschubkraft

$$T_x = N_{x\varphi} - \frac{p_t}{ds} = N_{x\varphi} - \frac{M_{x\varphi}}{a}. \tag{108}$$

Die Kräfte p_n, die auf der Grenze zweier Bogenelemente wirken, heben sich zum Teil gegenseitig auf. Als Normalbelastung bleibt nur ihre Ableitung übrig: $\dot{p}_n\,d\varphi$. Sie hat die Richtung einer positiven Querkraft und ist auf die Seitenlänge ds zu verteilen. Zur Querkraft ist also $\dot{p}_n\,d\varphi/ds = \dot{M}_{x\varphi}/a$ zuzuschlagen. Auch für die mit diesem Zuschlag versehene Querkraft führen wir eine neue Bezeichnung ein und nennen sie die Ersatzquerkraft

$$S_x = Q_x + \frac{\dot{M}_{x\varphi}}{a}. \tag{109}$$

Sie entspricht der von G. KIRCHHOFF in die Plattentheorie eingeführten Stützkraft.

c) Der *kräftefreie Rand* ist überhaupt nicht unterstützt und daher keinen Formänderungsbedingungen unterworfen. Statt dessen wird gefordert, daß der Rand spannungsfrei sein soll. Es müßten also die Schnittkräfte N_x, $N_{x\varphi}$, M_x, $M_{x\varphi}$, Q_x verschwinden. Da sich diese fünf Forderungen mit vier Integrationskonstanten nicht erzwingen lassen, ist es hier nötig, auf die eben neu eingeführten Begriffe zurückzugreifen und zu verlangen, daß am Rande

$$N_x = 0, \quad M_x = 0, \quad S_x = 0, \quad T_x = 0 \tag{110}$$

ist. Dann können am Rande noch Drillmoment, Schubkraft und Querkraft vorhanden sein, bilden aber an jedem einzelnen Randelement ds eine Gleichgewichtsgruppe, deren Wirkung auf die Schale unwesentlich ist.

3. Theorie der Tonnendächer

Wir haben bisher angenommen, daß die Schale keine Ränder $\varphi = \text{const}$ hat und für diesen Fall eine allgemein verwendbare Lösung angegeben. Sie versagt, wenn der Zylinder nicht rohrförmig geschlossen ist und Randbedingungen auf zwei Erzeugenden zu erfüllen sind; denn unter den Werten, die u, v, w und die zugehörigen Schnittkräfte nach dem Ansatz (101) für irgendeinen Winkel φ annehmen können, findet sich keine technisch sinnvolle Kombination. Wir müssen daher in der Biegetheorie der Tonnendächer von der Tatsache ausgehen, daß diese Schalen eine begrenzte Länge l haben, so daß man alle Lasten und Unbekannten als FOURIER-Reihen mit l oder $2l$ als Periode entwickeln kann, machen also den Lösungsansatz

$$u = \sum_0^\infty u_n \cos\frac{n\pi x}{l}, \quad v = \sum_1^\infty v_n \sin\frac{n\pi x}{l}, \quad w = \sum_1^\infty w_n \sin\frac{n\pi x}{l}. \tag{111}$$

Setzt man ihn in die homogen gemachten Differentialgleichungen (100) ein, so kann man eine Rechnung durchführen, die Schritt für Schritt das genaue Gegenstück zu der in Abschnitt 2 vorgeführten ist. Auf die Erfüllung willkürlicher Randbedingungen in den Binderebenen $x = \text{const}$ muß man dabei natürlich von vornherein verzichten, und die Lösung hat daher nur Sinn, wenn entweder die Tonne so lang ist, daß die Binderstörung nur lokale Bedeutung hat, oder wenn die durch den Ansatz (111) zufällig dort erfüllten Bedingungen realisierbar sind, was allerdings weitgehend möglich ist.

Man kann sich leicht überlegen, daß sich die Ergebnisse dieser Theorie in einer Beziehung wesentlich von denen des Abschnittes 2 unterscheiden müssen, wenn die Trägerspannweite l der Tonne ein Vielfaches der Gewölbespannweite oder des Radius a ist. Während nämlich die am Rande eines Rohres angreifenden positiven und negativen Kräfte zunächst durch Momente M_x und Querkräfte Q_x in die Schale hineingetragen werden, um sich dann in jeder Ebene $x = \text{const}$ unter wesentlicher Mitwirkung der Ringmomente M_φ und der Querkräfte Q_φ

untereinander ins Gleichgewicht zu setzen, haben bei der Tonne die Biegungsspannungen nur die Wirkung, einen Lastausgleich innerhalb jedes Zylindernormalschnittes herbeizuführen, während die Abtragung der Lasten in x-Richtung nach den stützenden Bindern fast ausschließlich von den Kräften N_x und $N_{x\varphi}$ besorgt wird, deren Größe allerdings durch die Zusatzlösung (111) gegenüber den Kräften des Membranzustandes wesentlich verändert wird. Daß sich die Momente M_x und die Querkräfte Q_x an dieser Lastübertragung nicht beteiligen, folgt anschaulich sofort daraus, daß ein durch zwei Erzeugende aus der Schale ausgeschnittener Streifen, den man sich als Balken von der Stützweite l und der Höhe t zu denken hätte, zur Aufnahme eines merklichen Teiles der Belastung Durchbiegungen von ganz anderer Größenordnung erfahren müßte, als sie tatsächlich in der Tonne möglich sind.

Wir können daher M_x und Q_x von vornherein beim Aufbau einer Biegetheorie der Tonnen vernachlässigen und mit ganz ähnlicher Begründung auch die Drillmomente $M_{x\varphi}$ und $M_{\varphi x}$. Die Gleichgewichtsbedingung (91e) wird dann gegenstandslos, und aus (91f) folgt die Gleichheit der Schubkräfte $N_{x\varphi} = N_{\varphi x}$, so daß in den verbleibenden vier Gln. (91a—d) nur noch fünf Unbekannte vorkommen. Wir benutzen sie, um die vier anderen Schnittkräfte durch M_φ und seine Ableitungen auszudrücken. Gl. (91d) liefert:

$$Q_\varphi = \frac{1}{a} M_\varphi^{\cdot}, \tag{112a}$$

und dann (91c, b, a) der Reihe nach mit $p_x = p_\varphi = p_r = 0$:

$$\left.\begin{aligned} N_\varphi &= -Q_\varphi^{\cdot} = -\frac{1}{a} M_\varphi^{\cdot\cdot}, \\ N'_{x\varphi} &= Q_\varphi - N_\varphi^{\cdot} = \frac{1}{a}(M_\varphi^{\cdot} + M_\varphi^{\cdot\cdot\cdot}), \\ N''_x &= -N'^{\cdot}_{x\varphi} = -\frac{1}{a}(M_\varphi^{\cdot\cdot} + M_\varphi^{\cdot\cdot\cdot\cdot}). \end{aligned}\right\} \tag{112b—d}$$

Zur Berechnung von M_φ müssen wir den Formänderungszustand der Schale heranziehen. Von den acht Gleichungen des Elastizitätsgesetzes (97) beziehen sich die drei letzten auf die vernachlässigten Größen, kommen also für die Tonnentheorie nicht in Betracht, und in den vier ersten werden wir natürlich die mit K multiplizierten Glieder weglassen. Dann werden (97c) und (97d) identisch, und es stehen den vier Unbekannten M_φ, u, v, w gerade vier Elastizitätsgleichungen gegenüber, aus denen wir durch Elimination der Verschiebungen eine Differentialgleichung für M_φ gewinnen wollen.

Wir berechnen zunächst aus (97a, b):

$$u' = \frac{a}{D(1-\nu^2)}(N_x - \nu N_\varphi).$$

Differenzieren wir das nach φ und setzen es in die nach x/a differenzierte Gl. (97c) ein, so erhalten wir weiter:

$$v'' = \frac{a}{D(1-\nu^2)}\left[2(1+\nu)\, N'_{x\varphi} - N^{\cdot}_{x} + \nu\, N^{\cdot}_{\varphi}\right].$$

Berechnen wir noch $v^{\cdot} + w$ aus (97a, b), so können wir daraus und aus v'' auch eine Formel für die Normalverschiebung gewinnen:

$$w'' = \frac{a}{D(1-\nu^2)}\left[N''_{\varphi} - \nu\, N^{\cdot\cdot}_{\varphi} + N^{\cdot}_{x} - \nu\, N''_{x} - 2(1+\nu)\, N'^{\cdot}_{x\varphi}\right].$$

Das setzen wir in Gl. (97e) ein, die wir dazu zweimal nach x/a differenzieren müssen, und haben damit eine Gleichung gefunden, in der die Verschiebungen nicht mehr vorkommen und die nur die Aussage des Elastizitätsgesetzes enthält:

$$\begin{aligned} M''_{\varphi} = \frac{K}{D a(1-\nu^2)}\bigl[&N''_{\varphi} - \nu\, N^{\cdot\cdot}_{\varphi} + (1-\nu^2)\, N''^{\cdot\cdot}_{\varphi} - \nu\, N^{::}_{\varphi} + \nu\, N^{IV}_{\varphi} + \\ &+ N^{\cdot\cdot}_{x} - \nu\, N''_{x} + N^{::}_{x} - \nu^2 N^{IV}_{x} - \\ &- 2(1+\nu)\,(N'^{\cdot}_{x\varphi} + N'^{\cdot\cdot\cdot}_{x\varphi}) - 2\nu(1+\nu)\, N'''^{\cdot}_{x\varphi}\bigr]. \end{aligned}$$

Wenn wir das noch zweimal nach x/a differenzieren, so können wir die Längs- und Schubkräfte auf der rechten Seite mit Hilfe der Gleichgewichtsbedingungen (112) alle durch M_{φ} ausdrücken und haben damit die gesuchte Differentialgleichung gefunden. Wenn wir ihre Glieder ordnen und wieder die Abkürzung $k = K/D a^2$ einführen, so heißt sie:

$$\left.\begin{aligned} &M^{::::}_{\varphi} + (2+\nu)\, M''^{:::}_{\varphi} + 2 M^{:::}_{\varphi} + (1+2\nu)\, M^{IV::}_{\varphi} + \\ &+ 2(2+\nu)\, M''^{::}_{\varphi} + M^{::}_{\varphi} + \nu\, M^{VI\cdot\cdot}_{\varphi} + (1+\nu)^2\, M^{IV\cdot\cdot}_{\varphi} + \\ &+ (2+\nu)\, M''^{\cdot\cdot}_{\varphi} + \frac{1-\nu^2}{k}\, M^{IV}_{\varphi} = 0. \end{aligned}\right\} \quad (113)$$

Wir lösen sie durch einen Ansatz nach Art der Gln. (111), beschränken uns aber für die Ausrechnung zunächst auf ein einziges Glied der FOURIER-Reihe:

$$M_{\varphi} = C \cdot e^{m\varphi} \cdot \sin\lambda \frac{x}{a}, \qquad \lambda = \frac{n\pi a}{l}.$$

Durch Einsetzen ergibt sich für m die Gleichung achten Grades:

$$\begin{aligned} &m^8 + [-(2+\nu)\,\lambda^2 + 2]\, m^6 + [(1+2\nu)\,\lambda^4 - 2(2+\nu)\,\lambda^2 + 1]\, m^4 + \\ &\quad + [-\nu\,\lambda^6 + (1+\nu)^2\lambda^4 - (2+\nu)\,\lambda^2]\, m^2 + \frac{1-\nu^2}{k}\,\lambda^4 = 0. \end{aligned} \quad (114)$$

Die Lösungen sind ebenso wie die der Gl. (105) alle paarweise konjugiert komplex und paarweise entgegengesetzt gleich. Wenn wir nur die vom Rand $\varphi = +\varphi_0$ ausgehende Störung untersuchen wollen, so können wir uns auf die vier mit positivem Realteil beschränken und schreiben sie

in der Form
$$m_{1,2} = \alpha_1 \pm i\,\beta_1; \qquad m_{3,4} = \alpha_2 \pm i\,\beta_2 .$$

Dann heißt die Lösung der Differentialgleichung, wenn wir gleich geeignete Faktoren von den Integrationskonstanten abspalten:

$$M_\varphi = a[e^{\alpha_1\varphi}\, e^{-\alpha_1\varphi_0}\,(C_1 \cos\beta_1\varphi + C_2 \sin\beta_1\varphi) +$$
$$+ e^{\alpha_2\varphi}\, e^{-\alpha_1\varphi_0}\,(C_3 \cos\beta_2\varphi + C_4 \sin\beta_2\varphi)] \sin\lambda\frac{x}{a},$$

und wenn wir die Kreisfunktionen von $\beta\,\varphi$ linear durch diejenigen von $\beta(\varphi_0 - \varphi)$ ausdrücken und für den Winkelabstand vom Schalenrand die Bezeichnung
$$\omega = \varphi_0 - \varphi$$
einführen, so können wir die Lösung auch schreiben:

$$M_\varphi = a\,[e^{-\alpha_1\omega}\,(A_1 \cos\beta_1\omega + B_1 \sin\beta_1\omega)$$
$$+ e^{-\alpha_2\omega}\,(A_2 \cos\beta_2\omega + B_2 \sin\beta_2\omega)] \sin\lambda\frac{x}{a}. \qquad (115\,\text{a})$$

Um die übrigen Schnittkräfte und die Verschiebungen zu berechnen, braucht man nur M_φ in die Gleichgewichtsbedingungen (112a—d) und in das Elastizitätsgesetz einzusetzen. Dabei treten die höheren Ableitungen von M_φ nach φ auf. Sie haben alle denselben Bau wie M_φ selbst, denn die vier Elementarlösungen unserer Differentialgleichung gehen ja beim Differenzieren immer wieder in Linearkombinationen derselben Funktionen über, aber die Koeffizienten werden dabei immer komplizierter. Es ist deshalb nützlich, sie nicht explizit hinzuschreiben, sondern Rekursionsformeln dafür aufzustellen. Um sie zu finden, bilden wir die erste Ableitung

$$\dot{M}_\varphi = a\,[e^{-\alpha_1\omega}\,\big((\alpha_1 A_1 - \beta_1 B_1)\cos\beta_1\omega + (\alpha_1 B_1 + \beta_1 A_1)\sin\beta_1\omega\big) +$$
$$+ e^{-\alpha_2\omega}\,\big((\alpha_2 A_2 - \beta_2 B_2)\cos\beta_2\omega + (\alpha_2 B_2 + \beta_2 A_2)\sin\beta_2\omega\big)] \sin\lambda\frac{x}{a}.$$

Wenn wir dafür schreiben:

$$\dot{M}_\varphi = a Q_\varphi = a\,[e^{-\alpha_1\omega}\,(A_1^{(1)} \cos\beta_1\omega + B_1^{(1)} \sin\beta_1\omega) +$$
$$+ e^{-\alpha_2\omega}\,(A_2^{(1)} \cos\beta_2\omega + B_2^{(1)} \sin\beta_2\omega)] \sin\lambda\frac{x}{a},$$

so können wir unmittelbar die Formeln ablesen, nach denen die $A^{(1)}$, $B^{(1)}$ aus den A, B zu berechnen sind. Ganz entsprechend erhält man aber auch, wenn man weiter differenziert, die Koeffizienten $A^{(2)}$, $B^{(2)}$ der zweiten Ableitung aus denen der ersten, und allgemein für die μ-te Ableitung nach φ:

$$A_{\substack{1\\2}}^{(\mu)} = \alpha_{\substack{1\\2}} A_{\substack{1\\2}}^{(\mu-1)} - \beta_{\substack{1\\2}} B_{\substack{1\\2}}^{(\mu-1)}, \qquad B_{\substack{1\\2}}^{(\mu)} = \alpha_{\substack{1\\2}} B_{\substack{1\\2}}^{(\mu-1)} + \beta_{\substack{1\\2}} A_{\substack{1\\2}}^{(\mu-1)}. \qquad (116)$$

Mit diesen Bezeichnungen erhalten wir die Formeln für die Schnittkräfte in folgender einfachen Form:

$$\left.\begin{aligned}
N_\varphi &= -\left[e^{-\alpha_1\omega}\left(A_1^{(2)}\cdot\cos\beta_1\omega + B_1^{(2)}\cdot\sin\beta_1\omega\right) + \right.\\
&\quad \left. + e^{-\alpha_2\omega}\left(A_2^{(2)}\cdot\cos\beta_2\omega + B_2^{(2)}\cdot\sin\beta_2\omega\right)\right]\cdot\sin\lambda\frac{x}{a},\\
N_{x\varphi} &= -\frac{1}{\lambda}\left[e^{-\alpha_1\omega}\left((A_1^{(1)} + A_1^{(3)})\cdot\cos\beta_1\omega + (B_1^{(1)} + B_1^{(3)})\cdot\sin\beta_1\omega\right) + \right.\\
&\quad + e^{-\alpha_2\omega}\left((A_2^{(1)} + A_2^{(3)})\cdot\cos\beta_2\omega \right.\\
&\quad\quad \left.\left. + (B_2^{(1)} + B_2^{(3)})\cdot\sin\beta_2\omega\right)\right]\cdot\cos\lambda\frac{x}{a},\\
N_x &= \frac{1}{\lambda^2}\left[e^{-\alpha_1\omega}\left((A_1^{(2)} + A_1^{(4)})\cdot\cos\beta_1\omega + (B_1^{(2)} + B_1^{(4)})\cdot\sin\beta_1\omega\right) + \right.\\
&\quad + e^{-\alpha_2\omega}\left((A_2^{(2)} + A_2^{(4)})\cdot\cos\beta_2\omega + \right.\\
&\quad\quad \left.\left. + (B_2^{(2)} + B_2^{(4)})\cdot\sin\beta_2\omega\right)\right]\cdot\sin\lambda\frac{x}{a}.
\end{aligned}\right\} \quad \text{(115 b—d)}$$

Ganz entsprechend findet man auch die Verschiebungen, doch werden die Formeln für ihre Koeffizienten trotz der eingeführten Abkürzungen schon recht kompliziert. Wir begnügen uns deshalb damit, für die bei der Formulierung von Randbedingungen in Betracht kommenden Größen die Werte für den Schalenrand $\omega = 0$ anzugeben, wobei wir durch ein paar Punkte andeuten, daß zu den in der eckigen Klammer angegebenen Summanden noch ein ganz entsprechend aus den Koeffizienten A_2 gebildeter Ausdruck hinzuzufügen ist. Die einfache Rechnung liefert:

die Längsdehnung

$$u'_{\omega=0} = a\,\varepsilon_x = \frac{a}{D(1-\nu^2)}\left[\left(\nu + \frac{1}{\lambda^2}\right)A_1^{(2)} + \frac{1}{\lambda^2}A_1^{(4)} + \cdots\right]\sin\lambda\frac{x}{a},$$

die Tangentialverschiebung

$$v_{\omega=0} = -\frac{a}{D(1-\nu^2)\,\lambda^2}\times$$

$$\times\left[2(1+\nu)\,A_1^{(1)} + (2+\nu)\,A_1^{(3)} - \frac{1}{\lambda^2}(A_1^{(3)} + A_1^{(5)}) + \cdots\right]\sin\lambda\frac{x}{a},$$

die Normalverschiebung

$$w_{\omega=0} = \frac{a}{D(1-\nu)\,\lambda^2}\times$$

$$\times\left[\left((2+\nu) - \lambda^2\right)A_1^{(2)} + \left(2 - \frac{1}{\lambda^2}\right)A_1^{(4)} - \frac{1}{\lambda^2}A_1^{(6)} + \cdots\right]\sin\lambda\frac{x}{a}.$$

Die Verdrehung $w^{\cdot}$ der zum Rande senkrechten Schalentangente erhält man aus w, indem man alle oberen Indizes um 1 erhöht.

Zu den höheren Gliedern der FOURIER-Reihen (111) gehören Formänderungen, die in x-Richtung rasch zwischen positiven und negativen Werten gleicher Höhe wechseln. Auch die Randlasten haben dieselbe wellenförmige Verteilung, und wenn n groß genug ist, wird die Grundannahme unserer Theorie unzulässig, daß die Momente M_x und Querkräfte Q_x keinen wesentlichen Anteil am Kräftespiel der Schale haben. Man kann daher die hier in ihren Einzelheiten dargestellte Theorie nur für die niederen Harmonischen verwenden. Ist man an höheren Gliedern interessiert, so muß man die am Anfang des Abschnittes erwähnte genauere Theorie benutzen.

Wenn man sich auf die ersten Reihenglieder beschränkt, für die $l/n \gg a$ ist, so ist $\lambda^2 \ll 1$, und man kann in (114) viele Glieder streichen, wodurch sich diese Gleichung auf die folgende Form reduziert:

$$m^8 + 2m^6 + m^4 + \frac{1-\nu^2}{k}\lambda^4 = 0 .$$

Diese Gleichung läßt sich in geschlossener Form lösen:

$$m = \pm\sqrt{-\frac{1}{2} \pm \sqrt{\frac{1}{4} \pm i\lambda^2\sqrt{\frac{1-\nu^2}{k}}}} . \tag{117}$$

Abgesehen davon, daß man sich die nicht allzu mühsame Lösung der Gl. (114) mit Hilfe des BROWNschen Verfahrens erspart, bringt diese Vereinfachung keinen großen Gewinn. Man kann aber einen Schritt weitergehen und die Theorie sehr wesentlich vereinfachen, allerdings auf Kosten der Genauigkeit der Ergebnisse.

Wenn man nämlich m nach (114) ausrechnet, zeigt sich, daß für die praktisch interessierenden Werte von λ und k das Glied 1/4 unter der zweiten Wurzel völlig bedeutungslos ist, und daß auch das Glied 1/2 unter der ersten Wurzel nur einen Einfluß von mäßiger Größe hat. Wenn man sich entschließt, beide zu streichen, so erhält man

$$m = \pm\sqrt{\pm\sqrt{\pm i n^2}} \cdot \zeta \quad \text{mit} \quad \zeta^4 = \frac{\pi^2 a^2}{l^2}\sqrt{\frac{1-\nu^2}{k}}$$

und

$$\alpha_1 = \beta_2 = \frac{1}{2}\zeta\sqrt{n}\sqrt{2+\sqrt{2}} , \qquad \alpha_2 = \beta_1 = \frac{1}{2}\zeta\sqrt{n}\sqrt{2-\sqrt{2}} .$$

Alle diese Größen hängen nur von dem einen Parameter $\zeta^2 n$ ab, und die Vereinfachungen, die wir an (117) vorgenommen haben, laufen darauf hinaus, daß $\zeta^2 n \gg 1$ ist. Man entnimmt dann aus den Rekursionsformeln (116), daß die iterierten Koeffizienten der Ordnung $\mu + 2$ groß sind gegenüber denen der Ordnung μ, so daß man in (115b–d) nur die Koeffizienten höchster Ordnung beizubehalten braucht. Diese Formeln vereinfachen sich damit zu

$$\left.\begin{aligned}
N_\varphi &= -\frac{\zeta^2 n}{\sqrt{2}}\,[e^{-\alpha_1\omega}((A_1 - B_1)\cos\beta_1\omega + (A_1 + B_1)\sin\beta_1\omega) \\
&\quad + e^{-\alpha_2\omega}(-(A_2 + B_2)\cos\beta_2\omega + (A_2 - B_2)\sin\beta_2\omega)]\sin\frac{\lambda x}{a}, \\
N_{x\varphi} &= \frac{\zeta^3 n\sqrt{n}\,\varrho}{\lambda}\,[e^{-\alpha_1\omega}((B_1 - \psi A_1)\cos\beta_1\omega - (A_1 + \psi B_1)\sin\beta_1\omega) \\
&\quad + e^{-\alpha_2\omega}((A_2 - \psi B_2)\cos\beta_2\omega + (B_2 + \psi A_2)\sin\beta_2\omega)]\cos\frac{\lambda x}{a}, \\
N_x &= \frac{\zeta^4 n^2}{\lambda^2}\,[e^{-\alpha_1\omega}(-B_1\cos\beta_1\omega + A_1\sin\beta_1\omega) \\
&\quad + e^{-\alpha_2\omega}(B_2\cos\beta_2\omega - A_2\sin\beta_2\omega)]\sin\frac{\lambda x}{a}
\end{aligned}\right\} \quad (118)$$

mit

$$\varrho = \frac{1}{2}\sqrt{2 + \sqrt{2}} = 0{,}925, \qquad \psi = \sqrt{2} - 1 = 0{,}414.$$

Diese Gleichungen sind so einfach, daß es leicht möglich ist, gebrauchsfertige Formeln für bestimmte Lastfälle aufzustellen. Es sei dem Leser überlassen, solche Formeln für die ihn besonders interessierenden Fälle zu gewinnen.

Die Berechnung einer Schale für eine Randbelastung, wie sie mit den verschiedenen hier gezeigten Formeln möglich ist, wird im allgemeinen nicht Selbstzweck sein, sondern man wird die von ihr erzeugten Spannungen einem Membranspannungszustand überlagern wollen, der durch irgendwelche in der Schalenfläche angreifenden Lasten erzeugt wird und der für sich allein die vorgeschriebenen Randbedingungen nicht zu befriedigen vermag. Dies möge an zwei aus dem Dachbau entnommenen Beispielen kurz erläutert werden.

Abb. 81 zeigt ein aus vielen Tonnengewölben bestehendes Dach. Die Tonnen sind an beiden Enden durch Binderscheiben ausgesteift. Längs

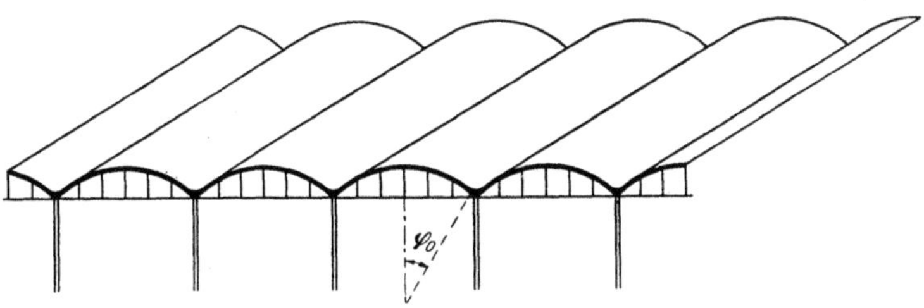

Abb. 81. Tonnendach mit schlaffen Randgliedern

der Kanten $\varphi = \pm\varphi_0$ hängen die benachbarten Schalen miteinander zusammen, so daß sie dort dieselben elastischen Verschiebungen haben müssen. Wenn die Schalen gleich belastet sind, so folgt daraus, daß sich die Punkte jeder Kante nur lotrecht verschieben können. Die waagerechte Komponente $v \cos\varphi_0 + w \sin\varphi_0$ muß also null sein, und ebenso auch die Verdrehung $w^{\cdot}/a$. Eine weitere Bedingung folgt aus der Formänderung des Randgliedes, das auf der oberen Seite des Daches in der von den anschließenden Zylinderflächen gebildeten Kehle als stahlbewehrte Betonverstärkung untergebracht ist, deren Dehnung mit der Dehnung $\varepsilon_x = u'/a$ der Schale übereinstimmen muß. Schließlich muß das Gewicht dieses Randgliedes durch die lotrechte Komponente $N_\varphi \sin\varphi_0 + Q_\varphi \cos\varphi_0$ der Randkräfte der anschließenden Tonnen getragen werden.

Um aus diesen vier Randbedingungen oder den in anderen Fällen entsprechend zu gewinnenden Gleichungen die Integrationskonstanten zu bestimmen, muß man auch die Schnittkräfte und Formänderungen des Membranzustandes als FOURIER-Reihen in x darstellen. Das gelingt ohne weiteres, wenn man für die Lasten den Ansatz

$$p_x = \sum_{n=0}^{\infty} p_{xn}(\varphi) \cdot \cos\lambda\frac{x}{a}, \qquad p_\varphi = \sum_{n=1}^{\infty} p_{\varphi n}(\varphi) \cdot \sin\lambda\frac{x}{a},$$

$$p_r = \sum_{n=1}^{\infty} p_{rn}(\varphi) \cdot \sin\lambda\frac{x}{a}$$

mit $\lambda = n\pi a/l$ macht und damit in die Formeln von III, 1 und 2 eingeht. Für die Schnittkräfte ergeben sich dann zwangläufig ganz entsprechende Reihenentwicklungen und ebenso für die elastischen Verschiebungen. Wenn man dann für das n-te Glied dieser Reihen die Forderung formuliert, daß die eben angeführten vier Randbedingungen von der Summe der Membranspannungen und der Biegelösung erfüllt sein sollen, so gibt das gerade vier lineare Gleichungen für die vier Konstanten A_1, B_1, A_2, B_2 der Gln. (115).

Die Berechnung von Tonnen mit hohen Randgliedern (Abb. 82) macht etwas mehr Mühe, da die Randgliedverformung nicht nur in einer gleichmäßigen Dehnung ε_x besteht, sondern in einer durch Biege-

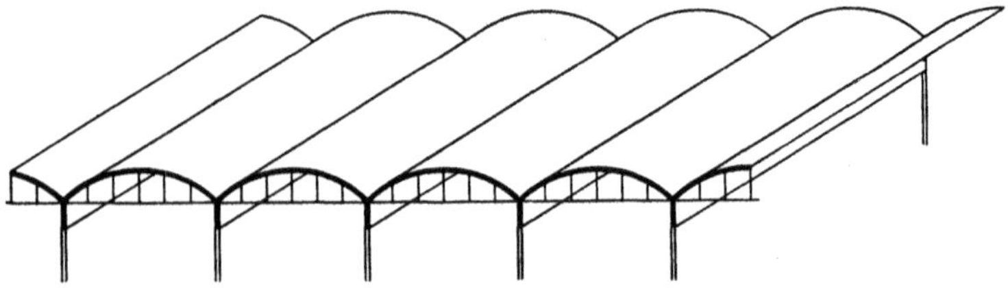

Abb. 82. Tonnendach mit hohen Randgliedern

momente und Längskräfte erzeugten lotrechten Durchbiegung, zu der möglicherweise noch eine Verwindung und seitliche Verbiegung hinzutreten. Man kann dann nicht einfach verlangen, daß gewisse Kraft- oder Formänderungsgrößen der Schale am Rande verschwinden oder gegebene

Werte annehmen, wie wir es oben bei dreien von vier Randbedingungen tun konnten, sondern man muß fordern, daß die Formänderung von Schale und Randglied in ihren vier Bestimmungsstücken $u' = a\,\varepsilon_x$, v, w und $w^{\cdot}$ übereinstimmt. Die Rechnung nimmt damit den Charakter der Berechnung eines vierfach statisch unbestimmten Systems an, die für jedes n in der FOURIER-Darstellung getrennt durchgeführt werden muß. Als überzählige Größen kann man die vier Integrationskonstanten A_1, B_1, A_2, B_2 selbst wählen. Man hat dann zu den vier Grundbelastungszuständen, in denen jeweils eine der Überzähligen $= 1$ ist und die anderen null sind, nach den oben gegebenen Formeln einerseits die Randformänderungen auszurechnen, anderseits die Randwerte der Schnittkräfte, die dabei von der Tonne auf das Randglied übertragen werden müssen, das darunter leicht angebbare Formänderungen erleidet. Die Differenzen der so berechneten Verschiebungsgrößen von Tonne und Randglied geben die Koeffizienten der vier zur Berechnung der Überzähligen dienenden Gleichungen. Die Belastungsglieder findet man entsprechend unter Benutzung der Membranschnittkräfte.

Etwas anschaulicher ist es vielleicht, wenn man als Überzählige nicht die Integrationskonstanten, sondern die Amplituden der Randschnittkräfte einführt, also die Randwerte von $N_{\varphi n} = N_\varphi / \sin \lambda \frac{x}{a}$ und den entsprechen zu definierenden Größen $N_{x\varphi n}$, $Q_{\varphi n}$ und $M_{\varphi n}$. Dann hat man aber, ehe man an die Berechnung der Überzähligen herangehen kann, schon für jeden der vier Grundbelastungszustände vier lineare Gleichungen aufzulösen, um die zugehörigen A und B zu bestimmen.

4. Behältertheorie

Zur Berechnung zylindrischer Flüssigkeitsbehälter kann man von der in Abschnitt 2 entwickelten allgemeinen Theorie ausgehen, indem man dort der Drehsymmetrie des Spannungszustandes entsprechend $m = 0$ setzt. Nach (105) wird dann $\varkappa_2 = \mu_2 = 0$, so daß sich das ganze Formelwerk in diesem Sonderfall sehr vereinfacht.

Wir wollen diesen Weg nicht gehen, sondern ausgehend von den Gleichgewichtsbedingungen (91) und dem Elastizitätsgesetz (97) die Theorie neu aufbauen, und zwar aus doppeltem Grunde. Einerseits lassen sich nämlich dadurch, daß man dabei einige unbedeutende Glieder unterdrückt, die Ergebnisse noch weiter vereinfachen, was im Hinblick auf die Bedeutung dieses Sonderfalles sehr erwünscht ist, und anderseits ist es im Behälterbau wegen des mit der Tiefe wachsenden Wasserdruckes oft nötig, die Wandstärke nach unten wesentlich zunehmen zu lassen, so daß wir die Zylindertheorie nach dieser Richtung hin verallgemeinern müssen.

Die Gleichgewichtsbedingungen (91) vereinfachen sich für drehsymmetrische Spannungszustände erheblich. Die Ringquerkraft Q_φ, die Schubkräfte und die Drillmomente sind selbstverständlich null. Außerdem können wir, da ja der Flüssigkeitsdruck die einzige uns interessierende Belastung ist, auch $p_x = p_\varphi = 0$ setzen, und von den noch verbliebenen Größen verschwinden alle Ableitungen nach φ. Gl. (91a) liefert $N_x' = 0$. Diese Längskraft ist unabhängig von den übrigen Schnittkräften, und ihre Berechnung ist trivial, so daß wir darauf nicht weiter einzugehen brauchen und für unsere Rechnungen auch $N_x = 0$ setzen werden. Die Gln. (91b, d, f) werden identisch befriedigt, und (91c) und (91e) nehmen folgende Form an:

$$Q_x' + N_\varphi = p_r a,$$
$$M_x' - a Q_x = 0.$$

Benutzt man die zweite Gleichung, um aus der ersten die Querkraft zu eliminieren, so erhält man

$$M_x'' + a N_\varphi = p_r a^2. \tag{119}$$

In dieser Gleichung müssen nun M_x und N_φ durch die Formänderungen ausgedrückt werden. Die Gln. (97), die dazu dienen, können für unsere Theorie auch vereinfacht werden. Zunächst ist überall wegen der Symmetrie $v = 0$ zu setzen. Bei N_φ und N_x lassen wir außerdem die mit K multiplizierten Teile weg, weil sie nur kleine Korrekturen darstellen, und schreiben einfach

$$N_\varphi = \frac{D}{a}(w + \nu u'),$$

$$N_x = \frac{D}{a}(u' + \nu w) = 0.$$

Mit der zweiten Gleichung eliminieren wir u' aus der ersten und erhalten

$$N_\varphi = \frac{D(1-\nu^2)}{a} \cdot w.$$

In der Formel für M_x können wir außer $w^{\cdot\cdot}$ und $v^{\cdot}$, die der Symmetrie wegen null sind, auch den Summanden u' fortlassen, der eine Korrektur von ähnlicher Art darstellt, wie die mit K multiplizierten Glieder bei den Längskräften, so daß einfach

$$M_x = \frac{K}{a^2} w''$$

ist. Wir setzen nun diese für N_φ und M_x gefundenen Ausdrücke in (119) ein, und wenn wir dabei beachten, daß K von x abhängig sein kann, also nicht vor ein Differentiationszeichen gezogen werden darf, so erhalten wir die allgemeine Behältergleichung:

$$(K w'')'' + D a^2 (1 - \nu^2) w = p_r a^4.$$

Wir wollen die Lösung für zwei Fälle behandeln, für den Behälter mit konstanter Wandstärke und für den Fall, daß t linear mit der Tiefe zunimmt.

Wir beginnen mit dem ersten Fall und zählen x vom Behälterboden aus positiv nach oben (Abb. 83). Dann ist der Wasserdruck

$$p_r = \gamma(h - x),$$

und die Differentialgleichung heißt, wenn wir jetzt die konstante Biegesteifigkeit vorziehen:

$$K w^{IV} + D a^2(1 - \nu^2) w = \gamma a^4 (h - x). \tag{120}$$

Der Membranzustand $N_\varphi = \gamma a (h - x)$ gibt unmittelbar eine brauchbare Partikularlösung:

$$w = \frac{\gamma a^2}{D(1-\nu^2)}(h - x).$$

Zum Aufbau der vollständigen Lösung brauchen wir noch die der homogenen Gleichung, die vier Konstante enthalten muß. Wir finden sie wie in der strengen Theorie durch einen Exponentialansatz

$$w = C e^{\lambda x/a},$$

der durch Einsetzen die charakteristische Gleichung

$$\lambda^4 + 4\varkappa^4 = 0$$

liefert mit der Abkürzung

$$\varkappa^4 = \frac{D a^2 (1-\nu^2)}{4K} = 3\frac{a^2}{t^2}(1 - \nu^2). \tag{121}$$

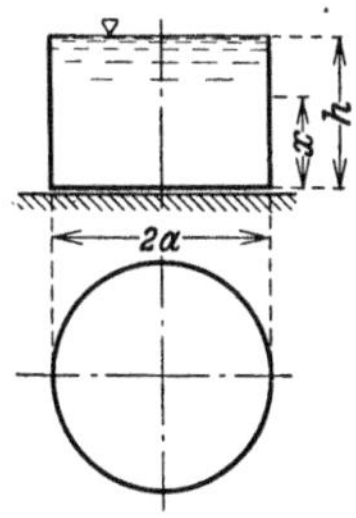

Abb. 83. Behälter konstanter Wandstärke

Setzt man die Lösung $\lambda = \pm(1 \pm i)\varkappa$ in den Ansatz ein, so kann man wieder die e-Funktionen mit imaginären Exponenten durch Kreisfunktionen ersetzen und erhält als homogene Lösung

$$w = e^{-\varkappa x/a}\left(C_1 \cos\varkappa\frac{x}{a} + C_2 \sin\varkappa\frac{x}{a}\right) + e^{+\varkappa x/a}\left(C_3 \cos\varkappa\frac{x}{a} + C_4 \sin\varkappa\frac{x}{a}\right). \tag{122a}$$

Dazu gehören die Schnittkräfte

$$\left.\begin{aligned} M_x &= \frac{E t^2}{2a\sqrt{3(1-\nu^2)}}\left[e^{-\varkappa x/a}\left(C_1 \sin\frac{\varkappa x}{a} - C_2 \cos\frac{\varkappa x}{a}\right)\right.\\ &\qquad \left. - e^{\varkappa x/a}\left(C_3 \sin\frac{\varkappa x}{a} - C_4 \cos\frac{\varkappa x}{a}\right)\right],\\ Q_x &= \frac{E t}{2\varkappa a}\left[e^{-\varkappa x/a}\left((C_1 + C_2)\cos\frac{\varkappa x}{a} - (C_1 - C_2)\sin\frac{\varkappa x}{a}\right)\right.\\ &\qquad \left. - e^{\varkappa x/a}\left((C_3 - C_4)\cos\frac{\varkappa x}{a} + (C_3 + C_4)\sin\frac{\varkappa x}{a}\right)\right]. \end{aligned}\right\} \tag{122b, c}$$

Die Ringlängskraft ist einfach $N_\varphi = E\,t\,w/a$. Schließlich wollen wir noch die Neigung der Meridiantangente angeben, da sie für die Randbedingungen oft gebraucht wird:

$$\left.\begin{aligned} w' = \varkappa\, e^{-\varkappa x/a} \left((C_2 - C_1) \cos\frac{\varkappa x}{a} - (C_1 + C_2) \sin\frac{\varkappa x}{a}\right) - \\ - \varkappa\, e^{\varkappa x/a} \left((C_3 + C_4) \cos\frac{\varkappa x}{a} - (C_3 - C_4) \sin\frac{\varkappa x}{a}\right). \end{aligned}\right\} \quad (122\text{d})$$

Als Beispiel wollen wir den in der Sohle eingespannten Behälter berechnen und die auch hier fast stets zutreffende Voraussetzung machen, daß die Exponentialfunktionen schnell genug abklingen, um am jenseitigen Rand der Schale vernachlässigt werden zu können. Dann müssen wir $C_3 = C_4 = 0$ setzen und bestimmen C_1 und C_2 aus den Forderungen, daß

$$w = \frac{\gamma a^2}{D(1-\nu^2)} (h - x) + e^{-\varkappa x/a} \left(C_1 \cos\frac{\varkappa x}{a} + C_2 \sin\frac{\varkappa x}{a}\right)$$

und

$$w' = -\frac{\gamma a^3}{D(1-\nu^2)} + \varkappa\, e^{-\varkappa x/a} \left((C_2 - C_1) \cos\frac{\varkappa x}{a} - (C_1 + C_2) \sin\frac{\varkappa x}{a}\right)$$

für $x = 0$ verschwinden sollen. Es ergibt sich

$$C_1 = -\frac{\gamma a^2}{D(1-\nu^2)} h, \qquad C_2 = \frac{\gamma a^2}{D(1-\nu^2)} \left(\frac{a}{\varkappa} - h\right),$$

und daraus folgen, wenn wir für D und K ihre Werte nach (96) einsetzen, die Durchbiegung

$$w = \frac{\gamma a^2}{E t} \left[h - x - h\, e^{-\varkappa x/a} \cos\frac{\varkappa x}{a} + \left(\frac{a}{\varkappa} - h\right) e^{-\varkappa x/a} \sin\frac{\varkappa x}{a}\right]$$

und die Schnittkräfte

$$N_\varphi = \gamma a \left[h - x - h\, e^{-\varkappa x/a} \cos\frac{\varkappa x}{a} + \left(\frac{a}{\varkappa} - h\right) e^{-\varkappa x/a} \sin\frac{\varkappa x}{a}\right],$$

$$M_x = -\frac{\gamma a t}{\sqrt{12(1-\nu^2)}} \left[\left(\frac{a}{\varkappa} - h\right) e^{-\varkappa x/a} \cos\frac{\varkappa x}{a} + h\, e^{-\varkappa x/a} \sin\frac{\varkappa x}{a}\right].$$

Die Ergebnisse sind in Abb. 84 eingetragen. Die Gerade im Diagramm N_φ gibt den Verlauf der Membranringkräfte an. Am Boden, wo ja keine Ringdehnung möglich ist, ist die Ringkraft $N_\varphi = 0$. Der in dieser Gegend angreifende Wasserdruck wird durch die Biegemomente und Querkräfte in Richtung der Erzeugenden abgetragen und zum Teil durch die Randquerkräfte in den Behälterboden geleitet, zum Teil weiter nach oben getragen in die Zone, in der die Ringkraft größer ist als im Membranzustand. Der Überschuß dient dazu, die zu geringe Tragfähigkeit (oder Tragwilligkeit!) der Randzone auszugleichen.

Wir wenden uns nun dem anderen Falle zu, daß die Wandstärke nach unten linear anwächst. Den Koordinatennullpunkt legen wir an die Stelle $t = 0$, die nicht mit der Behälteroberkante zusammenzufallen braucht, sondern beliebig weit darüberliegen kann (Abb. 85), und zählen x von da aus positiv nach unten. Dann können wir das Wanddickengesetz

$$t = \alpha x$$

schreiben, und die beiden Steifigkeiten sind

$$D = \frac{E \alpha}{1 - \nu^2} x,$$

$$K = \frac{E \alpha^3}{12(1 - \nu^2)} x^3.$$

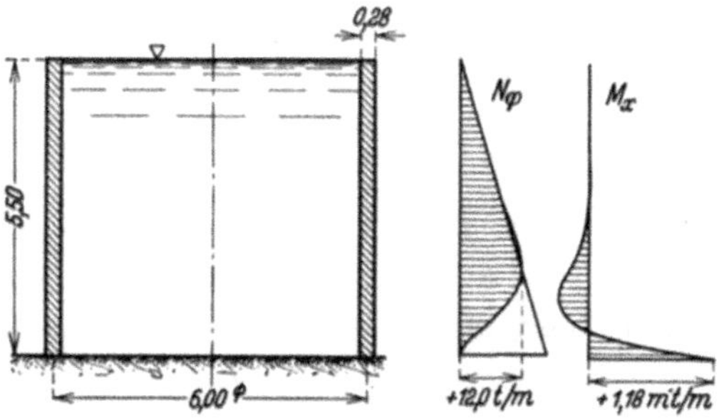

Abb. 84. Ringlängskraft und Meridianmoment in einem Behälter konstanter Wandstärke

Die Behältergleichung heißt also, wenn wir mit dem konstanten Bestandteil von K durchdividieren und als Belastung wieder den Wasserdruck für volle Füllung einführen:

$$(x^3 w'')'' + \frac{12(1 - \nu^2) a^2}{\alpha^2} x w = \frac{12(1 - \nu^2) \gamma a^4}{E \alpha^3} (x - x_0).$$

Auch hier läßt sich leicht eine Partikularlösung angeben:

$$w = \frac{\gamma a^2}{E \alpha} \cdot \frac{x - x_0}{x}. \tag{123}$$

Zu ihr gehören die Längskräfte des Membranzustandes $N_\varphi = \gamma a (x - x_0)$. Da aber die Durchbiegung diesmal nicht linear mit der Tiefe zunimmt, so kommt auch ein Biegemoment hinzu. Es hat, wie man leicht ausrechnet, den von x unabhängigen Wert

$$M_x = -\frac{\gamma a^2 \alpha^2}{6(1 - \nu^2)} x_0, \tag{124}$$

der so klein ist, daß er in der Regel vernachlässigt werden kann.

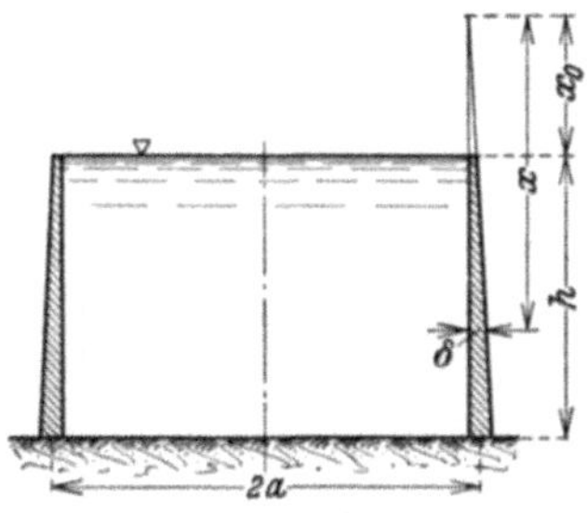

Abb. 85. Behälter mit linear veränderlicher Wandstärke

Die homogene Gleichung, deren Lösungen man braucht, um damit Randbedingungen zu erfüllen, heißt ausgeschrieben:

$$\frac{1}{x} \frac{d^2}{dx^2}\left(x^3 \frac{d^2 w}{dx^2}\right) + \frac{12(1 - \nu^2)}{\alpha^2 a^2} w = 0.$$

G. Kirchhoff[1] hat gezeigt, daß man das erste Glied so umformen kann, daß sich diese Differentialgleichung vierter Ordnung in zwei Gleichungen zweiter Ordnung aufspalten läßt. Es ist nämlich, wie man durch Aus-

[1] Kirchhoff, G.: Über Transversalschwingungen eines Stabes von veränderlichem Querschnitt. Ges. Abh. S. 339. Leipzig 1882.

differenzieren leicht nachprüft,

$$\frac{1}{x}\frac{d^2}{dx^2}\left(x^3\frac{d^2w}{dx^2}\right)=\frac{1}{x}\frac{d}{dx}\left(x^2\frac{d}{dx}\left(\frac{1}{x}\frac{d}{dx}\left(x^2\frac{dw}{dx}\right)\right)\right).$$

Wir führen nun zur Erleichterung der Rechnung zwei Abkürzungen ein, nämlich den linearen Differentialoperator

$$L(\ )=\frac{1}{x}\frac{d}{dx}\left(x^2\frac{d(\ )}{dx}\right)$$

und die Hilfsgröße

$$\varrho^4=\frac{12(1-\nu^2)}{\alpha^2 a^2}.$$

Dann heißt unsere Differentialgleichung einfach

$$L\,L\,w+\varrho^4 w=0. \tag{125}$$

Sie läßt sich noch weiter umformen in

$$(L+i\varrho^2)(L-i\varrho^2)\,w=0,$$

und daraus folgt, daß die Lösungen der beiden Differentialgleichungen zweiter Ordnung

$$L\,w\pm i\varrho^2 w=0 \tag{126a, b}$$

auch Lösungen von (125) sind, und zwar sind die Lösungen von (126b) konjugiert komplex zu denen von (126a). Daraus folgt zunächst, daß sie voneinander linear unabhängig sind, also auch ein *vollständiges* Lösungssystem von (125) bilden, und es folgt weiter, daß ihre Real- und Imaginärteile als lineare Kombinationen von Lösungen auch ihrerseits ein Lösungssystem bilden. Um dieses zu gewinnen, genügt es, die Gl. (126a) zu untersuchen. Sie heißt ausgeschrieben:

$$x\frac{d^2w}{dx^2}+2\frac{dw}{dx}+i\varrho^2 w=0.$$

Durch die Transformation

$$\eta=y\sqrt{i}=2\varrho\sqrt{i\,x},\qquad w=\frac{\zeta}{\sqrt{x}}$$

geht sie über in die Besselsche Gleichung

$$\eta^2\frac{d^2\zeta}{d\eta^2}+\eta\frac{d\zeta}{d\eta}+(\eta^2-1)\,\zeta=0,$$

die durch die Besselsche Funktionen erster Ordnung des komplexen Argumentes $\eta=y\sqrt{i}$ gelöst wird:

$$\zeta=A\,J_1(\eta)+B\,H_1^{(1)}(\eta).$$

Mit den Funktionen nullter Ordnung sind sie bekanntlich[1] durch die Beziehungen verbunden

$$J_1(\eta)=-\frac{dJ_0(\eta)}{d\eta},\qquad H_1^{(1)}(\eta)=-\frac{dH_0^{(1)}(\eta)}{d\eta}.$$

---

[1] Siehe z. B. W. Flügge: Four-Place Tables of Transcendental Functions, London 1954, S. 42.

Für reelle Argumente y haben diese Funktionen komplexe Werte:

$$J_0(\eta) = J_0(y\sqrt{i}) = \operatorname{ber} y - i \operatorname{bei} y,$$

$$H_0^{(1)}(\eta) = H_0^{(1)}(y\sqrt{i}) = -\frac{2}{\pi}(\operatorname{kei} y + i \operatorname{ker} y).$$

Differenziert man diese Definitionsgleichungen der THOMSON-Funktionen ber, bei, ker, kei nach η und trennt wieder Real- und Imaginärteile, so erhält man

$$J_1(\eta) = \frac{1}{\sqrt{2}}[(\operatorname{bei}' y - \operatorname{ber}' y) + i(\operatorname{bei}' y + \operatorname{ber}' y)],$$

$$H_1^{(1)}(\eta) = \frac{\sqrt{2}}{\pi}[(\operatorname{ker}' y + \operatorname{kei}' y) + i(\operatorname{ker}' y - \operatorname{kei}' y)].$$

Zahlenwerte der THOMSON-Funktionen und ihrer Ableitungen ber′ usw. können aus Tafeln[1] entnommen werden. Die Real- und Imaginärteile von $J_1(\eta)$ und $H_1^{(1)}(\eta)$ sind zusammen vier linear unabhängige Lösungen von (125). Statt ihrer können wir auch vier geeignete Linearkombinationen dieser Funktionen als Elementarlösungen wählen und schreiben daher unter Einführung neuer Integrationskonstanten die Lösung in der folgenden, endgültigen Form:

$$\zeta = w\sqrt{x} = C_1 \operatorname{ber}' y + C_2 \operatorname{bei}' y + C_3 \operatorname{ker}' y + C_4 \operatorname{kei}' y, \quad (127)$$

wobei der Strich die Differentiation nach dem Argument y bezeichnen soll, eine Schreibweise, die wir bis ans Ende dieses Abschnittes beibehalten

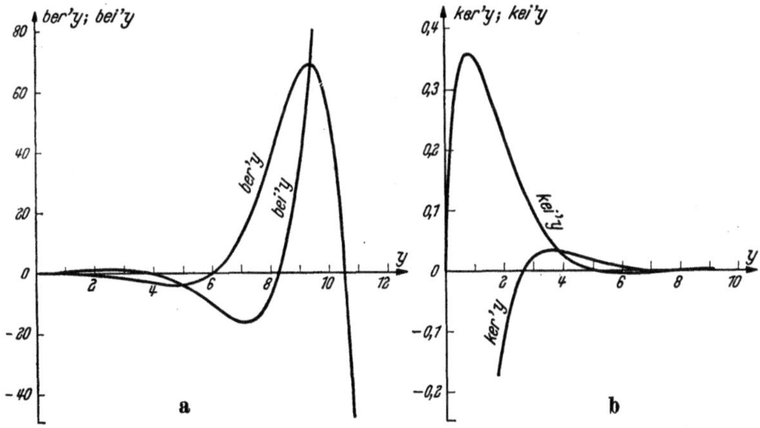

Abb. 86a, b. Erste Ableitungen der THOMSON-Funktionen

wollen. Der Verlauf der vier Elementarlösungen ist in Abb. 86a, b dargestellt. Man erkennt daraus, daß ker′y, kei′y mit steigendem Argument nach Art gedämpfter Schwingungen stark abklingen. Sie dienen

[1] Siehe Fußnote 1, S. 162; S. 68—83.

dazu, die Störung zu beschreiben, die vom oberen Schalenrand ausgeht und dann entsteht, wenn dort Randbedingungen vorgeschrieben werden, die die Partikularlösung der inhomogenen Differentialgleichung für sich allein nicht erfüllt. Die beiden anderen Funktionen $\mathrm{ber}'y$ und $\mathrm{bei}'y$ verhalten sich entgegengesetzt: sie klingen ab in Richtung fallenden Argumentes und geben also den Einfluß des Behälterbodens wieder. In vielen Fällen klingen die Funktionen auf der Strecke h so stark ab, daß man die Konstanten C_1, C_2 einerseits und C_3, C_4 andererseits unabhängig voneinander berechnen kann.

Für die BESSELschen Funktionen kann man mit Hilfe der Differentialgleichung, deren Lösung sie sind, die zweite Ableitung durch die erste und die Funktion selbst ausdrücken, und aus diesen bekannten Differentialbeziehungen ergeben sich für die komplexen Argumente $y\sqrt{i}$ durch Trennung von Real- und Imaginärteil entsprechende Formeln für die THOMSON-Funktionen, die wir hier ohne Beweis mitteilen wollen:

$$\mathrm{ber}''\, y = -\mathrm{bei}\, y - y^{-1}\,\mathrm{ber}'\, y, \qquad \mathrm{ker}''\, y = -\mathrm{kei}\, y - y^{-1}\,\mathrm{ker}'\, y,$$
$$\mathrm{bei}''\, y = \mathrm{ber}\, y - y^{-1}\,\mathrm{bei}'\, y, \qquad \mathrm{kei}''\, y = \mathrm{ker}\, y - y^{-1}\,\mathrm{kei}'\, y.$$

Mit Hilfe dieser Formeln kann man die zu unserer Lösung gehörenden Schnittkräfte berechnen. Das Ergebnis der einfachen Rechnung heißt:

$$\left.\begin{aligned}
N_\varphi &= \frac{E\alpha}{a}\sqrt{x}\,[C_1\,\mathrm{ber}'\,y + C_2\,\mathrm{bei}'\,y + C_3\,\mathrm{ker}'\,y + C_4\,\mathrm{kei}'\,y],\\
M_x &= K\,\frac{d^2w}{dx^2} = \frac{E\alpha^3}{48(1-\nu^2)}\sqrt{x}\,\times\\
&\qquad\times[C_1(-y^2\,\mathrm{bei}'\,y + 4y\,\mathrm{bei}\,y + 8\,\mathrm{ber}'\,y)\\
&\qquad + C_2(y^2\,\mathrm{ber}'\,y - 4y\,\mathrm{ber}\,y + 8\,\mathrm{bei}'\,y)\\
&\qquad + C_3(-y^2\,\mathrm{kei}'\,y + 4y\,\mathrm{kei}\,y + 8\,\mathrm{ker}'\,y)\\
&\qquad + C_4(y^2\,\mathrm{ker}'\,y - 4y\,\mathrm{ker}\,y + 8\,\mathrm{kei}'\,y)],\\
Q_x &= \frac{dM_x}{dx} = \frac{E\alpha^2}{4\sqrt{3(1-\nu^2)}a}\sqrt{x}\,\times\\
&\quad\times[C_1(-y\,\mathrm{ber}\,y + 2\,\mathrm{bei}'\,y) - C_2(y\,\mathrm{bei}\,y + 2\,\mathrm{ber}'\,y)\\
&\quad + C_3(-y\,\mathrm{ker}\,y + 2\,\mathrm{kei}'\,y) - C_4(y\,\mathrm{kei}\,y + 2\,\mathrm{ker}'\,y)].
\end{aligned}\right\}\quad (128\,\mathrm{a-c})$$

Der untere Behälterrand ist in der Regel in der Sohle eingespannt. Dann braucht man zur Bestimmung der Integrationskonstanten den Wert von dw/dx, den wir deshalb auch noch angeben wollen:

$$\begin{aligned}
\frac{dw}{dx} = -\frac{1}{2x\sqrt{x}}&[C_1(2\,\mathrm{ber}'\,y + y\,\mathrm{bei}\,y) + C_2(2\,\mathrm{bei}'\,y - y\,\mathrm{ber}\,y)\\
&+ C_3(2\,\mathrm{ker}'\,y + y\,\mathrm{kei}\,y) + C_4(2\,\mathrm{kei}'\,y - y\,\mathrm{ker}\,y)]. \qquad (128\,\mathrm{d})
\end{aligned}$$

Als Beispiel wählen wir wieder einen in der Sohle eingespannten Wasserbehälter. Seine Abmessungen sind in Abb. 87 angegeben. Man hat zunächst die Partikularlösung (123) auszurechnen, insbesondere Durchbiegung und Verdrehung für den unteren Rand:

$$w = \frac{\gamma a^2}{E\alpha} \cdot \frac{h}{x_0 + h}, \qquad \frac{dw}{dx} = \frac{\gamma a^2}{E\alpha} \cdot \frac{x_0}{(x_0 + h)^2}.$$

In der homogenen Lösung (127) setzen wir $C_3 = C_4 = 0$, da die Bedingungen des kräftefreien Randes für $x = x_0$ schon von (123) allein erfüllt werden, wenn wir das Restmoment (124) vernachlässigen. Zur Berechnung von C_1 und C_2 müssen wir fordern, daß die nach (127) und

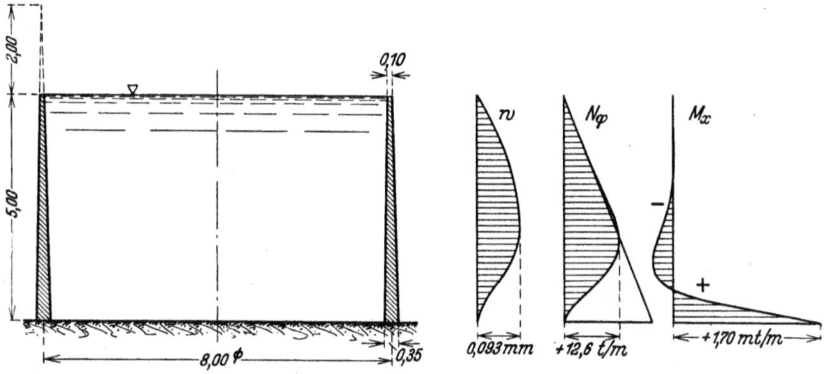

Abb. 87. Durchbiegung, Ringlängskraft und Meridianmoment in einem Behälter veränderlicher Wandstärke

(128d) für $x = x_0 + h$ zu berechnenden Werte von w und dw/dx den eben angegebenen Randwerten der inhomogenen Lösung entgegengesetzt gleich sind. Setzt man die Zahlenwerte unseres Beispieles ein und rechnet mit den so bestimmten Integrationskonstanten die Gln. (127) und (128) durch, so erhält man die in der Abbildung dargestellten Schnittkräfte. Wie man aus diesen Diagrammen sieht, reichen die durch die Einspannung des unteren Randes erzeugten Biegungsspannungen nicht bis zum oberen Behälterrand herauf, so daß durch sie die von der inhomogenen Lösung (123) dort erfüllten Randbedingungen nicht gestört werden.

VI. Biegetheorie der Drehschalen

1. Differentialgleichungen

a) Gleichgewichtsbedingungen

Für die Biegetheorie der Drehschalen benutzen wir dieselben Koordinaten φ, ϑ wie für die Membrantheorie (s. S. 21). Wir wollen uns aber in der Biegetheorie auf drehsymmetrische Spannungszustände beschränken, da die Behandlung der höheren Harmonischen in ϑ ein so umfangreiches Formelwerk erfordert, daß es den Rahmen dieses Buches sprengen würde.

Wir beginnen mit der Aufstellung der Gleichgewichtsbedingungen für ein Schalenelement (Abb. 88). Dabei können wir auf die im II. Kapitel geleistete Vorarbeit aufbauen und wollen deshalb diese Gleichungen zunächst für den allgemeinen Fall eines nicht drehsymmetrischen Spannungszustandes herleiten.

Wir beginnen mit der Komponentengleichung in Richtung der Meridiantangente. Sie enthält außer den schon in der Membrantheorie (s. S. 22) benutzten Kräften die Resultierende der beiden Querkräfte $Q_\varphi \cdot r\,d\vartheta$,

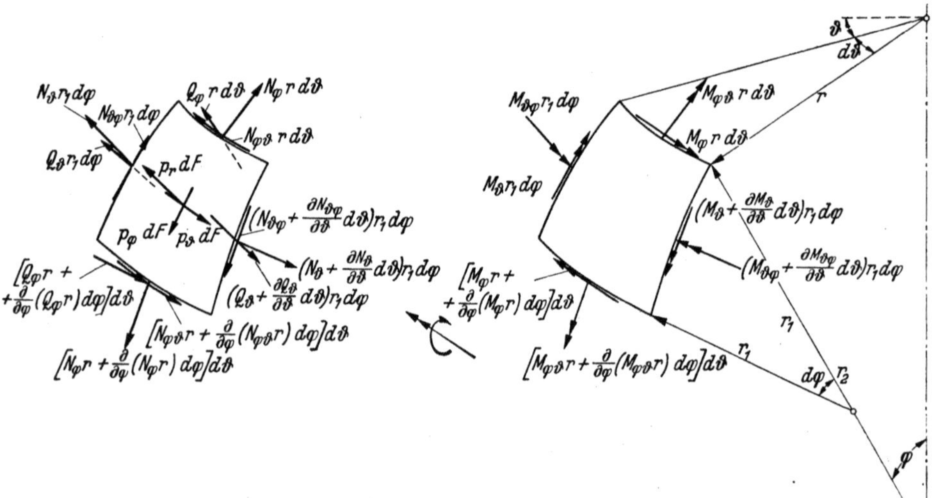

Abb. 88. Element einer Drehschale mit den daran angreifenden Kräften und Momenten

die den Winkel $d\varphi$ miteinander einschließen. Sie hat die Größe $Q_\varphi \cdot r\,d\vartheta \cdot d\varphi$ und zeigt in Richtung abnehmender φ. Die Gleichgewichtsbedingung heißt also, wenn wir gleich mit $d\vartheta \cdot d\varphi$ durchdividieren:

$$\frac{\partial}{\partial\varphi}(r\,N_\varphi) + r_1\frac{\partial N_{\vartheta\varphi}}{\partial\vartheta} - r_1 N_\vartheta \cos\varphi - r\,Q_\varphi + r\,r_1\,p_\varphi = 0\,. \tag{129a}$$

In Richtung der Breitenkreistangente kommt zu den Membrankräften noch ein Beitrag von Q_ϑ. Die beiden Kräfte $Q_\vartheta \cdot r_1\,d\varphi$ haben waagerechte Komponenten $Q_\vartheta \cdot r_1\,d\varphi \cdot \sin\varphi$, die entgegengesetzt gerichtet sind und den Winkel $d\vartheta$ miteinander einschließen. Sie haben daher eine in Richtung abnehmender ϑ zeigende Resultierende

$$Q_\vartheta \cdot r_1\,d\varphi \cdot \sin\varphi \cdot d\vartheta\,,$$

die in die zweite Gleichgewichtsbedingung aufzunehmen ist; und diese heißt:

$$\frac{\partial}{\partial\varphi}(r\,N_{\varphi\vartheta}) + r_1\frac{\partial N_\vartheta}{\partial\vartheta} + r_1 N_{\vartheta\varphi}\cos\varphi - r_1 Q_\vartheta \sin\varphi + r\,r_1\,p_\vartheta = 0\,. \tag{129b}$$

Zur dritten Kräftegleichung, die die Komponenten normal zur Schale enthält, kommen die Zuwachse beider Querkräfte neu hinzu:

$$r_1 N_\vartheta \sin\varphi + r N_\varphi + r_1 \frac{\partial Q_\vartheta}{\partial \vartheta} + \frac{\partial}{\partial \varphi}(r Q_\varphi) - r r_1 p_r = 0. \qquad (129\,\mathrm{c})$$

Die drei Momentengleichungen ähneln in ihrem Bau den drei Kräftegleichungen der Membrantheorie. Um die Meridiantangente drehen die Zuwachse von M_ϑ und von $M_{\varphi\vartheta}$ und das Kräftepaar aus den beiden Querkräften Q_ϑ. Außerdem liefern noch die beiden Drillmomente $M_{\vartheta\varphi}$ einen Beitrag. Ihre Vektoren liegen in einer waagerechten Ebene und haben eine in Richtung des Radius r liegende Summe $M_{\vartheta\varphi} \cdot r_1\, d\varphi \cdot d\vartheta$. Diese hat eine Komponente $M_{\vartheta\varphi} \cdot r_1\, d\varphi \cdot d\vartheta \cdot \sin\varphi$ in Richtung der Schalennormalen, die von außen gesehen gegen den Uhrzeiger dreht, und eine Komponente $M_{\vartheta\varphi} \cdot r_1\, d\varphi \cdot d\vartheta \cdot \cos\varphi$, die in unsere Gleichung eingeht und ebenso dreht wie der Zuwachs von M_ϑ:

$$r_1 \frac{\partial M_\vartheta}{\partial \vartheta} + \frac{\partial}{\partial \varphi}(r M_{\varphi\vartheta}) + r_1 M_{\vartheta\varphi} \cos\varphi - r r_1 Q_\vartheta = 0. \qquad (129\,\mathrm{d})$$

Um die Breitenkreistangente drehen die Zuwachse von M_φ und $M_{\vartheta\varphi}$, ferner die beiden Querkräfte Q_φ und die Resultierende der waagerechten Komponenten der beiden Biegemomente $M_\vartheta \cdot r_1\, d\varphi$, die denselben Drehsinn hat wie die Querkräfte:

$$\frac{\partial}{\partial \varphi}(r M_\varphi) + r_1 \frac{\partial M_{\vartheta\varphi}}{\partial \vartheta} - r_1 M_\vartheta \cos\varphi - r r_1 Q_\varphi = 0. \qquad (129\,\mathrm{e})$$

Das Drehungsgleichgewicht für die Schalennormale schließlich umfaßt die beiden Schubkräfte und die beiden Drillmomente:

$$r r_1 N_{\vartheta\varphi} - r r_1 N_{\varphi\vartheta} - r_1 M_{\vartheta\varphi} \sin\varphi + r M_{\varphi\vartheta} = 0.$$

Mit $r = r_2 \sin\varphi$ können wir sie auch in der Form schreiben:

$$\frac{M_{\vartheta\varphi}}{r_2} - \frac{M_{\varphi\vartheta}}{r_1} = N_{\vartheta\varphi} - N_{\varphi\vartheta}. \qquad (129\,\mathrm{f})$$

Im drehsymmetrischen Falle sind alle Größen von ϑ unabhängig, und wir müssen daher alle Ableitungen nach dieser Koordinate streichen. Es zeigt sich dann, daß die Gln. (129) in zwei unabhängige Gruppen zerfallen. Die eine, nämlich (129a, c, e), enthält N_φ, N_ϑ, M_φ, M_ϑ, Q_φ, die andere die Schubkräfte, die Drillmomente und die Querkraft Q_ϑ. Diese zweite Gruppe entspricht einer Art Torsion der Schale um ihre Symmetrieachse, die nur beschränktes Interesse hat und die wir deshalb nicht weiter verfolgen wollen. Die erste Gruppe reduziert sich auf die folgende Form, in der wir, wie schon früher, die Ableitungen nach φ durch Punkte bezeichnet haben:

$$\left.\begin{aligned} (r N_\varphi)^{\cdot} - r_1 N_\vartheta \cos\varphi - r Q_\varphi + r r_1 p_\varphi &= 0, \\ r_1 N_\vartheta \sin\varphi + r N_\varphi + (r Q_\varphi)^{\cdot} + r r_1 p_r &= 0, \\ (r M_\varphi)^{\cdot} - r_1 M_\vartheta \cos\varphi - r r_1 Q_\varphi &= 0. \end{aligned}\right\} \qquad (130)$$

b) Elastizitätsgesetz

Neben die Gleichgewichtsbedingungen tritt als zweite Gleichungsgruppe, die den Spannungszustand in der Schale mitbestimmt, das Elastizitätsgesetz. Bei seiner Aufstellung kann man sich wiederum auf die drei auf S. 136 formulierten Grundannahmen stützen, die neben der Kleinheit der Formänderung als wesentliche Aussage die enthalten, daß die Verschiebungsgrößen u_z, v_z lineare Funktionen von z sein sollen.

In der Plattentheorie, aus der diese Annahmen entlehnt sind, führen sie zu einem außerordentlich einfachen und anschaulichen Elastizitätsgesetz, das man aus den Formeln (97), S. 139, ablesen kann, wenn man mit $a \to \infty$ geht. Aber schon beim Kreiszylinder treten in den Formeln neue Glieder auf. Die Längs- und Schubkräfte werden von Krümmungsgrößen, die Momente von Dehnungsgrößen der Mittelfläche abhängig. Wir haben auf S. 140 gesehen, daß diese Zusatzgrößen nicht sehr wesentlich sind, und wir gewannen die Gln. (97′), indem wir alle kleinen Beiträge kurzerhand wegließen. Wir wollen hier von vornherein danach streben, ein solches angenähertes Elastizitätsgesetz aufzustellen, aber wir wollen etwas weniger radikal vereinfachen, als wir es beim Zylinder getan haben. Wir nehmen an, daß die Längskräfte nur von den Dehnungen der Mittelfläche abhängen und daß die Biegemomente mit den Krümmungsänderungen des Schalenelementes verbunden sind:

$$\left.\begin{aligned} N_\varphi &= D(\varepsilon_\varphi + \nu\,\varepsilon_\vartheta), & M_\varphi &= K(\varkappa_\varphi + \nu\,\varkappa_\vartheta), \\ N_\vartheta &= D(\varepsilon_\vartheta + \nu\,\varepsilon_\varphi), & M_\vartheta &= K(\varkappa_\vartheta + \nu\,\varkappa_\varphi). \end{aligned}\right\} \tag{131}$$

Wenn wir diese Verzerrungsgrößen ε, $\varkappa$ durch Ableitungen der Verschiebungen u, v, w ausdrücken, wollen wir aber versuchen, alle linearen Terme zu erfassen und nicht nur die wichtigsten.

Den Zusammenhang zwischen ε_φ, ε_ϑ und den Verschiebungen haben wir schon in der Membrantheorie untersucht, und wir brauchen nur in den dort aufgestellten Gln. (36a, b) wegen der jetzt vorausgesetzten Drehsymmetrie $u = 0$ zu setzen:

$$\varepsilon_\varphi = \frac{v^\cdot + w}{r_1}, \qquad \varepsilon_\vartheta = \frac{v\cot\varphi + w}{r_2}.$$

Um entsprechende Formeln für die Verkrümmungen zu finden, führen wir als Hilfsgröße die Verdrehung χ der Meridiantangente ein. Verschiebt sich ein Schalenpunkt um die Strecke v längs des Meridians, so wächst die Neigung der zugehörigen Tangente von φ auf $\varphi + v/r_1$. Dazu kommt noch die entgegengesetzt gerichtete Verdrehung, die durch den Unterschied $w^\cdot\,d\varphi$ der Radialverschiebung zweier Nachbarpunkte entsteht, so daß ingessamt

$$\chi = \frac{w^\cdot - v}{r_1}$$

ist. Die Abnahme der Meridiankrümmung ist gleich dem Unterschied $\chi^{\cdot}\, d\varphi$ der Verdrehungen zweier benachbarter Meridiantangenten, dividiert durch die Länge $r_1\, d\varphi$ des Meridianelementes:

$$\varkappa_\varphi = \frac{\chi^{\cdot}\, d\varphi}{r_1\, d\varphi} = \frac{1}{r_1}\left(\frac{w^{\cdot} - v}{r_1}\right)^{\cdot}.$$

Anstatt durch die unverformte Länge $r_1\, d\varphi$ zu dividieren, hätten wir ebensogut auch durch die verformte Länge $(1 + \varepsilon_\varphi)\, r_1\, d\varphi$ dividieren können. In keinem Falle trifft man genau das Richtige im Sinne einer auf der strengen Erhaltung der Normalen aufgebauten Theorie, aber in beiden Fällen erhält man vernünftige Annäherungen. Unsere Wahl ist dadurch bestimmt, daß sich auf diese Weise die einfachsten Formeln ergeben. Wir sind aber nun an diese Wahl gebunden, wenn wir die Änderung $\varkappa_\vartheta$ der Querkrümmung berechnen.

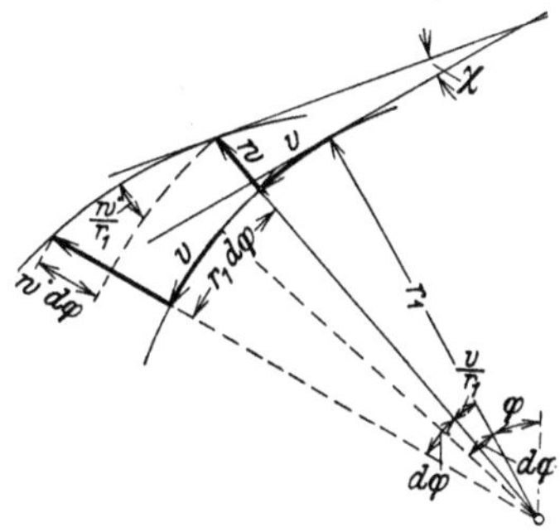

Abb. 89
Verdrehung des Meridianelements $r_1\, d\varphi$

Die Querkrümmung ist die Krümmung eines Linienelementes, das dieselbe Richtung hat wie ein Breitenkreiselement, das aber in einer die Schalennormale enthaltenden Ebene liegt. Zur Berechnung seiner Krümmungsänderung zerlegen wir die Formänderung in folgende drei Schritte, deren Beiträge wir linear überlagern: eine Parallelverschiebung des Schalenelementes in Richtung der Schalenachse, eine Parallelverschiebung in Richtung des Breitenkreisradius, eine Drehung um den Winkel χ.

Die Verschiebung in Richtung der Achse ändert weder r noch φ und liefert daher keinen Beitrag zur Krümmungsänderung $\varkappa_\vartheta$. Die Verschiebung in Richtung des Breitenkreisradius ändert zwar den Radius r und daher auch r_2, aber sie verursacht keine Drehung der Breitenkreis- oder Normalschnittangenten. Sie liefert daher ebenfalls keinen Beitrag zu $\varkappa_\vartheta$. Es bleibt also nur der Einfluß der Drehung χ. Der Schnittpunkt der Schalennormalen und der Rotationsachse wandert bei dieser Formänderung um $r_2\, \chi/\sin\varphi$ nach unten, und damit wächst der Querkrümmungsradius von r_2 auf $r_2(1 + \chi \cot\varphi)$. Da sich die Länge des Normalschnittelementes bei dieser Drehung nicht ändert, nimmt seine Krümmung ab um

$$\varkappa_\vartheta = \frac{1}{r_2} - \frac{1}{r_2(1 + \chi \cot\varphi)} = \frac{\chi}{r_2} \cot\varphi = \frac{w^{\cdot} - v}{r_1 r_2} \cot\varphi .$$

Setzen wir diese Ergebnisse in (131) ein, so erhalten wir den Zusammenhang zwischen Schnittkräften und Verschiebungskomponenten, den wir für die weitere Rechnung brauchen:

$$\left.\begin{aligned} N_\varphi &= D\left(\frac{v^\cdot + w}{r_1} + \nu\,\frac{v\cot\varphi + w}{r_2}\right), \\ N_\vartheta &= D\left(\frac{v\cot\varphi + w}{r_2} + \nu\,\frac{v^\cdot + w}{r_1}\right), \\ M_\varphi &= K\left(\frac{\chi^\cdot}{r_1} + \nu\,\frac{\chi}{r_2}\cot\varphi\right) = K\left(\frac{1}{r_1}\left(\frac{w^\cdot - v}{r_1}\right)^\cdot + \frac{\nu}{r_2}\cdot\frac{w^\cdot - v}{r_1}\cdot\cot\varphi\right), \\ M_\vartheta &= K\left(\frac{\chi}{r_2}\cot\varphi + \nu\,\frac{\chi^\cdot}{r_1}\right) = K\left(\frac{1}{r_2}\cdot\frac{w^\cdot - v}{r_1}\cdot\cot\varphi + \frac{\nu}{r_1}\left(\frac{w^\cdot - v}{r_1}\right)^\cdot\right). \end{aligned}\right|\quad \begin{matrix}(132\,\text{a}\\ -\text{d})\end{matrix}$$

c) Differentialgleichungen für drehsymmetrische Randlasten

Die drei Gleichgewichtsbedingungen (130a—c) und das eben aufgestellte Elastizitätsgesetz (132a—d) bilden ein System von sieben Differentialgleichungen zur Berechnung der sieben Unbekannten N_φ, N_ϑ, M_φ, M_ϑ, Q_φ, v, w. Der übliche Weg wäre der, mit (130c) die Querkraft zu eliminieren und dann in den verbliebenen Gleichgewichtsbedingungen mit Hilfe von (132) die Schnittkräfte durch die Verschiebungen auszudrücken. Man erhält so zwei simultane Differentialgleichungen für v und w, die man durch Reihenansätze integrieren kann. Die ersten Autoren, die sich mit der Biegetheorie achsensymmetrischer Schalen befaßt haben, sind diesen Weg gegangen, bis H. Reissner für die Kugel und bald darauf E. Meissner allgemein gezeigt hat, daß durch eine geeignetere Wahl der Unbekannten die Rechnung wesentlich klarer und einfacher wird. Es ist nämlich möglich, und darin liegt hier der besondere Wert des vereinfachten Elastizitätsgesetzes, alle Schnittkräfte und Formänderungen durch

$$\chi \quad \text{und} \quad r_2 Q_\varphi = U$$

auszudrücken und durch Elimination aller anderen Unbekannten zwei Differentialgleichungen für diese beiden zu gewinnen, die wegen ihres symmetrischen Baues die Lösung sehr erleichtern. Die eine von ihnen ist schnell gefunden. Man braucht nur M_φ und M_ϑ nach (132c, d) in die dritte Gleichgewichtsbedingung (130c) einzusetzen. Eine kleine Zwischenrechnung liefert, wenn man beachtet, daß $K^\cdot/K = 3t^\cdot/t$ ist:

$$\begin{aligned} \frac{r_2}{r_1}\cdot\frac{\chi^{\cdot\cdot}}{r_1} &+ \left[\left(\frac{r_2}{r_1}\right)^\cdot + \frac{r_2}{r_1}\cdot\cot\varphi + 3\frac{r_2}{r_1}\,\frac{t^\cdot}{t}\right]\frac{\chi^\cdot}{r_1} \\ &- \left[\frac{r_1}{r_2}\cdot\cot^2\varphi + \nu - 3\nu\,\frac{t^\cdot}{t}\cdot\cot\varphi\right]\frac{\chi}{r_1} = \frac{r_2 Q_\varphi}{K}. \end{aligned} \qquad (133\,\text{a})$$

Die zweite Gleichung macht etwas mehr Mühe. In sie müssen alle bis jetzt noch nicht benutzten Bedingungen eingehen. Wir erhalten sie aus der Definitionsgleichung für χ, wenn wir die Verschiebungen mit Hilfe von (132a, b) durch die Längskräfte und diese mit Hilfe der Gleichgewichtsbedingungen (130a, b) durch Q_φ ausdrücken.

Aus (132a, b) kann man leicht $v^\cdot + w$ und $v \cot\varphi + w$ berechnen und daraus durch Subtraktion

$$v^\cdot - v \cot\varphi = \frac{1}{D(1-\nu^2)} \left[N_\varphi (r_1 + \nu r_2) - N_\vartheta (r_2 + \nu r_1)\right].$$

Anderseits ergibt sich durch Differenzieren von $v \cot\varphi + w$:

$$v^\cdot \cot\varphi - \frac{v}{\sin^2\varphi} + w^\cdot = \frac{1}{1-\nu^2} \left[\left(\frac{N_\vartheta r_2}{D}\right)^\cdot - \nu \left(\frac{N_\varphi r_2}{D}\right)^\cdot\right],$$

und durch Elimination von $v^\cdot$ aus diesen beiden Gleichungen folgt χ als Funktion der Längskräfte:

$$r_1 \chi = w^\cdot - v = \frac{1}{1-\nu^2} \left[\left(\frac{N_\vartheta r_2}{D}\right)^\cdot + \frac{N_\vartheta}{D}(r_2 + \nu r_1)\cot\varphi - \nu \left(\frac{N_\varphi r_2}{D}\right)^\cdot - \right.$$
$$\left. - \frac{N_\varphi}{D}(r_1 + \nu r_2)\cot\varphi\right]. \tag{134}$$

Um auf die Querkraft überzugehen, stehen noch die beiden Gleichgewichtsbedingungen (130a, b) zur Verfügung. Wir setzen in ihnen die Flächenlasten $p_\varphi = p_r = 0$ und eliminieren N_ϑ:

$$(r N_\varphi \sin\varphi)^\cdot + (r Q_\varphi \cos\varphi)^\cdot = 0.$$

Diese Gleichung läßt sich integrieren:

$$r N_\varphi \sin\varphi + r Q_\varphi \cos\varphi = -\frac{\mathsf{P}}{2\pi}. \tag{135}$$

Die Integrationskonstante P bezeichnet die lotrechte Resultierende der in einem beliebigen Breitenkreis übertragenen Last. Setzen wir sie null, nehmen also an, daß in jedem Randkreis der Schale nur eine Gleichgewichtsgruppe angreift, so muß also

$$N_\varphi = -Q_\varphi \cot\varphi = -\frac{U}{r_2}\cot\varphi \tag{136}$$

sein.

Geht man damit in (130b) ein, so erhält man

$$r_1 N_\vartheta \sin\varphi = -r N_\varphi - (r_2 Q_\varphi)^\cdot \sin\varphi - r_2 Q_\varphi \cos\varphi = -(r_2 Q_\varphi)^\cdot \sin\varphi$$

und daraus auch N_ϑ dargestellt durch die Querkraft:

$$N_\vartheta = -\frac{1}{r_1}(r_2 Q_\varphi)^\cdot = -\frac{U^\cdot}{r_1}. \tag{137}$$

Wenn wir das in (134) einsetzen und nach den Ableitungen von U ordnen, so erhalten wir die zweite Gleichung für U und χ:

$$\frac{r_2}{r_1}\frac{U^{\cdot\cdot}}{r_1} + \left[\left(\frac{r_2}{r_1}\right)^\cdot + \frac{r_2}{r_1}\cot\varphi - \frac{r_2}{r_1}\frac{t^\cdot}{t}\right]\frac{U^\cdot}{r_1} -$$
$$- \left[\frac{r_1}{r_2}\cot^2\varphi - \nu - \nu\frac{t^\cdot}{t}\cot\varphi\right]\frac{U}{r_1} = -D(1-\nu^2)\chi. \tag{133b}$$

Wenn die Schalenstärke t konstant ist, so haben die Ableitungen der Unbekannten in den beiden Gln. (133a, b) dieselben Koeffizienten, so daß wir sie durch Einführung des MEISSNERschen Operators

$$L(\,) = \frac{r_2}{r_1} \cdot \frac{(\,)^{\cdot\cdot}}{r_1} + \left[\left(\frac{r_2}{r_1}\right)^{\cdot} + \frac{r_2}{r_1} \cdot \cot\varphi\right] \frac{(\,)^{\cdot}}{r_1} - \frac{r_1}{r_2} \cot^2\varphi \cdot \frac{(\,)}{r_1} \tag{138}$$

auf die einfache Form bringen können:

$$\left.\begin{aligned} L\chi - \nu \frac{\chi}{r_1} &= \frac{1}{K} \cdot U, \\ L U + \nu \frac{U}{r_1} &= -D(1-\nu^2)\,\chi, \end{aligned}\right\} \tag{134a, b}$$

die ihre Symmetrie deutlich zutage treten läßt.

Wir trennen nun die Unbekannten, indem wir U aus der ersten Gleichung links in die zweite einsetzen und umgekehrt χ aus der zweiten in die erste:

$$\left.\begin{aligned} L L\chi - \nu L \frac{\chi}{r_1} + \nu \frac{1}{r_1} L\chi - \nu^2 \frac{\chi}{r_1^2} &= - \frac{D(1-\nu^2)}{K} \chi, \\ L L U + \nu L \frac{U}{r_1} - \nu \frac{1}{r_1} L U - \nu^2 \frac{U}{r_1^2} &= - \frac{D(1-\nu^2)}{K} U. \end{aligned}\right\} \tag{140a, b}$$

Diese Gleichungen vierter Ordnung lassen sich ganz wesentlich vereinfachen, wenn $r_1 = \text{const}$ ist, also für Kugel, Kreisringfläche, Kegel und Zylinder, denn dann heben sich das zweite und dritte Glied gegenseitig auf, und beide Gleichungen stimmen in ihren Koeffizienten überein. Wenn wir noch die Abkürzung

$$\mu^4 = \frac{D(1-\nu^2)}{K} - \frac{\nu^2}{r_1^2}$$

einführen, so heißt (140b):

$$L L U + \mu^4 U = 0,$$

was auch in der Form

$$(L + i\mu^2)\,(L - i\mu^2)\,U = 0$$

geschrieben werden kann.

Die Lösungen der Differentialgleichungen zweiter Ordnung

$$L U \pm i\mu^2 U = 0 \tag{141a, b}$$

sind also auch Lösungen von (140b). Sie sind konjugiert komplex, und man überzeugt sich leicht, daß sie voneinander linear unabhängig sind. Auch ihre Real- und Imaginärteile, die ja durch Linearkombination daraus gewonnen werden können, bilden ein vollständiges System von Lösungen, das den besonderen Vorteil hat, reell zu sein. Um es zu gewinnen, genügt es, eine der beiden Gleichungen aufzulösen. Unsere Aufgabe ist damit auf die Lösung einer Differentialgleichung zweiter Ordnung mit veränderlichen Koeffizienten zurückgeführt, die wir in den nächsten Abschnitten für Kugel- und Kegelschale näher untersuchen wollen.

Die Bedingung konstanter Meridiankrümmung ist nicht die einzige, für die sich die Differentialgleichungen (140) in Paare von Gleichungen zweiter Ordnung aufspalten lassen, sondern dieselbe Rechnung ist auch bei beliebiger Meridianform möglich, wenn man die Querzahl ν vernachlässigen darf, und in Abschnitt 3 werden wir sehen, daß die Aufspaltung durch eine geeignete Transformation auch für Schalen veränderlicher Wanddicke gelingt, wenn diese nach einem bestimmten, von der Meridianform abhängigen Gesetz verläuft.

2. Kugelschale konstanter Wanddicke

a) Strenge Lösung

Eine der einfachsten und wichtigsten Schalenformen zugleich ist die Kugelschale konstanter Wanddicke, und wir wollen deshalb die eben entwickelte Theorie auf sie zuerst anwenden. Setzen wir $r_1 = r_2 = a$, so geht der MEISSNERsche Operator über in

$$L() = \frac{1}{a}[()^{\cdot\cdot} + ()^{\cdot}\cot\varphi - ()\cot^2\varphi],$$

und statt der Hilfsgröße $U = a\,Q_\varphi$ können wir auch die Querkraft selbst als Unbekannte benutzen. Wenn wir noch die Bezeichnung $2\varkappa^2 = a\,\mu^2$, also

$$\varkappa^4 = \frac{D(1-\nu^2)\,a^2}{4K} - \frac{\nu^2}{4} = 3(1-\nu^2)\frac{a^2}{t^2} - \frac{\nu^2}{4}$$

einführen, so geht (141a) in die Gleichung

$$Q_\varphi^{\cdot\cdot} + Q_\varphi^{\cdot}\cot\varphi - Q_\varphi\cot^2\varphi + 2i\varkappa^2 Q_\varphi = 0 \tag{142}$$

über, deren Lösung wir jetzt zu suchen haben.

Es ist zunächst nötig, die Koeffizienten rational zu machen, indem man etwa $\sin\varphi$, $\cos\varphi$ oder etwas Ähnliches als unabhängige Variable einführt. Wir wählen

$$x = \sin^2\varphi$$

und setzen außerdem

$$Q_\varphi = z\sin\varphi.$$

Dadurch wird erreicht, daß unsere Differentialgleichung in eine hypergeometrische übergeht, also einen Typ, dessen Lösungen schon bekannt sind. Sie heißt

$$\frac{d^2z}{dx^2} + \frac{4-5x}{2x(1-x)}\cdot\frac{dz}{dx} - \frac{1-2i\varkappa^2}{4x(1-x)}\cdot z = 0$$

und hat singuläre Stellen bei $x = 0$, 1 und ∞, von denen die letzte für unsere Aufgabe kein Interesse hat. Durch Vergleich mit der Normal-

form[1]:
$$\frac{d^2 z}{d x^2} + \frac{\gamma - (1 + \alpha + \beta)\, x}{x(1 - x)} \cdot \frac{dz}{dx} - \frac{\alpha\,\beta}{x(1 - x)} \cdot z = 0$$
erhält man die charakteristischen Wurzeln:
$$\alpha = \frac{3 \pm \sqrt{5 + 8 i \varkappa^2}}{4}; \qquad \beta = \frac{3 \mp \sqrt{5 + 8 i \varkappa^2}}{4}; \qquad \gamma = 2.$$
In der Theorie der hypergeometrischen Differentialgleichung wird gezeigt, daß die beiden Reihen
$$z_a = F(\alpha, \beta, \gamma; x),$$
$$z_b = x^{1-\gamma} F(\alpha - \gamma + 1, \beta - \gamma + 1, 2 - \gamma; x)$$
Elementarlösungen sind, wobei die hypergeometrische Reihe $F(\alpha, \beta, \gamma; x)$ definiert ist durch
$$F(\alpha, \beta, \gamma; x) = 1 + \frac{\alpha\,\beta}{1 \cdot \gamma}\, x + \frac{\alpha(\alpha + 1) \cdot \beta(\beta + 1)}{2! \cdot \gamma(\gamma + 1)}\, x^2 + \cdots.$$
Sie konvergiert im Intervall $0 \leqq x < 1$. Setzt man die speziellen Werte unseres Problems ein, so wird daraus
$$F(\alpha, \beta, \gamma; x) = z_a = 1 + \frac{1 - 2 i \varkappa^2}{8} \cdot x + \frac{11 - 24 i \varkappa^2 - 4 \varkappa^4}{192} \cdot x^2 + $$
$$+ \frac{319 - 718 i \varkappa^2 - 164 \varkappa^4 + 8 i \varkappa^6}{9216} \cdot x^3 + \cdots, \tag{143}$$
während z_b entartet. Man kann sich durch einen Grenzübergang statt dessen eine andere Elementarlösung beschaffen, die für $x = 0$ logarithmisch unendlich wird. Für Kuppeln, die im Scheitel geschlossen sind, kommt sie nicht in Frage, und wir wollen hier auf ihre Ausrechnung verzichten.

Neben diesen Lösungen von (141a) stehen uns noch die der Gl. (141b) zur Verfügung, von denen wieder nur die eine
$$\bar{z}_a = F\left(\frac{3 + \sqrt{5 - 8 i \varkappa^2}}{4}, \quad \frac{3 - \sqrt{5 - 8 i \varkappa^2}}{4}, 2; \sin^2\varphi\right)$$
im Scheitel regulär ist. Sie ist zu $F(\alpha, \beta, \gamma; x)$ konjugiert komplex und soll mit $\bar{F}(\alpha, \beta, \gamma; x)$ bezeichnet werden. Dann heißt die allgemeine Lösung für die oben geschlossene Schale
$$Q_\varphi = z \sin\varphi = [A \cdot F(\alpha, \beta, \gamma; x) + B \cdot \bar{F}(\alpha, \beta, \gamma; x)] \sin\varphi. \tag{144a}$$
Um die übrigen Schnittkräfte und die Formänderungen dazu zu bestimmen, berechnen wir zunächst
$$L\,Q_\varphi = \frac{2 i \varkappa^2}{a} (-A F + B \bar{F}) \sin\varphi.$$

---

[1] Siehe z. B. P. Frank, R. v. Mises: Die Differential- und Integralgleichungen der Mechanik und Physik, Bd. 1, 2. Aufl., S. 326ff. Braunschweig 1930.

Nach (139b) ist dann die Tangentendrehung

$$\chi = -\frac{1}{D(1-\nu^2)}\,[a\,L Q_\varphi + \nu\, Q_\varphi] =$$

$$= \frac{1}{D(1-\nu^2)}\,[A\,(2i\varkappa^2 - \nu)F - B(2i\varkappa^2 + \nu)\bar F]\cdot \sin\varphi, \qquad (144\text{b})$$

und nun können die Längskräfte und Momente nach (136), (137) und (132c, d) berechnet werden:

$$\left.\begin{aligned} N_\vartheta &= -A\left(F + 2\frac{dF}{dx}\sin^2\varphi\right)\cos\varphi - B\left(\bar F + 2\frac{d\bar F}{dx}\sin^2\varphi\right)\cos\varphi,\\ N_\varphi &= -Q_\varphi\cot\varphi = -(A F + B\bar F)\cos\varphi,\\ M_\vartheta &= -a\left[\frac{A}{2i\varkappa^2-\nu}\left((1+\nu)F + 2\nu\frac{dF}{dx}\sin^2\varphi\right) - \right.\\ &\quad \left. - \frac{B}{2i\varkappa^2-\nu}\left((1+\nu)\bar F + 2\nu\frac{d\bar F}{dx}\sin^2\varphi\right)\right]\cos\varphi, \end{aligned}\right\}\ (144\text{c--e})$$

$$\begin{aligned} M_\varphi &= -a\left[\frac{A}{2i\varkappa^2+\nu}\left((1+\nu)F + 2\frac{dF}{dx}\sin^2\varphi\right) - \right.\\ &\quad \left. - \frac{B}{2i\varkappa^2-\nu}\left((1+\nu)\bar F + 2\frac{d\bar F}{dx}\sin^2\varphi\right)\right]\cos\varphi. \end{aligned} \qquad (144\text{f})$$

Durch geeignete Bestimmung der konjugiert komplexen Integrationskonstanten A und B kann man zwei Randbedingungen erfüllen, z. B. eine bestimmte waagerechte Verschiebung der Kämpferpunkte und eine gegebene Drehung der Meridiantangente erzwingen.

Wir wollen darauf verzichten, diese Rechnung im einzelnen durchzuführen und verweisen wegen durchgerechneter Zahlenbeispiele auf die Arbeiten von L. Bolle und J.-E. Ekström, in denen auch im Scheitel offene Schalen behandelt sind.

Die Möglichkeit, die gegebene Lösung für numerische Rechnungen zu verwenden, ist leider durch die Konvergenz der darin benutzten Reihen beschränkt. Sie ist, wie man Gl. (143) leicht ansieht, um so schlechter, je größer der Parameter $\varkappa$ ist.

In den von Ekström durchgerechneten Beispielen mit $\varkappa = 10{,}4$ war es schon nötig, 18 Reihenglieder zu berücksichtigen, und für die dünnwandigen Kuppelkonstruktionen mit $\varkappa \approx 30$ ist die Verwendung der strengen Lösung vollkommen hoffnungslos. Man muß sich daher danach umsehen, einen Lösungsweg zu finden, der für große $\varkappa$ gangbar ist, während natürlich für dicke Schalen die Verwendung der strengen Lösung durchaus das gegebene ist.

b) Näherungslösung für dünne Schalen

Um zu einer für dünne Schalen brauchbaren Lösung zu gelangen, gehen wir von einer Erfahrung aus, die wir in der Theorie der Zylinderschalen gemacht haben. Wir sahen dort, daß die durch eine Belastung eines Zylinderrandes $x = \text{const}$ erzeugten Schnittkräfte mit wachsendem Abstand vom Rande nach Art gedämpfter Wellen abklingen und bald sehr klein werden. Dasselbe dürfen wir für eine Randbelastung an einer dünnen Drehschale erwarten. Die erste Ableitung einer jeden Schnittkraft nach der Koordinate φ ist dann groß gegen die Schnittkraft selbst und die zweite Ableitung wiederum groß gegen die erste. Solange φ nicht zu klein und daher $\cot\varphi$ nicht zu groß ist, kann man deshalb im MEISSNERschen Operator Q_φ und $\dot{Q}_\varphi$ gegen $\ddot{Q}_\varphi$ vernachlässigen und einfach

$$a \cdot L Q_\varphi \approx \frac{d^2 Q_\varphi}{d\varphi^2}$$

setzen. Die Differentialgleichung (142) vereinfacht sich damit zu

$$\ddot{Q}_\varphi \pm 2 i \varkappa^2 \cdot Q_\varphi = 0$$

und kann durch den Exponentialansatz

$$Q_\varphi = e^{\lambda \varphi}$$

gelöst werden. Die charakteristische Gleichung, die man durch Einsetzen erhält, heißt

$$\lambda^2 \pm 2 i \varkappa^2 = 0$$

und hat die Lösungen

$$\lambda = \pm(1 \pm i)\varkappa.$$

Von den vier Lösungen entsprechen die beiden mit positivem Realteil unserer Voraussetzung, daß sie vom Rand $\varphi = \varphi_1$ aus in Richtung abnehmender φ in gedämpften Wellen verlaufen. Die beiden anderen klingen in der ungekehrten Richtung ab und sind daher dazu geeignet, die Störung am oberen Rand $\varphi = \varphi_2$ einer im Scheitel durchbrochenen Schale zu beschreiben. Wir führen zur Vereinfachung für die beiden Teile der Lösung als Koordinaten den Winkelabstand von den beiden Schalenrändern ein:

$$\omega_1 = \varphi_1 - \varphi, \qquad \omega_2 = \varphi - \varphi_2$$

und können dann, indem wir von den Integrationskonstanten noch geeignete Faktoren abspalten, die allgemeine Lösung in der Form schreiben:

$$Q_\varphi = e^{-\varkappa \omega_1}(A_1 \cos\varkappa\,\omega_1 + B_1 \sin\varkappa\,\omega_1) + e^{-\varkappa \omega_2}(A_2 \cos\varkappa\,\omega_2 + B_2 \sin\varkappa\,\omega_2).$$

Für Schalen mit einfachen Randbedingungen erweist es sich als zweckmäßiger, Kosinus und Sinus desselben Winkels zusammenzufassen und unter Einführung neuer Konstanten C_1, C_2, ψ_1, ψ_2 zu schreiben:

$$Q_\varphi = C_1 e^{-\varkappa \omega_1} \sin(\varkappa\,\omega_1 + \psi_1) + C_2 e^{-\varkappa \omega_2} \sin(\varkappa\,\omega_2 + \psi_2). \quad (145\text{a})$$

Indem man wieder den Gang der Rechnung rückwärts verfolgt und dabei überall 1 gegen $\varkappa$ vernachlässigt, findet man die anderen zu dieser Lösung gehörenden Schnittkräfte und die Drehung der Meridiantangente:

$$\left.\begin{aligned}
N_\vartheta &= \varkappa\sqrt{2}\left[-C_1\cdot e^{-\varkappa\omega_1}\cdot\sin\left(\varkappa\omega_1+\psi_1-\frac{\pi}{4}\right)+\right.\\
&\quad\left.+C_2\cdot e^{-\varkappa\omega_2}\cdot\sin\left(\varkappa\omega_2+\psi_2-\frac{\pi}{4}\right)\right],\\
N_\varphi &= -Q_\varphi\cdot\cot\varphi,\\
M_\varphi &= \frac{a}{\varkappa\sqrt{2}}\left[C_1\cdot e^{-\varkappa\omega_1}\cdot\sin\left(\varkappa\omega_1+\psi_1+\frac{\pi}{4}\right)-\right.\\
&\quad\left.-C_2\cdot e^{-\varkappa\omega_2}\cdot\sin\left(\varkappa\omega_2+\psi_2+\frac{\pi}{4}\right)\right],\\
M_\vartheta &= \nu M_\varphi,\\
\chi &= \frac{2\varkappa^2}{D(1-\nu^2)}\left[C_1\cdot e^{-\varkappa\omega_1}\cdot\cos(\varkappa\omega_1+\psi_1)+\right.\\
&\quad\left.+C_2\cdot e^{-\varkappa\omega_2}\cdot\cos(\varkappa\omega_2+\psi_2)\right].
\end{aligned}\right\} \quad (145\,\text{b–f})$$

Die Integrationskonstante C_1 und der zugehörige Phasenwinkel ψ_1 sind aus den Bedingungen am Kämpferrand $\varphi = \varphi_1$ zu bestimmen, während das Glied mit C_2 und ψ_2 in den Formeln die Zwängungen an einem etwa vorhandenen oberen Rande darstellt.

Als Anwendungsbeispiel seien die Spannungen berechnet, die durch eine Erwärmung um $T = 15\,°\text{C}$ in der in Abb. 90 gezeichneten Kuppel mit eingespanntem

a 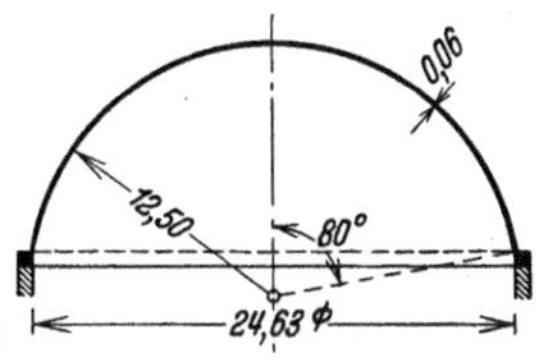

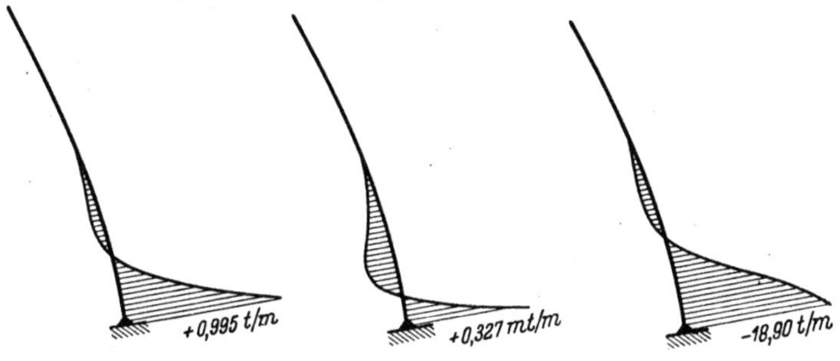

b Q_φ M_φ N_ϑ

Abb. 90 a, b. Temperaturspannungen in einer Kugelschale mit eingespanntem Kämpfer

Kämpfer entstehen. Der Ausdehnungskoeffizient des Baustoffes sei α. Dann hätte der Kämpferkreis der erwärmten Kuppel im spannungslosen Zustand den Halbmesser $a\cdot\sin 80°\cdot(1+\alpha T)$. Die Randkräfte der Kuppel müssen so groß sein, daß sie für sich allein gerade die dieser Formänderung entgegengesetzte Dehnung $\varepsilon_\vartheta = -\alpha T$ erzeugen, zu der unter Vernachlässigung der Querdehnung eine Ringlängskraft

$$N_\vartheta = E\,t\,\varepsilon_\vartheta = -E\,t\,\alpha\,T$$

gehört. Die zweite Randbedingung fordert, daß die Verdrehung χ am Kämpfer null ist, und liefert sofort $\psi_1 = \pi/2$. Aus der Bedingung für N_ϑ folgt dann weiter

$$C_1 = \frac{E\,t\,\alpha\,T}{\varkappa}.$$

Setzt man die in der Abbildung angegebenen Abmessungen und ferner für Stahlbeton $\alpha = 10^{-5}/°\mathrm{C}$, $E = 2{,}1 \cdot 10^5\ \mathrm{kg/cm^2}$ ein, so erhält man die in Abb. 90b dargestellten Schnittkräfte.

Schon zu Beginn der Rechnung haben wir festgestellt, daß das Näherungsverfahren versagt, wenn $\cot\varphi$ zu groß wird. Wir können uns jetzt an Hand der Lösung genauere Rechenschaft über die Grenzen ihrer Verwendbarkeit geben. Wir haben $\dot{Q}_\varphi \cot\varphi = \lambda \cdot Q_\varphi \cot\varphi$ vernachlässigt gegen $\ddot{Q}_\varphi = \lambda^2 \cdot Q_\varphi$. Da $\lambda = (1 + i)\,\varkappa$ ist, so ist unsere Lösung berechtigt, solange $\cot\varphi \ll \varkappa$. In unserem Beispiel ist $\varkappa = \sqrt[4]{3} \cdot \sqrt{a/t} = 19{,}00$. Wir werden daher am Kämpfer ($\cot 80° = 0{,}176$) Fehler von etwa 1% zu erwarten haben und bei $\varphi = 45°$, wo die Schnittkräfte schon unmerklich geworden sind, ist die Unsicherheit erst auf 5% angewachsen. Das ist eine für praktische Zwecke bei weitem ausreichende Genauigkeit.

c) Lösung durch numerische Integration

Die eben beschriebene Lösung versagt in der Nähe des Kugelscheitels, wo $\cot\varphi \to \infty$ geht. Man braucht deshalb für diesen Bereich besondere Lösungsverfahren. Ein Verfahren, das nicht nur hier, sondern immer hilft und auch auf beliebige Schalenformen erweitert werden kann, ist die numerische Integration der Differentialgleichung (142), die darin besteht, daß man, ausgehend von beliebig angenommenen Randwerten für Q_φ und $\dot{Q}_\varphi$ aus der Differentialgleichung $\ddot{Q}_\varphi$ berechnet und damit für einen dem Rand benachbarten Punkt, dessen Koordinate um $\Delta\varphi$ kleiner ist, die Querkraft $Q_\varphi - \dot{Q}_\varphi \cdot \Delta\varphi$ und ihre erste Ableitung $\dot{Q}_\varphi - \ddot{Q}_\varphi \cdot \Delta\varphi$ bestimmt. Dann kann man wieder aus der Differentialgleichung die zugehörige zweite Ableitung ausrechnen und damit zum nächsten Nachbarpunkt extrapolieren. Durch Fortsetzung des Verfahrens kann man Schritt für Schritt eine Lösung von (142) gewinnen, die natürlich komplexe Werte hat.

Wir haben dasselbe Rechenverfahren schon auf S. 52ff. für die Berechnung der Membranspannungen in beliebig geformten und unsymmetrisch belasteten Rotationsschalen benutzt, und genauso wie dort erhält man auch hier für willkürlich angenommene Randwerte Lösungen, die im Kuppelscheitel singulär sind, und hat daraus in derselben Weise durch Linearkombination reguläre Lösungen zu bilden.

Um die praktische Brauchbarkeit des Verfahrens für numerische Rechnungen nachzuprüfen, ist für die in Abb. 91 dargestellte sehr dünnwandige Kuppel der Spannungszustand in der Umgebung des Oberlichtes berechnet worden. Als Belastung wirkt außer dem Eigengewicht der Schale eine lotrechte Belastung des Druckringes, die gleich dem Gewicht des im Oberlichtausschnitt fehlenden Stückes der Kugelschale gewählt wurde, eine Annahme, die für leichte Oberlichtkonstruktionen oft zutrifft.

Es wurden zunächst, von beliebigen Randwerten ausgehend, zwei Lösungen berechnet, die beide schon in geringem Abstand vom Schalenrand stark zu wachsen begannen. Durch Interpolation wurden Randwerte bestimmt, die eine wesentlich bessere Lösung ergaben und durch nochmalige Interpolation zwischen dieser und der besseren der beiden ersten die Ausgangswerte für eine vierte Lösung gewonnen. Aus der dritten und vierten konnte dann durch Interpolation der Funktionswerte die endgültige Lösung gebildet werden, die sich im interessierenden Bereich nicht mehr von der regulären unterscheidet und deren Real- und Imaginärteil für sich die beiden regulären Lösungen der Gleichung vierter Ordnung (140b) sind, die wir zur Beschreibung des Spannungszustandes unserer Kuppel brauchen.

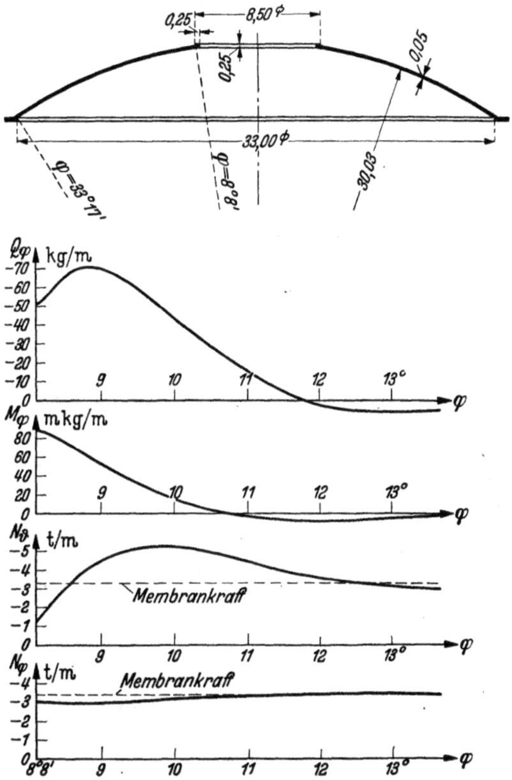

Abb. 91. Biegespannungen einer Kugelschale in der Umgebung des Laternenausschnittes

Zur Bestimmung der beiden Integrationskonstanten, mit denen diese Elementarlösungen multipliziert werden müssen, dienen die beiden Bedingungen, daß die Endverdrehung χ und die Ringdehnung ε_ϑ der Kuppel mit den entsprechenden Größen des durch die Randschnittkräfte Q_φ, N_φ, M_φ der Schale belasteten Druckringes übereinstimmen müssen. Die numerische Durchführung dieser Rechnung und die anschließende Auswertung der Formeln (136), (137), (139b) und (132c) ergibt die in Abb. 91 dargestellten Schnittkräfte.

d) Einzelkräfte und kleine Ausschnitte

Wenn das eben geschilderte Verfahren der numerischen Integration auch gegenüber der Lösung durch Potenzreihen den Vorzug verdient, so ist es doch immer mühsam genug, und man besitzt glücklicherweise für die Scheitelzone ein Näherungsverfahren, das bei dünnen Schalen gut arbeitet.

Beschränkt sich nämlich die Zone, in der Biegemomente von merklicher Größe auftreten, auf einen Bereich, in dem man die LAURENT-Entwicklung von $\cot\varphi$:

$$\cot\varphi = \frac{1}{\varphi} - \frac{\varphi}{3} - \cdots$$

durch ihre erstes Glied ersetzen kann, so geht die Differentialgleichung (142) in die BESSELsche Gleichung

$$\ddot{Q_\varphi} + \frac{1}{\varphi}\cdot\dot{Q_\varphi} - \frac{1}{\varphi^2}\cdot Q_\varphi + 2\,i\,\varkappa^2\cdot Q_\varphi = 0$$

über. Im Rahmen dieser Annäherung ist $\varphi^2 \ll 1$, während $\varkappa^2\,\varphi^2$ nicht gegen 1 vernachlässigbar ist. Daraus folgt, daß auch $\varkappa^{-2} \ll 1$ ist und an entsprechenden Stellen vernachlässigt werden sollte.

Um die Differentialgleichung für Q_φ auf die übliche Normalform zu bringen, müssen wir die komplexe Größe

$$\xi = \varkappa\sqrt{2\,i}\cdot\varphi = x\sqrt{i}$$

als unabhängige Veränderliche einführen. Dann heißt die Gleichung:

$$\frac{d^2 Q_\varphi}{d\,\xi^2} + \frac{1}{\xi}\,\frac{dQ_\varphi}{d\xi} + \left(1 - \frac{1}{\xi^2}\right)Q_\varphi = 0. \tag{146}$$

Ihre Lösungen sind die BESSELschen Funktionen erster Ordnung von ξ. Von ihnen interessiert uns nur diejenige, die mit wachsendem φ abklingt, und das ist die erste HANKELsche $H_1^{(1)}(\xi)$. Sie hat für das komplexe Argument selbst komplexe Werte. Unter Benutzung der THOMSON-Funktionen, die wir auf S. 163 ausführlich besprochen haben, kann man sie in Real- und Imaginärteil zerlegen, von denen jeder für sich eine Lösung der ursprünglichen Differentialgleichung vierter Ordnung ist, mithin auch die durch Linearkombination daraus hervorgehenden Funktionen $\operatorname{ker}' x$ und $\operatorname{kei}' x$ selbst. Wir erhalten also für die Querkraft

$$Q_\varphi = A\operatorname{ker}' x + B\operatorname{kei}' x \tag{147 a}$$

und daraus unter Benutzung der auf S. 164 angegebenen Formeln für die zweiten Ableitungen der THOMSON-Funktionen die übrigen Schnittkräfte und die Tangentendrehung χ:

$$\left.\begin{aligned} N_\varphi &= -\varkappa\sqrt{2}\,x^{-1}[A\operatorname{ker}' x + B\operatorname{kei}' x],\\ N_\vartheta &= \varkappa\sqrt{2}\,[A(\operatorname{kei} x + x^{-1}\operatorname{ker}' x) - B(\operatorname{ker} x - x^{-1}\operatorname{kei}' x)],\\ \chi &= \frac{2\,\varkappa^2}{D(1-\nu^2)}[A\operatorname{kei}' x - B\operatorname{ker}' x]\end{aligned}\right\} \tag{147 b—d}$$

$$\left.\begin{aligned} M_\varphi &= \frac{a}{\varkappa\sqrt{2}}\,[A\,(\ker x-(1-\nu)\,x^{-1}\,\mathrm{kei}'\,x)+\\ &\qquad\qquad +B\,(\mathrm{kei}\,x+(1-\nu)\,x^{-1}\ker'\,x)],\\ M_\vartheta &= \frac{a}{\varkappa\sqrt{2}}\,[A\,(\nu\ker x+(1-\nu)\,x^{-1}\,\mathrm{kei}'\,x)+\\ &\qquad\qquad +B\,(\nu\,\mathrm{kei}\,x-(1-\nu)\,x^{-1}\ker'x)]. \end{aligned}\right\}\quad(147\,\mathrm{e,f})$$

Man kann die Gln. (147a—f) auch benutzen, um die Wirkung einer radialen Einzellast auf eine Kugelschale zu untersuchen. Dabei muß man allerdings vorsichtig verfahren, denn es genügt nicht, einfach zu fordern, daß die Querkraft Q_φ im Scheitel so unendlich werden soll, daß dadurch die Einzelkraft getragen wird. Wir haben nämlich bei der Herleitung der Differentialgleichungen auf S. 171 die ausdrückliche Voraussetzung gemacht, daß an einem Schalenrand, und der Lastpunkt ist ja ein entarteter Rand, nur eine Gleichgewichtsgruppe angreifen darf. Es ist deshalb nötig, auf Gl. (135) zurückzugreifen und sie an Stelle von (136) der auf S. 171 vorgeführten Rechnung zugrunde zu legen. Ist die Wanddicke konstant, so ergibt sich dann statt (133b) die Gleichung

$$\frac{r_2}{r_1}\frac{U^{\cdot\cdot}}{r_1}+\left[\left(\frac{r_2}{r_1}\right)^{\cdot}+\frac{r_2}{r_1}\cot\varphi\right]\frac{U^{\cdot}}{r_1}-\left[\frac{r_1}{r_2}\cot^2\varphi-\nu\right]\frac{U}{r_1}-$$
$$-\frac{\mathsf{P}}{2\pi\,r_1\sin^2\varphi}\left[\left(\frac{r_2}{r_1}\right)^{\cdot}-\frac{r_2}{r_1}\cot\varphi+\frac{r_1}{r_2}\cot\varphi\right]=-D\,(1-\nu^2)\,\chi\,.$$

Man sieht, daß die von der Kraft P herrührenden Zusatzterme für die Kugelschale fortfallen. Die Differentialgleichung (146) und ihre Lösung (147a) sind also ohne weiteres benutzbar, und nur bei der Berechnung der übrigen Schnittkräfte müssen wir beachten, daß jetzt (135) an Stelle von (136) zu treten hat. Man erhält dann an Stelle von (147b, c) für die beiden Längskräfte

$$\left.\begin{aligned} N_\varphi &= -\varkappa\sqrt{2}\,x^{-1}\,[A\ker'\,x+B\,\mathrm{kei}'\,x]-\frac{\mathsf{P}}{2\pi a}\,\varphi^{-2},\\ N_\vartheta &= \varkappa\sqrt{2}\,[A\,(\mathrm{kei}\,x+x^{-1}\ker'x)-B(\ker x-x^{-1}\,\mathrm{kei}'\,x)]+\\ &\qquad\qquad +\frac{\mathsf{P}}{2\pi a}\,\varphi^{-2}, \end{aligned}\right\}(147\,\mathrm{b}',\mathrm{c}')$$

während die Meridiandrehung χ und die Biegemomente ungeändert bleiben.

Zur Bestimmung der beiden Konstanten A, B steht uns nur die Forderung zur Verfügung, daß die Lösung nicht stärker als nötig singulär sein soll. Wenn man eine Kreisplatte mit einer Einzelkraft in der Mitte belastet, so hat die Biegefläche im Lastpunkt eine horizontale Tangentialebene und die Biegemomente werden logarithmisch unendlich. Für die Schale können wir zumindest dasselbe erwarten. Nun ist $\ker'0=-\infty$, $\mathrm{kei}'0=0$, und wir sehen aus (147d), daß wir $B=0$

wählen müssen, wenn wir $\chi = 0$ haben wollen. Die Forderung einer höchstens logarithmischen Unendlichkeitsstelle für M_φ führt auf dieselbe Beziehung. Wir erhalten eine Gleichung zur Bestimmung von A, wenn wir die Singularität von N_φ untersuchen. Die beiden in (147b′) vorkommenden Funktionen lassen sich in der Umgebung der Stelle $x = 0$ in folgender Form darstellen[1]

$$\operatorname{ker}' x = -x^{-1} + \left(\frac{1}{16} x^3 + \cdots\right) \ln x + \text{Potenzreihe},$$

$$\operatorname{kei}' x = -\left(\frac{1}{2} x + \cdots\right) \ln x + \text{Potenzreihe},$$

und die Potenzreihen haben kein konstantes Glied. Wenn man diese Ausdrücke in (147b′) einführt, nur die singulären Glieder ausschreibt und $B = 0$ setzt, erhält man

$$N_\varphi = \left[\varkappa \sqrt{2}\, A - \frac{\mathsf{P}\, \varkappa^2}{\pi\, a}\right] x^{-2} + \cdots .$$

Es ist offenbar möglich, die Singularität zu beseitigen, indem man

$$A = \frac{\mathsf{P}\, \varkappa}{\pi \sqrt{2}\, a}$$

wählt. Die Biegemomente werden dann

$$\left.\begin{aligned} M_\varphi &= \frac{\mathsf{P}}{2\pi} [\operatorname{ker} x - (1 - \nu)\, x^{-1} \operatorname{kei}' x], \\ M_\vartheta &= \frac{\mathsf{P}}{2\pi} [\nu \operatorname{ker} x + (1 - \nu)\, x^{-1} \operatorname{kei}' x]. \end{aligned}\right\} \tag{143}$$

Man überzeugt sich leicht, daß diese Momente dieselbe Singularität haben, wie die Biegemomente einer Kreisplatte mit einer Einzellast in der Mitte.

3. Schale mit beliebiger Meridianform und veränderlicher Wanddicke

a) Strenge Lösung

Die allgemeine Biegetheorie der durch drehsymmetrisch verteilte Randkräfte belasteten Drehschale hat von den beiden simultanen Differentialgleichungen (133) auszugehen. Um sie ebenso lösen zu können wie die einfacheren Gleichungen für die Kugel konstanter Wanddicke muß man zunächst dafür sorgen, daß die Koeffizienten von $\chi^{\cdot}$ und $U^{\cdot}$ übereinstimmen, damit man durch Einführung eines geeigneten Operators auf ein zu (139) ähnliches Gleichungssystem kommen kann. Aus ihm lassen sich leicht durch Elimination der einen oder der anderen

[1] Siehe z. B. W. Flügge: Four-Place Tables of Transcendental Functions, S. 62. London 1954.

Unbekannten zwei voneinander unabhängige Gleichungen vierter Ordnung gewinnen, von deren Aufspaltbarkeit dann die Weiterführung der Rechnung abhängt.

Der erste Schritt, den wir zur Durchführung dieses Programms zu tun haben, die Herstellung gleicher Koeffizienten bei den ersten Ableitungen, gelingt mit der einfachen Variabelntransformation

$$\chi = \frac{V}{t^2},$$

durch die Gl. (133a) auf die Form

$$\frac{r_2}{r_1}\frac{V^{\cdot\cdot}}{r_1} + \left[\left(\frac{r_2}{r_1}\right)^{\cdot} + \frac{r_2}{r_1}\cot\varphi - \frac{r_2}{r_1}\frac{t^{\cdot}}{t}\right]\frac{V^{\cdot}}{r_1} - \left[\frac{r_1}{r_2}\cot^2\varphi + \nu - 3\nu\frac{t^{\cdot}}{t}\cot\varphi + \right.$$
$$\left. + 2\left(\left(\frac{r_2}{r_1}\right)^{\cdot} + \frac{r_2}{r_1}\cot\varphi\right)\frac{t^{\cdot}}{t} + 2\frac{r_2}{r_1}\frac{t^{\cdot\cdot}}{t}\right]\frac{V}{r_1} = \frac{U t^2}{K} \tag{149}$$

gebracht wird, in der der Koeffizient von $V^{\cdot}$ tatsächlich mit dem von $U^{\cdot}$ in (133b) übereinstimmt. Da wir später bei der Elimination differenzieren müssen, empfiehlt es sich, beide Gleichungen mit t zu erweitern, denn dann werden die Koeffizienten der rechten Seiten konstant. Wir definieren daher für die allgemeine Theorie der achsensymmetrischen Schalen den Operator

$$L^*(\;) = \frac{r_2 t}{r_1^2}(\;)^{\cdot\cdot} + \left[\left(\frac{r_2}{r_1}\right)^{\cdot}\frac{t}{r_1} + \frac{r_2 t}{r_1^2}\cot\varphi - \frac{r_2 t^{\cdot}}{r_1^2}\right](\;)^{\cdot} -$$
$$- \left[\frac{t}{r_2}\cot^2\varphi - \nu\frac{t}{r_1} - \nu\frac{t^{\cdot}}{r_1}\cot\varphi\right](\;).$$

Er stimmt für $t^{\cdot} = 0$ nicht genau mit L überein, sondern unterscheidet sich durch einen Faktor t und durch den mittleren Summanden der letzten eckigen Klammer. Das hat man zu beachten, wenn man durch Spezialisierung der Formeln dieses Abschnittes die für die Schalen konstanter Meridiankrümmung und Wanddicke gefundenen Beziehungen herleiten will.

Wenn wir noch die Abkürzung

$$f(\varphi) = 2\nu\frac{t}{r_1} - 2\nu\frac{t^{\cdot}}{r_1}\cot\varphi + 2\left(\left(\frac{r_2}{r_1}\right)^{\cdot} + \frac{r_2}{r_1}\cot\varphi\right)\frac{t^{\cdot}}{r_1} + 2\frac{r_2 t^{\cdot\cdot}}{r_1^2}$$

einführen und für D und K ihre Werte einsetzen, so erhalten die beiden Gln. (149) und (133b) die einfache Form

$$\left.\begin{aligned} L^* V - f(\varphi)\cdot V &= \frac{12(1-\nu^2)}{E}\cdot U, \\ L^* U &= -E\cdot V, \end{aligned}\right\} \tag{150a, b}$$

und die Elimination liefert

$$\left.\begin{aligned} L^* L^* V - L^*(f V) + 12(1-\nu^2) V = 0, \\ L^* L^* U - f L^* U + 12(1-\nu^2) U = 0. \end{aligned}\right\} \tag{151a, b}$$

Wir legen uns nun die Frage vor, wann sich diese Gleichungen aufspalten lassen in Differentialgleichungen zweiter Ordnung, die wir in der Form

$$L^* U + c\, U = 0 \tag{152}$$

ansetzen. Die Aufspaltungsbedingung erhalten wir, indem wir aus (152) und (151b) den Operator L^* eliminieren. Der Ansatz (152) liefert

$$L^* L^* U = -c\, L^* U = c^2\, U ,$$

und wenn man das und $L^* U$ in (151b) einsetzt, so wird daraus

$$\left(c^2 + c\, f + 12(1 - \nu^2)\right) U = 0 .$$

Das ist nur möglich, wenn die Klammer verschwindet, und dazu muß einerseits $f(\varphi) = \text{const}$ sein und andererseits c einen der Werte

$$c_{1,2} = \frac{1}{2}\left(-f \pm \sqrt{f^2 - 48(1 - \nu^2)}\right)$$

annehmen. Zu c_1 und c_2 gehört je eine Gleichung der Form (152). Da praktisch immer $f^2 \ll 48(1 - \nu^2)$ ist, so können sie nie identisch sein und haben daher immer linear voneinander unabhängige Lösungssysteme, so daß sie zusammen tatsächlich die Gleichung vierter Ordnung (151b) ersetzen können. Die zweite Unbekannte V findet man nach (150b) und (152):

$$V = -\frac{L^* U}{E} = \frac{c}{E}\, U , \tag{153}$$

wobei für c entweder c_1 oder c_2 einzusetzen ist, je nachdem, ob U eine Lösung der einen oder anderen Zerfallsgleichung ist.

Die Zerfallsbedingung $f(\varphi) = \text{const}$ ist bei gegebener Meridianform der Schale eine Differentialgleichung für den Verlauf der Wanddicke $t = t(\varphi)$. Wenn $r_1 = \text{const}$ ist, so hat sie die in den Abschnitten 2 und 4 benutzte Lösung $t = \text{const}$, die aber natürlich nicht die einzig mögliche ist, denn die vollständige Lösung muß bei allen Schalen drei Parameter haben, nämlich die beiden Integrationskonstanten, die zu einer Differentialgleichung zweiter Ordnung gehören, und den beliebig wählbaren Wert des Konstanten f. Sie ist nicht immer leicht zu berechnen, und die Integration der Grundgleichung (152) macht dann entsprechende Schwierigkeiten, denn in deren Koeffizienten geht ja die Funktion $t(\varphi)$ ein.

b) Näherungslösung für dünne Schalen

Wir haben schon bei der Kugelschale mit konstanter Wanddicke gesehen, wie kompliziert und mühsam die Berechnung der Biegungsspannungen selbst in einem so einfachen Fall werden kann. Bei einer Schale mit veränderlicher Meridiankrümmung liegen die Dinge natürlich noch viel schlimmer; denn selbst, wenn man durch geeignete Wahl der Wanddicke die Zerfallsbedingung erfüllen kann, sind die Grundgleichungen (152) doch meist von verwickeltem Bau, und wenn ihre Integration überhaupt gelingt, so führt sie ähnlich wie bei der Kugelschale auf Reihen, deren Koeffizienten steigende negative Potenzen der Schalendicke im Zähler enthalten, so daß sie um so schlechter konvergieren, je dünner die Schale ist. Auf der anderen Seite haben wir bei allen bisher durchgerechneten Beispielen immer wieder die Erfahrung gemacht, daß die von einer Randbelastung herrührenden Spannungen mit wachsender Entfernung von diesem Rande sehr schnell kleiner werden, daß also überall die Voraussetzung erfüllt ist, auf die wir bei der Kugel das auf S. 175ff. besprochene Näherungsverfahren aufgebaut haben. Es liegt daher nahe, in diesem Verhalten eine allgemeine Eigenschaft aller achsensymmetrischen Schalen zu vermuten, und diese Vermutung hat sich bislang auch bei jeder rechnerischen Nachprüfung bewährt. Die in der Literatur gelegentlich gegebene Begründung durch das Prinzip von SAINT-VENANT ist nicht stichhaltig, denn in einer kreisförmigen Platte oder Scheibe, deren Rand durch Momente oder Längskräfte belastet ist, klingen die Spannungen nicht ab, sondern sind im ganzen Inneren konstant. Wir werden daher auch bei Schalen vorsichtig sein müssen, wenn die Meridianneigung φ klein ist.

Aus dem Abklingen der Spannungen und Formänderungen haben wir schon auf S. 176 für die Kugelschale gefolgert, daß man die Unbekannten und ihre niederen Ableitungen gegen die höchste vorkommende vernachlässigen können. Wendet man das auf den Operator L^* an, so vereinfacht er sich zu

$$L^*(\ ) = \frac{r_2 t}{r_1^2}(\ )^{\cdot\cdot},$$

und die Gl. (151b), in der man $L^* U$ vernachlässigen kann, geht über in

$$\frac{r_2 t}{r_1^2}\left(\frac{r_2^3 t}{r_1^2} Q_\varphi^{\cdot\cdot}\right)^{\cdot\cdot} = -12(1-\nu^2)\, r_2 Q_\varphi .$$

Wenn wir links ausdifferenzieren, so können wir wieder die Summanden mit $Q_\varphi^{\cdot\cdot}$ und $Q_\varphi^{\cdot\cdot\cdot}$ weglassen und erhalten, wenn wir noch die Abkürzung

$$\varkappa^4 = \frac{D(1-\nu^2)\, r_1^4}{4K\, r_2^2} = 3(1-\nu^2)\frac{r_1^4}{t^2 r_2^2}$$

einführen, die einfache Gleichung

$$Q_\varphi^{::} + 4\varkappa^4 Q_\varphi = 0,$$

oder an ihrer Stelle die beiden Gleichungen

$$Q_\varphi^{\cdot\cdot} \pm 2i\varkappa^2 = 0. \tag{154}$$

Der Parameter $\varkappa$ ist im allgemeinen von φ abhängig und muß, wenn unsere Näherungstheorie brauchbar sein soll, eine große Zahl sein.

Für jede Schalenform gibt es, wie man aus der Definitionsgleichung von $\varkappa$ ablesen kann, einen ganz bestimmten Verlauf der Schalendicke, für den $\varkappa = \text{const}$ wird. In diesem Fall kann man Gl. (154) durch einen Exponentialansatz lösen, und die ganze Rechnung verläuft genau so, wie wir es bei der Kugelschale auf S. 176 kennengelernt haben. Da die von einer Randbelastung erzeugten Schnittkräfte immer nur in einer Randzone wesentliche Werte annehmen, wird man auch dann, wenn $\varkappa$ langsam veränderlich ist, oft damit auskommen, es durch einen konstanten Mittelwert zu ersetzen, um so eher, als ja die ganze Rechnung schon wegen der in der Differentialgleichung enthaltenen Vernachlässigungen nur eine Näherung darstellt.

Unter den Schalen mit stark veränderlichem $\varkappa$ führt vor allem der Fall, daß

$$\varkappa = \frac{\alpha}{\beta + \varphi} \tag{155}$$

ist, auf eine einfache Lösung. Da $\varkappa$ groß ist, muß auch $|\alpha| \gg 1$ sein. Im übrigen können α und β beliebige, auch negative Werte haben, und es ist meist leicht möglich, sie so zu wählen, daß in der für die Rechnung interessierenden Randzone der Schale der Verlauf von $\varkappa$ durch diesen Ansatz mit hinreichender Genauigkeit wiedergegeben wird. Setzt man ihn in (154) ein, so wird daraus:

$$\ddot{Q}_\varphi \pm \frac{2i\alpha^2}{(\beta+\varphi)^2} Q_\varphi = 0,$$

und das wird befriedigt durch den Ansatz

$$Q_\varphi = (\beta + \varphi)^r.$$

Führt man ihn in die Differentialgleichungen ein, so liefert er für r die quadratischen Gleichungen

$$r(r-1) \pm 2i\alpha^2 = 0.$$

Sie haben die Lösungen

$$r = \frac{1}{2} \pm \sqrt{\frac{1}{4} \pm 2i\alpha^2}.$$

Unter der Wurzel ist $\frac{1}{4} \ll 2\alpha^2$. Der Radikand ist also nur wenig von einer rein imaginären Zahl verschieden, und man kann näherungsweise schreiben:

$$r = \frac{1}{2} \pm (1 \pm i\alpha)\,\alpha,$$

wobei alle vier Vorzeichenkombinationen möglich sind und die vier Elementarlösungen des Gleichungspaares (154) ergeben:

$$Q_\varphi = (\beta+\varphi)^{\alpha+\frac{1}{2}}[C_1(\beta+\varphi)^{i\alpha} + C_2(\beta+\varphi)^{-i\alpha}] \\ + (\beta+\varphi)^{-(\alpha-\frac{1}{2})}[C_3(\beta+\varphi)^{i\alpha} + C_4(\beta+\varphi)^{-i\alpha}].$$

Die eckigen Klammern lassen sich auf reelle Form bringen:

$$C_1(\beta+\varphi)^{i\alpha}+C_2(\beta+\varphi)^{-i\alpha}=C_1\,e^{i\alpha\ln(\beta+\varphi)}+C_2\,e^{-i\alpha\ln(\beta+\varphi)}$$
$$=(C_1+C_2)\cos[\alpha\ln(\beta+\varphi)]+i(C_1-C_2)\sin[\alpha\ln(\beta+\varphi)]$$
$$=A\cos[\alpha\ln(\beta+\varphi)+\gamma_1]=A\cos\left[\alpha\ln\frac{\beta+\varphi}{\beta+\varphi_1}-\psi_1\right]$$

und entsprechend

$$C_3(\beta+\varphi)^{i\alpha}+C_4(\beta+\varphi)^{-i\alpha}=B\cos\left[\alpha\ln\frac{\beta+\varphi}{\beta+\varphi_2}-\psi_2\right],$$

wobei φ_1 und φ_2 die Werte von φ am unteren und oberen Schalenrand sind. Damit ergibt sich endgültig für die Querkraft:

$$Q_\varphi=A(\beta+\varphi)^{\alpha+\frac{1}{2}}\cos\left[\alpha\ln\frac{\beta+\varphi}{\beta+\varphi_1}-\psi_1\right]+$$
$$+B(\beta+\varphi)^{-(\alpha-\frac{1}{2})}\cos\left[\alpha\ln\frac{\beta+\varphi}{\beta+\varphi_2}-\psi_2\right]. \qquad (156\,\mathrm{a})$$

Da wir im Laufe der Rechnung davon Gebrauch gemacht haben, daß α eine verhältnismäßig große Zahl ist, könnte man versucht sein, auch in den Exponenten den Summanden $\frac{1}{2}$ gegenüber α zu vernachlässigen. Das kann aber auf die Genauigkeit des Ergebnisses einen recht merklichen Einfluß ausüben, wie eine Überschlagsrechnung unter Verwendung des auf S. 178 angeführten $\varkappa$-Wertes sofort zeigt, der ja größenordnungsmäßig mit dem zugehörigen α übereinstimmt.

Aus der Querkraft Q_φ kann man die Längskräfte nach (136) und (137), die Tangentendrehung χ nach (151b) und daraus die Momente nach (132c, d) erhalten. Die einfache Rechnung liefert z. B.

$$\left.\begin{aligned}
N_\vartheta&=\sqrt{2}\,\alpha\frac{r_2}{r_1}\Big[-A(\beta+\varphi)^{\alpha-\frac{1}{2}}\cos\Big(\alpha\ln\frac{\beta+\varphi}{\beta+\varphi_1}-\psi_1+\frac{\pi}{4}\Big)+\\
&\quad+B(\beta+\varphi)^{-(\alpha+\frac{1}{2})}\cos\Big(\alpha\ln\frac{\beta+\varphi}{\beta+\varphi_2}-\psi_2-\frac{\pi}{4}\Big)\Big],\\
\chi&=-\frac{2\alpha^2}{D(1-\nu^2)}\frac{r_2^2}{r_1^2}\Big[A(\beta+\varphi)^{\alpha-\frac{3}{2}}\cos\Big(\alpha\ln\frac{\beta+\varphi}{\beta+\varphi_1}-\psi_1+\frac{\pi}{2}\Big)+\\
&\quad+B(\beta+\varphi)^{-(\alpha+\frac{3}{2})}\cos\Big(\alpha\ln\frac{\beta+\varphi}{\beta+\varphi_2}-\psi_2-\frac{\pi}{2}\Big)\Big],\\
M_\varphi&=-\frac{r_1}{\sqrt{2}\cdot\alpha}\Big[A(\beta+\varphi)^{\alpha+\frac{3}{2}}\cos\Big(\alpha\ln\frac{\beta+\varphi}{\beta+\varphi_1}-\psi_1+\frac{3\pi}{4}\Big)-\\
&\quad-B(\beta+\varphi)^{-(\alpha-\frac{3}{2})}\cos\Big(\alpha\ln\frac{\beta+\varphi}{\beta+\varphi_2}-\psi_2-\frac{3\pi}{4}\Big)\Big].
\end{aligned}\right\}\quad(156\,\mathrm{b-d})$$

Dabei sind überall die niederen Ableitungen gegen die höheren vernachlässigt und ebenso auch Summanden bis zum Betrage von $\frac{5}{2}$ gegenüber α, wenn sie in Faktoren auftreten, aber nicht in den Exponenten.

Als Beispiel für die Anwendung dieser Formeln berechnen wir die Schnittkräfte, die in der auf S. 27 behandelten Spitzkuppel durch die

Einspannung des Kämpferrandes entstehen. Zur Aufnahme dieser zusätzlichen Beanspruchung muß die Schale gegen den Rand hin etwas dicker werden, und zwar soll die Wanddicke von $t = 5$ cm für $\varphi \leqq 70°$ auf $t = 7{,}45$ cm bei $\varphi = 90°$ anwachsen. Ihren Verlauf in diesem Intervall wählen wir so, daß für die Abklingungszahl $\varkappa$ das Gesetz (155) gilt und erhalten durch Einsetzen der angeführten Werte mit $a = 10{,}0$ m

$$\varkappa = \frac{1900°}{\varphi + 11°}.$$

Der gesuchte Einfluß der Randeinspannung wird durch die Gln. (156) dargestellt, wenn wir darin $B = 0$ setzen, da es sich um eine Störung handelt, die vom unteren Schalenrand $\varphi = \varphi_1 = \pi/2$ ausgehend in Rich-

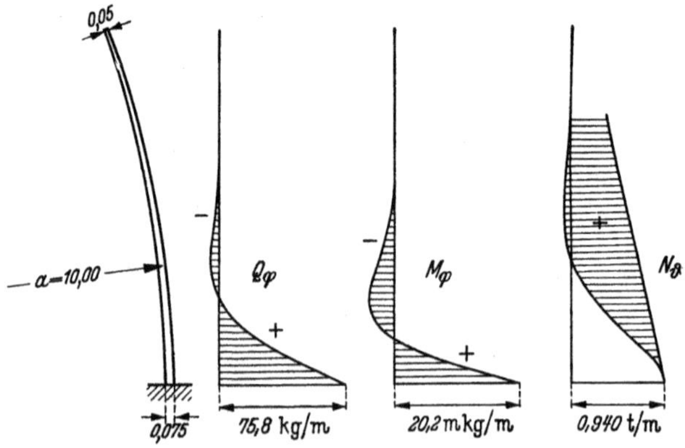

Abb. 92. Verstärkte Randzone der in Abb. 14 dargestellten Spitzkuppel mit den durch die starre Lagerung des Kämpfers erzeugten Schnittkräften. Belastung Eigengewicht $p = 180$ kg/m²

tung fallender φ abklingt. Zur Bestimmung von A und ψ_1 dienen die beiden Forderungen, daß für die Summe der in Abb. 14 aufgezeichneten Membranlösung und der zusätzlichen Kräfte längs des Kämpferkreises $w = 0$ und $\chi = 0$ sein muß. Die zweite Bedingung wird von der Membranlösung schon mit großer Genauigkeit erfüllt und muß daher auch von der Lösung (156) getrennt befriedigt werden. Wie man sofort erkennt, ergibt das $\psi_1 = 0$. Zur Berechnung von A bleibt dann die Forderung, daß die waagerechte Verschiebung w oder, was auf dasselbe hinauskommt, die Ringdehnung $\varepsilon_\vartheta = 0$ sein muß. Wenn wir die Querdehnung vernachlässigen, können wir statt dessen noch einfacher fordern, daß N_ϑ verschwindet, also daß

$$0{,}522\, p\, a - \sqrt{2} \cdot \alpha \cdot \frac{\sin\frac{\pi}{2} - \sin\varphi_0}{\sin\frac{\pi}{2}} A \cdot \left(\beta + \frac{\pi}{2}\right)^{\alpha - \frac{1}{2}} \cdot \cos\frac{\pi}{4} = 0$$

ist. Setzt man das aus dieser Gleichung berechnete A in Gln. (156) ein, so erhält man mit $p = 180$ kg/m² die in Abb. 92 dargestellten

Schnittkräfte. Die Meridianlängskraft N_φ ist in die Abbildung nicht mit aufgenommen, weil sie sich von der Membrankraft nur unmerklich unterscheidet.

4. Kegelschale

a) Kegelschale konstanter Wanddicke

Auf die Kegelschale lassen sich unsere allgemeinen Ansätze nicht ohne weiteres anwenden, weil der Winkel φ längs des ganzen Meridians konstant und darum als Koordinate nicht mehr zu brauchen ist, während gleichzeitig der Meridianradius r_1 unendlich groß ist. Wir müssen daher unsere Gleichungen etwas umformen. Das geschieht in zwei Schritten. Zunächst führen wir an Stelle der Tangentenneigung φ die vom Kuppelscheitel aus gemessene Meridianbogenlänge s als Koordinate ein und schreiben dementsprechend bei den Schnittkräften den Index s an Stelle von φ. Die Koordinaten s und φ sind durch die Differentialgleichung

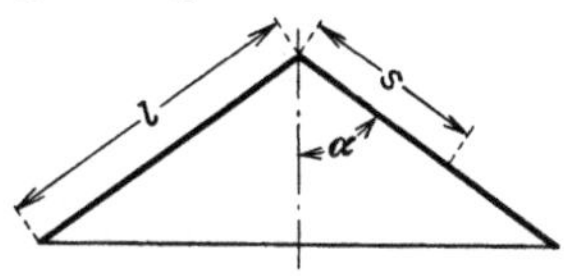

Abb. 93
Kegelschale, Bezeichnungen

$$ds = r_1 \cdot d\varphi$$

verbunden, und daraus folgt

$$\frac{d}{d\varphi} = r_1 \frac{d}{ds}, \qquad \frac{d^2}{d\varphi^2} = r_1^2 \frac{d^2}{ds^2} + \dot{r}_1 \frac{d}{ds}.$$

Damit können wir den MEISSNERschen Operator auf die neuen Koordinaten umschreiben und erhalten

$$L(\ ) = r_2 \frac{d^2(\ )}{ds^2} + \left(\frac{\dot{r}_2}{r_1} + \frac{r_2}{r_1} \cdot \cot\varphi\right) \frac{d(\ )}{ds} - \frac{1}{r_2} \cdot \cot^2\varphi \cdot (\ ).$$

Der zweite Schritt der Umrechnung besteht im wesentlichen in dem Grenzübergang $r_1 \to \infty$. Dabei wird φ zur Konstanten, an deren Stelle wir den halben Öffnungswinkel $\alpha = \frac{\pi}{2} - \varphi$ in unsere Formeln einführen wollen, und es wird ferner

$$r_2 = s \cdot \tan\alpha, \qquad \frac{\dot{r}_2}{r_1} = \frac{dr_2}{ds} = \tan\alpha.$$

Setzt man das ein, so kann man aus dem Operator einen Faktor $\tan\alpha$ abspalten und erhält

$$L(\ ) = L_c(\ ) \tan\alpha = \left(s \frac{d^2(\ )}{ds^2} + \frac{d(\ )}{ds} - \frac{1}{s}(\ )\right) \tan\alpha.$$

Damit erhalten die Gln. (141a, b) für den Kegel die Form

$$L_c(U) \cdot \tan\alpha \pm i\,\mu^2\,U = 0,$$

und wenn man für U seinen Wert $s \tan \alpha \cdot Q_s$ einsetzt und die ganze Gleichung noch durch $\tan^2 \alpha$ dividiert, so wird daraus endgültig

$$L_c(s Q_s) \pm i \lambda^2 s Q_s = 0 \tag{157a, b}$$

mit

$$\lambda^4 = \frac{D(1-\nu^2)}{K} \cot^2 \alpha = \frac{12(1-\nu^2)}{t^2} \cot^2 \alpha .$$

Dieselbe Gleichung wie für $s Q_s$ gilt natürlich auch für χ. Es ist die grundlegende Differentialgleichung der Kegeltheorie. Um sie zu lösen, bringen wir sie durch eine Transformation auf eine bekannte Form. Wir führen als unabhängige Variable die komplexe Größe

$$\eta = x \sqrt{i} = 2\lambda \sqrt{i} \cdot \sqrt{s}$$

ein. Durch die einfache Umrechnung entsteht aus (157a) die Besselsche Differentialgleichung:

$$\frac{d^2(s Q_s)}{d\eta^2} + \frac{1}{\eta} \frac{d(s Q_s)}{d\eta} + \left(1 - \frac{4}{\eta^2}\right) \cdot (s Q_s) = 0,$$

deren Lösungen die beiden Besselschen Funktionen zweiter Ordnung $J_2(\eta)$ und $H_2^{(1)}(\eta)$ sind, die ebenso wie die Argumente komplexe Werte haben. Sie lassen sich nach bekannten Formeln durch die entsprechenden Funktionen nullter Ordnung und deren erste Ableitungen nach η ausdrücken:

$$J_2(\eta) = -J_0(\eta) - \frac{2}{\eta} \cdot \frac{dJ_0(\eta)}{d\eta},$$

$$H_2^{(1)}(\eta) = -H_0^{(1)}(\eta) - \frac{2}{\eta} \cdot \frac{dH_0^{(1)}(\eta)}{d\eta},$$

und deren Real- und Imaginärteile sind die Thomson-Funktionen, die wir auf S. 163f. schon besprochen haben. Setzt man sie hier ein, so erhält man:

$$J_2(\eta) = -(\operatorname{ber} x - 2x^{-1} \operatorname{bei}' x) + i(\operatorname{bei} x + 2x^{-1} \operatorname{ber}' x),$$

$$\frac{\pi}{2} H_2^{(1)}(\eta) = (\operatorname{kei} x + 2x^{-1} \operatorname{ker}' x) + i(\operatorname{ker} x - 2x^{-1} \operatorname{kei}' x).$$

Die Real- und Imaginärteile dieser Funktionen sind die vier Elementarlösungen unseres Problems:

$$s Q_s = C_1(\operatorname{ber} x - 2x^{-1} \operatorname{bei}' x) + C_2(\operatorname{bei} x + 2x^{-1} \operatorname{ber}' x) + \\ + C_3(\operatorname{ker} x - 2x^{-1} \operatorname{kei}' x) + C_4(\operatorname{kei} x + 2x^{-1} \operatorname{ker}' x). \tag{158a}$$

Wir haben schon bei der Untersuchung des Behälters mit veränderlicher Wandstärke gesehen, daß die Funktionen $\operatorname{ber} x$ und $\operatorname{bei} x$ und ihre Ableitungen den Charakter von Schwingungen haben, die mit fallendem Argument stark abklingen. Sie sind daher geeignet zur Wiedergabe solcher Störungen, die vom Rand eines Kegels oder vom unteren Rand eines Kegelstumpfes ausgehen, während $\operatorname{ker} x$ und $\operatorname{kei} x$ umgekehrt zu den Störungen gehören, die am oberen Rand ihre Ursache haben. Wenn die Schale dünn genug ist, klingen die Lösungen auch hier von einem Rand zum anderen so stark ab, daß jede nur an einem von ihnen in

Betracht kommt, und dann können die Integrationskonstanten C_1, C_2 und C_3, C_4 unabhängig voneinander aus je zwei linearen Gleichungen bestimmt werden.

Nachdem wir die Querkraft gefunden haben, können wir die übrigen uns interessierenden Größen leicht berechnen. Aus (136) und (137) folgen die Längskräfte:

$$\left.\begin{aligned} N_s &= -Q_s \tan\alpha, \\ N_\vartheta &= -\frac{d}{ds}(s Q_s)\tan\alpha \\ &= -\frac{\tan\alpha}{2s}[C_1(x \operatorname{ber}'x - 2\operatorname{ber}x + 4x^{-1}\operatorname{bei}'x) + \\ &\quad + C_2(x\operatorname{bei}'x - 2\operatorname{bei}x - 4x^{-1}\operatorname{ber}'x) + \\ &\quad + C_3(x\operatorname{ker}'x - 2\operatorname{ker}x + 4x^{-1}\operatorname{kei}'x) + \\ &\quad + C_4(x\operatorname{kei}'x - 2\operatorname{kei}x - 4x^{-1}\operatorname{ker}'x)]. \end{aligned}\right\} \quad (158\text{b, c})$$

Zur Berechnung der Momente braucht man die Tangentendrehung

$$\begin{aligned} \chi &= -\frac{\tan^2\alpha}{D(1-\nu^2)} L_c(s Q_s) \\ &= \frac{1}{K\lambda^2}[C_1(\operatorname{bei}x + 2x^{-1}\operatorname{ber}'x) - C_2(\operatorname{ber}x - 2x^{-1}\operatorname{bei}'x) + \\ &\qquad + C_3(\operatorname{kei}x + 2x^{-1}\operatorname{ker}'x) - C_4(\operatorname{ker}x - 2x^{-1}\operatorname{kei}'x)] \end{aligned} \quad (158\text{d})$$

und erhält damit nach (132c, d):

$$\left.\begin{aligned} M_s &= K\left(\frac{d\chi}{ds} + \nu\frac{\chi}{s}\right) \\ &= 2x^{-2}\big[C_1[x\operatorname{bei}'x - 2(1-\nu)(\operatorname{bei}x + 2x^{-1}\operatorname{ber}'x)] - \\ &\quad - C_2[x\operatorname{ber}'x - 2(1-\nu)(\operatorname{ber}x - 2x^{-1}\operatorname{bei}'x)] + \\ &\quad + C_3[x\operatorname{kei}'x - 2(1-\nu)(\operatorname{kei}x + 2x^{-1}\operatorname{ker}'x)] - \\ &\quad - C_4[x\operatorname{ker}'x - 2(1-\nu)(\operatorname{ker}x - 2x^{-1}\operatorname{kei}'x]\big]. \\ M_\vartheta &= K\left(\frac{\chi}{s} + \nu\frac{d\chi}{ds}\right) \\ &= 2x^{-2}\big[C_1[\nu x\operatorname{bei}'x + 2(1-\nu)(\operatorname{bei}x + 2x^{-1}\operatorname{ber}'x)] - \\ &\quad - C_2[\nu x\operatorname{ber}'x + 2(1-\nu)(\operatorname{ber}x - 2x^{-1}\operatorname{bei}'x)] + \\ &\quad + C_3[\nu x\operatorname{kei}'x + 2(1-\nu)(\operatorname{kei}x + 2x^{-1}\operatorname{ker}'x)] - \\ &\quad - C_4[\nu x\operatorname{ker}'x + 2(1-\nu)(\operatorname{ker}x - 2x^{-1}\operatorname{kei}'x)]\big]. \end{aligned}\right\} \quad (158\text{e, f})$$

Damit sind die Schnittkräfte der Kegelschale bestimmt. Wenn die Schale dünn genug ist, so sind sie nur in der Nähe der Ränder merklich von null verschieden, und zwar gehören die Glieder mit C_1 und C_2 zum äußeren, die beiden anderen zum inneren Rand einer im Scheitel offenen Schale, und für Kegel, die bis zur Spitze reichen, ist $C_3 = C_4 = 0$.

Versucht man, die hier wiedergegebenen Formeln auf eine dünne Schale anzuwenden, so bemerkt man, daß für die dabei vorkommenden

Argumentwerte x die vorhandenen Tabellen der THOMSON-Funktionen bei weitem nicht reichen; denn λ ist nach seiner Definitionsgleichung von der Größenordnung $1/\sqrt{t}$, und wegen $s \gg t$ ist also $x = 2\lambda\sqrt{s}$ eine große Zahl.

Diesen Umstand kann man sich zunutze machen und für die THOMSON-Funktionen mit großem Argument ihre asymptotischen Darstellungen einführen:

$$\left.\begin{aligned}
\operatorname{ber} x &\approx \frac{1}{\sqrt{2\pi x}} \exp\frac{x}{\sqrt{2}} \cos\left(\frac{x}{\sqrt{2}} - \frac{\pi}{8}\right),\\
\operatorname{bei} x &\approx \frac{1}{\sqrt{2\pi x}} \exp\frac{x}{\sqrt{2}} \sin\left(\frac{x}{\sqrt{2}} - \frac{\pi}{8}\right),\\
\operatorname{ber}' x &\approx \frac{1}{\sqrt{2\pi x}} \exp\frac{x}{\sqrt{2}} \cos\left(\frac{x}{\sqrt{2}} + \frac{\pi}{8}\right),\\
\operatorname{bei}' x &\approx \frac{1}{\sqrt{2\pi x}} \exp\frac{x}{\sqrt{2}} \sin\left(\frac{x}{\sqrt{2}} + \frac{\pi}{8}\right),\\
\operatorname{ker} x &\approx \sqrt{\frac{\pi}{2x}} \exp\left(-\frac{x}{\sqrt{2}}\right) \cos\left(\frac{x}{\sqrt{2}} + \frac{\pi}{8}\right),\\
\operatorname{kei} x &\approx -\sqrt{\frac{\pi}{2x}} \exp\left(-\frac{x}{\sqrt{2}}\right) \sin\left(\frac{x}{\sqrt{2}} + \frac{\pi}{8}\right),\\
\operatorname{ker}' x &\approx -\sqrt{\frac{\pi}{2x}} \exp\left(-\frac{x}{\sqrt{2}}\right) \cos\left(\frac{x}{\sqrt{2}} - \frac{\pi}{8}\right),\\
\operatorname{kei}' x &\approx \sqrt{\frac{\pi}{2x}} \exp\left(-\frac{x}{\sqrt{2}}\right) \sin\left(\frac{x}{\sqrt{2}} - \frac{\pi}{8}\right).
\end{aligned}\right\} \qquad (159)$$

Diese Näherungswerte sind um so besser, je größer x ist. Für $x = 10$ sind sie für Rechenschieberrechnungen ausreichend.

Bei den oft vorkommenden, noch wesentlich größeren x kann man noch einen Schritt weitergehen, und in den Formeln für die Schnittkräfte die niederen Potenzen von x gegen die höchste vernachlässigen. Sie werden dann außerordentlich einfach und heißen:

$$\left.\begin{aligned}
Q_s &= -N_s \cot\alpha\\
&= 2\sqrt{\frac{2}{\pi}} \frac{\lambda^2}{x^2\sqrt{x}} \left[e^{\frac{x}{\sqrt{2}}}\left(C_1 \cos\left(\frac{x}{\sqrt{2}} - \frac{\pi}{8}\right) + C_2 \sin\left(\frac{x}{\sqrt{2}} - \frac{\pi}{8}\right)\right) + \right.\\
&\qquad \left. + \pi e^{-\frac{x}{\sqrt{2}}}\left(C_3 \cos\left(\frac{x}{\sqrt{2}} + \frac{\pi}{8}\right) - C_4 \sin\left(\frac{x}{\sqrt{2}} + \frac{\pi}{8}\right)\right)\right],\\
N_\vartheta &= -\sqrt{\frac{2}{\pi}} \frac{\lambda^2}{x\sqrt{x}} \tan\alpha \left[e^{\frac{x}{\sqrt{2}}}\left(C_1 \cos\left(\frac{x}{\sqrt{2}} + \frac{\pi}{8}\right) + C_2 \sin\left(\frac{x}{\sqrt{2}} + \frac{\pi}{8}\right)\right) - \right.\\
&\qquad \left. - \pi e^{-\frac{x}{\sqrt{2}}}\left(C_3 \cos\left(\frac{x}{\sqrt{2}} - \frac{\pi}{8}\right) - C_4 \sin\left(\frac{x}{\sqrt{2}} - \frac{\pi}{8}\right)\right)\right],
\end{aligned}\right\} \qquad (160)$$

$$M_s = \frac{1}{\nu} M_\vartheta = \sqrt{\frac{2}{\pi}} \frac{1}{x\sqrt{x}} \left[e^{\frac{x}{\sqrt{2}}} \left(C_1 \sin\left(\frac{x}{\sqrt{2}} + \frac{\pi}{8}\right) - C_2 \cos\left(\frac{x}{\sqrt{2}} + \frac{\pi}{8}\right)\right) + \right.$$
$$\left. + \pi e^{-\frac{x}{\sqrt{2}}} \left(C_3 \sin\left(\frac{x}{\sqrt{2}} - \frac{\pi}{8}\right) + C_4 \cos\left(\frac{x}{\sqrt{2}} - \frac{\pi}{8}\right)\right)\right]. \qquad \text{(Zu 160)}$$

Wie die Formeln zeigen, rührt das Ringmoment M_ϑ im wesentlichen von der Behinderung der Querdehnung her und ist deshalb für die Tragfähigkeit der Schale von untergeordneter Bedeutung.

Wir wollen unsere Ergebnisse auf ein Beispiel anwenden. Abb. 94 zeigt ein kegelförmiges Dach, das wir für Eigengewicht $p_s = p \cos\alpha$, $p_r = -p \sin\alpha$ berechnen wollen. Nach S. 32 kann man die Membrankräfte berechnen:

$$N_\vartheta = -p\, s \sin\alpha \tan\alpha,$$

$$N_s = -\frac{p\, s}{2\cos\alpha}.$$

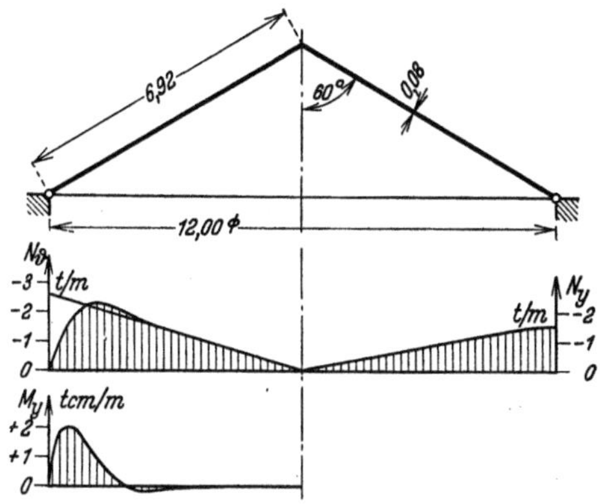

Abb. 94. Kegelschale, Schnittkräfte für Eigengewicht

Am gestützten Schalenrand $s = l$ (oder $x = x_0 = 2\lambda\sqrt{l}$) fordern wir, daß das Moment M_s und die Ringdehnung, also N_ϑ, verschwinden. Die zweite Forderung wird von den Membrankräften nicht erfüllt, die den Randwert $N_\vartheta = -p\, l \sin\alpha \tan\alpha$ haben. Wir müssen deshalb eine Randbelastung anbringen, die für $x = x_0$ die Randbedingungen

$$M_s = 0, \qquad N_\vartheta = +p\, l \sin\alpha \tan\alpha$$

erfüllt. Aus den Formeln (160) können die Integrationskonstanten leicht bestimmt werden und führen zu folgenden Schnittkräften:

$$N_\vartheta = p\, l \sin\alpha \tan\alpha \sqrt{\frac{x_0}{x}}^{3} \cdot \exp\left(-\frac{x_0 - x}{\sqrt{2}}\right) \cdot \cos\frac{x_0 - x}{\sqrt{2}},$$

$$N_s = -Q_s \cdot \tan\alpha = p\, l \cdot \sqrt{2} \sin\alpha \tan\alpha \cdot \frac{1}{x} \sqrt{\frac{x_0}{x}}^{3} \cdot \exp\left(-\frac{x_0 - x}{\sqrt{2}}\right) \times$$
$$\times \left(\cos\frac{x_0 - x}{\sqrt{2}} - \sin\frac{x_0 - x}{\sqrt{2}}\right),$$

$$M_s = \frac{p\, l\, t}{\sqrt{12}\,(1 - \nu^2)} \cdot \sin\alpha \tan\alpha \sqrt{\frac{x_0}{x}}^{3} \cdot \exp\left(-\frac{x_0 - x}{\sqrt{2}}\right) \cdot \sin\frac{x_0 - x}{\sqrt{2}}.$$

Diese Kräfte sind zu den Membrankräften zu addieren, um die Kräfte zu erhalten, die durch Eigengewicht in der am Rande gestützten Schale erzeugt werden. Für ein Dach von 12,00 m Durchmesser mit $t = 8$ cm und $\alpha = 60°$ sind sie ausgerechnet und in Abb. 94 eingetragen worden. Da in diesem Falle

$$x_0 = 2\lambda \sqrt{l} = 2 \cdot 0{,}496 \cdot \sqrt{692} = 26{,}1$$

ist, so ist die Verwendung der asymptotischen Formeln zulässig.

b) Kegelschale mit linear veränderlicher Wanddicke

Es gibt einen bemerkenswerten Sonderfall, in dem man für eine geeignet veränderliche Wanddicke eine einfachere Lösung erhält als für $t = \text{const}$, und das ist die Kegelschale, deren Dicke dem Abstand von der Spitze proportional ist. Die Biegetheorie dieser Schale knüpft an die allgemeine Theorie unter 3, a an, die wir auch durch denselben Grenzübergang $r_1 \to \infty$ umformen müssen, den wir eben bei der Schale konstanter Wandstärke gemacht haben. Der Operator L geht dabei über in

$$L^*(\ ) = \left[s\,t(\ )'' + (t - s\,t')(\ )' - \left(\frac{t}{s} - \nu t'\right)(\ )\right] \tan\alpha,$$

wobei wir jetzt Ableitungen nach s durch Striche bezeichnen, und die Zerfallsbedingung heißt

$$2[(1 - \nu)\,t' + s\,t''] \tan\alpha = f = \text{const.}$$

Sie hat in der Tat neben $t = \text{const}$ auch die Lösung

$$t = t' s$$

mit konstantem t'. Dazu gehört $f = 2(1 - \nu)\,t' \tan\alpha$ und

$$c_{1,2} = -(1 - \nu)\,t' \tan\alpha \pm i \sqrt{12\,(1 - \nu^2) - (1 - \nu)^2 t'^2 \tan^2\alpha},$$

und der Operator vereinfacht sich zu

$$L^*(\ ) = [s^2(\ )'' - (1 - \nu)(\ )]\,t' \tan\alpha.$$

Setzt man das alles in (152) ein, so erhält man die beiden Grundgleichungen

$$s^2 U'' - \left(2(1 - \nu) \mp i \sqrt{\frac{12(1 - \nu^2)}{t'^2 \tan^2\alpha} - (1 - \nu)^2}\right) U = 0. \quad (161\text{e, b})$$

Ihre Lösung hat die Form

$$U = s^n,$$

und wenn man das einsetzt, so erhält man zwei quadratische Gleichungen für den Exponenten n, die vier paarweis konjugiert komplexe Lösungen liefern. Führt man die Hilfsgrößen

$$\xi = \frac{9}{4} - 2\nu, \qquad \eta = \sqrt{\frac{65}{16} - 7\nu + 3\nu^2 + \frac{12(1 - \nu^2)}{t'^2 \tan^2\alpha}}$$

ein und weiter

$$\lambda = \sqrt{\frac{1}{2}(\eta + \xi)}, \qquad \mu = \sqrt{\frac{1}{2}(\eta - \xi)},$$

so gehören zu (161a) die Exponenten

$$n_{1,2} = \frac{1}{2} \pm (\lambda - i\mu)$$

und zu (161b)

$$n_{3,4} = \frac{1}{2} \pm (\lambda + i\mu)$$

und die allgemeine Lösung des Problems heißt

$$U = C_1 \cdot s^{\frac{1}{2}+\lambda-i\mu} + C_2 \cdot s^{\frac{1}{2}-\lambda+i\mu} + C_3 \cdot s^{\frac{1}{2}+\lambda+i\mu} + C_4 \cdot s^{\frac{1}{2}-\lambda-i\mu}.$$

Die zweite Unbekannte V findet man dazu nach (153):

$$V = \frac{c_1}{E}(C_1 \cdot s^{\frac{1}{2}+\lambda-i\mu} + C_2 \cdot s^{\frac{1}{2}-\lambda+i\mu}) + \\ + \frac{c_2}{E}(C_3 \cdot s^{\frac{1}{2}+\lambda+i\mu} + C_4 \cdot s^{\frac{1}{2}-\lambda-i\mu}).$$

Um zu einer reellen Darstellung zu kommen, berücksichtigen wir, daß z. B.

$$s^{\frac{1}{2}+\lambda+i\mu} = s^{\frac{1}{2}+\lambda} \cdot e^{i\mu \ln s}$$

ist. Schreibt man alle Potenzen in dieser Weise und faßt dann die erste Partikularlösung mit der dritten und die zweite mit der vierten zusammen, so erhält man

$$U = s\,Q_s \tan\alpha = s^{\lambda+\frac{1}{2}}[A_1 \cdot \cos(\mu \ln s) + B_1 \cdot \sin(\mu \ln s)] + \\ + s^{-\lambda+\frac{1}{2}}[A_2 \cdot \cos(\mu \ln s) + B_2 \cdot \sin(\mu \ln s)],$$

wobei die reellen Konstanten A, B mit den komplexen C durch die Formeln

$$A_1 = C_3 + C_1, \qquad A_2 = C_2 + C_4,$$
$$B_1 = i(C_3 - C_1), \qquad B_2 = i(C_2 - C_4)$$

zusammenhängen.

Um auch V in entsprechender Form zu bekommen, führen wir zunächst für Real- und Imaginärteil von c_1 und c_2 besondere Bezeichnungen ein, indem wir setzen

$$c_1 = a + i\,b, \qquad c_2 = a - i\,b.$$

Wenn man das oben einsetzt und die Potenzen wieder in derselben Weise aufspaltet, so erhält man schließlich

$$E \cdot V = E\chi t^2 = s^{\lambda+\frac{1}{2}}\,[(a A_1 - b B_1) \cdot \cos(\mu \ln s) + \\ + (a B_1 + b A_1) \cdot \sin(\mu \ln s)] \\ + s^{-\lambda+\frac{1}{2}}[(a A_2 + b B_2) \cdot \cos(\mu \ln s) + \\ + (a B_2 - b A_2) \cdot \sin(\mu \ln s)].$$

Die übrigen Formänderungen und Schnittkräfte können aus Q_s und χ auf Grund des Elastizitätsgesetzes und der Gleichgewichtsbedingungen leicht gefunden werden, wobei natürlich die Veränderlichkeit von t zu beachten ist. Die Durchführung dieser einfachen Rechnungen sei dem Leser überlassen.

Da t' eine kleine Zahl ist, so ist η eine große und damit auch $\lambda \gg \frac{1}{2}$. Der erste Teil der Lösung stellt daher einen Wellenzug dar, dessen Amplitude von der Kegelspitze weg stark anwächst, während der zweite Teil abklingt, ähnlich wie wir das schon bei allen anderen Lösungen der Biegetheorie gefunden haben.

VII. Flache Schalen

1. Differentialgleichungen

a) Gleichgewichtsbedingungen

Wenn man in einer Kugel- oder Zylinderschale den Radius $a \to \infty$ gehen läßt, geht sie in eine ebene Platte über. Die Durchrechnung von Beispielen zeigt, daß schon eine recht geringe Wölbung genügt, um dem Spannungszustand einer Schale den typischen Schalencharakter zu geben: das Tragen lotrechter Lasten durch Gewölbekräfte N und das Zurücktreten der Querkräfte Q und Momente M. Es lohnt sich, solche *flache Schalen* (oder *krumme Platten*) gesondert zu untersuchen, da sich aus der Flachheit Vereinfachungen der Differentialgleichungen ableiten lassen, die es möglich machen, mit erträglichem Rechenaufwand Schalenformen zu untersuchen, die einer exakten Theorie praktisch nicht zugänglich sind.

Wir beschreiben die Mittelfläche einer flachen Schale durch ihre Gleichung $z = z(x, y)$ in einem kartesischen Koordinatensystem (Abb. 56, S. 106). Wir machen die grundlegende Annahme, daß die Neigung der Schale gegen die x-y-Ebene klein ist:

$$\left(\frac{\partial z}{\partial x}\right)^2 \ll 1, \qquad \left(\frac{\partial z}{\partial y}\right)^2 \ll 1. \tag{162}$$

Im Rahmen dieser Näherung ist das Schalenelement in Abb. 57 ein Rechteck mit den Seiten dx und dy, und die schiefwinkligen Schnittkräfte N_x, N_y, N_{xy} sind von gewöhnlichen Normal- und Schubkräften nicht zu unterscheiden. Außer diesen Kräften müssen wir in einer Biegetheorie natürlich auch die Querkräfte Q_x, Q_y und die Momente M_x, M_y, M_{xy} berücksichtigen, die in Abb. 95 dargestellt sind. Abweichend von Kapitel IV wollen wir hier die Last durch ihre Komponenten p_1, p_2 parallel zu den Seiten des Schalenelementes und p_3 normal zur Schale darstellen, und wir wollen die Gleichgewichtsbedingungen der Kräfte für diese drei Richtungen aufstellen.

In Richtung 1 haben wir die Zuwachse der Kräfte $N_x\,dy$ und $N_{xy}dx$ und die Beiträge der beiden Querkräfte. Die Querkraft $Q_x\,dy$ schließt mit der Lotrechten den Winkel $\varphi \approx \partial z/\partial x$ ein, und der Winkel zwischen den beiden Querkräften an gegenüberliegenden Seiten des Elementes ist $(\partial^2 z/\partial x^2)dx$. Die beiden Kräfte liefern daher den Beitrag $Q_x dy \cdot (\partial^2 z/\partial x^2) \times$ $\times\, dx$ zu unserer Gleichgewichtsbedingung. Ganz ähnlich findet man, daß die Querkräfte $Q_y\,dx$ einen Beitrag liefern, der von der Verwindung $\partial^2 z/\partial x \partial y$ der Schale abhängt. Nach Streichung eines allen Gliedern gemeinsamen Faktors $dx\,dy$ erhält man daher die erste der folgenden Gleichungen:

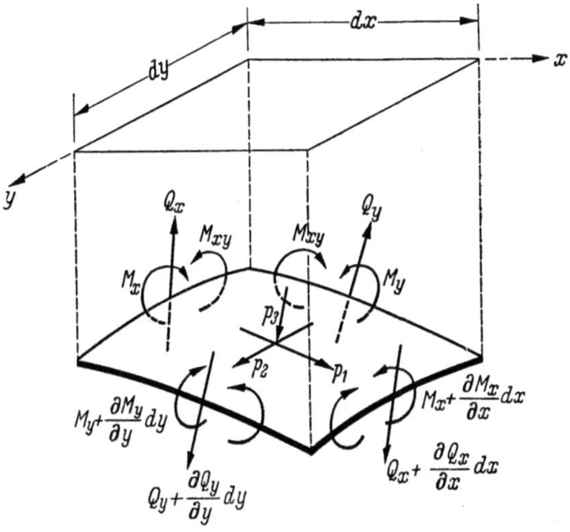

Abb. 95. Schalenelement

$$\frac{\partial N_x}{\partial x} + \frac{\partial N_{xy}}{\partial y} - Q_x \frac{\partial^2 z}{\partial x^2} - Q_y \frac{\partial^2 z}{\partial x\,\partial y} + p_1 = 0,$$
$$\frac{\partial N_{xy}}{\partial x} + \frac{\partial N_y}{\partial y} - Q_x \frac{\partial^2 z}{\partial x\,\partial y} - Q_y \frac{\partial^2 z}{\partial y^2} + p_2 = 0. \qquad (163\text{a, b})$$

Die zweite Gleichung beschreibt das Gleichgewicht in Richtung der Last p_2.

Das Gleichgewicht der Kräfte normal zur Schale zeigt das Zusammenspiel der Gewölbewirkung und der Plattenwirkung. Die Längskräfte $N_x dy$ an gegenüberliegenden Seiten des Schalenelementes schließen ebenso wie die Querkräfte den Winkel $(\partial^2 z/\partial x^2)\,dx$ ein und haben daher die nach innen gerichtete Resultierende $N_x\,dy \cdot (\partial^2 z/\partial x^2)\,dx$. Ähnliche Beiträge kommen von $N_y\,dx$, $N_{xy}\,dy$ und $N_{xy}\,dx$. Diese Beiträge zusammen beschreiben die Gewölbewirkung der Schale.

Die Plattenwirkung wird durch die Differenz der Querkräfte an gegenüberliegenden Seiten dargestellt. Die Summe aller dieser Beiträge und eines Lastgliedes liefert die folgende Gleichgewichtsbedingung:

$$N_x \frac{\partial^2 z}{\partial x^2} + 2\,N_{xy} \frac{\partial^2 z}{\partial x\,\partial y} + N_y \frac{\partial^2 z}{\partial y^2} + \frac{\partial Q_x}{\partial x} + \frac{\partial Q_y}{\partial y} + p_3 = 0. \qquad (163\text{c})$$

Das Momentengleichgewicht in bezug auf zwei Tangenten zur Mittelfläche liefert Gleichungen ähnlich denen der Plattentheorie und der Zylindertheorie [s. Gln. (91d, e)]:

$$\frac{\partial M_x}{\partial x} + \frac{\partial M_{xy}}{\partial y} - Q_x = 0, \qquad \frac{\partial M_{xy}}{\partial x} + \frac{\partial M_y}{\partial y} - Q_y = 0, \qquad (163\text{d, e})$$

und die sechste Gleichgewichtsbedingung ist im Rahmen unserer Näherung ohne Bedeutung.

Wenn die Schale zur Platte entartet, fallen in (163c) die ersten drei Glieder fort. Solange die Schale noch wirklichen Schalencharakter hat, d. h. solange es noch der Mühe wert ist, eine Theorie der flachen Schalen anzuwenden, muß mindestens eines dieser Glieder einen wesentlichen Beitrag zum Gleichgewicht leisten. Andererseits muß aber auch mindestens eines der Querkraftglieder wesentlich sein, solange sich der Spannungszustand der Schale von einem Membranspannungszustand unterscheidet. Wir wollen für die aus dieser Sachlage folgende Abschätzung der Größenordnung die Glieder mit N_x und Q_x als Repräsentanten dieser beiden Gruppen ansehen.

Es sei l eine Länge derart, daß $l\,\partial Q_x/\partial x \approx Q_x$ und $l\,\partial N_x/\partial x \approx N_x$ ist, wobei hier wie im folgenden das Zeichen $\approx$ gleiche Größenordnung, nicht notwendigerweise numerische Gleichheit, bezeichnet. Wenn sich die Schnittkräfte als Funktionen von x, y nur langsam ändern, wird l von der Größenordnung der Schalenabmessungen sein, während für oszillierende Lösungen (s. z. B. Abb. 84, 90) l etwa gleich der Halbwellenlänge ist. Wir können dann sagen, daß

$$N_x\, l \frac{\partial^2 z}{\partial x^2} \approx l \frac{\partial Q_x}{\partial x} \approx Q_x$$

ist. Aus der Grundannahme (162) folgt, daß auch

$$\left(l \frac{\partial^2 z}{\partial x^2}\right)^2 \ll 1$$

ist und daher

$$Q_x^2 \approx \left(N_x\, l \frac{\partial^2 z}{\partial x^2}\right)^2 \ll N_x^2 \approx \left(l \frac{\partial N_x}{\partial x}\right)^2$$

und

$$\left(Q_x\, l \frac{\partial^2 z}{\partial x^2}\right)^2 \ll Q_x^2.$$

Die linke Seite der zweiten Ungleichung ist um zwei Stufen kleiner als die rechte Seite der ersten, so daß zwischen ihnen auch ohne die Quadrate die Beziehung

$$Q_x \frac{\partial^2 z}{\partial x^2} \ll \frac{\partial N_x}{\partial x}$$

besteht. Daraus folgt, daß in den Gln. (163a, b) mindestens ein N-Glied so groß ist, daß man alle Q-Glieder dagegen vernachlässigen kann, so daß also diese Gleichungen die folgende vereinfachte Form annehmen:

$$\frac{\partial N_x}{\partial x} + \frac{\partial N_{xy}}{\partial y} + p_1 = 0, \qquad \frac{\partial N_{xy}}{\partial x} + \frac{\partial N_y}{\partial y} + p_2 = 0. \qquad (164\text{a, b})$$

Sie haben dieselbe Form wie Gln. (66a, b) und können daher auch durch eine Spannungsfunktion befriedigt werden. Wir setzen

$$N_x = \frac{\partial^2 \Phi}{\partial y^2} - \int p_1\,dx, \qquad N_y = \frac{\partial^2 \Phi}{\partial x^2} - \int p_2\,dy, \qquad N_{xy} = -\frac{\partial^2 \Phi}{\partial x\,\partial y}. \tag{165}$$

Wenn wir die Spannungsfunktion Φ in Gl. (163c) einführen, erhalten wir

$$\frac{\partial^2 \Phi}{\partial x^2}\frac{\partial^2 z}{\partial y^2} - 2\frac{\partial^2 \Phi}{\partial x\,\partial y}\frac{\partial^2 z}{\partial x\,\partial y} + \frac{\partial^2 \Phi}{\partial y^2}\frac{\partial^2 z}{\partial x^2} + \frac{\partial Q_x}{\partial x} + \frac{\partial Q_y}{\partial y} = -p_3 + \frac{\partial^2 z}{\partial y^2}\int p_1\,dx + \frac{\partial^2 z}{\partial x^2}\int p_2\,dy. \tag{166}$$

b) Formänderungen

Abb. 96 stellt einen Schnitt $y = \text{const}$ durch die Schale dar. Der Punkt A_0 liegt auf der Mittelfläche, und $A_0 A = \zeta$ ist eine Normale dazu, die ganz innerhalb der Schalendicke liegt ($\zeta < t/2$). Die Bezeichnung weicht von der in den Kapiteln V und VI benutzten insofern ab, als wir hier z durch $-\zeta$ ersetzt haben. Die Verschiebungen u, v, w des Punktes A_0 und $u_\zeta, v_\zeta, w_\zeta$ des Punktes A sind Komponenten parallel und normal zur Mittelfläche. Aus Abb. 96 und einer entsprechend für einen Schnitt $x = \text{const}$ zu zeichnenden liest man die folgenden Beziehungen ab:

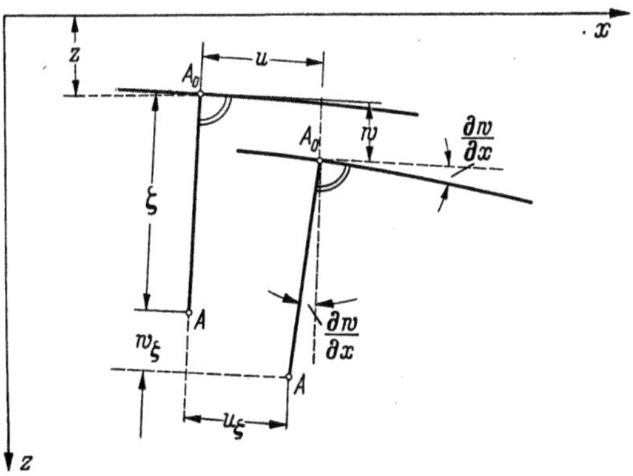

Abb. 96. Verschiebung eines Schalenelementes

$$u_\zeta = u - \frac{\partial w}{\partial x}\zeta, \qquad v_\zeta = v - \frac{\partial w}{\partial y}\zeta, \qquad w_\zeta = w. \tag{167a—c}$$

Wir betrachten nun die Formänderung eines Linienelementes $AB = dx$ im Abstande ζ von der Mittelfläche (Abb. 97). Infolge der Verschiedenheit der Verschiebungen u_ζ seiner Endpunkte verlängert es sich um $(\partial u_\zeta/\partial x)\,dx$, und wegen der Konvergenz der Normalen A_0A und B_0B verkürzt es sich um $w_\zeta(\partial^2 z/\partial x^2)\,dx$. Die Verschiedenheit der Verschiebungen w_ζ seiner Enden liefert keinen linearen Beitrag zur Längenänderung. Insgesamt ist also die Dehnung

$$\varepsilon_x = \frac{\partial u_\zeta}{\partial x} - w_\zeta\frac{\partial^2 z}{\partial x^2}, \tag{168a}$$

und ähnlich findet man

$$\varepsilon_y = \frac{\partial v_\zeta}{\partial y} - w_\zeta \frac{\partial^2 z}{\partial y^2}, \tag{186b}$$

Die Schubverzerrung γ_{xy} ist die Änderung des Winkels zwischen zwei Linienelementen $AB = dx$ und $AC = dy$. In Abb. 98 sind die beiden Linienelemente in Aufriß und Grundriß dargestellt. Verschiebungen u_ζ und v_ζ führen zu den vom ebenen Verzerrungszustand bekannten Beiträgen $\gamma_{xy} = \partial u_\zeta/\partial y + \partial v_\zeta/\partial x$, die nicht in die Figur aufgenommen sind. Darüber hinaus liefert aber auch die Normalverschiebung w_ζ einen Beitrag, den wir jetzt berechnen wollen. Die drei gleichen Vektoren w_ζ in der Figur stellen eine Starrkörperverschiebung dar, die zu keiner Verzerrung führt. Im Punkt A ist w_ζ der richtige Wert der Verschiebung; aber in den Punkten B und C müssen wir Korrekturen anbringen, die der Tatsache Rechnung tragen, daß infolge der Krümmung und Verwindung der Schale die Normalen in A, B, C nicht parallel sind. In jedem Punkte hat diese Korrektur zwei Komponenten, parallel zu AB und AC. Nur die erstere ist in die Figur aufgenommen. Für den Punkt B führt diese zusätzliche Verschiebung zu einer Verkürzung des Elementes dx, der wir in Gl. (168a) schon Rechnung getragen haben. Für den Punkt C führt die Korrektur zu einer im Grundriß sichtbaren Vergrößerung

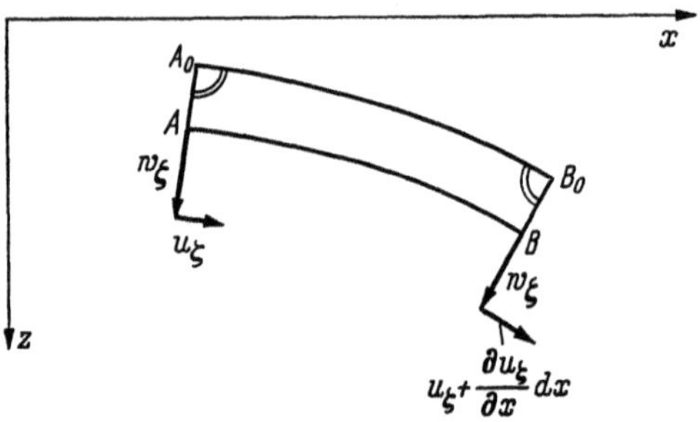

Abb. 97. Verzerrung des Linienelementes AB

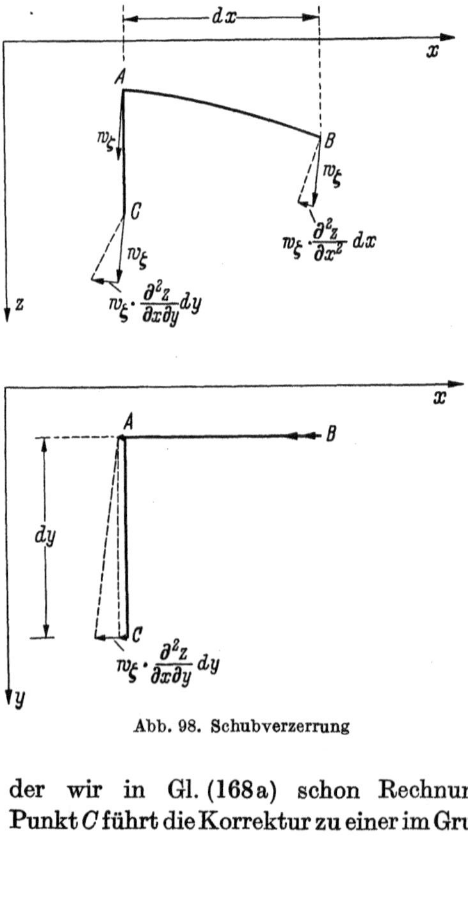

Abb. 98. Schubverzerrung

des Winkels BAC, d. h. zu einem negativen Beitrag zu γ_{xy}, und einen Beitrag gleicher Größe findet man, wenn man die zusätzliche Verschiebung von B in Richtung AC untersucht. Insgesamt ergibt sich daher

$$\gamma_{xy} = \frac{\partial u_\zeta}{\partial y} + \frac{\partial v_\zeta}{\partial x} - 2 w_\zeta \frac{\partial^2 z}{\partial x \, \partial y}. \tag{168c}$$

Die Gln. (168a—c) sind die kinematischen Beziehungen der flachen Schale, d. h. die Beziehungen zwischen den Verschiebungen und den Verzerrungen an einer Stelle A. Mit Hilfe der Gln. (167) führen wir sie in Beziehungen zwischen den Verzerrungen in A und den Verschiebungen des Punktes A_0 der Mittelfläche über:

$$\varepsilon_x = \frac{\partial u}{\partial x} - \frac{\partial^2 w}{\partial x^2}\zeta - w\frac{\partial^2 z}{\partial x^2}, \qquad \varepsilon_y = \frac{\partial v}{\partial y} - \frac{\partial^2 w}{\partial y^2}\zeta - w\frac{\partial^2 z}{\partial y^2},$$

$$\gamma_{xy} = \frac{\partial u}{\partial y} + \frac{\partial v}{\partial x} - 2\frac{\partial^2 w}{\partial x\,\partial y}\zeta - 2w\frac{\partial^2 z}{\partial x\,\partial y}. \tag{169a—c}$$

c) Elastizitätsgesetz

In einer elastischen Schale sind die Spannungen mit den Verzerrungen durch das Hookesche Gesetz verknüpft, das wir hier in seiner nach den Spannungen aufgelösten Form benutzen wollen:

$$\sigma_x = \frac{E}{1-\nu^2}(\varepsilon_x + \nu\,\varepsilon_y), \qquad \sigma_y = \frac{E}{1-\nu^2}(\varepsilon_y + \nu\,\varepsilon_x),$$

$$\gamma_{xy} = \frac{E}{2(1+\nu)}\tau_{xy}. \tag{170a—c}$$

Wenn wir auf seiner rechten Seite die rechten Seiten von (169) einführen, haben wir die Spannungen in einem beliebigen Punkte x, y, ζ durch die Verschiebungen des zugehörigen Punktes der Mittelfläche ausgedrückt. Wir erhalten schließlich die gesuchten Beziehungen zwischen den Schnittkräften und den Verschiebungen, wenn wir diese Ausdrücke für die Spannungen in die Definitionsgleichungen (1a—d, g—j) einführen. Dabei wollen wir annehmen, daß die Schale so dünn ist, daß wir überall das Glied z/r (hier ζ/r) gegen 1 vernachlässigen können. (Ein sorgfältiger Vergleich der Abb. 96 mit Abb. 79b oder 117 zeigt, daß wir in der Formänderungsanalyse ähnliche Vereinfachungen stillschweigend vorgenommen haben.) Die Ausführung der Rechnung sei hier für N_x vorgeführt:

$$N_x = \int_{-t/2}^{+t/2} \sigma_x \, d\zeta = \frac{E}{1-\nu^2}\left[\left(\frac{\partial u}{\partial x} - w\frac{\partial^2 z}{\partial x^2} + \nu\frac{\partial v}{\partial y} - \nu w \frac{\partial^2 z}{\partial y^2}\right)\int_{-t/2}^{+t/2} d\zeta - \right.$$

$$\left. - \left(\frac{\partial^2 w}{\partial x^2} + \nu\frac{\partial^2 w}{\partial y^2}\right)\int_{-t/2}^{+t/2} \zeta \, d\zeta\right.$$

Nach Auswertung der Integrale liefert das die erste der folgenden Formeln:

$$\left.\begin{aligned} N_x &= D\left[\frac{\partial u}{\partial x} + \nu\frac{\partial v}{\partial y} - \left(\frac{\partial^2 z}{\partial x^2} + \nu\frac{\partial^2 z}{\partial y^2}\right) w\right],\\ N_y &= D\left[\frac{\partial v}{\partial y} + \nu\frac{\partial u}{\partial x} - \left(\frac{\partial^2 z}{\partial y^2} + \nu\frac{\partial^2 z}{\partial x^2}\right) w\right],\\ N_{xy} &= D\,\frac{1-\nu}{2}\left[\frac{\partial u}{\partial y} + \frac{\partial v}{\partial x} - 2\,\frac{\partial^2 z}{\partial x\,\partial y}\,w\right]. \end{aligned}\right\}\quad (171\,\mathrm{a-c})$$

In Gln. (1g—j) unterdrücken wir das Minuszeichen und erhalten daher die Momente positiv, wenn sie an der Unterseite $\zeta > 0$ Zugspannungen erzeugen:

$$M_x = -K\left[\frac{\partial^2 w}{\partial x^2} + \nu\frac{\partial^2 w}{\partial y^2}\right],\qquad M_y = -K\left[\frac{\partial^2 w}{\partial y^2} + \nu\frac{\partial^2 w}{\partial x^2}\right],$$

$$M_{xy} = -K(1-\nu)\,\frac{\partial^2 w}{\partial x\,\partial y}. \qquad (171\,\mathrm{d-f})$$

Die Steifigkeiten D und K sind durch Gln. (96a, b) definiert. Die Gleichungen (171) sind das Elastizitätsgesetz der flachen Schale.

d) Differentialgleichungen

Die Gleichgewichtsbedingungen (163d, e), (166), die Beziehungen (165) für die Spannungsfunktion und das Elastizitätsgesetz (171) sind zusammen 12 Gleichungen für 12 Unbekannte N_x, N_y, N_{xy}, Φ, M_x, M_y, M_{xy}, Q_x, Q_y, u, v, w. Es ist möglich, diese Gleichungen auf zwei einfache Differentialgleichungen vierter Ordnung für die Unbekannten Φ und w zu reduzieren. Die Rechnung hat mit der für die Biegetheorie der Drehschalen auf S. 170ff. vorgeführten einige Ähnlichkeit, weicht aber in den Einzelheiten und im Ergebnis wesentlich davon ab.

Wir beginnen mit den Momentengleichungen (163d, e) und benutzen sie, um aus der Gleichgewichtsbedingung (166) die Querkräfte zu eliminieren. In der so erhaltenen Gleichung drücken wir sofort mit Hilfe der Elastizitätsgleichungen (171d—f) die Momente durch Ableitungen der Durchbiegung w aus. Auf diese Weise erhalten wir die folgende Gleichung:

$$K\left(\frac{\partial^4 w}{\partial x^4} + 2\,\frac{\partial^4 w}{\partial x^2\,\partial y^2} + \frac{\partial^4 w}{\partial y^4}\right) - \left(\frac{\partial^2 \Phi}{\partial x^2}\,\frac{\partial^2 z}{\partial y^2} - 2\,\frac{\partial^2 \Phi}{\partial x\,\partial y}\,\frac{\partial^2 z}{\partial x\,\partial y} + \frac{\partial^2 \Phi}{\partial y^2}\,\frac{\partial^2 z}{\partial x^2}\right)$$

$$= F_1(x, y) \equiv p_3 - \frac{\partial^2 z}{\partial y^2}\int p_1\,dx - \frac{\partial^2 z}{\partial x^2}\int p_2\,dy. \qquad (172\mathrm{a})$$

Dies ist die erste der beiden Differentialgleichungen für Φ und w. Zur Herleitung der zweiten Gleichung beginnen wir mit den Elastizitätsgleichungen (171a, b) und lösen sie nach den Ableitungen von u und v auf:

$$\frac{\partial u}{\partial x} = \frac{N_x - \nu N_y}{D(1-\nu^2)} + \frac{\partial^2 z}{\partial x^2}\,w,\qquad \frac{\partial v}{\partial y} = \frac{N_y - \nu N_x}{D(1-\nu^2)} + \frac{\partial^2 z}{\partial y^2}\,w. \quad (173\,\mathrm{a, b})$$

Wenn wir die erste dieser Gleichungen zweimal nach y und die zweite zweimal nach x differenzieren, können wir sie benutzen, um u und v aus Gl. (171 c) zu eliminieren. Wir erhalten

$$\frac{\partial^2 N_{xy}}{\partial x\,\partial y} + D(1-\nu)\frac{\partial^2}{\partial x\,\partial y}\left(\frac{\partial^2 z}{\partial x\,\partial y} w\right)$$
$$= \frac{1}{2(1+\nu)}\left[\frac{\partial^2}{\partial y^2}(N_x - \nu N_y) + \frac{\partial^2}{\partial x^2}(N_y - \nu N_x)\right] +$$
$$+ D\frac{1-\nu}{2}\left[\frac{\partial^2}{\partial y^2}\left(\frac{\partial^2 z}{\partial x^2} w\right) + \frac{\partial^2}{\partial x^2}\left(\frac{\partial^2 z}{\partial y^2} w\right)\right].$$

Nach Ausdifferenzieren und Ordnen heben sich viele Glieder heraus, und wenn wir noch Gln. (165) benutzen, um die Längs- und Schubkräfte durch Φ auszudrücken, erhalten wir schließlich die zweite Differentialgleichung:

$$\frac{\partial^4 \Phi}{\partial x^4} + 2\frac{\partial^4 \Phi}{\partial x^2\,\partial y^2} + \frac{\partial^4 \Phi}{\partial y^4} + D(1-\nu^2)\left(\frac{\partial^2 w}{\partial x^2}\frac{\partial^2 z}{\partial y^2} - 2\frac{\partial^2 w}{\partial x\,\partial y}\frac{\partial^2 z}{\partial x\,\partial y} + \right.$$
$$\left. + \frac{\partial^2 w}{\partial y^2}\frac{\partial^2 z}{\partial x^2}\right) = F_2(x, y) \equiv \frac{\partial^2}{\partial y^2}\int p_1\,dx + \frac{\partial^2}{\partial x^2}\int p_2\,dy - \nu\frac{\partial p_1}{\partial x} - \nu\frac{\partial p_2}{\partial y}. \tag{172b}$$

Auf den linken Seiten der Gln. (172a, b) erkennen wir zwei Differentialoperatoren. Der erste ist das Quadrat des wohlbekannten zweidimensionalen LAPLACE-Operators

$$\nabla^2 = \frac{\partial^2}{\partial x^2} + \frac{\partial^2}{\partial y^2}. \tag{174a}$$

Der zweite Operator ist unserem Problem und dem Membranproblem des IV. Kapitels eigentümlich:

$$L = \frac{\partial^2 z}{\partial y^2}\frac{\partial^2}{\partial x^2} - 2\frac{\partial^2 z}{\partial x\,\partial y}\frac{\partial^2}{\partial x\,\partial y} + \frac{\partial^2 z}{\partial x^2}\frac{\partial^2}{\partial y^2}. \tag{174b}$$

Mit Hilfe dieser Operatoren können wir Gln. (172a, b) in der folgenden kürzeren Form schreiben:

$$\begin{aligned} K\nabla^2\nabla^2 w - L\Phi &= F_1, \\ \nabla^2\nabla^2\Phi + D(1-\nu^2)Lw &= F_2. \end{aligned} \tag{175a, b}$$

Diese Gleichungen sind die Differentialgleichungen der flachen Schale. Eine jede von ihnen ist von vierter Ordnung, und zusammen bilden sie ein System achter Ordnung.

Die beiden Gln. (175) lassen sich in eine einzige für eine passend gewählte Variable zusammenfassen. Multiplizieren wir nämlich die erste mit einem konstanten Faktor β und addieren sie dann zu der zweiten, so erhalten wir

$$\nabla^2\nabla^2[\beta K w + \Phi] + L[D(1-\nu^2)w - \beta\Phi] = \beta F_1 + F_2.$$

Die beiden Linearkombinationen von w und Φ sind offenbar bis auf einen konstanten Faktor dieselben, wenn wir

$$-\beta^2 = \varkappa^4 = \frac{D(1-\nu^2)}{K} \tag{176}$$

wählen. Wir haben dann die Differentialgleichung

$$\nabla^2 \nabla^2 \Psi - i\varkappa^2 L \Psi = i\varkappa^2 F_1 + F_2 \tag{177}$$

für die komplexe Spannungsfunktion

$$\Psi = \Phi + i\varkappa^2 K w. \tag{178a}$$

Da Gl. (177) einen imaginären Koeffizienten hat, hat sie komplexe Lösungen, und Gl. (178a) zeigt, wie man aus deren Real- und Imaginärteil die Spannungsfunktion Φ und die Durchbiegung w abliest.

Von besonderem Interesse ist das Problem der nur am Rande belasteten Schale. Für sie ist $p_1 \equiv p_2 \equiv p_3 \equiv 0$ und daher auch $F_1 \equiv F_2 \equiv 0$. Die komplexe Spannungsfunktion Ψ muß dann die homogene Differentialgleichung

$$\nabla^2 \nabla^2 \Psi - i\varkappa^2 L \Psi = 0 \tag{179}$$

befriedigen. Ist Ψ eine Lösung, so ist auch

$$\Psi' = i\Psi = i\Phi - \varkappa^2 K w \tag{178b}$$

eine Lösung von (179). Da man nun jede komplexe Lösung als Ψ oder als Ψ' ansehen kann, ergibt sich, daß man aus ihr zwei Lösungen der Gleichungen (175) gewinnen kann, indem man entweder nach (178a) den Realteil oder nach (178b) den Imaginärteil mit der Spannungsfunktion Φ identifiziert.

e) Paraboloidschalen

Die Koeffizienten des Operators L hängen von der Form der Schalenmittelfläche ab und sind im allgemeinen Funktionen von x und y. Die beiden Operatoren $\nabla^2\nabla^2$ und L sind deshalb nicht vertauschbar, d.h., es ist $L\nabla^2\nabla^2 \neq \nabla^2\nabla^2 L$. Nur wenn die Mittelfläche ein Paraboloid ist, d. h. wenn $z = z(x, y)$ von nicht höherem als zweitem Grade ist, hat L konstante Koeffizienten, und dann ist $L\nabla^2\nabla^2 = \nabla^2\nabla^2 L$. In diesem Falle ist es leicht möglich, aus (175) eine der Unbekannten zu eliminieren und für die andere eine Gleichung achter Ordnung zu gewinnen.

Zur Erreichung dieses Zieles unterwerfen wir (175a) dem Operator $\nabla^2\nabla^2$ und (175b) dem Operator L:

$$K\nabla^2\nabla^2\nabla^2\nabla^2 w - \nabla^2\nabla^2 L\Phi = \nabla^2\nabla^2 F_1,$$

$$L\nabla^2\nabla^2\Phi + D(1-\nu^2) L L w = L F_2.$$

Wenn wir nun die beiden Gleichungen addieren und von der für Paraboloidschalen erlaubten Vertauschung der beiden Operatoren Gebrauch machen, heben sich die Glieder mit Φ heraus, und wir erhalten die Gleichung

$$K \nabla^2 \nabla^2 \nabla^2 \nabla^2 w + D(1 - \nu^2) L L w = \nabla^2 \nabla^2 F_1 + L F_2. \quad (180)$$

Wenn man in ähnlicher Weise w eliminiert, erhält man statt dessen die Gleichung

$$K \nabla^2 \nabla^2 \nabla^2 \nabla^2 \Phi + D(1 - \nu^2) L L \Phi = K \nabla^2 \nabla^2 F_2 - D(1 - \nu^2) L F_1. \quad (180')$$

Für die nur am Rande belastete Schale hat man die homogene Differentialgleichung

$$\nabla^2 \nabla^2 \nabla^2 \nabla^2 w + \varkappa^4 L L w = 0 \quad (181)$$

mit $\varkappa$ nach (176). Wegen der Vertauschbarkeit der Operatoren läßt sich (181) in der Form

$$(\nabla^2 \nabla^2 + i \varkappa^2 L)(\nabla^2 \nabla^2 - i \varkappa^2 L) w = 0$$

schreiben, der man ansieht, daß die Lösungen der beiden Gleichungen vierter Ordnung

$$\nabla^2 \nabla^2 w \pm i \varkappa^2 L w = 0 \quad (182\text{a, b})$$

Lösungen von (181) sind. Da die Lösungen von (182a) und (182b) konjugiert komplex sind, sind sie linear unabhängig, und bilden daher zusammen das vollständige Lösungssystem von (181). Da jeder Real- oder Imaginärteil einer solchen Lösung als eine Linearkombination zweier konjugiert komplexer Lösungen dargestellt werden kann, sind die Real- und Imaginärteile der Lösungen von (182a) je für sich Lösungen von (181).

2. Wärmespannungen in einer Zylinderschale

a) Eine singuläre Lösung

Die Theorie der flachen Schalen hat viele nützliche Anwendungen. Als ein Beispiel sei hier die Theorie der Wärmespannungen in einer Zylinderschale ausgewählt.

Im Geltungsbereich einer Theorie flacher Schalen läßt sich der parabolische Zylinder $z = y^2/2a$ nicht von einem Kreiszylinder mit dem Radius a unterscheiden, und die hier folgende Untersuchung läßt sich daher auf beide anwenden. Für den parabolischen Zylinder ist

$$L = \frac{1}{a} \frac{\partial^2}{\partial x^2}.$$

Führt man das in Gl. (179) ein, so läßt sich diese in der Form

$$\left(\nabla^2 + \sqrt{i} \frac{\varkappa}{\sqrt{a}} \frac{\partial}{\partial x}\right)\left(\nabla^2 - \sqrt{i} \frac{\varkappa}{\sqrt{a}} \frac{\partial}{\partial x}\right) \Psi = 0 \quad (183)$$

schreiben, aus der man ersieht, daß sie sich in die beiden Gleichungen zweiter Ordnung

$$\nabla^2 \Psi \pm \frac{(1+i)\varkappa}{\sqrt{2a}} \frac{\partial \Psi}{\partial x} = 0 \tag{184a, b}$$

aufspalten läßt. Diese Gleichungen können durch den Produktansatz

$$\Psi = f(x) \cdot g(x, y) \tag{185}$$

gelöst werden. Setzt man ihn ein, so erhält man mit der Abkürzung

$$\lambda = \frac{\varkappa}{2\sqrt{2a}}$$

das Gleichungspaar

$$\frac{d^2 f}{dx^2} g + 2\frac{df}{dx}\frac{\partial g}{\partial x} + f\,\nabla^2 g \pm 2(1+i)\lambda\left(\frac{df}{dx} g + f\frac{\partial g}{\partial x}\right) = 0. \tag{186a, b}$$

In diesen Gleichungen ist es möglich, f und g zu trennen, wenn man fordert, daß

$$\frac{df}{dx} \pm (1+i)\lambda f = 0$$

ist. Dieses Gleichungspaar hat die Lösungen

$$f_{1,2}(x) = e^{\mp(1+i)\lambda x}. \tag{187}$$

Führt man f_1 in (186a) und f_2 in (186b) ein, so erhält man in beiden Fällen für $g(x, y)$ dieselbe partielle Differentialgleichung

$$\nabla^2 g - 2i\lambda^2 g = 0. \tag{188}$$

Zur weiteren Behandlung dieser Gleichung führen wir in der x-y-Ebene Polarkoordinaten r, ϑ mit

$$x = r\cos\vartheta, \qquad y = r\sin\vartheta$$

ein und beschränken uns auf Lösungen $g(r)$, die von ϑ unabhängig sind. Gl. (188) nimmt dann die folgende Form an:

$$\frac{d^2 g}{dr^2} + \frac{1}{r}\frac{dg}{dr} - 2i\lambda^2 g = 0.$$

Sie hat die allgemeine Lösung

$$g(r) = A\,I_0(\sqrt{2i}\,\lambda r) + B\,K_0(\sqrt{2i}\,\lambda r),$$

in der I_0 und K_0 die modifizierten Bessel-Funktionen sind. Wir wollen nur die singuläre Lösung weiter untersuchen, setzen daher $A = 0$, $B = 1$ und spalten K_0 in Real- und Imaginärteil[1]:

$$g(r) = \operatorname{ker}\mu r + i\operatorname{kei}\mu r, \qquad \mu = \sqrt{2}\,\lambda = \frac{\varkappa}{2\sqrt{a}}. \tag{189}$$

Wir wollen nun aus den Faktoren (187) und (189) eine Lösung Ψ zusammensetzen, die zur y-Achse symmetrisch ist. Die Funktionen $f_1\,g$

[1] Formeln s. z. B. W. Flügge: Four-Place Tables of Transcendental Functions, S. 65. London 1954.

und $f_2 g$ sind Lösungen von zwei verschiedenen Differentialgleichungen (184a, b), aber beide befriedigen die allgemeine Differentialgleichung (183) des Zylinderproblems, und dasselbe gilt auch von jeder Linearkombination. Man prüft leicht nach, daß die halbe Summe

$$\frac{1}{2}(f_1 + f_2)\, g = \operatorname{Cosh}\lambda x \cos\lambda x + i \operatorname{Sinh}\lambda x \sin\lambda x)\,(\operatorname{ker}\mu r + i \operatorname{kei}\mu r)$$

die Symmetrieforderung erfüllt. Wir spalten sie in Real- und Imaginärteil und fügen einen freien Faktor C hinzu:

$$\begin{aligned}\Psi = C[(&\operatorname{Cosh}\lambda x \cos\lambda x \operatorname{ker}\mu r - \operatorname{Sinh}\lambda x \sin\lambda x \operatorname{kei}\mu r) + \\ &+ i(\operatorname{Cosh}\lambda x \cos\lambda x \operatorname{kei}\mu r + \operatorname{Sinh}\lambda x \sin\lambda x \operatorname{ker}\mu r)]\,. \qquad (190)\end{aligned}$$

Mit zwei verschiedenen Werten der Konstanten C stellt diese Lösung zwei singuläre Wärmespannungszustände dar, die wir jetzt im einzelnen diskutieren wollen.

b) Thermische Singularität der Scheibe (Scheiben-Heißpunkt)

Wir definieren diesen singulären Spannungszustand durch folgenden Prozeß: In einer zuvor spannungsfreien Scheibe sei ein kleiner Kreis $r \leqq c$ auf eine Temperatur T über den Normalzustand erhitzt. Das in diesem Kreis liegende Material hat das Bestreben sich auszudehnen, wird aber darin durch das umgebende kalte Material mehr oder weniger behindert. Dadurch entsteht ein ebener Spannungszustand. Wir lassen nun den Radius c des erwärmten Gebietes nach null gehen. Wenn wir gleichzeitig die Temperatur so steigern, daß das Produkt $\pi c^2 T = \mathfrak{T}$ konstant bleibt, so ergibt sich im Grenzfall ein Spannungszustand, der durch die Airysche Spannungsfunktion

$$\Phi = -\frac{E t \alpha \mathfrak{T}}{2\pi} \ln r \qquad (191)$$

dargestellt wird, in der t die Scheibendicke und α der Wärmedehnungskoeffizient ist. Wir bezeichnen $\mathfrak{T}$ als die Intensität des „Scheibenheißpunktes", der den Spannungszustand erzeugt.

Wir wollen nun zeigen, daß die Lösung (190) mit $C = E t \alpha \mathfrak{T}/2\pi$ dieselbe thermische Singularität in einer Zylinderschale darstellt. Wir betrachten den Beweis als erbracht, wenn gezeigt werden kann, daß für $r \to 0$, also in der Umgebung des singulären Punktes, die aus (190) abgeleitete Spannungsfunktion Φ mit (191) übereinstimmt, während die Durchbiegung w vernachlässigt werden kann.

Wenn wir die komplexe Spannungsfunktion Ψ aus Gl. (190) entsprechend (178a) in Real- und Imaginärteil spalten, erhalten wir

$$\left.\begin{aligned}\Phi &= C(\operatorname{Cosh}\lambda x \cos\lambda x \operatorname{ker}\mu r - \operatorname{Sinh}\lambda x \sin\lambda x \operatorname{kei}\mu r)\,,\\ \varkappa^2 K w &= C(\operatorname{Cosh}\lambda x \cos\lambda x \operatorname{kei}\mu r + \operatorname{Sinh}\lambda x \sin\lambda x \operatorname{ker}\mu r)\,.\end{aligned}\right\}\qquad (192\text{a, b})$$

Für kleine Werte von r gilt in erster Näherung

$$\operatorname{ker}\mu r \approx -\ln r, \qquad \operatorname{kei}\mu r \approx -\frac{\mu^2 r^2}{4}\ln r,$$

und für kleine Werte von x ist

$$\operatorname{Cosh}\lambda x \cos\lambda x \approx 1, \qquad \operatorname{Sinh}\lambda x \sin\lambda x \approx \lambda^2 x^2,$$

daher

$$\Phi \approx C\left(-\ln r + \lambda^2 x^2 \cdot \frac{1}{4}\mu^2 r^2 \ln r\right) \approx -C\ln r,$$

$$\varkappa^2 K w \approx C\left(-\frac{1}{4}\mu^2 r^2 \ln r - \lambda^2 x^2 \ln r\right) \approx 0,$$

was zu beweisen war.

Um eine anschauliche Vorstellung des von dem Heißpunkt verursachten Spannungszustandes zu gewinnen, wollen wir die radiale

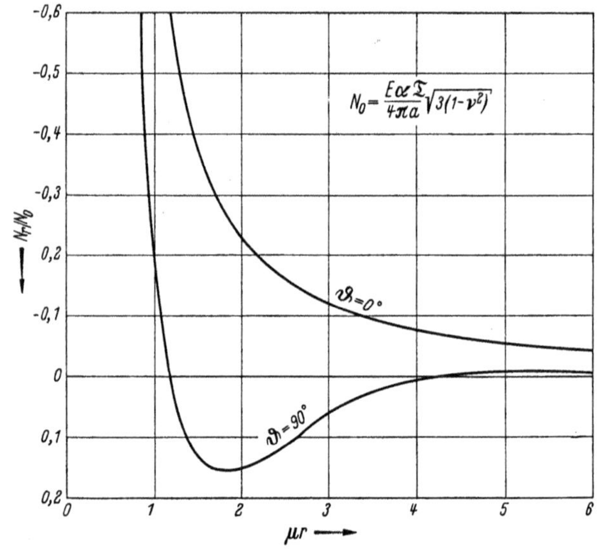

Abb. 99. Scheibenheißpunkt in einer Zylinderschale, radiale Schnittkraft N_r

Schnittkraft N_r numerisch auswerten. Wenn man Gl. (165) mit $p_1 = p_2 = p_3 = 0$ auf Polarkoordinaten transformiert, erhält man die aus der ebenen Spannungstheorie bekannten Beziehungen

$$N_r = \frac{1}{r^2}\frac{\partial^2\Phi}{\partial\vartheta^2} + \frac{1}{r}\frac{\partial\Phi}{\partial r}, \quad N_\vartheta = \frac{\partial^2\Phi}{\partial r^2}, \quad N_{r\vartheta} = -\frac{\partial}{\partial r}\left(\frac{1}{r}\frac{\partial\Phi}{\partial\vartheta}\right), \tag{193}$$

Wenn wir Φ aus (192a) in die erste dieser Formeln einführen, erhalten wir

$$N_r = \frac{E t \alpha \mathfrak{T}}{2\pi}\left[\frac{\mu}{r}(\operatorname{Cosh}\lambda x \cos\lambda x \operatorname{ker}'\mu r - \operatorname{Sinh}\lambda x \sin\lambda x \operatorname{kei}'\mu r) - \right.$$
$$\left. - 2\lambda^2 \sin^2\vartheta (\operatorname{Cosh}\lambda x \cos\lambda x \operatorname{kei}\mu r + \operatorname{Sinh}\lambda x \sin\lambda x \operatorname{ker}\mu r)\right]. \tag{194}$$

Diese Gleichung ist für $\vartheta = 0^\circ$ und $\vartheta = 90^\circ$ ausgewertet worden. Das Ergebnis ist in Abb. 99 dargestellt. Man erkennt, daß längs der Zylindererzeugenden ($\vartheta = 0^\circ$) die Längskraft $N_r \equiv N_x$ verhältnismäßig langsam abklingt, langsamer als im ebenen Spannungszustand, während in der Umfangsrichtung ($\vartheta = 90^\circ$) die Kraft $N_r \equiv N_y$ schnell und oszillierend nach null geht.

c) Thermische Singularität der Platte (Platten-Heißpunkt)

Auf dem Gebiete der Plattenbiegung gibt es eine thermische Singularität, die der der Scheibe ähnlich ist. Wir grenzen wiederum einen kleinen Kreis $r \leqq c$ ab, aber wir erhitzen die Platte auf der einen Seite auf die Temperatur $+T/2$, während wir sie auf der anderen Seite $-T/2$ abkühlen. Über die Plattendicke sei die Temperatur linear veränderlich. Wäre dieser Teil der Platte für sich allein, so würde er sich zu einer flachen Kugelkalotte verkrümmen. Der Zusammenhang mit der umgebenden, unendlich ausgedehnten Platte behindert diese Formänderung, und es entsteht ein Wärmespannungszustand. Geht man mit $c \to 0$ und läßt gleichzeitig die Temperaturdifferenz T so anwachsen, daß $\mathfrak{S} = \pi c^2 T/t$ konstant bleibt, so erhält man einen singulären Spannungszustand, der durch

$$w = \frac{(1+\nu)\,\alpha}{2\pi}\,\mathfrak{S}\ln r \tag{195}$$

gekennzeichnet ist. Wir bezeichnen $\mathfrak{S}$ als die Intensität des „Plattenheißpunktes".

Wir wollen nun zeigen, daß die Lösung (190) mit

$$C = i\,B = -i\,\varkappa^2 K\,\frac{(1+\nu)\,\alpha}{2\pi}\,\mathfrak{S}$$

dieselbe thermische Singularität in einer Zylinderschale darstellt, und wir führen diesen Beweis, indem wir zeigen, daß für kleine Werte x und r die Durchbiegung w in beiden Fällen übereinstimmt, während die Spannungsfunktion Φ vernachlässigbar kleine Werte annimmt.

Wenn wir Ψ in seinen Real- und Imaginärteil spalten, erhalten wir

$$\left.\begin{aligned} \Phi &= -B(\operatorname{Cosh}\lambda x\cos\lambda x\operatorname{kei}\mu r + \operatorname{Sinh}\lambda x\sin\lambda x\operatorname{ker}\mu r)\,,\\ \varkappa^2 K\,w &= B(\operatorname{Cosh}\lambda x\cos\lambda x\operatorname{ker}\mu r - \operatorname{Sinh}\lambda x\sin\lambda x\operatorname{kei}\mu r)\,. \end{aligned}\right\} \tag{196a, b}$$

Wenn wir diese Formeln derselben Behandlung unterwerfen wie (192), ergibt sich für kleine Argumente

$$\Phi \approx 0, \qquad \varkappa^2 K\,w \approx -B\ln r = \varkappa^2 K\,\frac{(1+\nu)\,\alpha}{2\pi}\,\mathfrak{S}\ln r,$$

was mit (195) übereinstimmt.

VIII. Theorie der Faltwerke

1. Membrantheorie

Wir können ein Faltwerk definieren als eine Schale, deren Mittelfläche ein Prisma ist. Das ist eigentlich keine Schale im Sinne unserer Definition, die eine gekrümmte Mittelfläche fordert, und dementsprechend weicht die Theorie der Faltwerke in mancher Hinsicht von der der Zylinderschalen ab, doch ist das Kräftespiel beider Tragwerke, wenn man sie an ihren Enden durch Binder oder Spante aussteift, so ähnlich, daß es zweckmäßig ist, auch die Theorie der Faltwerke im Rahmen dieses Buches zu betrachten.

Bei der Wahl der Koordinaten nehmen wir uns die Vieleckkuppeln zum Vorbild, die sich zu den Rotationsschalen ähnlich verhalten wie die Faltwerke zu den Zylindern. Wir numerieren die einzelnen Prismenflächen, die wir Scheiben nennen wollen, von 1 bis n und legen in die Ebene der m-ten Scheibe ein kartesisches Koordinatensystem x, y_m

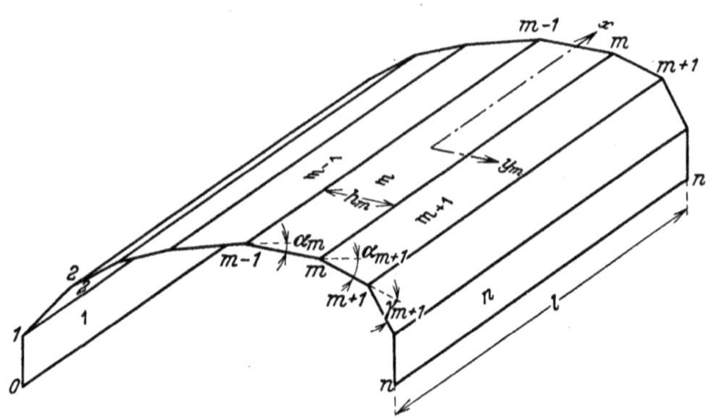

Abb. 100. Bezeichnungen für die Faltwerktheorie

(Abb. 100), dessen Lage wir so wählen, daß die positive y_m-Achse in Richtung wachsender Scheibennummern weist. Die x-Achse legen wir so, daß sie die Scheibenbreite h_m überall halbiert.

Ebenso wie für alle Schalen kann man auch für die Faltwerke eine biegungsfreie Membrantheorie aufstellen und eine Biegetheorie, die aber hier noch wichtiger ist als bei den Zylinderschalen, und auf die wir daher unser Hauptaugenmerk wenden müssen. Ehe wir sie darstellen, müssen wir aber auch hier mit der einfacheren Membrantheorie beginnen, bei der das Kräftebild des Tragwerkes nur aus Längskräften N_x, N_y und Schubkräften $N_{xy} = N_{yx}$ besteht (Abb. 101). Damit alle Gleichgewichtsbedingungen des Flächenelementes erfüllt werden können, ohne

Querkräfte und Momente zu Hilfe zu nehmen, müssen wir fordern, daß alle Lasten, die an einer Scheibe angreifen, in deren Ebene liegen. Wir gehen der Einfachheit halber noch einen Schritt weiter und be-

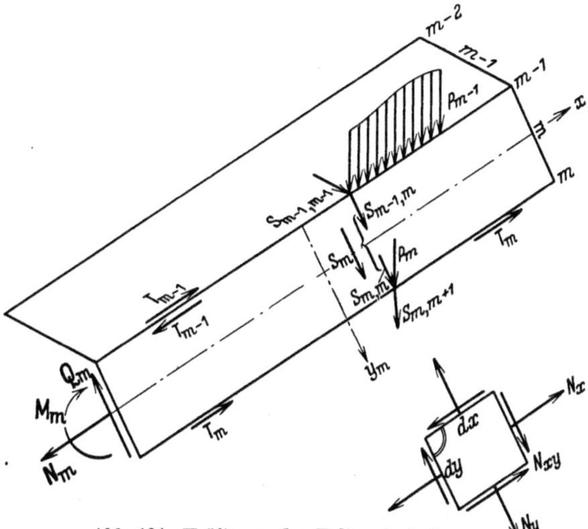

Abb. 101. Kräfte an der Faltwerkscheibe

schränken uns auf Lasten $P_m(x)$, die längs der Kanten angreifen und lotrecht gerichtet sind. Solche Lasten kann man in Komponenten zerlegen, die in den angrenzenden Prismenflächen liegen, und wenn man vorschreibt, daß diese Komponenten normal zur Kante sein sollen, so ist die Zerlegung auch eindeutig. Sie ergibt an der Kante m (s. Abb. 102) die Kräfte

$$S_{m,\,m} = -P_m \frac{\cos\alpha_{m+1}}{\sin\gamma_m},$$

$$S_{m,\,m+1} = P_m \frac{\cos\alpha_m}{\sin\gamma_m}, \qquad (197)$$

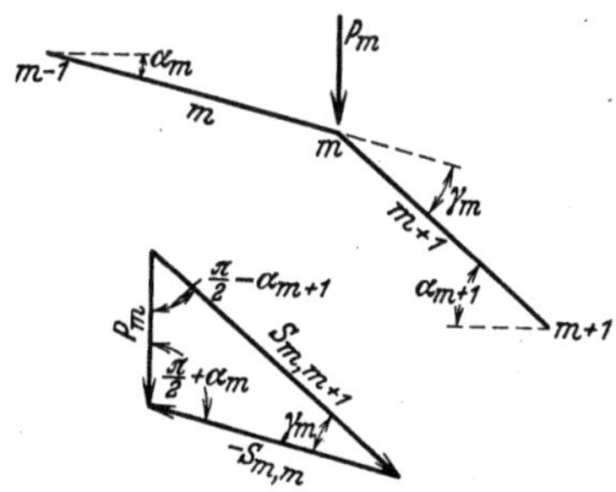

Abb. 102. Komponentenzerlegung der Last an einer Faltwerkkante

wobei der erste Index die Kante bezeichnet, an der die Last angreift, und der zweite die Ebene, in der die Komponente liegt.

Wenn das Faltwerk nicht rohrartig geschlossen ist, so hat es zwei freie Kanten 0 und n, an denen eine solche Komponentenzerlegung nicht möglich ist. Dort dürfen deshalb nur Lasten angreifen, die in der einzigen anschließenden Prismenebene liegen. Das entspricht der Forderung, daß eine Schale nicht normal zu ihrem Rande belastet sein darf, wenn ein Membranzustand in ihr möglich sein soll.

Durch die Zerlegung der Lasten werden jeder Scheibe Kräfte zugewiesen, die in ihrer Ebene liegen und die sie als Träger von der Stützweite l nach den Endbindern zu tragen hat. Für die m-te Scheibe ist diese Belastung

$$S_m = S_{m-1,m} + S_{m,m}.$$

Dazu gehören die Biegemomente M_m und Querkräfte Q_m, die sich nach bekannten Regeln berechnen lassen. Ist insbesondere S_m von x unabhängig, und zählen wir die Koordinate x von der Trägermitte aus nach beiden Seiten, so ist

$$\mathsf{Q}_m = -S_m \cdot x, \qquad \mathsf{M}_m = S_m \cdot \frac{l^2 - 4x^2}{8}.$$

Diese Trägerschnittkräfte erzeugen Biegespannungen $\sigma_x = N_x/t_m$ und Schubspannungen $\tau = N_{xy}/t_m$, und wenn die Scheibenbreite h_m klein ist gegen die Stützweite l des Faltwerkes, so sind diese über einen Schnitt $x = \text{const}$ ebenso verteilt wie in einem gewöhnlichen Balkenträger, die σ also proportional y und die τ parabolisch derart, daß sie längs der Kanten null werden. Wenn die Scheibenstärke t_m feldweise konstant ist, und das wollen wir annehmen, so gilt dasselbe auch für die Membrankräfte N_x, N_{xy}, und man kann daher N_x berechnen nach der Formel für die Biegespannungen eines Balkens mit rechteckigem Querschnitt:

$$N_x = \mathsf{M}_m \cdot \frac{12\, y_m}{h_m^3}.$$

Wenn die Momente benachbarter Scheiben dasselbe Vorzeichen haben, und das ist natürlich im allgemeinen der Fall, so ist von den in einer Kante nebeneinanderliegenden Rändern der eine gezogen, der andere gedrückt. Das ist wegen des Zusammenhanges des ganzen Tragwerkes unmöglich, und es müssen daher längs jeder Kante m zusätzliche Schubkräfte $N_{xy} = T_m$ zwischen den dort zusammenstoßenden Teilen des Faltwerkes übertragen werden. Sie erzeugen in der als Balken aufgefaßten Scheibe Trägerlängskräfte $\mathsf{N}_m^{(1)}$ und zusätzliche Trägermomente $\mathsf{M}_m^{(1)}$. Aus den Gleichgewichtsbedingungen am Trägerelement (Abb. 103) folgt für diese Kräfte:

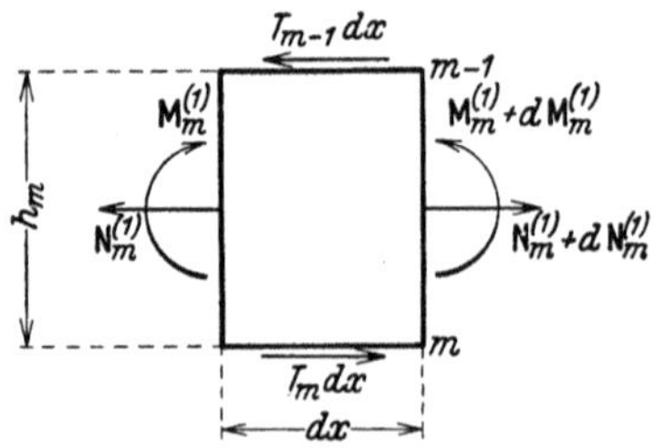

Abb. 103. Längenelement einer Scheibe

$$\frac{d\mathsf{N}_m^{(1)}}{dx} = T_{m-1} - T_m, \qquad \frac{d\mathsf{M}_m^{(1)}}{dx} = -\frac{1}{2} h_m (T_{m-1} + T_m).$$

Zu ihnen gehört eine zusätzliche Scheibenlängskraft, die für $y = \pm \frac{1}{2} h_m$ die Werte

$$N_x^{(1)} = \frac{\mathsf{N}_m^{(1)}}{h_m} \pm \frac{6\mathsf{M}_m^{(1)}}{h_m^2}$$

hat. Superponiert man sie mit der von den Lasten erzeugten Kraft N_x, so erhält man für die Kante m der Scheibe m die resultierende Spannung

$$\sigma_x = \frac{1}{t_m h_m^2}(6\mathsf{M}_m + h_m \mathsf{N}_m^{(1)} + 6\mathsf{M}_m^{(1)})$$

und für die Kante m der Scheibe $m+1$:

$$\sigma_x = \frac{1}{t_{m+1} h_{m+1}^2}(-6\mathsf{M}_{m+1} + h_{m+1} \mathsf{N}_{m+1}^{(1)} - 6\mathsf{M}_{m+1}^{(1)}).$$

Diese beiden Spannungen müssen wegen der Kontinuität des Tragwerkes übereinstimmen. Wenn wir diese Forderung zur Berechnung der T_m benutzen wollen, so müssen wir für die N und M ihre Werte einsetzen, und da wir von $\mathsf{N}^{(1)}$ und $\mathsf{M}^{(1)}$ nur die ersten Ableitungen besitzen, so werden wir unsere Forderung dahin abändern, daß wir die Übereinstimmung von $d\sigma/dx$ verlangen. Das kommt auf dasselbe hinaus, wenn die Gleichheit der Spannungswerte selbst an irgendeiner Stelle sichergestellt ist, und das hat man durchaus in der Hand durch geeignete Wahl der Integrationskonstanten, wenn man später $\mathsf{N}^{(1)}$ und $\mathsf{M}^{(1)}$ aus den T berechnet. Unsere Kontinuitätsforderung ergibt also, wenn wir für $\mathsf{N}^{(1)}$ und $\mathsf{M}^{(1)}$ ihre Werte einsetzen:

$$\frac{1}{t_m h_m}\left(\frac{6}{h_m}\frac{d\mathsf{M}_m}{dx} - 2T_{m-1} - 4T_m\right)$$
$$= \frac{1}{t_{m+1} h_{m+1}}\left(-\frac{6}{h_{m+1}}\frac{d\mathsf{M}_{m+1}}{dx} + 4T_m + 2T_{m+1}\right).$$

Wir setzen noch statt der Ableitung der Momente die entsprechenden Querkräfte und bringen die Glieder mit den Unbekannten T auf die linke Seite:

$$T_{m-1}\cdot\frac{1}{t_m h_m} + T_m\left(\frac{2}{t_m h_m} + \frac{2}{t_{m+1} h_{m+1}}\right) + T_{m+1}\cdot\frac{1}{t_{m+1} h_{m+1}}$$
$$= 3\frac{\mathsf{Q}_m}{t_m h_m^2} + 3\frac{\mathsf{Q}_{m+1}}{t_{m+1} h_{m+1}^2}.$$

Eine solche Gleichung kann man für jede Kante aufstellen, in der zwei Scheiben zusammenstoßen, insgesamt $n-1$ Gleichungen für ebenso viele Unbekannte T_1 bis T_{n-1}. Sie sind vom Clapeyronschen Typ und können mit den aus der Baustatik bekannten Mitteln gelöst werden. Dabei ist aber zu beachten, daß hier die rechten Seiten Funktionen von x sind und daher auch die Unbekannten entsprechend veränderlich sein müssen. Man hat dieses lineare Gleichungssystem also grundsätzlich für jedes x zu lösen oder doch wenigstens für eine hinreichende Anzahl geeignet ausgewählter Werte.

In der Regel werden die Lasten P_m von x unabhängig sein. Dann sind die Querkräfte proportional x und ebenso die T_m, und man kann das

Gleichungssystem durch Differenzieren nach x in ein gewöhnliches lineares System verwandeln, dessen Unbekannte die Konstanten $\frac{dT_m}{dx} = T'_m$ sind. Seine m-te Gleichung heißt:

$$T'_{m-1} \cdot \frac{1}{t_m h_m} + T'_m \left(\frac{2}{t_m h_m} + \frac{2}{t_{m+1} h_{m+1}} \right) + T'_{m+1} \cdot \frac{1}{t_{m+1} h_{m+1}}$$

$$= - \frac{3 S_m}{t_m h_m^2} - \frac{3 S_{m+1}}{t_{m+1} h_{m+1}^2} . \quad (198)$$

Wenn es nötig ist, anschließend an die Untersuchung der Membrankräfte die im folgenden Abschnitt dargestellte Biegetheorie durchzurechnen, bei der dieses Gleichungssystem noch für zahlreiche andere Belastungsglieder gelöst werden muß, empfiehlt es sich, unter Verwendung der Reziproken zu der Koeffizientenmatrix die Lösung in der Form zu berechnen

$$T'_m = \sum_{k=1}^{n-1} \beta_{km} \left(- \frac{3 S_k}{t_k h_k^2} - \frac{3 S_{k+1}}{t_{k+1} h_{k+1}^2} \right), \quad (199)$$

in der die β_{km} ebenso wie die Gleichungskoeffizienten Konstante sind, auch bei beliebiger Veränderlichkeit der Lasten in x-Richtung.

2. Biegetheorie

Nach unseren Erfahrungen in der Zylindertheorie werden wir erwarten können, daß auch in den Faltwerken unter geeigneten Bedingungen Biegemomente von bedeutender Größe auftreten, und wir werden auch hier wieder zwei Arten von Biegungszuständen unterscheiden, je nachdem ob deren Ursache in einem Polygonrand liegt oder in einer freien Längskante entsprechend den beiden in V, 2 und 3 gegebenen Lösungen für die Kreiszylinderschale.

Wir beschränken uns hier auf eine Theorie der Biegeerscheinungen, die wir für den Kreiszylinder in V, 3 behandelt haben, und die für das Faltwerk um so wichtiger sind, als hier die Störungen des Membranzustandes nicht nur von den freien Rändern ausgehen, sondern von allen Prismenkanten. Das hat seinen Hauptgrund darin, daß im allgemeinen die Plattenstärke t aus konstruktiven Gründen größer sein muß als bei den entsprechenden Schalen, so daß — in der Terminologie der Schalentheorie gesprochen — die Membranlösung nicht mehr eine hinreichend brauchbare Näherungslösung für die Differentialgleichungen der Biegetheorie bildet. Dabei vertritt hier die Stelle der Differentialgleichungen das Gleichungssystem, das die Kontinuität des Spannungs- und Formänderungszustandes an den Kanten fordert, für die Membrantheorie also die Gln. (198).

Um zu einem Aufbau dieser Biegetheorie zu kommen, betrachten wir die Formänderungen, die ein Faltwerk infolge seiner Membrankräfte ausführt. Da jede einzelne Scheibe in ihre Ebene als Träger wirkt, so wird sie sich entsprechend durchbiegen. Ein Punkt der Scheibe m, der auf der Kante m liegt, wird dabei eine Verschiebung v_m in Richtung der y_m-Achse erfahren, deren vierte Ableitung mit den Kräften S und T durch die Differentialgleichungen des gebogenen Balkens verknüpft ist:

$$v_m^{IV} = \frac{12}{E\, t_m h_m^3}\left[S_m + \frac{h_m}{2}\,(T'_{m-1} + T'_m)\right]. \tag{200}$$

Ein benachbarter Punkt auf der Scheibe $m+1$ verschiebt sich dagegen um v_{m+1} in seiner Scheibenebene. Damit der Zusammenhang in der Kante gewahrt bleibt, muß man noch normal zu diesen Verschiebungen Komponenten $w_{m,m}$ und $w_{m+1,m}$ hinzufügen, deren Größe man aus Abb. 104 ablesen kann. Wenn man beachtet, daß z. B. die Summe der Projektionen von v_m und $w_{m,m}$ auf die Gerade $m+1$ gleich v_{m+1} sein muß, so findet man

$$w_{m,m} = \frac{v_{m+1} - v_m \cos\gamma_m}{\sin\gamma_m}, \tag{201a}$$

und entsprechend ergibt sich an der Kante $m-1$ die Normalverschiebung

$$w_{m,m-1} = \frac{v_m \cos\gamma_{m-1} - v_{m-1}}{\sin\gamma_{m-1}}, \tag{201b}$$

Durch diese Verschiebungskomponente, die natürlich ebenso wie v mit x veränderlich ist, wird die Scheibe als Platte verbogen. Daß sie durch die dabei entstehenden Momente M_y und M_{xy} und die zugehörigen Querkräfte Q_x infolge ihrer geringen Biegesteifigkeit keine wesentlichen Lasten nach den Bindern abtragen kann, liegt auf der Hand, so daß wir diese Schnittkräfte ebenso wie in V, 3 vernachlässigen können.

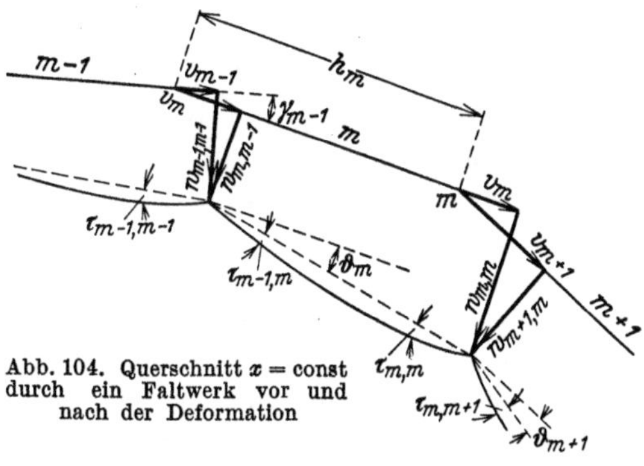

Abb. 104. Querschnitt x = const durch ein Faltwerk vor und nach der Deformation

Das gilt aber nicht von dem Moment M_y und der zugehörigen Querkraft Q_y, deren Ermittlung gerade den Inhalt unserer Biegetheorie bildet, und die aus der Forderung zu bestimmen sind, daß die in einer Kante zusammenstoßenden Scheiben dort steif miteinander verbunden sein sollen. Die in den Kanten übertragenen Momente M_y, die wir in der Kante m mit M_m bezeichnen wollen, spielen die Rolle überzähliger Größen in einem statisch unbestimmten System. Um die zu ihrer Berechnung nötigen Elastizitätsgleichungen aufzustellen, schneiden wir durch zwei benachbarte Ebenen $x = \text{const}$, deren Abstand wir der Einfachheit halber gleich 1 setzen wollen, einen Streifen aus dem Faltwerk heraus, den wir wegen der zulässigen Vernachlässigung der Drillmomente als ebenen Stabzug behandeln können, der durch die Trägerquerkräfte **Q** der Scheiben in etwas ungewöhnlicher Weise gestützt ist. Seine einzelnen geraden Elemente wollen wir kurz als „Stäbe" bezeichnen und berechnen jetzt die gegenseitige Verdrehung dieser Stäbe unter der Annahme, daß sie in den Ecken gelenkig verbunden sind.

Infolge der Verschiebungen $w_{m,m-1}$ und $w_{m,m}$ seiner Endpunkte verdreht sich der Stab m oder genauer gesagt die Verbindungslinie seiner Endpunkte, die Stabsehne, um den Winkel

$$\vartheta_m = \frac{w_{m,m} - w_{m,m-1}}{h_m}, \tag{202}$$

der Stab $m+1$ entsprechend um ϑ_{m+1}, so daß sich der Winkel γ_m zwischen beiden um

$$\varphi_{m,0} = \vartheta_{m+1} - \vartheta_m \tag{203}$$

vergrößert. Setzt man hier die ϑ nach (202) ein und drückt darin die w nach (201) durch die v aus, so kann man schließlich mit Hilfe der Differentialgleichung (200) der als Träger wirkenden Scheiben die vierte Ableitung der Verdrehung $\varphi_{m,0}$ durch die Lasten S_m und die zu ihnen gehörenden Kantenschubkräfte T_m ausdrücken. Wenn die Verteilung aller Lasten in x-Richtung ein und dasselbe Gesetz befolgt, so sind auch diese $\varphi_{m,0}^{IV}$ in derselben Weise verteilt, und in dem wichtigen Fall, daß die Belastung von x unabhängig ist, sind sie Konstante, deren numerische Berechnung auf dem angegebenen Weg leicht möglich ist.

Wir wenden uns nun der Berechnung der Formänderungen zu, die durch die überzähligen Kantenmomente M_m entstehen, die natürlich Funktionen von x sind, und untersuchen zunächst den einfachen Fall, daß das Faltwerk nur durch die Überzählige M_r belastet ist, die längs der Kante r an beiden dort zusammenstoßenden Scheiben angreift, und die wir zunächst unabhängig von x konstant und $= 1$ setzen wollen. In allen anderen Kanten $m \neq r$ sollen die überzähligen Momente $M_m \equiv 0$ sein, und der Zusammenhang zwischen den Scheiben sei derselbe wie früher, so daß also Schubkräfte T_m in jeder Kante übertragen werden können.

Diese Schubkräfte zu berechnen, ist der erste Schritt, den wir zu tun haben. Dazu ersetzen wir die Momente nach Abb. 105 durch die ihnen statisch gleichwertige Belastung der drei Kanten $r-1, r, r+1$ mit lotrechten Kräften

$$P_{r-1,r} = \frac{1}{h_r \cos\alpha_r},$$

$$P_{r,r} = -P_{r-1,r} - P_{r+1,r},$$

$$P_{r+1,r} = \frac{1}{h_{r+1}\cos\alpha_{r+1}},$$

wobei der zweite Index angeben soll, daß diese Kräfte zu dem Moment $M_r \equiv 1$ gehören, und behandeln diese ebenso wie die Lasten P_m in der Membrantheorie, bilden also aus ihnen die in den Scheibenenden liegenden Komponenten. Dadurch ergibt sich eine Belastung von vier Scheiben durch die Kräfte:

$$
\begin{aligned}
S_{r-1,r} &= -\frac{1}{h_r \sin\gamma_{r-1}}, \\
S_{r,r} &= \frac{1}{h_r \cos\alpha_r}\left(\frac{\cos\alpha_{r-1}}{\sin\gamma_{r-1}} + \frac{\cos\alpha_{r+1}}{\sin\gamma_r}\right) + \frac{1}{h_{r+1}\sin\gamma_r}, \\
S_{r+1,r} &= -\frac{1}{h_{r+1}\cos\alpha_{r+1}}\left(\frac{\cos\alpha_r}{\sin\gamma_r} + \frac{\cos\alpha_{r+2}}{\sin\gamma_{r+1}}\right) - \frac{1}{h_r \sin\gamma_r}, \\
S_{r+2,r} &= \frac{1}{h_{r+1}\sin\gamma_{r+1}}.
\end{aligned}
$$

Diese Größen sind für $k = r - 1$ bis $k = r + 2$ in die Formel (199) einzusetzen, die damit für jedes m von 1 bis $n - 1$ die Konstanten T'_m liefert.

Die zu diesem Kräftebild gehörende Formänderung des Stabzuges besteht einerseits aus der Verbiegung der beiden Stäbe r und $r + 1$, anderseits aus Verschiebungen $v_{m,r}$ und $w_{m,r}$ und der dadurch erzeugten Drehung $\vartheta_{m,r}$ aller Stäbe.

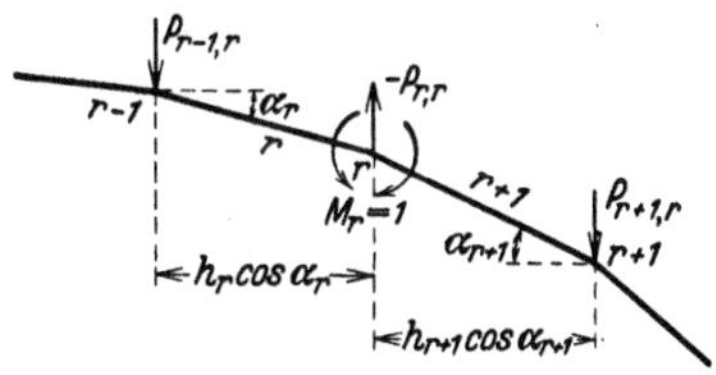

Abb. 105. Verwandlung des überzähligen Moments M_r in eine Kantenbelastung

Von der Durchbiegung $v_{m,r}$ der Scheiben liefert uns Gl. (200) die vierte Ableitung, wenn wir dort für S_m und T'_m die Kräfte $S_{m,r}$ und $T'_{m,r}$ einsetzen, von denen die ersteren nur für $r - 1 \leqq m \leqq r + 2$ von null verschiedene Werte haben, und aus $v^{IV}_{m,r}$ kann man nach (200) die $w^{IV}_{m,r}$ berechnen und nach (202) die $\vartheta^{IV}_{m,r}$. Alle diese Größen sind Konstante.

Hätten wir nicht $M_r \equiv 1$ gesetzt, sondern die Kante r mit einem beliebigen veränderlichen Moment $M_r = M_r(x)$ belastet, so hätten die ersten Ableitungen der Kantenschubkräfte und die vierten Ableitungen der Durchbiegungen v, w und der Stabdrehwinkel ϑ alle denselben Verlauf und wären aus unseren Konstanten durch Multiplikation mit $M_r(x)$ zu berechnen.

Wenn wir nicht nur eine Kante mit Momenten M_r belasten, sondern alle Kanten $r = 1, 2, \ldots, n - 1$, so liefern alle diese Momente einen Beitrag zum Drehwinkel ϑ_m, und es ist insgesamt

$$\vartheta^{IV}_m = \vartheta^{IV}_{m,1} M_1 + \vartheta^{IV}_{m,2} M_2 + \cdots + \vartheta^{IV}_{m,n-1} M_{n-1}.$$

Für die Winkel selbst gilt keine so einfache Beziehung.

Zu der relativen Verdrehung der beiden Stabtangenten im Knoten m liefern nach Abb. 104 außer ϑ_m und ϑ_{m+1} noch die beiden Drehwinkel $\tau_{m,m}$ und $\tau_{m,m+1}$ einen Beitrag. Dieser wird aber nur von den Momenten beeinflußt, die an den Stäben m und $m+1$ angreifen, also von M_{m-1}, M_m und M_{m+1}, und es ist nach bekannten Formeln der Baustatik

$$\tau_{m,m} = \frac{h_m}{6K_m}(M_{m-1} + 2M_m),$$

$$\tau_{m,m+1} = \frac{h_{m+1}}{6K_{m+1}}(2M_m + M_{m+1}).$$

Die gesamte gegenseitige Verdrehung der in der Kante m zusammenstoßenden Scheiben hat also, wenn wir noch den Anteil (203) der Lasten im Hauptsystem addieren, die vierte Ableitung:

$$\varphi_m^{IV} = \varphi_{m,0}^{IV} + \sum_{r=1}^{n-1}(\vartheta_{m+1,r}^{IV} - \vartheta_{m,r}^{IV})M_r + \frac{h_m}{6K_m}(M_{m-1}^{IV} + 2M_m^{IV}) + \\ + \frac{h_{m+1}}{6K_{m+1}}(2M_m^{IV} + M_{m+1}^{IV}),$$

und von dieser Größe müssen wir wegen der Kontinuität des Tragwerkes fordern, daß sie null ist. Das gibt die Elastizitätsgleichung

$$\frac{h_m}{6K_m}\cdot M_{m-1}^{IV} + \frac{1}{3}\left(\frac{h_m}{K_m} + \frac{h_{m+1}}{K_{m+1}}\right)M_m^{IV} + \frac{h_{m+1}}{6K_{m+1}}\cdot M_{m+1}^{IV} + \\ + \sum_{r=1}^{n-1}(\vartheta_{m+1,r}^{IV} - \vartheta_{m,r}^{IV})M_r = -\varphi_{m,0}^{IV}. \tag{204}$$

Darin sind die Momente M und ihre Ableitungen von x abhängig, aber ihre Koeffizienten sind konstant. Das Belastungsglied auf der rechten Seite ist im allgemeinen eine Funktion von x, wird jedoch konstant, wenn alle Lasten von x unabhängig sind. Eine Gl. (204) kann man für jede Kante $m = 1, 2, \ldots, n-1$ aufstellen, also ebenso viele Gleichungen als unbekannte Kantenmomente. Sie bilden einen Satz simultaner Differentialgleichungen mit konstanten Koeffizienten.

Bei der Herleitung der Gl. (204) sind wir von der Forderung ausgegangen, daß die gegenseitige Verdrehung φ_m der Stabendtangenten für jeden Wert von x null sein muß. Unsere Gleichung enthält aber nur die Forderung $\varphi_m^{IV} \equiv 0$. Das ist nur dann hinreichend, wenn wir außerdem noch sicherstellen, daß für vier Ebenen $x = \text{const}$ die Bedingung $\varphi_m = 0$ erfüllt ist oder, was auf dasselbe hinauskommt, daß für zwei Werte von x die Verdrehung φ_m und eine ihrer Ableitungen verschwindet, und das liefert uns die zur Differentialgleichung (204) gehörenden vier Randbedingungen, die wir jetzt zu besprechen haben.

Aus der Stützung an den Bindern $x = \pm l/2$ ergibt sich, daß dort die Verschiebung $v_m = 0$ sein muß, und zwar nicht nur für die Lösung von (204), sondern auch schon im Hauptsystem. Nach (201) und (202) ist dann auch $\vartheta_m = 0$, und die gegenseitige Verdrehung im Knoten m

kann nur noch aus den Winkeln $\tau_{m,m}$ und $\tau_{m,m+1}$ bestehen. Auch das Belastungsglied $\varphi_{m,0} = \vartheta_{m+1} - \vartheta_m$ muß an den Enden des Faltwerkes verschwinden, und die Momente haben daher an diesen Stellen den gewöhnlichen CLAPEYRONschen Gleichungen

$$\frac{h_m}{6K_m} M_{m-1} + \frac{1}{3}\left(\frac{h_m}{K_m} + \frac{h_{m+1}}{K_{m+1}}\right) M_m + \frac{h_{m+1}}{6K_{m+1}} M_{m+1} = 0 \qquad (205)$$

zu genügen, die bekanntlich ohne Belastungsglieder für jedes m nur die Lösung $M_m = 0$ haben.

Die beiden anderen Randbedingungen ergeben sich aus der auch im Hauptsystem gültigen und in der Membrantheorie schon stillschweigend benutzten Forderung, daß für $x = \pm l/2$ die Trägermomente $\mathsf{M}_m = 0$ sein müssen. Wegen der Differentialgleichung der Biegelinie ist das gleichbedeutend mit $v_m'' = 0$, und daraus folgt dann durch genau dieselben Schlüsse weiter $\vartheta_m'' = 0$ und $M_m'' = 0$.

Für die Lösung des Differentialgleichungssystems (204) ist es sehr wesentlich, daß in diesen Randbedingungen keine Ableitungen ungerader Ordnung auftreten. Entwickeln wir nämlich die Belastungsglieder in FOURIER-Reihen der Form

$$-\varphi_{m,0}^{IV} = \Phi_{m1} \cos\frac{\pi x}{l} + \Phi_{m3} \cos 3\frac{\pi x}{l} + \Phi_{m5} \cos 5\frac{\pi x}{l} + \cdots,$$

so kann man die Gleichungen in gewöhnliche lineare überführen, wenn man auch die Unbekannten entsprechend ansetzt

$$M_m = C_{m1} \cos\frac{\pi x}{l} + C_{m3} \cos 3\frac{\pi x}{l} + C_{m5} \cos 5\frac{\pi x}{l} + \cdots,$$

und ein solcher trigonometrischer Ansatz erfüllt tatsächlich alle vier Randbedingungen. Es ist damit möglich, die C_{mk} für jeden Index $k = 1, 3, 5, \ldots$ aus je $n-1$ linearen Gleichungen auszurechnen, und damit ist die Lösung gefunden.

Die übrigen Schnittkräfte findet man in der bei statisch unbestimmten Systemen üblichen Art durch Superposition, also z. B. die Trägerbelastung S_m aus der Gleichung

$$S_m = S_{m,0} + \sum_{r=1}^{n-1} S_{m,r} M_r,$$

wenn wir hier mit $S_{m,0}$ den Wert der Membrantheorie bezeichnen, den wir in Abschnitt 1 einfach S_m genannt haben.

Eine wesentliche Ergänzung unserer Theorie ist noch erforderlich. Wir haben uns bisher immer auf solche Lasten beschränkt, die in den Kanten angreifen. Die wichtigste Last vieler Faltwerke, das Eigengewicht, hat durchaus nicht diese Eigenschaft, sondern ist über die ganze Tragwerkfläche verteilt. Man könnte daran denken, auch in diesem Falle ein Faltwerk, dessen Scheiben in den Kanten gelenkig, aber schubfest miteinander verbunden sind, als Hauptsystem zu verwenden und die von der Feldbelastung erzeugte Verdrehung der Stabendtangenten gegen die Stabsehnen als zusätzliche Summanden im Belastungsglied $\varphi_{m,0}$ zu berücksichtigen. Dieser grundsätzlich durchaus gangbare Weg macht aber die Lösung des Differentialgleichungssystems durch die oben angegebene trigonometrische Reihe unmöglich, da dann die Randbedingungen komplizierter werden. Da wir nämlich die Querkräfte Q_x beim Aufbau unserer Theorie ausdrücklich vernachlässigt haben, so dürfen wir an den Bindern nicht $w = 0$ fordern, sondern nur $v = 0$, und damit sind zwar die Endpunkte der Kanten festgelegt, nicht aber die dazwischenliegenden Ränder der einzelnen Scheiben. Das Gleichungssystem (205) ist dann nicht mehr homogen, und alle daraus gezogenen Folgerungen werden hinfällig.

Es ist deshalb in diesem Falle nötig, zunächst die Momente M_y für einen Stabzug auszurechnen, der in seinen Knotenpunkten starr gestützt ist (durchgehender Träger!), und diese mit in den Spannungszustand des Hauptsystems aufzunehmen. Die Überzählige M_r ist dann der Überschuß des wirklichen Kantenmomentes über diesen für einen durchgehenden Träger errechneten Wert. In unserer Rechnung ändert sich also nicht das Belastungsglied $\varphi_{m,0}$, sondern die Trägerbelastung $S_{m,0}$ im Hauptsystem, und zwar erhält man die richtigen Werte, indem man in (197) als Lasten P_m die Stützkräfte einführt, die sich für einen in allen Knotenpunkten lotrecht und starr unterstützten Stabzug ergeben.

IX. Die Stabilität der Schalen

1. Grundlagen der Theorie der Schalenknickung

In einer Schale von irgendwelcher Form sei durch eine Belastung p_x, p_y, p_z unter geeignet gewählten Randbedingungen ein Membranspannungszustand erzeugt, den wir Grundspannungszustand nennen und durch seine Komponenten N_{x0}, N_{y0}, N_{xy0} beschreiben wollen. Die zu diesen Kräften gehörenden Formänderungen beseitigen wir dadurch aus unseren weiteren Überlegungen, daß wir uns das Koordinatensystem erst nach Eintritt dieser Verformung auf die Schale aufgezeichnet denken.

Wir stellen uns die Aufgabe, den Grundspannungszustand auf seine Stabilität zu untersuchen. Das heißt, wir fragen, ob es möglich ist, den Punkten der Mittelfläche weitere Verschiebungen u, v, w zu erteilen, die so beschaffen sind, daß die Schale auch nach dieser Verformung noch unter ihren Lasten im Gleichgewicht ist. In diesem Falle wäre das elastische Gleichgewicht indifferent, und wir werden sehen, daß das nur für ausgezeichnete Werte der Belastung, die sog. kritischen

Lasten, möglich ist. Da man weiß[1], daß unter hinreichend kleinen Lasten jedes Tragwerk stabil ist, so stellt die kleinste kritische Last die Stabilitätsgrenze dar, bei deren Überschreitung durch wachsende Lasten zum ersten Male ein labiler Zustand möglich wird. Die Ermittlung dieser Knickgrenze ist das Ziel der Stabilitätstheorie.

Bei der zusätzlichen Verschiebung u, v, w entstehen in der Schale zusätzliche Schnittkräfte: Momente M_x, M_y, M_{xy}, M_{yx}, Querkräfte Q_x, Q_y und Zuschläge N_x, N_y, N_{xy}, N_{yx} zu den schon vorhandenen Membrankräften. Um festzustellen, ob die verformte Schale noch im Gleichgewicht ist, müssen wir diese neuen Kräfte in die Gleichgewichtsbedingungen aufnehmen. Das genügt aber nicht. Da nämlich die zusätzlichen Spannungen beliebig klein sein können, so sind die neu in die Gleichungen eintretenden Glieder klein gegen die schon vorhandenen Summanden, und wir müssen, wenn es schon auf Glieder dieser Größenordnung ankommt, auch die Produkte aus den Verschiebungen u, v, w oder ihren Ableitungen und den Schnittkräften des Grundspannungszustandes mitnehmen, die aus der Berücksichtigung der Tatsache entspringen, daß diese Kräfte jetzt nicht mehr an dem ursprünglichen Schalenelement angreifen, sondern an dem durch die zusätzliche Formänderung verschobenen und verzerrten.

Es treten also zweierlei Zusatzglieder in den Gleichgewichtsbedingungen auf; solche, die den Verschiebungen u, v, w und solche, die den zugehörigen Schnittkräften proportional sind. Da die Gleichgewichtsbedingungen auch ohne diese Glieder schon befriedigt waren, so müssen diese Zusatzglieder für sich die Summe null haben, und da man die Kräfte N_x usw. mit Hilfe des Elastizitätsgesetzes linear und homogen durch die Verschiebungen und ihre Ableitungen ausdrücken kann, so erhält man auf diese Weise lineare, homogene Differentialgleichungen für u, v, w.

Wir wenden uns nun den Randbedingungen zu. Während des Knickens, denn darum handelt es sich ja bei der zusätzlichen Verschiebung, sollen nicht nur die Lasten erhalten bleiben, sondern es bleiben natürlich auch die vorher vorgeschriebenen Randbedingungen in Kraft. Wenn aber z. B. die Grundkräfte N_{x0} und die abgeänderten Kräfte $N_{x0} + N_x$ dieselben Randbedingungen erfüllen müssen, so ergeben sich daraus durch Subtraktion homogene Randbedingungen für die zusätzlichen Kräfte oder Formänderungen. Die Verschiebungen u, v, w sind also Lösungen eines homogenen Differentialgleichungssystems mit homogenen Randbedingungen. Solche Lösungen sind in der Regel null, und wenn überhaupt, so ist nur für besondere Werte der Glei-

[1] Über die allgemeinen Grundlagen der Stabilitätstheorie elastischer Systeme vergleiche man R. v. Mises: Über die Stabilitätsprobleme der Elastizitätstheorie. Z. angew. Math. Mech. Bd. 3 (1923) S. 406.

chungskoeffizienten eine nicht identisch verschwindende Lösung möglich. Die Koeffizienten sind, teilweise wenigstens, von den Lasten abhängig, und die Forderung, daß die Differentialgleichungen der Stabilitätstheorie eine endliche Lösung u, v, w haben sollen, bestimmt daher ausgezeichnete Werte der Belastung, für die die Schale in indifferentem Gleichgewicht ist. Die kleinste dieser kritischen Lasten bildet die Grenze des stabilen Lastbereiches, nach deren Überschreitung das elastische Gleichgewicht labil wird, und über die hinaus man die Schale in der Regel nicht beanspruchen darf.

In manchen Fällen erweist es sich als zweckmäßig für die Durchführung der Zahlenrechnung, die Aufgabe umzukehren und nicht bei gegebenen Abmessungen der Schale die kritischen Lasten zu bestimmen, sondern umgekehrt die Lasten als gegeben anzunehmen und irgendeine Abmessung der Schale aus der Forderung zu bestimmen, daß eine nicht verschwindende Lösung der Differentialgleichungen existiert. Mathematisch stellt sich die Ermittlung der Stabilitätsgrenze in jedem Falle dar als die Bestimmung des kleinsten Eigenwertes eines Systems partieller Differentialgleichungen.

Ehe wir darangehen, diesen Gedanken auf die wenigen bisher der Rechnung zugänglich gewordenen Fälle anzuwenden, wollen wir die Erscheinungen der Schalenknickung noch von einer anderen Seite kennenlernen und benutzen dazu das Energiekriterium der Stabilität.

Die potentielle Energie der Schale, die die Lasten p_x, p_y, p_z trägt und die Grundkräfte N_{x0}, N_{y0}, N_{xy0} führt, besteht aus der Energie der Lasten und der in der Schale aufgespeicherten Formänderungsenergie. Wenn man der Schale eine zusätzliche virtuelle Verformung u, v, w erteilt, so ändert sich die Energie der Lasten um

$$\delta U = \delta U^{(1)} + \delta U^{(2)} + \delta U^{(3)} + \cdots$$

und die elastische Energie um

$$\delta A = \delta A^{(1)} + \delta A^{(2)} + \delta A^{(3)} + \cdots,$$

wobei die oberen Indizes $1, 2, 3, \ldots$ die in den Verschiebungen u, v, w linearen, quadratischen, kubischen usw. Anteile bezeichnen sollen. Dann besagt bekanntlich das Gesetz der virtuellen Verschiebungen, daß der Grundspannungszustand mit den Lasten im Gleichgewicht ist, wenn der Zuwachs $\delta U + \delta A$ der potentiellen Energie des Systems für jede beliebig gewählte virtuelle Deformation u, v, w in erster Näherung verschwindet, wenn also

$$\delta U^{(1)} + \delta A^{(1)} = 0$$

ist, und dieser Gleichgewichtszustand ist stabil, wenn zu jeder Verschiebung der Schale in zweiter Ordnung Energie zugeführt werden muß, wenn also

$$\delta U^{(2)} + \delta A^{(2)} > 0$$

ist. Kann bei einer geeignet gewählten Verschiebung Energie frei werden, so ist das Gleichgewicht labil, und für den Grenzfall der Indifferenz, den wir suchen, muß

$$\delta U^{(2)} + \delta A^{(2)} = 0$$

sein. Die kleinste Last, bei der diese Bedingung für ein entsprechend gewähltes System von Verschiebungen u, v, w noch erfüllbar ist, ist die gesuchte Knicklast.

Für den besonderen Fall einer drehsymmetrischen Schale, die nur Membrankräfte führt, haben wir auf S. 79 eine Formel für die elastische Energie gefunden, die sich auf die Membranspannungen beliebiger Schalen anwenden läßt. Ist der Spannungszustand nicht biegungsfrei, so hat man zum Integranden noch drei weitere Terme hinzuzufügen, die man durch ganz entsprechende Überlegungen gewinnen kann, und erhält dann die vollständige Formel

$$A = \frac{1}{2}\int (N_x \varepsilon_x + N_y \varepsilon_y + N_{xy}\gamma_{xy} + M_x \varkappa_x + M_y \varkappa_y + 2 M_{xy}\varkappa_{xy})\, dF,$$

in der $\varkappa_x$, $\varkappa_y$, $\varkappa_{xy}$ die Verkrümmungen und die Verwindung der Mittelfläche bedeuten.

Setzt man hier einmal die Grundspannungen N_{x0}, N_{y0}, N_{xy0} und die zugehörigen Formänderungen ε_{x0}, ε_{y0}, γ_{xy0} ein und das andere Mal die nach der virtuellen Ausbiegung vorhandenen gesamten Schnittkräfte und Verzerrungen, so erhält man

$$A = \frac{1}{2}\int (N_{x0}\varepsilon_{x0} + N_{y0}\varepsilon_{y0} + N_{xy0}\gamma_{xy0})\, dF$$

und

$$A + \delta A = \frac{1}{2}\int [(N_{x0} + N_x)(\varepsilon_{x0} + \varepsilon_x) + (N_{y0} + N_y)(\varepsilon_{y0} + \varepsilon_y)$$
$$+ (N_{xy0} + N_{xy})(\gamma_{xy0} + \gamma_{xy}) + M_x \varkappa_x + M_y \varkappa_y + 2 M_{xy}\varkappa_{xy}]\, dF$$

und durch Subtraktion, wenn man noch beachtet, daß

$$N_x \varepsilon_{x0} + N_y \varepsilon_{y0} = N_{x0}\varepsilon_x + N_{y0}\varepsilon_y$$

ist, den Zuwachs:

$$\delta A = \int (N_{x0}\varepsilon_x + N_{y0}\varepsilon_y + N_{xy0}\gamma_{yx})\, dF$$
$$+ \frac{1}{2}\int (N_x \varepsilon_x + N_y \varepsilon_y + N_{xy}\gamma_{xy})\, dF$$
$$+ \frac{1}{2}\int (M_x \varkappa_x + M_y \varkappa_y + 2 M_{xy}\varkappa_{xy})\, dF.$$

Die unter dem zweiten und dritten Integral stehenden Schnittkräfte sind mit den Formänderungen, mit denen sie multipliziert werden, durch das Elastizitätsgesetz verbunden, das in seiner einfachsten Form aus den folgenden sechs Gleichungen besteht:

$$N_x = D\,\varepsilon_x, \qquad N_y = D\,\varepsilon_y, \qquad N_{xy} = N_{yx} = \frac{1}{2} D\,\gamma_{xy},$$

$$M_x = K\,\varkappa_x, \qquad M_y = K\,\varkappa_y, \qquad M_{xy} = M_{yx} = K\,\varkappa_{xy},$$

Sie entsprechen den in der Biegetheorie der Rotationsschalen benutzten Gln. (131), sind jedoch nicht mehr auf schubfreie und drillungsfreie Spannungszustände oder bestimmte Schalenformen beschränkt. Anderseits enthalten sie die für unsere Zwecke unwesentliche Annahme, daß die Querzahl $\nu = 0$ ist. Wir benutzen dieses Elastizitätsgesetz, um im Arbeitsintegral die virtuellen Schnittkräfte durch die zugehörigen Verzerrungen auszudrücken und erhalten

$$\delta A = \int (N_{x0}\,\varepsilon_x + N_{y0}\,\varepsilon_y + N_{xy0}\,\gamma_{xy})\,dF +$$
$$+ \frac{1}{2} D \int \left(\varepsilon_x^2 + \varepsilon_y^2 + \frac{1}{2}\gamma_{xy}^2\right) dF + \frac{1}{2} K \int (\varkappa_x^2 + \varkappa_y^2 + 2\varkappa_{xy}^2)\,dF. \tag{206}$$

Um daraus den für das Stabilitätskriterium gebrauchten Anteil $\delta A^{(2)}$ zu isolieren, machen wir für die virtuellen Verzerrungen entsprechende Ansätze wie für die Energie, also z. B.

$$\varepsilon_x = \varepsilon_x^{(1)} + \varepsilon_x^{(2)} + \cdots, \qquad \varkappa_x = \varkappa_x^{(1)} + \varkappa_x^{(2)} + \cdots,$$

und erhalten durch Einsetzen unter Fortlassung aller nicht quadratischen Glieder:

$$\delta A^{(2)} = \int \left(N_{x0}\,\varepsilon_x^{(2)} + N_{y0}\,\varepsilon_y^{(2)} + N_{xy0}\,\gamma_{xy}^{(2)}\right) dF +$$
$$+ \frac{1}{2} D \int \left(\varepsilon_x^{(1)^2} + \varepsilon_y^{(1)^2} + \frac{1}{2}\gamma_{xy}^{(1)^2}\right) dF + \frac{1}{2} K \int \left(\varkappa_x^{(1)^2} + \varkappa_y^{(1)^2} + 2\varkappa_{xy}^{(1)^2}\right) dF.$$

Wenn wir für die Dehnungssteifigkeit $D = E\,t$ und die Biegungssteifigkeit $K = E\,t^3/12$ diese Werte einsetzen, so können wir dafür in leicht verständlicher Beziehung schreiben:

$$\delta A^{(2)} = I_1 + I_2\,t + I_3\,t^3$$

und das Stabilitätskriterium heißt

$$\delta U^{(2)} + I_1 + I_2\,t + I_3\,t^3 > 0.$$

Wie man aus der Definition von I_2 und I_3 sofort erkennt, sind diese beiden Integrale von der Belastung der Schale unabhängig und für jede nicht identisch verschwindende virtuelle Verschiebung positiv. $\delta U^{(2)}$ und I_1 sind dagegen den Lasten proportional und können je nach den gewählten Verschiebungen positiv oder negativ sein.

Daraus ergibt sich sofort, daß es stets möglich ist, die Stabilitätsbedingung zu erfüllen, indem man die Lasten hinreichend klein macht, und daß es anderseits auch immer möglich ist, die Stabilitätsgrenze, an der die linke Seite der Ungleichung null wird, zu erreichen, wenn man die Lasten nach der positiven oder negativen Seite weit genug wachsen läßt. Ob eine solche Labilität vor Überschreitung der Bruchspannung des Werkstoffes möglich ist, kann natürlich nur im Einzelfall durch explizite Ausrechnung der Knicklast festgestellt werden.

Eine grundsätzliche Einteilung der bei Schalen vorkommenden Knickerscheinungen ergibt sich durch Betrachtung des Sonderfalles, daß es virtuelle Verschiebungen gibt, für die

$$I_2 = \frac{1}{2} E \int \left(\varepsilon_x^{(1)^2} + \varepsilon_y^{(1)^2} + \frac{1}{2} \gamma_{xy}^{(1)^2}\right) dF = 0$$

ist. Wie man aus dieser Gleichung erkennt, ist das nur möglich, wenn für die ganze Schale

$$\varepsilon_x^{(1)} \equiv \varepsilon_y^{(1)} \equiv \gamma_{xy}^{(1)} \equiv 0$$

ist, und man bezeichnet deshalb eine Knickung dieser Art als dehnungslose Knickung. Die Bedingung für den Eintritt der Indifferenz heißt in diesem Falle

$$-(\delta U^{(2)} + I_1) = I_3 t^3 .$$

Da die linke Seite der Belastung proportional ist, so folgt daraus, daß für eine irgendwie angenommene Verformung u, v, w die zur Indifferenz erforderliche Belastung der dritten Potenz der Schalendicke, also der Biegesteifigkeit K, proportional ist, und wenn man diejenigen Verschiebungen gefunden hat, für die diese Belastung den kleinsten möglichen Wert erhält, so liefern diese für alle Schalen von gleicher Gestalt und Stützung, aber von beliebiger Wanddicke die kritische Last. Die Form, in der die Schale ausknickt, die sog. Knickfigur, ist also beim dehnungslosen Knicken von der Wanddicke unabhängig.

Diese Vorgänge, die rechnerisch verhältnismäßig leicht zu verfolgen sind, haben für die technische Anwendung keine große Bedeutung, da man Schalen in der Regel so stützt, daß dehnungslose Formänderungen unmöglich gemacht werden. Dann gilt die vollständige Knickbedingung

$$-(\delta U^{(2)} + I_1) = I_2 t + I_3 t^3 ,$$

die stets eine größere Knicklast liefert, da auf der rechten Seite ein positives Glied hinzugekommen ist. Um die kleinste mögliche Last zu finden, hat man hier, je nachdem ob t groß oder klein ist, ein Verschiebungssystem zu wählen, bei dem I_3 oder I_2 besonders klein ausfällt. Die Art der Beulung der Schale hängt also wesentlich von der Wanddicke ab, und zwar zeigt sich, daß die einzelnen Beulen um so kleiner und um so zahlreicher werden, je dünner die Schale ist, ein Ergebnis, das man auch aus den Definitionsgleichungen von I_2 und I_3 gewinnen kann, wenn man die Größenordnung der einzelnen Bestandteile untersucht, worauf wir hier nicht näher eingehen wollen.

2. Stabilität der Kreiszylinderschale

a) Differentialgleichungen für gleichmäßig verteilte Grundspannungen

In diesem Abschnitt wollen wir die Stabilität einer Kreiszylinderschale unter einer einfachen, dreiparametrigen Belastung untersuchen. Alle Bezeichnungen für Kräfte, Verschiebungen usw. übernehmen wir aus Kapitel V und verstehen hier unter N_x, M_x, ... und u, v, w die während des Knickens neu auftretenden Schnittkräfte und Verschiebungen. Wir nehmen an, daß diese untereinander durch das Elastizitätsgesetz (97) verbunden sind.

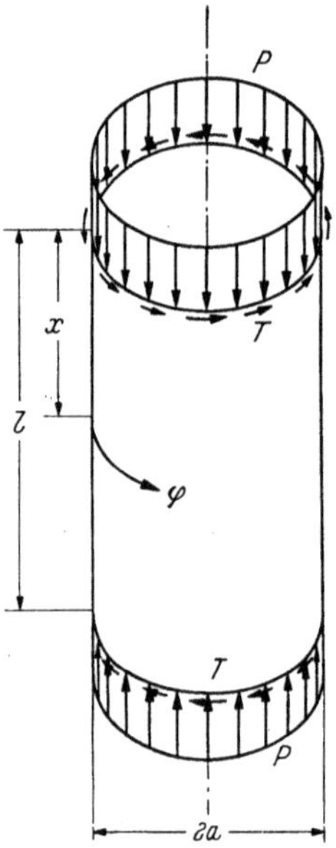

Abb. 106
Lasten P und T

Die Belastung der Schale besteht nach Abb. 106 aus einer auf die beiden Ränder $x = 0$ und $x = l$ wirkenden Druckbelastung P und einem auf dieselben Ränder wirkenden Schub T sowie aus einem in der Abbildung nicht dargestellten äußeren Überdruck p, der gleichmäßig auf alle Punkte der Schalenmittelfläche wirkt. Die Axialbelastung P erzeugt eine Längskraft $N_{x0} = -P$ in Richtung der Erzeugenden, der Außendruck p eine Ringlängskraft $N_{\varphi 0} = -pa$, und die Schubkräfte T führen zu einem gleichförmigen Schubspannungszustand $N_{x\varphi 0} = N_{\varphi x 0} = -T$, der eine Torsion der rohrförmigen Schale um ihre Längsachse darstellt.

Ehe wir darangehen können, die Gleichgewichtsbedingungen des Schalenelementes aufzustellen, müssen wir uns noch genau darüber klarwerden, was wir am deformierten Schalenelement als Schnittkräfte des Grundspannungszustandes bezeichnen wollen. Um zu verstehen, daß es sich in dieser Frage nicht um etwas Nebensächliches handelt, betrachten wir etwa die Kraft, die in der Seite dx eines Schalenelementes angreift. Vor dem Ausknicken haben wir die Kraft $N_{\varphi 0}\,dx$, und sie hat die Richtung einer Breitenkreistangente des Zylinders. Nach dem Ausknicken wird in demselben Linienelement eine Kraft von anderer Größe und Richtung übertragen. Von ihrer Komponente in Richtung der Schalennormalen können wir hier absehen, weil der Grundspannungszustand keine Komponente in dieser Richtung hat. Aber wie sollen wir die Richtungen der beiden anderen Komponenten wählen? Sollen wir die ursprünglichen Richtungen der Erzeugenden und der Breitenschnitttangente benutzen oder besser die Richtungen der Seiten des verformten Schalenelementes? Und wenn wir unsere Wahl getroffen haben, sollen wir dann die Kraftkomponenten durch die ursprüngliche Länge dx des

Linienelementes dividieren oder durch seine tatsächliche Länge $(1 + \varepsilon_x)\,dx$, wenn wir die Kräfte je Längeneinheit definieren wollen? Anders ausgedrückt: sollen wir annehmen, daß neben den nach (97) von der Formänderung abhängigen zusätzlichen Kräften eine Grundkraft $N_{\varphi 0}\,dx$ oder $N_{\varphi 0}(1 + \varepsilon_x)\,dx$ wirkt, und in welcher Richtung wirkt sie, parallel zur ursprünglichen Breitenkreistangente oder in Richtung einer Linie $x = \text{const}$ der verformten Mittelfläche?

Auf den ersten Blick scheint es sich um eine Frage von Definitionen zu handeln, die geschickt oder ungeschickt, aber an sich willkürlich gewählt werden können. Die zweite Form der Fragestellung zeigt jedoch, daß es um etwas Ernsteres geht. Je nach der getroffenen Entscheidung wirken unter einer gegebenen Verformung verschiedene Kräfte am Schalenelement, und wir müssen uns fragen, welches die richtigen sind.

Die Entscheidung kann nicht durch ein Experiment gefunden werden. Es handelt sich nämlich um *kleine* Unterschiede, und es kommt hier nicht darauf an, irgendwelche Messungen an einem willkürlichen Werkstoff so genau wie möglich wiederzugeben, sondern darauf, *lineare* Beziehungen zu finden, die mechanisch und mathematisch sinnvoll sind. Wir müssen daher jede Definition ausschließen, die zwangläufig zu Widersprüchen mit den Gleichgewichtsbedingungen oder dem Energieerhaltungsgesetz führen würde.

Die nötigen Entscheidungen lassen sich schon an einem ebenen Plattenelement fällen, für das $a \to \infty$ und $a\,d\varphi = dy$ ist. Die Gln. (97) fordern dann $N_{x\varphi} = N_{\varphi x}$, und man kommt in Schwierigkeiten mit dem Momentengleichgewicht um die Normale, wenn man die Kräfte N_x, N_φ, $N_{x\varphi}$ nicht in Richtung der verformten Linienelemente wirken läßt. Aus derselben Gleichgewichtsbedingung folgt auch, daß zumindest die Schubkräfte mit den Längen der verformten Schnitte, d. h. mit $(1 + \varepsilon_x)\,dx$ und $(1 + \varepsilon_y)\,dy$, multipliziert werden müssen. Wenn man aber versucht, diese letzte Regel auch auf die Längskräfte anzuwenden, zeigt es sich, daß man einen Kreisprozeß konstruieren kann, bei dem Energie erzeugt oder zerstört wird. Der einzige Ausweg aus dieser Schwierigkeit ist der folgende:

In jedem Punkt der Schalenmittelfläche zeichnen wir vor dem Ausknicken (aber nach dem Aufbringen der Belastung) zwei Vektoren auf, einen Einheitsvektor $\mathfrak{e}_x$ in Richtung der Erzeugenden und einen Einheitsvektor $\mathfrak{e}_\varphi$ in Richtung der Breitenkreistangente. Diese Vektoren nehmen an der während des Ausknickens stattfindenden Verformung der Mittelfläche teil. Sie gehen dabei in zwei Bezugsvektoren $\mathfrak{k}_x$ und $\mathfrak{k}_\varphi$ über, die nicht mehr genau aufeinander senkrecht stehen und deren Größen $|\mathfrak{k}_x| = 1 + \varepsilon_x$ und $|\mathfrak{k}_\varphi| = 1 + \varepsilon_\varphi$ sind. Die nach dem Ausknicken auf die Seiten $x = \text{const}$ des Schalenelementes wirkende Kraft (genauer: ihre in der Tangentialebene liegende Komponente) schreiben wir als

$$[(N_{x0} + N_x)\,\mathfrak{t}_x + (N_{x\varphi 0} + N_{x\varphi})\,\mathfrak{t}_\varphi]\,a\,d\varphi = [\bar{N}_x\,\mathfrak{t}_x + \bar{N}_{x\varphi}\,\mathfrak{t}_\varphi]\,a\,d\varphi,$$

die auf die Seiten $\varphi = \text{const}$ wirkende als

$$[(N_{\varphi 0} + N_\varphi)\,\mathfrak{t}_\varphi + (N_{\varphi x0} + N_{\varphi x})\,\mathfrak{t}_x]\,dx = [\bar{N}_\varphi\,\mathfrak{t}_\varphi + \bar{N}_{\varphi x}\,\mathfrak{t}_x]\,dx.$$

Nach diesen Vorbereitungen können wir nun an die Aufstellung der Gleichgewichtsbedingungen herangehen und beginnen mit den Kräften in x-Richtung (s. Abb. 78, S. 135). Die Schnittkraft $\bar{N}_x$ auf der linken Seite des Schalenelementes liefert nach unserer Verabredung die Kraft $\bar{N}_x(1 + \varepsilon_x)\,a\,d\varphi$, die auf der anderen Seite eine um ein Differential $(\bar{N}_x(1 + \varepsilon_x))'\,d\varphi\,dx$ größere, und dieser Zuwachs geht in die Gleichgewichtsbedingung ein. Er hat strenggenommen nicht die Richtung der x-Achse, sondern ist infolge der Formänderung um einen kleinen Winkel dagegen geneigt, müßte also noch mit dem Cosinus dieses Neigungswinkels multipliziert werden. Dieser Cosinus unterscheidet sich jedoch von 1 nur um einen vernachlässigbaren Betrag höherer Ordnung. Schreibt man $\bar{N}_x = N_{x0} + N_x$, führt die Differentiationen aus und vernachlässigt konsequent Größen höherer Ordnung, d. h. solche, die Quadrate oder Produkte von N_x (aber nicht N_{x0}!) und $\varepsilon_x = u'/a$ enthalten, so erhält man

$$(\bar{N}_x(1 + \varepsilon_x))' = N_{x0}\,\varepsilon_x' + N_x' = -P\,\frac{u''}{a} + N_x'.$$

Entsprechend liefert die Schubkraft $N_{\varphi x}$ den Beitrag

$$(\bar{N}_{\varphi x}(1 + \varepsilon_x))^{\cdot}\,dx\,d\varphi = \left(-T\,\frac{u'^{\cdot}}{a} + N_{\varphi x}\right)dx\,d\varphi.$$

Die Kraft $\bar{N}_\varphi(1 + \varepsilon_\varphi)\,dx$ hat die Richtung des verschobenen Linienelementes $a\,d\varphi$ und daher in Richtung x die Komponente $\bar{N}_\varphi(1 + \varepsilon_\varphi)\,dx\,(u^{\cdot}/a)$, und der Unterschied solcher Komponenten auf dem vorderen und hinteren Rande des Elementes ergibt sich durch Differenzieren nach φ zu

$$\left(\bar{N}_\varphi(1 + \varepsilon_\varphi)\,\frac{u^{\cdot}}{a}\right)^{\cdot} dx\,d\varphi = -p\,u^{\cdot\cdot}\,dx\,d\varphi.$$

Schließlich gibt auch die Schubkraft $\bar{N}_{x\varphi}$ einen Beitrag. Auch sie hat die Neigung $u^{\cdot}/a$ gegen die φ-Richtung und daher in x-Richtung eine Komponente $\bar{N}_{x\varphi}(1 + \varepsilon_\varphi)\,a\,d\varphi\,(u^{\cdot}/a)$, und der Unterschied dieser Komponenten für die beiden gegenüberliegenden Seiten des Schalenelementes ist

$$(\bar{N}_{x\varphi}(1 + \varepsilon_\varphi)\,u^{\cdot})'\,d\varphi\,\frac{dx}{a} = -T\,\frac{u'^{\cdot}}{a}\,d\varphi\,dx.$$

Außer diesen Schnittkräften wirkt noch eine äußere Kraft auf das Schalenelement ein, die davon abhängt, welche spezielle Voraussetzung wir über das Verhalten der Last während einer kleinen Deformation der Schale machen. Wäre die Belastung p z. B. die Zentrifugalkraft des um seine Achse rotierenden Zylinders (sie würde dann allerdings nach außen gerichtet sein), so würde sie zwar im Verhältnis $(a+w)/a$ wachsen aber unverändert in Richtung des Zylinderradius wirken, zu den Kräften in x-Richtung also keinen Beitrag liefern. Ist sie dagegen, wie wir annehmen wollen, der Druck einer Flüssigkeit oder eines Gases, der von außen auf die Schale einwirkt, so steht sie nach der Deformation auf der deformierten Mittelfläche senkrecht und wirft wegen der Drehung des Schalenelementes um den Winkel w'/a eine Komponente

$$p\,a\,d\varphi\,dx \cdot \frac{w'}{a}$$

in die x-Richtung. Die Gleichgewichtsbedingung heißt also insgesamt

$$N_x' + N_{\varphi x}^{\cdot} - \frac{P}{a}u'' - p(u^{\cdot\cdot} - w') - 2\frac{T}{a}u'^{\cdot} = 0. \qquad (207\text{a})$$

Ganz entsprechend stellen wir eine Gleichgewichtsbedingung für die Kräfte in φ-Richtung auf. Wie vorher $\overline{N}_x$, so gibt hier $\overline{N}_\varphi$ einen Beitrag, der von der Dehnung des in die Kraftrichtung fallenden Bezugsvektors beeinflußt ist;

$$(\overline{N}_\varphi(1+\varepsilon_\varphi))^{\cdot} = N_{\varphi 0}\,\varepsilon_\varphi^{\cdot} + N_\varphi^{\cdot} = -p\,a\,\frac{v^{\cdot\cdot} + w^{\cdot}}{a} + N_\varphi^{\cdot},$$

und die Schubkraft $\overline{N}_{x\varphi}$ liefert entsprechend

$$(\overline{N}_{x\varphi}(1+\varepsilon_\varphi))' = N_{x\varphi 0}\,\varepsilon_\varphi' + N_{x\varphi}' = -T\,\frac{v'^{\cdot} + w'}{a} + N_{x\varphi}'.$$

Die Längskraft $\overline{N}_x$ hat gegenüber ihrer ursprünglichen Richtung die Neigung v'/a und daher in φ-Richtung die Komponente $\overline{N}_x(1+\varepsilon_x)\,a\,d\varphi \times \times\, v'/a$, durch deren Differentiation nach x sich der Beitrag zur Gleichgewichtsbedingung ergibt zu

$$\frac{1}{a}(\overline{N}_x(1+\varepsilon_x)\,v')' = -P\,\frac{v''}{a}.$$

Die Schubkraft $\overline{N}_{\varphi x}$ gibt schließlich einen ganz entsprechenden Beitrag

$$\frac{1}{a}(\overline{N}_{\varphi x}(1+\varepsilon_x)\,v')^{\cdot} = -T\,\frac{v'^{\cdot}}{a}.$$

Dazu tritt hier noch ein weiterer Summand. Infolge der Radialverschiebung w werden nämlich die Linienelemente dx, in denen die Kräfte $N_{\varphi x 0}(1+\varepsilon_x)\,dx$ angreifen, um w'/a verdreht, so daß diese Kräfte radiale Komponenten

$$N_{\varphi x 0}(1+\varepsilon_x)\,dx\,\frac{w'}{a} \approx N_{\varphi x 0}\,\frac{w'}{a}\,dx$$

erhalten, von denen die eine nach innen, die andere nach außen weist. Sie sind nicht genau parallel, sondern bilden den Winkel $d\varphi$ miteinander und geben daher die tangentiale Komponente

$$N_{\varphi x 0}\,\frac{w'}{a}\,dx\,d\varphi = -T\,\frac{w'}{a}\,dx\,d\varphi\,.$$

Die äußere Kraft $p \cdot a\,d\varphi \cdot dx$ hat infolge der Drehung $w^{\cdot}/a$ eine Komponente $p\,w^{\cdot}\,d\varphi\,dx$. Diese tritt jedoch nicht in die Gleichgewichtsbedingung ein; denn die Resultierende der beiden Schnittkräfte $N_{\varphi 0} = -p\,a$, die mit der Last im Gleichgewicht ist, nimmt an dieser Drehung teil und liefert eine Komponente, die den Lastbeitrag tilgt. Dagegen ist hier der schon aus Gl. (91b) bekannte Beitrag der am Kontingenzwinkel $d\varphi$ wirkenden Querkräfte Q_φ aufzunehmen. Die Gleichgewichtsbedingung für die Kräfte in φ-Richtung heißt daher

$$N'_{x\varphi} + N^{\cdot}_{\varphi} - Q_\varphi - \frac{P}{a}\,v'' - p(v^{\cdot\cdot} + w^{\cdot}) - 2\,\frac{T}{a}\,(v'^{\cdot} + w') = 0\,. \qquad (207)$$

Die dritte Gleichgewichtsbedingung enthält alle in Richtung der Normalen des undeformierten Schalenelementes wirkenden Kraftkomponenten. Das sind zunächst die Ableitungen der Querkräfte wie in der entsprechenden Gl. (91c) der Biegetheorie:

$$Q^{\cdot}_{\varphi}\,dx \cdot d\varphi + Q'_x\,a\,d\varphi \cdot \frac{dx}{a}\,,$$

dann die Kräfte $\overline{N}_x$, $\overline{N}_\varphi$, $\overline{N}_{x\varphi}$, $\overline{N}_{\varphi x}$, jeweils multipliziert mit der deformierten Länge des in ihre Richtung fallenden Bezugsvektors und mit dem Kontingenzwinkel der beiden einander gegenüberliegenden Kräfte. Für $\overline{N}_\varphi$ ist schon vor der Formänderung ein Kontingenzwinkel $d\varphi$ vorhanden. Infolge der Tangentialverschiebung v verdreht sich die linke Kraft um v/a, die rechte um $(v^{\cdot}/a)\,d\varphi$ mehr, so daß der Kontingenzwinkel um diesen Betrag wächst. Dazu tritt die aus der Radialverschiebung w folgende Krümmungsänderung $w^{\cdot\cdot}/a$. Da wir w nach außen positiv rechnen, bedeutet sie ein Aufbiegen der Schale und daher eine Verminderung des Kontingenzwinkels um $(w^{\cdot\cdot}/a)\,d\varphi$. Ganz entsprechend erhalten die Kräfte $\overline{N}_x$ bei der Deformation den Kontingenzwinkel $-\dfrac{w''}{a}\,\dfrac{dx}{a}$, die Kräfte $\overline{N}_{x\varphi}$ den Winkel $\dfrac{v' - w'^{\cdot}}{a}\,\dfrac{dx}{a}$ und die Kräfte $\overline{N}_{\varphi x}$ den Winkel $-\dfrac{w'^{\cdot}}{a}\,d\varphi$. Außerdem haben wir noch zu berücksichtigen, daß die seitlichen Komponenten $\overline{N}_{\varphi x}\,(1+\varepsilon_x)\,\dfrac{v'}{a}\,dx$ der Kräfte

$\overline{N}_{\varphi x}(1+\varepsilon_x)dx$, deren Differenz wir in (207b) aufgenommen haben, den Kontingenzwinkel $d\varphi$ haben, also eine radiale Kraft $\overline{N}_{\varphi x}(1+\varepsilon_x)\frac{v'}{a}\,dx\,d\varphi$ ergeben, die nach innen gerichtet ist. Die Schnittkräfte liefern also insgesamt den Beitrag:

$$\overline{N}_\varphi\left(1+\frac{v^{\cdot}+w}{a}\right)dx\cdot\left(1+\frac{v^{\cdot}}{a}-\frac{w^{\cdot\cdot}}{a}\right)d\varphi -$$

$$-\overline{N}_x\left(1+\frac{u'}{a}\right)a\,d\varphi\cdot\frac{w''}{a}\frac{dx}{a}+\overline{N}_{x\varphi}\left(1+\frac{v^{\cdot}+w}{a}\right)a\,d\varphi\cdot\frac{v'-w'^{\cdot}}{a}\frac{dx}{a}-$$

$$-\overline{N}_{\varphi x}\left(1+\frac{u'}{a}\right)dx\cdot\left(\frac{w'^{\cdot}}{a}-\frac{v'}{a}\right)d\varphi=\left[N_\varphi-p\,a\left(1+2\frac{v^{\cdot}}{a}+\frac{w}{a}-\frac{w^{\cdot\cdot}}{a}\right)+\right.$$

$$\left.+P\frac{w''}{a}-2\,T\left(\frac{v'}{a}-\frac{w'^{\cdot}}{a}\right)\right]dx\,d\varphi.$$

Schließlich geht in diese Gleichgewichtsbedingung noch ein Lastglied ein. Vor dem Ausknicken ist die radiale Lastkomponente $p\cdot dx\cdot a\,d\varphi$. Während des Ausknickens wächst sie proportional der elastischen Vergrößerung des Flächenelementes auf den Betrag

$$p\cdot\left(1+\frac{u'}{a}\right)dx\cdot\left(1+\frac{v^{\cdot}}{a}+\frac{w}{a}\right)a\,d\varphi=p\left(1+\frac{u'}{a}+\frac{v^{\cdot}}{a}+\frac{w}{a}\right)a\,dx\,d\varphi.$$

Wenn wir alle Glieder zusammenfassen, so heben sich die Glieder nullter Ordnung heraus, d. h. diejenigen, die weder eine zusätzliche Schnittkraft (Q_φ, Q_x, N_φ) noch eine Verschiebung enthalten. Es bleibt die folgende Gleichung:

$$Q_\varphi^{\cdot}+Q_x'+N_\varphi+\frac{P}{a}w''+p\,(u'-v^{\cdot}+w^{\cdot\cdot})+2\frac{T}{a}(w'^{\cdot}-v')=0. \quad (207\text{c})$$

Die drei Bedingungen für das Gleichgewicht der Momente enthalten keine Schnittkräfte nullter Ordnung und daher auch keine von der Knickdeformation herrührenden Zusatzglieder, stimmen also mit den Gln. (91d—f) auf S. 135 überein.

Mit diesen sechs Gleichgewichtsbedingungen (207a—c), (91d—f) verfahren wir genauso wie mit den entsprechenden Gleichungen der Spannungstheorie. Wir benutzen (91d, e), um aus den anderen die Querkräfte zu eliminieren, und drücken dann mit Hilfe des Elastizitätsgesetzes (97) die N und M durch die Verschiebungen aus. Dabei wird (91f) natürlich wieder zur Identität. In den drei anderen führen wir die dimensionslosen Lasten

$$q_1=\frac{p\,a}{D},\qquad q_2=\frac{P}{D},\qquad q_3=\frac{T}{D}$$

ein, die von der Größenordnung elastischer Verzerrungen und daher klein gegen 1 sind, und setzen wie früher

$$\frac{K}{D\,a^2}=\frac{t^2}{12\,a^2}=k.$$

Wir erhalten so schließlich die drei folgenden Gleichungen:

$$\left.\begin{aligned}
&u'' + \frac{1-\nu}{2} u^{\cdot\cdot} + \frac{1+\nu}{2} v'^{\cdot} + \nu w' + k\left(\frac{1-\nu}{2} u^{\cdot\cdot} - w''' + \frac{1-\nu}{2} w'^{\cdot\cdot}\right) + \\
&\qquad + q_1 (- u^{\cdot\cdot} + w') - q_2 u'' - 2 q_3 u'^{\cdot} = 0, \\
&\frac{1+\nu}{2} u'^{\cdot} + v^{\cdot\cdot} + \frac{1-\nu}{2} v'' + w^{\cdot} + k\left(\frac{3}{2}(1-\nu) v'' - \frac{3-\nu}{2} w''^{\cdot}\right) - \\
&\qquad - q_1 (v^{\cdot\cdot} + w^{\cdot}) - q_2 v'' - 2 q_3 (v'^{\cdot} + w') = 0, \\
&\nu u' + v^{\cdot} + w + k\left(\frac{1-\nu}{2} u'^{\cdot\cdot} - u''' - \frac{3-\nu}{2} v''^{\cdot} + w^{IV} + 2 w''^{\cdot\cdot} + \right. \\
&\qquad \left. + w^{\cdot\cdot\cdot\cdot} + 2 w^{\cdot\cdot} + w\right) + q_1 (u' - v^{\cdot} + w^{\cdot\cdot}) + q_2 w'' - \\
&\qquad - 2 q_3 (v' - w'^{\cdot}) = 0.
\end{aligned}\right\} \quad \text{(208 a bis c)}$$

Es sind dies drei homogene, partielle Differentialgleichungen für die Verschiebungen. Ihre Eigenwerte bestimmen die Knicklasten, und ihre Lösungen stellen die Knickfiguren dar.

b) Lösung für zweiachsigen Druck

Die allgemeine Lösung der Gln. (208) ist der auch in der Spannungstheorie benutzte Exponentialansatz (101), (103). Wenn die Schublast $q_3 = 0$ ist, ist es möglich, mit einem wesentlich einfacheren Ansatz auszukommen. Wir setzen

$$\left.\begin{aligned}
u &= A \cdot \cos m\varphi \cdot \cos\frac{\lambda x}{a}, \\
v &= B \cdot \sin m\varphi \cdot \sin\frac{\lambda x}{a}, \qquad \left(\lambda = \frac{n\pi a}{l}\right) \\
w &= C \cdot \cos m\varphi \cdot \sin\frac{\lambda x}{a}.
\end{aligned}\right\} \quad (209)$$

Dieser Ansatz erfüllt auf den Randkreisen $x = 0$ und $x = l$ die Bedingungen $v = w = 0$, $N_x = 0$, $M_x = 0$, paßt also zu einer Schale, die an den Rändern mit zwei in ihrer Ebene starren, aber völlig biegsamen Scheiben verbunden ist. Diese Randbedingungen dürfen allerdings erst in Kraft treten, nachdem die Grundbelastung P, p aufgebracht worden ist, weil sich sonst der vorausgesetzte einfache Grundspannungszustand nicht ungestört ausbilden könnte. Wir werden auf S. 252 darauf zurückkommen.

Unser Ansatz bedeutet eine Unterteilung des Zylinders durch $2m$ Knotenlinien in Richtung der Erzeugenden und durch $n - 1$ Knotenkreise in $2mn$ kongruente rechteckige Felder, deren Durchbiegungen abwechselnd nach innen und außen gerichtet sind.

Setzt man den Ansatz in die Differentialgleichungen ein und dividiert durch die trigonometrischen Funktionen, so erhält man drei lineare homogene Gleichungen für die drei Amplituden A, B, C:

$$\left.\begin{aligned}
&A\left[\lambda^2+\frac{1-\nu}{2}(1+k)m^2-q_1 m^2-q_2\lambda^2\right]+B\left[-\frac{1+\nu}{2}\lambda m\right]+\\
&\qquad+C\left[-\nu\lambda-k\lambda^3+\frac{1-\nu}{2}k\lambda m^2-q_1\lambda\right]=0,\\
&A\left[-\frac{1+\nu}{2}\lambda m\right]+B\left[m^2+\frac{1-\nu}{2}(1+3k)\lambda^2-q_1 m^2-q_2\lambda^2\right]+\\
&\qquad+C\left[m+\frac{3-\nu}{2}k\lambda^2 m-q_1 m\right]=0,\\
&A\left[-\nu\lambda+\frac{1-\nu}{2}k\lambda m^2-k\lambda^3-q_1\lambda\right]+B\left[m+\frac{3-\nu}{2}\cdot k\lambda^2 m-q_1 m\right]+\\
&+C[1+k(\lambda^4+2\lambda^2 m^2+m^4-2m^2+1)-q_1 m^2-q_2\lambda^2]=0.
\end{aligned}\right\}\quad(210)$$

Dieses System hat dann und nur dann eine von null verschiedene Lösung, wenn die Koeffizientendeterminante verschwindet. Das gibt eine Gleichung zwischen den Lasten q_1 und q_2, durch die die Knickgrenze bezeichnet ist. Sie heißt

$$\begin{aligned}
c_1+c_2 k+c_5 k^2+c_6 k^3 &= (c_3+c_7 k+c_8 k^2)\,q_1+(c_9+c_{10} k)\,q_1 q_2+\\
&+(c_{11}+c_{12} k)\,q_1^2+(c_4+c_{13} k+c_{14} k^2)\,q_2+(c_{15}+c_{16} k)\,q_2^2+\\
&+c_{17} q_1^2 q_2+c_{18} q_1 q_2^2,
\end{aligned}$$

wobei die c Funktionen von λ und m sind.

Da sowohl k als auch die Lastparameter q_1 und q_2 klein gegen 1 sind, kann man ihre Potenzen und Produkte vernachlässigen, wenigstens unter der Voraussetzung, daß sie nicht mit einem besonders großen Koeffizienten c multipliziert sind. Um das zu entscheiden, ist zu beachten, daß λ und m von der Größenordnung der Einheit, aber auch unabhängig voneinander sehr groß werden können, und daß der Parameter λ auch sehr kleiner Werte fähig ist. Wenn man die einzelnen Summanden der Knickbedingung daraufhin durchmustert, so ergibt sich, daß von ihnen nur noch die linearen Glieder übrigbleiben:

$$c_1+c_2 k=c_3 q_1+c_4 q_2. \qquad (211)$$

Die Faktoren c_1 bis c_4 können leicht aus den Koeffizienten von (210) berechnet werden und heißen, wenn man alles Überflüssige herausläßt und durch einen allen gemeinsamen Faktor durchdividiert:

$$\left.\begin{aligned}
c_1 &= (1-\nu^2)\,\lambda^4,\\
c_2 &= (\lambda^2+m^2)^4-2\,(\nu\lambda^6+3\lambda^4 m^2+(4-\nu)\,\lambda^2 m^4+m^6)+\\
&\quad+\big(2\,(2-\nu)\,\lambda^2 m^2+m^4\big),\\
c_3 &= m^2(\lambda^2+m^2)^2-(3\lambda^2 m^2+m^4),\\
c_4 &= \lambda^2(\lambda^2+m^2)^2+\lambda^2 m^2.
\end{aligned}\right\}\quad(212)$$

Da m alle ganzen Zahlen durchlaufen und λ alle ganzzahligen Vielfachen von $\pi\, a/l$ annehmen kann, so gibt es für eine Schale mit gegebenem a und l insgesamt ∞^2 Gln. (211), deren jeder in einem Koordinatensystem k, q_1, q_2 eine Ebene entspricht. Wird der Belastungszustand einer Schale durch einen Punkt einer solchen Ebene dargestellt, so ist das elastische Gleichgewicht derart indifferent, daß sie mit $2\,m$ Halbwellen in Ringrichtung und n Halbwellen in Längsrichtung ausknicken kann. Liegt der Punkt, vom Ursprung aus gesehen, jenseits der Ebene, so ist das Gleichgewicht labil. Greift man aus jeder Ebene den Teil heraus, in dem sie näher am Koordinatenursprung liegt als jede andere, so bilden diese Stücke zusammen eine Polyederfläche, auf deren konkaver Seite (nach dem Koordinatenursprung zu) das stabile Gebiet liegt. Steigert man die Belastung des Zylinders so weit, daß der sie darstellende Punkt den

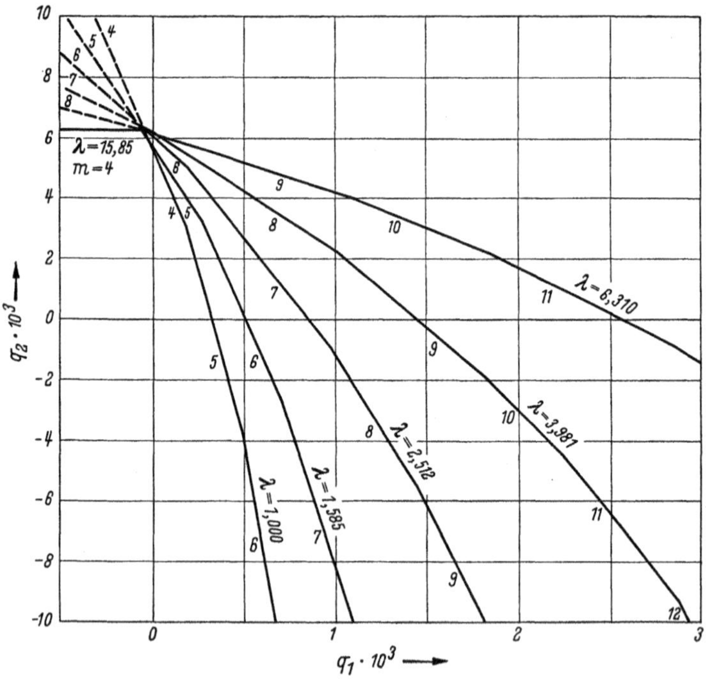

Abb. 107. Knickgrenze des Zylinders mit axialer Last und Manteldruck, $k = 10^{-5}$, $\nu = 1/6$. Die an die Polygonseiten geschriebenen ganzen Zahlen bedeuten die Halbwellenzahl m.

Polyeder erreicht, so knickt die Schale mit den zu der getroffenen Polyederfläche gehörenden Wellenzahlen m, n. Gelingt es irgendwie, diese Knickung zu verhindern, so überschreitet der Punkt bei weiterer Laststeigerung die Verlängerungen anderer Polyederflächen und es wird dann auch ein Knicken mit den zu ihnen gehörigen Wellenzahlen möglich.

Um über die Gestalt der Polyederfläche genauere Auskunft zu erhalten, wollen wir sie mit einer Ebene $k =$ const schneiden. In Abb. 107 sind solche Schnitte $k = 10^{-5}$ durch mehrere Polyeder gezeichnet, die zu verschiedenen Zylinderlängen gehören. Es zeigt sich dabei, daß die Schale mit einer einzigen Halbwelle in Längsrichtung knickt, daß also das ungünstigste $\lambda = \lambda_{\min} = \pi\, a/l$ ist, wenn nicht die Axiallast P gegenüber dem Manteldruck ganz wesentlich überwiegt. In diesem Falle dagegen, insbesondere also, wenn nur der Axialdruck vorhanden ist, unterteilt sich die Zylinderlänge durch Knotenkreise in um so mehr Abschnitte, je länger der Zylinder ist, und lange Zylinder knicken praktisch bei derselben Last wie kurze. Das äußert sich z. B. in Abb. 107 darin, daß für negative q_1 der Wert $\lambda = 15{,}85$ eine kleinere Knicklast gibt als die Werte von $\pi\, a/l = 1{,}000$ bis $6{,}31$, für die das Diagramm gezeichnet ist. Strenggenommen gehört die Linie $\lambda = 15{,}85$ nicht in das Diagramm hinein, da $15{,}85$ kein ganzzahliges Vielfaches von diesen $\lambda_{\min}$-Werten ist, doch liegt es nicht allzu weit davon entfernt.

Zur Berechnung der beiden kritischen Lasten p_0 und P_0 oder der zugehörigen Dimensionslosen q_1 und q_2 greifen wir auf Gl. (211) zurück. Für den Fall, daß der Zylinder nur eine Axialbelastung P trägt, liefert sie mit $q_1 = 0$:

$$q_2 = \frac{(1-\nu^2)\,\lambda^4 + k[(\lambda^2+m^2)^4 - 2\,(\nu\,\lambda^6 + 3\,\lambda^4 m^2 + (4-\nu)\,\lambda^2 m^4 + m^6) + (2\,(2-\nu)\,\lambda^2 m^2 + m^4)]}{\lambda^2\,(\lambda^2+m^2)^2 + \lambda^2 m^2}. \tag{213}$$

Man könnte das als eine lineare Beziehung zwischen q_2 und k aufzeichnen und erhielte dann den Schnitt $q_1 = 0$ unseres Polyeders. Zweckmäßiger ist eine andere Darstellung, in der man sich leichter von der Wahl einer speziellen Zylinderlänge l frei machen kann.

Die Wellen, in die sich die Erzeugenden deformieren, haben die Länge $2\,l/n$. Das Verhältnis der halben Wellenlänge, also des Abstandes zweier Knotenkreise, zum Zylinderradius wählen wir als Abszisse $l/n\,a = \pi/\lambda$ und tragen q_2 als Ordinate dazu auf. Das ist in Abb. 108 für $k = 10^{-5}$ unter Benutzung logarithmischer Maßstäbe ausgeführt worden. Das Diagramm lehrt folgendes:

Wenn wir einen bestimmten Wert der Abszisse $l/n\,a$ ins Auge fassen und die Last, d. h. q_2, von null ausgehend wachsen lassen, so bewegt sich der zugehörige Diagrammpunkt lotrecht nach oben. Sobald er die erste der gezeichneten Kurven erreicht, wird das elastische Gleichgewicht indifferent, und man kann die zugehörige Ringwellenzahl m an der Diagrammkurve ablesen. Alle anderen, oberhalb der untersten gelegenen Kurven sind ohne physikalisches Interesse. Es genügt daher, von dem ganzen Diagramm nur den unteren Rand beizubehalten, der aus einer Folge nach unten durchhängender Bogen besteht und als Girlandenkurve bezeichnet wird. Die Kurven $m = 10$ und $m = 11$ nehmen an der

Bildung der Girlandenkurve nicht teil, weil sie nicht tief genug hinabreichen, und die Kurven für höhere m-Werte sind aus demselben Grunde nicht in das Diagramm eingetragen.

Die Girlandenkurve besteht aus drei wesentlich verschiedenen Teilen:

Ist $l/n\,a$ sehr klein, also a sehr groß, so unterscheidet sich die Schale nur wenig von einem Plattenstreifen, dessen Knickbedingung

$$q_2 = \pi^2 k \left(\frac{a}{l}\right)^2$$

in unserer Darstellung eine Gerade ist. Der linke, aufsteigende Ast der Girlandenkurve nähert sich dieser Geraden asymptotisch.

Der mittlere Teil des Diagramms, die eigentliche Girlandenkurve, beginnt mit sehr schwachen Wellen, die nach rechts hin immer größer

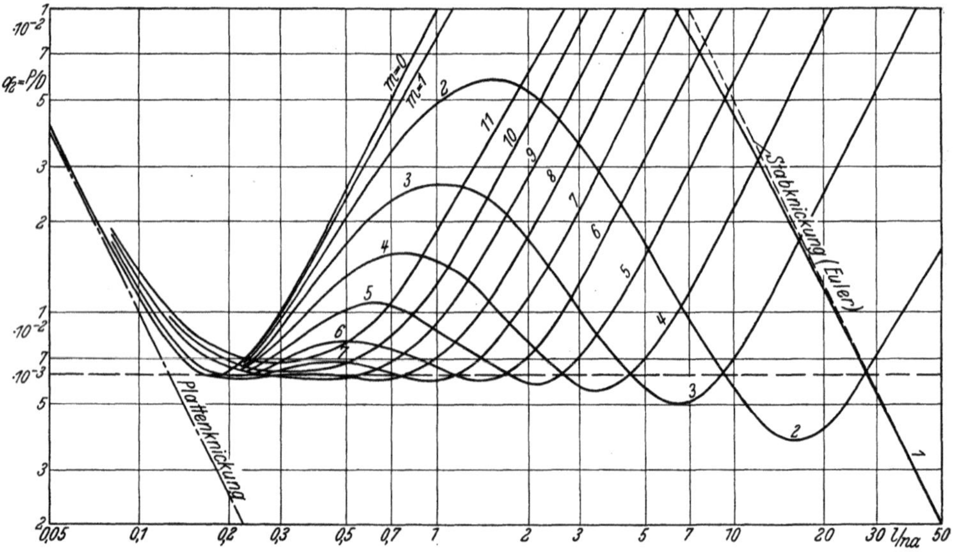

Abb. 108. Knickgrenze für axiale Belastung als Funktion der Zylinderlänge, $k = 10^{-5}$, $\nu = 1/6$

werden, wobei m bis auf 2 abnimmt. Für einen gegebenen Zylinder findet man mit $n = 1$ bei der Abszisse l/a eine seiner kritischen Lasten, für $l/a = 9$ z. B. $q_2 = 6{,}1 \cdot 10^{-3}$. Das braucht aber nicht die kleinste Knicklast zu sein. Vielmehr findet man mit $n = 3$ für denselben Zylinder bei $l/n\,a = 3{,}0$, daß er mit zwei Knotenkreisen schon bei $q_2 = 5{,}65 \cdot 10^{-3}$ knicken kann, während sich für $n = 2$ und $n \geqq 4$ höhere Lasten ergeben. Es ist also zu erwarten, daß dieser Zylinder mit $n = 3$ Halbwellen in Längsrichtung knicken wird. Dabei ist, wie man aus dem Diagramm abliest, $m = 4$.

Die Girlandenkurve hat schließlich ganz rechts noch einen dritten, wesentlich anderen Teil, der von der Kurve $m = 1$ gebildet wird. Diese Kurve strebt nicht wie die anderen rechts nach oben, sondern nach unten. Ihre Gleichung erhält man aus (213):

$$q_2 = (1 - \nu^2) \frac{\lambda^2}{2 + 2\lambda^2 + \lambda^4} + k \frac{\lambda^6 + 2(2 - \nu)\lambda^4}{2 + 2\lambda^2 + \lambda^4}.$$

Wenn der Zylinder sehr lang und $n = 1$, also $\lambda = \pi \frac{a}{l}$ eine kleine Zahl ist, so gibt das angenähert die Gerade

$$q_2 = \frac{P}{D} = (1 - \nu^2) \frac{\pi^2 a^2}{2 l^2}$$

oder, wenn man für D seinen Wert einsetzt und die Gleichung so schreibt, daß links die ganze vom Zylinder getragene Last steht,

$$P \cdot 2\pi a = E t a^3 \pi \frac{\pi^2}{l^2}.$$

Das ist aber genau die Knickformel für einen frei drehbar gelagerten Stab vom Trägheitsmoment $I = t a^3 \pi$. Der Fall $m = 1$ stellt also einen Knickvorgang dar, bei dem sich die schlanke Zylinderschale wie ein einfacher Druckstab verhält. Besondere Beachtung verdienen die Randbedingungen: Während für $m \neq 1$ die Verzerrung der Zylinderränder infolge der Verschiebungen u nur eine nicht sehr wesentliche Verwölbung bedeutet, ist die Verschiebung $u_{\text{Rand}} = \pm A \cdot \cos\varphi$ eine freie Verdrehung des Querschnittes, frei deshalb, weil infolge $u'_{\text{Rand}} \equiv 0$ der Randwert der Längskraft $\overline{N}_x$ beim Knicken unveränderlich ist, der als Stab aufgefaßte schlanke Zylinder also kein Einspannungsmoment erhält.

Abb. 108 ist nur für einen ausgewählten Wert k gezeichnet, und zur allgemeinen Lösung der Knickaufgabe muß man den physikalisch wesentlichen Teil, also die Girlandenkurve, für eine ganze Reihe verschiedener Werte k aufzeichnen. Es ist jedoch möglich, sich diese Arbeit zu sparen und die Lösung durch zwei in verschiedenen Koordinatensystemen zu zeichnende Kurven erschöpfend darzustellen. Abb. 108 lehrt nämlich folgendes: Im linken Teil des Diagramms, also da, wo die Schalenknickung in die Plattenknickung übergeht, ist $l/n\,a$ klein, also $\lambda = \pi\, n\, a/l$ schon ziemlich groß, während m nicht unbedingt groß sein muß, wenn man nicht auf eine sehr genaue Berechnung des Minimums Wert legt. Man kann daher in (213) versuchen, m^2 gegen λ^2 zu vernachlässigen. Man kann dann natürlich erst recht niedrigere Potenzen von λ^2 gegen höhere streichen und erhält so

$$q_2 = \frac{1 - \nu^2}{\lambda^2} + k\lambda^2.$$

Wir dividieren diese Gleichung durch $\sqrt{k(1 - \nu^2)}$, so daß die beiden Summanden auf der rechten Seite Reziprokwerte voneinander werden.

Schließlich führen wir noch für q_2, k und λ ihre Werte

$$q_2 = \frac{P}{D} = \frac{\sigma t (1-\nu^2)}{E t}, \qquad k = \frac{t^2}{12 a^2}, \qquad \lambda = \frac{\pi a}{l}$$

ein und erhalten so für die Knickspannung σ die Beziehung

$$\sqrt{1-\nu^2}\,\frac{\sigma}{E}\,\frac{a}{t}\sqrt{12} = \frac{\sqrt{12(1-\nu^2)}}{\pi^2}\,\frac{l^2}{a t} + \frac{\pi^2}{\sqrt{12(1-\nu^2)}}\,\frac{a t}{l^2}. \qquad (214\text{a})$$

Für kleine Werte von l/a stellt diese Gleichung den linken, aufsteigenden Ast der Kurve $m = 0$ in Abb. 108 dar. Das Minimum wird offenbar erreicht, wenn jeder der beiden Summanden auf der rechten Seite von (214a) den Wert 1 annimmt. Dann ist

$$\sqrt{1-\nu^2}\,\frac{\sigma}{E}\,\frac{a}{t} = \frac{2}{\sqrt{12}} = 0{,}578. \qquad (214\text{b})$$

Abb. 108 zeigt, daß für längere Schalen die Knicklast nicht wieder ansteigt, sondern daß sich Ringwellen ausbilden, während die Knicklast

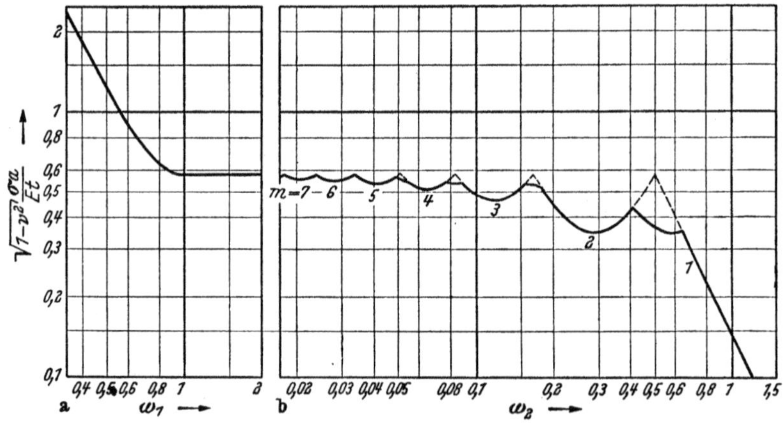

Abb. 109a, b. Vereinfachtes Knickdiagramm für axialen Druck. $\nu = 1/6$

zunächst auf dem Minimum verharrt, bis man mit wachsender Zylinderlänge l in den Bereich der eigentlichen Girlandenkurve kommt, der durch unsere Näherung nicht mehr gedeckt wird. Trägt man

$$\sqrt{1-\nu^2}\,\frac{\sigma}{E}\,\frac{a}{t}$$

als Funktion von

$$\omega_1 = \frac{\sqrt[4]{12(1-\nu^2)}}{\pi}\,\frac{l}{\sqrt{a t}}$$

auf, so erhält man die in Abb. 109a dargestellte Kurve, die eine Näherung für den linken Teil der Abb. 108 ist, aber durch die Wahl der Koordinaten von k unabhängig geworden ist.

Im rechten Teil der Abb. 108 ist umgekehrt $m^2 \gg \lambda^2$, so daß man λ^2 gegenüber m^2 in (213) streichen kann. Man erhält dann

$$q_2 = \frac{(1-\nu^2)\,\lambda^2}{m^2 (m^2+1)} + k\,\frac{m^2 (m^2-1)}{\lambda^2}.$$

Auf der linken Seite kann man hier auf dieselbe Variable kommen wie zuvor und erhält

$$\sqrt{1-\nu^2}\,\frac{\sigma}{E}\,\frac{a}{t}\,\sqrt{12} = \frac{\sqrt{12(1-\nu^2)}\,\pi^2 a^3}{m^2 (m^2+1)\,l^2 t} + \frac{m^2 (m^2-1)\,l^2 t}{\sqrt{12(1-\nu^2)}\,\pi^2 a^3}. \tag{215}$$

Hier sind zwar die beiden Summanden rechts nicht reziprok zueinander, aber man kann auch hier zu einer allgemeingültigen Darstellung kommen, wenn man

$$\omega_2 = \frac{1}{\pi\sqrt[4]{12(1-\nu^2)}}\,\frac{l}{a}\sqrt{\frac{t}{a}}$$

als Abszisse wählt. Man hat dann je eine Kurve für $m = 1, 2, 3, \ldots$ zu zeichnen und aus ihnen einen Girlandenzug zu bilden. Er ist in Abb. 109b dargestellt.

In dieser Abbildung sind die Ecken zwischen den für $m = 5, 4, 3, 2, 1$ gezeichneten Bogen durch kleine Kurvenstücke abgeschnitten. Diese nichtnumerierten Bogen sind nach rechts verschobene Wiederholungen der anderen und entsprechen einer Unterteilung der Schale durch Knotenkreise.

Ein gutes Kriterium für die Grenze der Anwendbarkeit des vereinfachten Diagramms, Abb. 109, ergibt sich daraus, daß es für gegebenes a und t mittlere Zylinderlängen l geben muß, zu denen Abszissen im rechten Teil von Abb. 109a und im linken Teil von Abb. 109b gehören, die übereinstimmende Werte der Ordinate liefern. Die der Abbildung 109 zugrunde liegenden Vernachlässigungen sind aber sicher nicht zulässig, sobald sich die beiden Diagramme derart übergreifen, daß der zu gegebenen Abmessungen a, l, t gehörende Punkt in der linken Teilfigur schon merklich über der Geraden 0,578 liegt und in der rechten Teilfigur in dem von dieser Geraden merklich nach unten abweichenden Teil der Girlandenkurve. Dann bleibt nichts anderes übrig, als auf die exakte Gl. (213) zurückzugreifen, wobei man sich allerdings die Suche nach dem ungünstigsten Paar λ, m durch Abb. 109 erleichtern kann.

Der andere Sonderfall, der sich aus (217) gewinnen läßt, ist die Knickung der Zylinderschale unter einem äußeren Überdruck p. Die Gln. (211), (212) liefern mit $q_2 = 0$:

$$q_1 = \frac{(1-\nu^2)\,\lambda^4 + k[(\lambda^2+m^2)^4 - 2(\nu\lambda^6 + 3\lambda^4 m^2 + (4-\nu)\lambda^2 m^4 + m^6) + (2(2-\nu)\lambda^2 m^2 + m^4)]}{m^2(\lambda^2+m^2)^2 - (3\lambda^2 m^2 + m^4)}. \tag{216}$$

Diese Gleichung kann ebenso behandelt werden wie (213). Das entsprechende Diagramm zeigt Abb. 110. Die ganze Abbildung zerfällt in zwei verschiedene Teile. Der linke, etwa bis $l/n\,a = 20$, ist ein aus vielen Kurvenstücken zusammengesetzter, gebrochener Linienzug. Wenn man

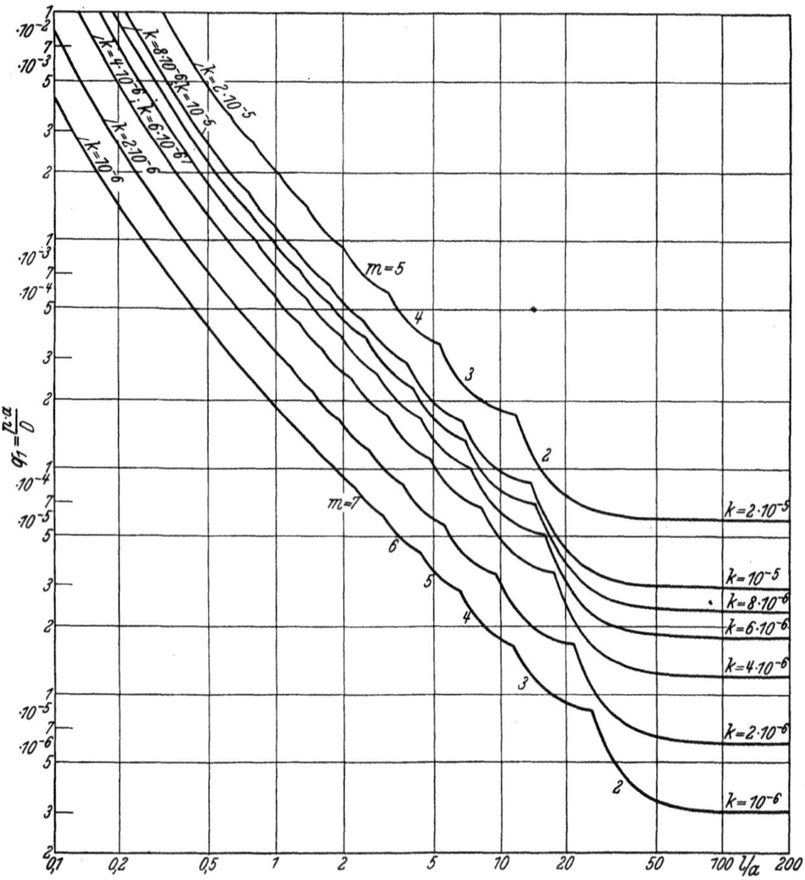

Abb. 110. Knickgrenze für Manteldruck p als Funktion der Zylinderlänge l/a und der Steifigkeitszahl $k = \frac{t^2}{12\,a^2}$, $\nu = 1/6$

den Zylinder kürzer macht, steigt die Knicklast unbegrenzt, wobei gleichzeitig die Zahl m der Ringwellen zunimmt, während in der Längsrichtung immer nur eine Halbwelle auftritt. Der andere, rechte Teil des Diagramms wird ganz von der Kurve $m = 2$ gebildet, die sich für große l asymptotisch der Waagerechten

$$q_1 = 3\,k$$

nähert, entsprechend der Tatsache, daß bei einem sehr langen Zylinder die aussteifende Wirkung der Böden an seinen Enden immer geringer wird, so daß sich seine kritische Last mit wachsendem l derjenigen eines kreisförmigen Stabes von entsprechendem Querschnitt nähert.

Auch hier kann man ähnlich wie in Abb. 108 vorgehen. Zwar kann man hier nicht sagen, daß links in Abb. 110, wo λ groß wird, m klein bleibt, sondern hier wachsen beide miteinander an, und man kann in (216) die niederen Potenzen beider Größen gegen die höchste vernachlässigen. Damit vereinfacht sich die Formel zu

$$q_1 = \frac{(1-\nu^2)\,\lambda^4}{m^2(\lambda^2+m^2)^2} + k\,\frac{(\lambda^2+m^2)^2}{m^2}.$$

Da die Kurven in Abb. 110 mit wachsender Zylinderlänge monoton fallen, so ist stets $n=1$, also $\lambda = \pi a/l$ mit der Zylinderlänge l fest gegeben, und es muß nur noch m so bestimmt werden, daß q_1 ein Minimum wird. Dabei spielt die Ganzzahligkeit von m keine sehr wesentliche Rolle, wie man in Abb. 110 daran erkennt, daß die einzelnen Bogen der Girlandenkurve kaum voneinander zu unterscheiden sind und nach links hin in eine glatte Kurve zusammenzufließen scheinen. Es ist daher zweckmäßig, statt m das Seitenverhältnis $\mu = m/\lambda$ der Knickbeulen als Parameter zu benutzen und als stetig veränderlich zu behandeln. Die Knickformel schreibt sich damit

$$\frac{q_1}{\sqrt{(1-\nu^2)\,k}} = \left(\frac{\sqrt{1-\nu^2}}{\lambda^2\sqrt{k}\,(1+\mu^2)^2} + \frac{\lambda^2\sqrt{k}\,(1+\mu^2)^2}{\sqrt{1-\nu^2}}\right)\frac{1}{\mu^2}. \tag{217}$$

Differenziert man die rechte Seite nach μ^2 und setzt das Ergebnis null, so erhält man für μ^2 die Gleichung

$$\frac{(\mu^2-1)(\mu^2+1)^4}{3\mu^2+1} = \frac{1-\nu^2}{\lambda^4 k} = \omega_1^4,$$

aus der man zu jedem Wert der rechten Seite dasjenige μ ausrechnen kann, das die kleinste Knicklast liefert und in (217) einzusetzen ist. Man kann dann

$$\frac{1}{\sqrt{12}}\,\frac{q_1}{\sqrt{(1-\nu^2)\,k}} = \sqrt{1-\nu^2}\,\frac{\sigma}{E}\,\frac{a}{t}$$

als Funktion von ω_1 auftragen, wobei $\sigma = p\,a/t$ die durch den kritischen Wert des Außendruckes erzeugte Ringdruckspannung ist. Abb. 111a enthält das Ergebnis dieser Auftragung.

Ist anderseits der Zylinder lang, so lehrt Abb. 110, daß $\lambda \ll m$ sein muß, und die Vernachlässigung von λ^2 gegen m^2 in (216) führt auf die Beziehung

$$q_1 = \frac{(1-\nu^2)\,\lambda^4}{m^4(m^2-1)} + k(m^2-1),$$

die wir auf die Form bringen:

$$\frac{q_1}{\lambda^2\sqrt{(1-\nu^2)\,k}} = \frac{\sqrt{(1-\nu^2)}\,\lambda^2}{\sqrt{k}\,m^4(m^2-1)} + \frac{\sqrt{k}\,(m^2-1)}{\sqrt{1-\nu^2}\,\lambda^2}.$$

Auch hier ist m so zu bestimmen, daß die Knicklast ein Minimum wird, und man erhält dann die linke Seite, d. h.

$$\frac{\pi^2}{\sqrt{12}}\,\frac{q_1}{\sqrt{\lambda^2(1-\nu^2)\,k}} = \sqrt{1-\nu^2}\,\frac{\sigma}{E}\,\frac{l^2}{a\,t}$$

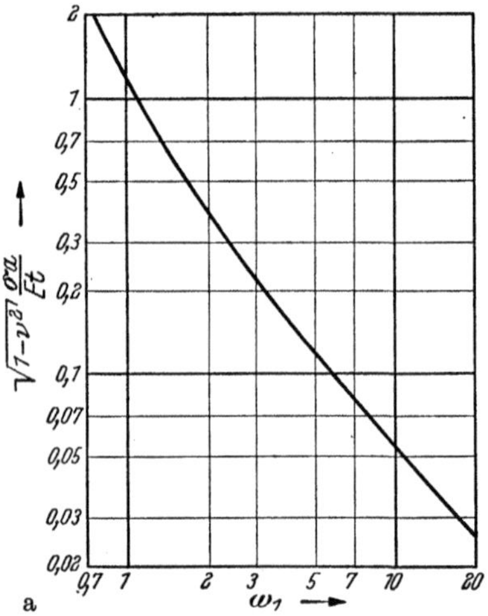

a

als Funktion von

$$\frac{\sqrt{k}}{\sqrt{1-\nu^2}\;\lambda^2} = \omega_2^2 .$$

Für die praktische Auftragung empfiehlt es sich, die Ordinate von der Zylinderlänge l unabhängig zu machen. Wir benutzen

$$\frac{q_1}{\lambda^2\sqrt{(1-\nu^2)\,k}} \cdot \frac{1}{12\,\omega_2^2} = (1-\nu^2)\,\frac{\sigma}{E}\,\frac{a^2}{t^2} .$$

Diese Größe ist in Abb. 111b in Abhängigkeit von ω_2 aufgetragen.

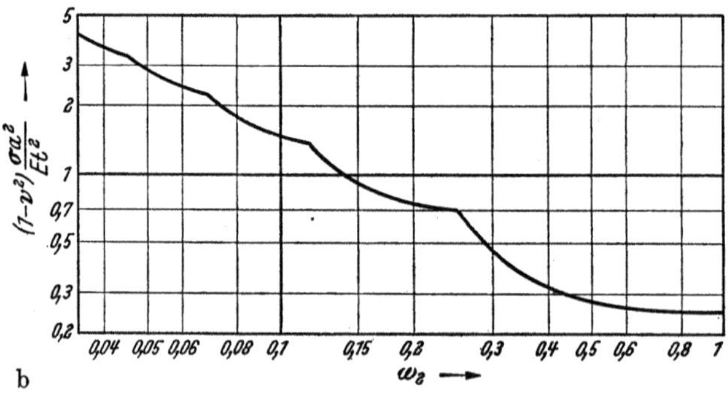

b

Abb. 111 a, b. Vereinfachtes Knickdiagramm für Manteldruck. $\nu = 1/6$

Für den Zylinder unter Außendruck haben die beiden Diagramme, die das Verhalten kurzer und langer Zylinder beschreiben, nicht nur verschiedene Abszissen, sondern auch verschiedene Ordinaten.

c) Lösung für reinen Schub

Der einfache Lösungsansatz (209) ist nur möglich, wenn die Belastung der Schale nur aus Druckkräften besteht. Sowie eine Schubbelastung hinzutritt, ist er nicht mehr verwendbar, und in der Regel muß die Lösung in Form einer Fourier-Reihe angesetzt werden. Nur für das unendlich lange Rohr unter reiner Schubbelastung (d. h. $q_1 = q_2 = 0$) ist es möglich, mit einfacheren Mitteln zum Ziele zu kommen.

Wir lösen in diesem Falle die Differentialgleichungen (208) durch den Ansatz

$$u = A\sin\left(\lambda\frac{x}{a} + m\varphi\right), \quad v = B\sin\left(\lambda\frac{x}{a} + m\varphi\right), \quad w = C\cos\left(\lambda\frac{x}{a} + m\varphi\right), \tag{218}$$

in dem m um der Eindeutigkeit der Lösung willen eine ganze Zahl sein muß, während wir uns die Verfügung über den Parameter λ für später vorbehalten. Durch Einsetzen der Lösung gehen die Differentialgleichungen in ein System gewöhnlicher linearer Gleichungen für die Formänderungsamplituden A, B, C über:

$$\left.\begin{aligned}
&A\left[\lambda^2 + \frac{1-\nu}{2}(1+k)\,m^2 - 2q_3\lambda m\right] + B\left[\frac{1+\nu}{2}\lambda m\right] + \\
&\qquad + C\left[\nu\lambda + k\lambda^3 - \frac{1-\nu}{2}k\lambda m^2\right] = 0, \\
&A\left[\frac{1+\nu}{2}\lambda m\right] + B\left[m^2 + \frac{1-\nu}{2}(1+3k)\lambda^2 - 2q_3\lambda m\right] + \\
&\qquad + C\left[m + \frac{3-\nu}{2}k\lambda^2 m - 2q_3\lambda\right] = 0, \\
&A\left[\nu\lambda + k\lambda^3 - \frac{1-\nu}{2}k\lambda m^2\right] + B\left[m + \frac{3-\nu}{2}k\lambda^2 m - 2q_3\lambda\right] + \\
&\qquad + C\left[1 + k(\lambda^4 + 2\lambda^2 m^2 + m^4 - 2m^2 + 1) - 2q_3\lambda m\right] = 0.
\end{aligned}\right\} \tag{219}$$

Da diese Gleichungen homogen sind, so müssen wir wieder wie in Abschnitt b fordern, daß ihre Nennerdeterminante verschwindet, und das ergibt mit ähnlichen Vernachlässigungen die in q lineare Gleichung

$$c_1 + c_2 k = c_5 q_3, \tag{220}$$

in der c_1 und c_2 durch (212) definiert sind und

$$c_5 = 2\lambda m(\lambda^2 + m^2)(\lambda^2 + m^2 - 1)$$

ist. Ebenso wie im Abschnitt b ist es nun nötig, λ und m so zu bestimmen, daß q_3 ein Minimum wird.

Wir lösen zunächst (220) nach q_3 auf:

$$q_3 = \frac{(1-\nu^2)\lambda^4 + k[(\lambda^2+m^2)^4 - 2(\nu\lambda^6 + 3\lambda^4 m^2 + (4-\nu)\lambda^2 m^4 + m^6) + (2(2-\nu)\lambda^2 m^2 + m^4)]}{2\lambda m(\lambda^2 + m^2)(\lambda^2 + m^2 - 1)}. \tag{221}$$

Aus dieser Formel entnehmen wir, daß $\lambda = 0$ oder $m = 0$ zu einer unendlich großen kritischen Last führt, also nicht in Frage kommt. Ferner sehen wir, daß die Änderung des Vorzeichens von λ oder m nur das Vorzeichen der Knicklast ändert, aber nicht ihren Betrag. Das wird sofort verständlich, wenn wir uns die Form der durch (218) beschriebenen Deformation der Schale näher ansehen. Ein Schnitt $x =$ const sieht genau so aus wie bei der Knickung unter Axial- und Manteldruck.

Auch hier wird jeder Normalschnitt des Zylinders zu einem Wellenstern verzerrt, aber wenn wir in x-Richtung fortschreiten, so ändert sich nicht die Amplitude der Wellen, sondern der ganze Stern dreht sich um die Zylinderachse. Bei der Knickung entstehen also schraubenförmig gewundene Falten, und die Knotenlinien $w = 0$ sind $2m$ gleichmäßig über den Zylinder verteilte kongruente Schraubenlinien mit den Gleichungen

$$\lambda \frac{x}{a} + m\,\varphi = \mu \frac{\pi}{2},$$

wobei $\mu = 1, 3, \ldots, 2m - 1$ ist. Ersetzt man λ durch $-\lambda$ oder m durch $-m$, so geht dadurch nur eine Rechtsschraube in die entsprechende Linksschraube über (oder umgekehrt, je nach der Definition der positiven Koordinatenrichtungen), und es ist evident, daß dazu das entgegengesetzt gleiche kritische Torsionsmoment gehört.

Die eben gegebene Beschreibung der Knickfigur gilt nicht ganz wörtlich für $m = 1$, denn in diesem Sonderfall entartet der Wellenstern zu einem Kreis, der dem ursprünglichen Breitenschnitt des Zylinders kongruent ist und durch eine Translation daraus hervorgeht, die für jedes x eine andere Richtung hat. Der ganze Zylinder wird dabei unter Wahrung seines Kreisquerschnittes zu einem schraubenförmig gewundenen Rohr verbogen, und mit diesem Knickvorgang wollen wir uns zuerst beschäftigen.

Die Knickbedingung dafür heißt:

$$q_3 = \frac{(1-\nu^2)\,\lambda + k\,\lambda^3[\lambda^2 + 2(2-\nu)]}{2(\lambda^2+1)}.$$

Da $q_3 \ll 1$ sein muß, wenn die Grundspannung innerhalb der Gültigkeitsgrenze des HOOKEschen Gesetzes liegen soll, so muß auch $\lambda \ll 1$ sein. Dann kann man im Zähler den Summanden mit k vernachlässigen und im Nenner λ^2 gegen 1, so daß man die einfache Formel $q_3 = \frac{1}{2}(1-\nu^2)\,\lambda$ erhält, in der λ so klein wie möglich, also gleich $2\pi\,a/l$ anzunehmen ist, wenn l die (gegen a sehr große) Länge des Zylinders ist. Das kritische Torsionsmoment wird dann

$$M = 2\pi a^2 D\,q_3 = 2\pi \frac{E\pi a^3 t}{l}, \tag{222}$$

und das ist genau die Formel für die Torsionsknickung des geraden Stabes, denn $E\,\pi\,a^3\,t$ ist die Biegungssteifigkeit des als Stab aufgefaßten Zylinders.

Wir wenden uns nun dem schwierigeren Fall zu, daß $m > 1$ ist. Man könnte hier zunächst versucht sein, $\partial q_3/\partial\lambda$ und $\partial q_3/\partial m$ zu bilden und beide gleich null zu setzen, um aus diesen beiden Gleichungen das Wertepaar λ, m zu bestimmen, das die kleinste Knicklast liefert. Man kommt dabei auf zwei algebraische Gleichungen hohen Grades, deren Auflösung eine sehr mühsame und glücklicherweise unnötige

Arbeit ist. Durch zahlenmäßige Auswertung der Formel (221), bei der man das ganze für die Diagramme des Abschnittes b gebrauchte Zahlenmaterial wieder verwenden kann, läßt sich nämlich leicht feststellen, daß von allen $m > 1$ der Wert $m = 2$ das kleinste Knickmoment liefert. Damit vereinfacht sich Gl. (221) zunächst zu

$$q^3 = \frac{(1-\nu^2)\,\lambda^4 + k[\lambda^8 + 2(8-\nu)\,\lambda^6 + 72\,\lambda^4 + 24(6+\nu)\,\lambda^2 + 144]}{4(\lambda^5 + 7\lambda^3 + 12\lambda)}.$$

Setzt man hierin versuchsweise $\lambda = 1$, so erhält man $q_3 = \frac{1-\nu^2}{80}$ und das ist für die meisten Werkstoffe schon ein recht hoher Wert, denn q_3 ist ja ungefähr gleich der halben Schubverzerrung der Schale vor dem Ausknicken. Zu wesentlich kleineren Werten kommt man, wenn man λ entweder sehr groß oder sehr klein macht. Untersucht man diese beiden Möglichkeiten, so findet man zu $\lambda \gg 1$ eine Knicklast, die etwa im Verhältnis a/t größer ist als die zu $\lambda \ll 1$ gehörige, so daß wir uns auf den Fall $\lambda \ll 1$ beschränken können.

Dann können wir λ^2 gegen 1 vernachlässigen, wozu im Rahmen der üblichen Rechengenauigkeit schon $\lambda = 0{,}1$ genügt, und erhalten statt (221) die einfache Formel

$$q_3 = \frac{1-\nu^2}{48}\lambda^3 + \frac{3k}{\lambda},$$

für die sich das ungünstigste λ leicht durch Differenzieren bestimmen läßt. Es ist

$$\frac{\partial q_3}{\partial \lambda} = \frac{1-\nu^2}{16}\lambda^2 - \frac{3k}{\lambda^2},$$

und damit das null wird, muß

$$\lambda = 2\sqrt[4]{\frac{3k}{1-\nu^2}}$$

sein. Der dimensionslose Lastparameter wird damit, wenn man noch für k seinen Wert $t^2/12\,a^2$ einsetzt,

$$q_3 = 2\sqrt[4]{\frac{1-\nu^2}{3}}\,.\,k^{3/4} = \frac{\sqrt[4]{1-\nu^2}}{3\sqrt{2}}\cdot\sqrt{\frac{t}{a}}^{\,3},$$

und das kritische Moment

$$M = 2\pi a^2 D\cdot q = \frac{\pi\sqrt{2}}{3}\cdot\frac{E\sqrt{a\,t^5}}{(1-\nu^2)^{3/4}}. \tag{223}$$

Es ist von der Zylinderlänge unabhängig, vorausgesetzt, daß sie groß genug ist, um den Einfluß etwa vorhandener Aussteifungen an den Zylinderenden nicht zur Geltung kommen zu lassen. Wenn anderseits der Zylinder sehr lang wird, so gibt Gl. (222) ein kleineres kritisches

Moment, da dort die Zylinderlänge l im Nenner steht. Die Grenzlänge, die den Gültigkeitsbereich der beiden Formeln trennt, kann man leicht ausrechnen, indem man die rechten Seiten einander gleichsetzt und findet:

$$l = 3\sqrt{2} \cdot \pi(1 - \nu^2)^{3/4} \cdot a \sqrt{\frac{a}{t}}^3 .$$

Da wir die Gl. (223) mit der Annahme $\lambda^2 \ll 1$ abgeleitet haben, müssen wir noch prüfen, in welchen Grenzen diese Voraussetzung erfüllt ist. Da λ proportional $\sqrt{t/a}$ ist, so wird die Formel um so schlechtere Werte ergeben, je größer die Wanddicke ist. Die zahlenmäßige Nachrechnung zeigt, daß die Ergebnisse genauer sind, als man zunächst vermuten könnte. Für den extremen Fall $k = 10^{-3}$, also $t \approx 0{,}11a$, erhält man mit $\nu = \frac{1}{6}$ nach der Näherung (223): $q_3 = 8{,}47 \cdot 10^{-3}$ mit $\lambda = 0{,}471$, während die genaue Formel mit $\lambda = 0{,}48$ den Wert $q_3 = 8{,}82 \cdot 10^{-3}$ liefert, also nur 4% mehr, und das Ergebnis der Näherungsformel liegt auf der sicheren Seite.

d) Lösung für kombinierten Schub und Längsdruck

α) Allgemeine Lösung

Der Ansatz (218) erfüllt auf keinem Kreise $x = \text{const}$ die Randbedingung $w = 0$ oder irgendeine andere sinnvolle Bedingung und ist daher nur für unendlich lange Zylinder brauchbar. Für Zylinder endlicher Länge müssen die Verschiebungen als Fourier-Reihen angesetzt werden, und dann macht es nicht viel mehr Mühe, die gleichzeitige Wirkung von Schub und Längsdruck zu untersuchen. Wir wollen daher annehmen, daß von den auf S. 231 definierten Lastparametern q_2 und q_3 von null verschieden sind. Wir lösen die Differentialgleichungen (208) durch den folgenden Ansatz, in dem jede Summe entweder nur über gerade n oder nur über ungerade n erstreckt wird.

$$\left.\begin{aligned}
u &= \cos m\,\varphi \sum_{n=1}^{\infty} A_n \cos\frac{n\pi x}{l} + \sin m\,\varphi \sum_{n=0}^{\infty} A_n \cos\frac{n\pi x}{l}, \\
v &= \sin m\,\varphi \sum_{n=1}^{\infty} B_n \sin\frac{n\pi x}{l} - \cos m\,\varphi \sum_{n=2}^{\infty} B_n \sin\frac{n\pi x}{l}, \\
w &= \cos m\,\varphi \sum_{n=1}^{\infty} C_n \sin\frac{n\pi x}{l} + \sin m\,\varphi \sum_{n=2}^{\infty} C_n \sin\frac{n\pi x}{l}.
\end{aligned}\right\} \quad (224)$$

Dieser Ansatz erfüllt auf den Kreisen $x = 0, \pm l, \pm 2l, \ldots$ die Bedingung $w = 0$, paßt also zu einer unendlich langen Schale, die längs dieser Kreise durch Spante gestützt ist. Auf eine Schale der Länge l mit Endspanten läßt er sich strenggenommen nicht anwenden. Er erfüllt zwar auf deren Rändern auch die Bedingungen $M_x = 0$, $v = 0$, entsprechend einer Klavierbandstützung, aber es ist weder $u = 0$ noch verschwindet die in x-Richtung wirkende zusätzliche Last. Zwar ist die zusätzliche Längskraft $N_x = 0$, aber die Tangentialkraft T bekommt beim Knicken eine Komponente $T\,u^{\cdot}/a$, die die Formulierung eines zu dem Ansatz (224) passenden Knickproblems für die endliche Schale verhindert.

Wenn wir den Ansatz (224) in die Differentialgleichungen (228) einführen (in denen wir $q_1 = 0$ setzen), so zerfällt jede dieser Gleichungen in zwei Teile mit den Faktoren $\cos m\,\varphi$ und $\sin m\,\varphi$. Sie müssen unabhängig voneinander verschwinden, und wir erhalten daher die sechs folgenden Gleichungen:

$$\left.\begin{aligned}
&\sum_{n=1}^{\infty}\{a_{11,n} A_n + a_{12,n} B_n + a_{13,n} C_n\}\cos\frac{n\pi x}{l} - \\
&\qquad - \frac{2\pi a}{l} q_3 \sum_{n=2}^{\infty} n\,m\,A_n \sin\frac{n\pi x}{l} = 0,\\
&\sum_{n=0}^{\infty}\{a_{11,n} A_n + a_{12,n} B_n + a_{13,n} C_n\}\cos\frac{n\pi x}{l} + \\
&\qquad + \frac{2\pi a}{l} q_3 \sum_{n=1}^{\infty} n\,m\,A_n \sin\frac{n\pi x}{l} = 0,\\
&\sum_{n=1}^{\infty}\{a_{12,n} A_n + a_{22,n} B_n + a_{23\,n} C_n\}\sin\frac{n\pi x}{l} + \\
&\qquad + \frac{2\pi a}{l} q_3 \sum_{n=2}^{\infty} (n\,m\,B_n + n\,C_n)\cos\frac{n\pi x}{l} = 0,\\
&\sum_{n=2}^{\infty}\{a_{12,n} A_n + a_{22,n} B_n + a_{23,n} C_n\}\sin\frac{n\pi x}{l} - \\
&\qquad - \frac{2\pi a}{l} q_3 \sum_{n=1}^{\infty} (n\,m\,B_n + n\,C_n)\cos\frac{n\pi x}{l} = 0,\\
&\sum_{n=1}^{\infty}\{a_{13,n} A_n + a_{23,n} B_n + a_{33,n} C_n\}\sin\frac{n\pi x}{l} + \\
&\qquad + \frac{2\pi a}{l} q_3 \sum_{n=2}^{\infty} (n\,B_n + n\,m\,C_n)\cos\frac{n\pi x}{l} = 0,\\
&\sum_{n=2}^{\infty}\{a_{13,n} A_n + a_{23,n} B_n + a_{33,n} C_n\}\sin\frac{n\pi x}{l} - \\
&\qquad - \frac{2\pi a}{l} q_3 \sum_{n=1}^{\infty} (n\,B_n + n\,m\,C_n)\cos\frac{n\pi x}{l} = 0.
\end{aligned}\right\}\quad (225\,\text{a—f})$$

Die Koeffizienten $a_{11,n} \ldots a_{33,n}$ stimmen mit den in eckige Klammern eingeschlossenen Koeffizienten von (210) überein.

In jeder der Gln. (225) können die in der zweiten Summe vorkommenden Winkelfunktionen in Fourier-Reihen nach den in der ersten

Summe stehenden entwickelt werden:

$$\left.\begin{aligned} \sin\frac{n\pi x}{l} &= \frac{4n}{\pi}\sum_j \frac{1}{n^2-j^2}\cos\frac{j\pi x}{l}, \quad n = 2, 4, 6, \cdots \\ \sin\frac{n\pi x}{l} &= \frac{2}{n\pi} + \frac{4n}{\pi}\sum_j \frac{1}{n^2-j^2}\cos\frac{j\pi x}{l}, \quad n = 1, 3, 5 \cdots \\ \cos\frac{n\pi x}{l} &= \frac{4}{\pi}\sum_j \frac{1}{j^2-n^2}\sin\frac{j\pi x}{l}. \end{aligned}\right\} \tag{226}$$

In diesen Summen muß der Index j entweder alle geraden oder alle ungeraden Zahlen durchlaufen, und zwar so, daß $n + j$ eine ungerade Zahl ist. Die zweite Summe in (225a) läßt sich mit Hilfe von (226) wie folgt umformen:

$$\begin{aligned} \sum_{n=2}^{\infty} n\, m\, A_n \sin\frac{n\pi x}{l} &= \frac{4m}{\pi}\sum_{n=2}^{\infty} n^2 A_n \sum_{j=1}^{\infty}\frac{1}{n^2-j^2}\cos\frac{j\pi x}{l} \\ &= \frac{4m}{\pi}\sum_{j=1}^{\infty}\sum_{n=2}^{\infty}\frac{n^2}{n^2-j^2} A_n \cos\frac{j\pi x}{l} \\ &= \frac{4m}{\pi}\sum_{n=1}^{\infty}\sum_{j=2}^{\infty}\frac{j^2}{j^2-n^2} A_j \cos\frac{n\pi x}{l}, \end{aligned}$$

und die ganze Gleichung heißt dann:

$$\sum_{n=1}^{\infty}\left\{a_{11,n} A_n + a_{12,n} B_n + a_{13,n} C_n - \frac{8a q_3}{l} m \sum_{j=2}^{\infty}\frac{j^2}{j^2-n^2} A_j\right\}\cos\frac{n\pi x}{l} = 0.$$

In derselben Weise lassen sich die fünf anderen Gln. (225) behandeln. Jede von ihnen sagt dann aus, daß eine Fourier-Reihe identisch in x verschwinden muß, und wir schließen daraus, daß ein jeder ihrer Koeffizienten null sein muß. Jede der Gln. (225) liefert so ein unendliches Gleichungssystem für die Konstanten A_n, B_n, C_n. Es zeigt sich, daß diese Gleichungen paarweise dieselbe Form haben und in folgende drei Gleichungen zusammengefaßt werden können, die für jedes ganzzahlige n gelten:

$$\left.\begin{aligned} &a_{11,n} A_n + a_{12,n} B_n + a_{13,n} C_n + \\ &\qquad + (-1)^n \frac{8a q_3}{l} m \sum_j \frac{j^2}{j^2-n^2} A_j = 0, \\ &a_{12,n} A_n + a_{22,n} B_n + a_{23,n} C_n + \\ &\qquad + (-1)^n \frac{8a q_3}{l} \sum_j \frac{n j}{j^2-n^2} (m B_j + C_j) = 0, \\ &a_{13,n} A_n + a_{23,n} B_n + a_{33,n} C_n + \\ &\qquad + (-1)^n \frac{8a q_3}{l} \sum_j \frac{n j}{j^2-n^2} (B_j + m C_j) = 0. \end{aligned}\right\} \tag{227 a—c}$$

Wir haben damit, wie in allen ähnlichen Fällen, das Knickproblem auf die Diskussion eines homogenen, linearen Gleichungssystems zurückgeführt. Unser nächster Schritt ist die Reduktion dieses Systems auf ein Drittel seines Umfanges durch Elimination der Konstanten A und B.

Wir greifen einen beliebigen Wert n heraus und lösen das zugehörige Gleichungspaar (227a, b) nach A_n und B_n auf:

$$\left.\begin{aligned}
A_n = \frac{-1}{a_{11,n} a_{22,n} - a_{12,n}^2} \Big\{ & (a_{13,n} a_{22,n} - a_{23,n} a_{12,n}) C_n + \\
& + (-1)^n \frac{8 a q_3}{l} \Big[a_{22,n} m \sum_j \frac{j^2}{j^2 - n^2} A_j - \\
& - a_{12,n} m \sum_j \frac{n j}{j^2 - n^2} B_j - a_{12,n} \sum_j \frac{n j}{j^2 - n^2} C_j \Big] \Big\}, \\
B_n = \frac{-1}{a_{11,n} a_{22,n} - a_{12,n}^2} \Big\{ & (a_{11,n} a_{23,n} - a_{12,n} a_{13,n}) C_n + \\
& + (-1)^n \frac{8 a q_3}{l} \Big[- a_{12,n} m \sum_j \frac{j^2}{j^2 - n^2} A_j + \\
& + a_{11,n} m \sum_j \frac{n j}{j^2 - n^2} B_j + a_{11,n} \sum_j \frac{n j}{j^2 - n^2} C_j \Big] \Big\}.
\end{aligned}\right\} \quad (228)$$

Da n und j immer von entgegengesetzter Parität sein müssen, kommen A_n und B_n in den Summen auf der rechten Seite nicht vor. Wir machen nun davon Gebrauch, daß $q_3 \ll 1$ ist und daß daher q_3^2 gegen 1 vernachlässigt werden kann. Wenn wir in (228) die mit q_3 multiplizierten Glieder unterdrücken, so haben wir A_n und B_n durch C_n allein ausgedrückt, und der Fehler ist von der Größenordnung q_3. Wenn wir diese vereinfachten Ausdrücke für A_j und B_j in die Summen einsetzen, so ist der Fehler nur noch von der Ordnung q_3^2, also vernachlässigbar. Auf diese Weise erhalten wir die folgenden Beziehungen:

$$\begin{aligned}
A_n = \frac{-1}{a_{11,n} a_{22,n} - a_{12,n}^2} \Big\{ & (a_{13,n} a_{22,n} - a_{23,n} a_{12,n}) C_n + \\
& + (-1)^n \frac{8 a q_3}{l} \Big[a_{22,n} m \sum_j \frac{j^2}{j^2 - n^2} \frac{a_{12,j} a_{23,j} - a_{22,j} a_{13,j}}{a_{11,j} a_{22,j} - a_{12,j}^2} C_j + \\
& + a_{12,n} m \sum_j \frac{n j}{j^2 - n^2} \frac{a_{11,j} a_{23,j} - a_{12,j} a_{13,j}}{a_{11,j} a_{22,j} - a_{12,j}^2} C_j - a_{12,n} \sum_j \frac{n j}{j^2 - n^2} C_j \Big] \Big\}, \\
B_n = \frac{-1}{a_{11,n} a_{22,n} - a_{12,n}^2} \Big\{ & (a_{12,n} a_{23,n} - a_{12,n} a_{13,n}) C_n + \\
& + (-1)^n \frac{8 a q_3}{l} \Big[- a_{12,n} m \sum_j \frac{j^2}{j^2 - n^2} \frac{a_{12,j} a_{23,j} - a_{22,j} a_{13,j}}{a_{11,j} a_{22,j} - a_{12,j}^2} C_j - \\
& - a_{11,n} m \sum_j \frac{n j}{j^2 - n^2} \frac{a_{11,j} a_{23,j} - a_{12,j} a_{13,j}}{a_{11,j} a_{22,j} - a_{12,j}^2} C_j + a_{11,n} \sum_j \frac{n j}{j^2 - n^2} C_j \Big] \Big\}.
\end{aligned}$$

Diese Ausdrücke können nun für A_n, B_n, B_j in (227c) eingesetzt werden, und wenn wir dabei wieder alle Glieder mit q_3^2 vernachlässigen, so erhalten wir schließlich die folgende Gleichung:

$$\begin{vmatrix} a_{11,n} & a_{12,n} & a_{13,n} \\ a_{12,n} & a_{22,n} & a_{23,n} \\ a_{13,n} & a_{23,n} & a_{33,n} \end{vmatrix} C_n +$$

$$+ (-1)^n \frac{8 a q_3}{l} \left\{ \begin{vmatrix} a_{12,n} & a_{13,n} \\ a_{22,n} & a_{23,n} \end{vmatrix} m \sum_j \frac{j^2}{j^2 - n^2} \frac{a_{12,j} a_{23,j} - a_{22,j} a_{13,j}}{a_{11,j} a_{22,j} - a_{12,j}^2} C_j \right.$$

$$+ \begin{vmatrix} a_{11,n} & a_{13,n} \\ a_{12,n} & a_{23,n} \end{vmatrix} m \sum_j \frac{n j}{j^2 - n^2} \frac{a_{11,j} a_{23,j} - a_{12,j} a_{13,j}}{a_{11,j} a_{22,j} - a_{12,j}^2}$$

$$+ \begin{vmatrix} a_{11,n} & a_{12,n} \\ a_{12,n} & a_{22,n} \end{vmatrix} m \sum_j \frac{n j}{j^2 - n^2} C_j - \begin{vmatrix} a_{11,n} & a_{13,n} \\ a_{12,n} & a_{23,n} \end{vmatrix} \sum_j \frac{n j}{j^2 - n^2} C_j$$

$$\left. - \begin{vmatrix} a_{11,n} & a_{12,n} \\ a_{12,n} & a_{22,n} \end{vmatrix} \sum_j \frac{n j}{j^2 - n^2} \frac{a_{11,j} a_{23,j} - a_{12,j} a_{13,j}}{a_{11,j} a_{22,j} - a_{12,j}^2} C_j \right\} = 0. \tag{229}$$

Eine solche Gleichung läßt sich für jedes ganzzahlige n aufstellen, und alle diese Gleichungen zusammen bilden ein unendliches, lineares Gleichungssystem für die unendlich vielen Unbekannten C_n. Dieses System ist homogen, und wenn gewisse Konvergenzbedingungen erfüllt sind, so hat es nur dann eine von null verschiedene Lösung, wenn seine Determinante null ist. Das Verschwinden der unendlichen Determinante liefert eine transzendente Gleichung für q_3, und deren kleinste Lösung bestimmt die Knicklast der Schale.

β) Knickbedingung für kurze Zylinder

Die allgemeine Auswertung der unendlichen Determinante ist eine ziemlich mühsame Arbeit. Wir wollen uns hier darauf beschränken, sie für den Fall besonders kurzer Zylinder durchzuführen. Wenn $l \ll a$ ist, so ist $\lambda = n \pi a/l \gg 1$. Im Grenzfall $a \to 0$, d. h. für einen ebenen Plattenstreifen, hat sich gezeigt[1], daß die Wellenlänge der Knickbeulen in der Längsrichtung des Streifens ungefähr gleich der Streifenbreite ist. Man kann erwarten, daß Zylinderstreifen mit $a/l \gg 1$ ein ähnliches Verhalten zeigen. Dann ist $m \approx \pi a/l \gg 1$ und ungefähr von derselben Größenordnung wie die niedrigsten Werte von λ. Wir können daher Gl. (229) vereinfachen, indem wir überall niedere Potenzen von λ und m gegen die höchste vernachlässigen.

Der Koeffizient von C_n ist die Nennerdeterminante des Gleichungssystems (210) und ist mit den durch (212) definierten Bezeichnungen gleich

$$\frac{1-\nu}{2} (c_1 + c_2 k - c_3 q_1 - c_4 q_2).$$

[1] Southwell, R. V., u. S. W. Skan: Proc. roy. Soc. London A Bd. 105 (1924) S. 587.

Da wir $q_1 = 0$ annehmen wollen, interessiert c_3 nicht, und c_2, c_4 vereinfachen sich in unserem Falle zu:

$$c_2 = (\lambda^2 + m^2)^4, \qquad c_4 = \lambda^2(\lambda^2 + m^2)^2,$$

während c_1 unverändert aus (212) zu entnehmen ist. Der Koeffizient von C_n vereinfacht sich damit zu:

$$\frac{1-\nu}{2}\left[(1-\nu^2)\,\lambda^4 + k(\lambda^2+m^2)^4 - q_2\,\lambda^2(\lambda^2+m^2)^2\right].$$

Wenn man in den vielen in (229) vorkommenden zweireihigen Determinanten die nötigen Vereinfachungen vornimmt, zeigt sich, daß von den fünf in der geschweiften Klammer stehenden Summanden nur der dritte Glieder der Ordnung λ^5, m^5 enthält, während alle anderen nur λ^3, m^3 erreichen und daher gestrichen werden können. Die geschweifte Klammer reduziert sich damit auf den einfachen Ausdruck

$$\Big\{\Big\} = \frac{1-\nu}{2}\,(\lambda^2+m^2)^2\, m\, n \sum_j \frac{j}{j^2-n^2}\, C_j,$$

und die Gl. (229) heißt nun

$$\begin{aligned}&[(1-\nu^2)\,\lambda^4 + k(\lambda^2+m^2)^4 - q_2\,\lambda^2(\lambda^2+m^2)^2]\,C_n + \\ &\qquad + (-1)^n \frac{8a\,q_3}{l}\,(\lambda^2+m^2)^2\, m\, n \sum_j \frac{j}{j^2-n^2}\, C_j = 0. \qquad (230)\end{aligned}$$

Wir bringen sie auf eine noch übersichtlichere Form, indem wir neue Bezeichnungen einführen, die Lastparameter

$$\varrho_2 = \frac{q_2}{\sqrt{(1-\nu^2)\,k}} = \sqrt{12(1-\nu^2)}\,\frac{P\,a}{E\,t^2},$$

$$\varrho_3 = \frac{8q_3}{\pi\sqrt{(1-\nu^2)\,k}} = \frac{16}{\pi}\sqrt{3(1-\nu^2)}\,\frac{T\,a}{E\,t^2},$$

den schon auf S. 238 definierten Formparameter ω_1 und den Wellenparameter $\mu = m\,l/\pi\,a$. Mit ihrer Hilfe schreibt sich (230) in der folgenden Form:

$$\left[\frac{\omega_1^2\,n^2}{(n^2+\mu^2)^2} + \frac{(n^2+\mu^2)^2}{\omega_1^2\,n^2} - \varrho_2\right] n\,C_n + (-1)^n\,\varrho_3\,\mu \sum_j \frac{j\,C_j}{j^2-n^2} = 0.$$

Eine solche Gleichung läßt sich für jedes ganzzahlige n aufstellen, und diese Gleichungen bilden ein unendliches Gleichungssystem für die Unbekannten $n\,C_n$. Wenn man jede Gleichung durch n^2 dividiert, läßt sich die Konvergenz ihrer Determinante beweisen[1], und die Forderung, daß diese Determinante null ist, liefert eine Gleichung für den Parameter ϱ_3. Zur Berechnung von ϱ_3 approximiert man die unendliche Determinante durch einen Abschnitt, der aus den ersten drei oder vier

[1] Einzelheiten über die Konvergenzfrage findet man in der Enzyklopädie der Mathematischen Wissenschaften, Bd. II, 3, S. 1417. Leipzig 1927.

Reihen und ebenso vielen Spalten besteht. Wenn man diese Abschnittdeterminante entwickelt, ergibt sich eine algebraische Gleichung für ϱ_3, deren kleinste Lösung man nach bekannten Verfahren berechnet. Wenn man immer größere Abschnitte der Determinante benutzt, konvergieren die daraus berechneten ϱ_3 rasch gegen einen Grenzwert, und dieser ist der gesuchte Wert, für den die unendliche Determinante verschwindet. Für die Zahlenrechnung ist das Verfahren der Matrizeniteration[1] vorzuziehen, das die Entwicklung der Determinante und die Lösung einer algebraischen Gleichung vermeidet und sehr schnell zum Ziele führt.

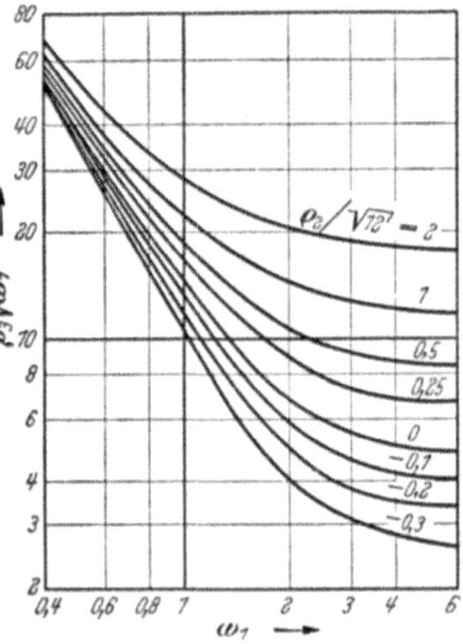

Abb. 112. Knicken einer Zylinderschale unter kombiniertem Schub und Längsdruck

Die Rechnung ergibt ϱ_3 als Funktion des anderen Lastparameters ϱ_2 und der durch ω_1 dargestellten Schalenabmessungen. Der Wellenparameter μ ist frei wählbar und muß durch Probieren so bestimmt werden, daß sich ϱ_3 so klein wie möglich ergibt. Ergebnisse der numerischen Auswertung der Knickbedingung sind in Abb. 112 dargestellt. Sie ist einer Arbeit von A. Kromm entnommen (s. das Literaturverzeichnis, S. 287), und einige Punkte sind durch Matrizeniteration nachgeprüft worden. In dieser Abbildung ist eine Funktion von ϱ_3 und ω_1 als Ordinate gewählt worden, die den Vorzug hat, flacher verlaufende Kurven zu liefern, die sich leichter ablesen lassen. Der Nenner $\sqrt{12}$ im Kurvenparameter erklärt sich daraus, daß in der Originalarbeit andere dimensionslose Größen benutzt wurden.

e) Ursachen eines Biegungsbruches vor Erreichen der Knicklast

Bei Herleitung der Knickbedingung mußten wir die Voraussetzung machen, daß die für den Knickvorgang geltenden Randbedingungen erst bei Erreichung der Knicklast in Kraft treten sollten. Es muß insbesondere auch die Radialverschiebung w am Zylinderrande ungehindert möglich sein, während die Last von null auf den kritischen Wert anwächst. Diese Bedingung ist praktisch wegen der aussteifenden Böden so gut wie unerfüllbar. Wir wollen in diesem Abschnitte die Folgen untersuchen, die die Behinderung der Ringdehnung hat, und beschränken

---

[1] Vgl. R. Zurmühl: Matrizen, S. 273. 2. Aufl. Berlin 1958.

uns zur Vereinfachung der Rechnung auf den Fall des reinen Längsdruckes. Die dabei gewonnenen grundsätzlichen Erkenntnisse lassen sich natürlich auch auf jede andere Belastung übertragen. Man kann sie zum Teil sogar bei der Knickung des geraden Druckstabes wiederfinden, wo sie aber bedeutungslos und deshalb unbeachtet geblieben sind.

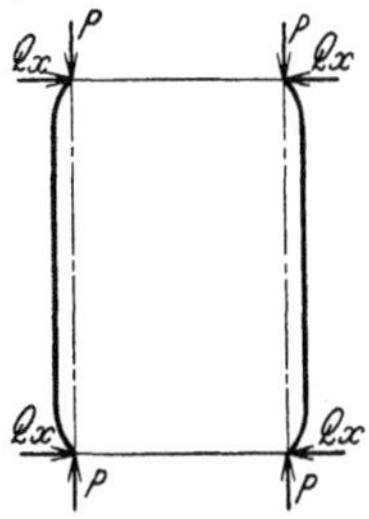

Abb. 113. Behinderung der Querdehnung am Rande der axial gedrückten Zylinderschale. Die gestrichelte Linie bezeichnet den spannungslosen Zustand.

Wenn wir eine Kreiszylinderschale der Belastung $P = q_2 D$ unterwerfen, so wird sich ihr Durchmesser infolge der Querdehnung etwas vergrößern, nämlich von $2a$ auf $2(a+w)$, wenn wir jetzt im Gegensatz zum Abschnitt 2 unter u, v, w die vom *spannungslosen* Zustand aus gemessenen Verschiebungen verstehen. An den beiden Zylinderenden ist wegen der Böden $w = 0$. Die Ränder sind also etwas eingeschnürt, und es wird dort eine Querkraft Q_x eingetragen (Abb. 113). Zur Berechnung der Formänderung der Schale und der dabei auftretenden Schnittkräfte dienen die homogenen Differentialgleichungen (208), zu denen aber jetzt inhomogene Randbedingungen treten. Die Gleichungen vereinfachen sich wegen $q_1 = 0$ und wegen der Drehsymmetrie bedeutend und heißen

$$\left.\begin{aligned} u'' + \nu w' - k w'' &= 0, \\ \nu u' + w - k(u''' - w^{IV} - w) + q_2 w'' &= 0. \end{aligned}\right\} \tag{231}$$

Die Randbedingungen sind für den frei drehbaren, unverschieblichen Rand

$$M_x = D k(w'' - u') = 0, \qquad w = 0,$$

beides für $x = 0$ und für $x = l$. Eine fünfte Bedingung fordert, daß für irgendein x die Längskraft

$$N_x = \frac{D}{a}(u' + \nu w - k w'') = -P$$

ist, und schließlich können wir noch für irgendein x vorschreiben $u = 0$. Dadurch wird eine starre Verschiebung ausgeschlossen, die sonst noch in der Lösung enthalten wäre.

Wir lösen die Differentialgleichungen durch einen Exponentialansatz

$$u = A \cdot e^{\lambda x/a}, \qquad w = C \cdot e^{\lambda x/a},$$

der sie in zwei gewöhnliche Gleichungen für A und C überführt:

$$\begin{aligned} A \cdot \lambda^2 \qquad\qquad + C \cdot (\nu \lambda - k \lambda^3) \qquad\qquad &= 0, \\ A \cdot (\nu \lambda - k \lambda^3) + C \cdot (1 + k + k \lambda^4 + q_2 \lambda^2) &= 0. \end{aligned}$$

Aus dem Verschwinden ihrer Determinante folgt für λ die Gleichung

$$\lambda^6 + \frac{q_2 + 2\nu k}{k} \lambda^4 + \frac{1 - \nu^2}{k} \lambda^2 = 0 .$$

Sie hat die Doppelwurzel

$$\lambda_5 = \lambda_6 = 0$$

und ferner die vier Wurzeln

$$\lambda_{1,2,3,4} = \pm \sqrt{- \frac{q_2}{2k} - \nu \pm \frac{1}{2k} \sqrt{q_2^2 - 4(1 - \nu^2) k}} . \tag{232}$$

Wir wollen zunächst den Fall untersuchen, daß

$$q_2^2 < 4(1 - \nu^2) k$$

ist. Dann werden diese vier Wurzeln alle komplex und können

$$\lambda_{1,2,3,4} = \pm \alpha \pm i \beta$$

geschrieben werden, wobei α und β reelle, positive Zahlen sind, die für gegebenes k und q_2 in bekannter Weise ausgerechnet werden können. An der oberen Grenze unseres Lastbereiches, die wir hier ausschließen wollen, wird $\alpha = 0$.

Die vier Partikularlösungen $e^{\lambda_1 x/a}$ bis $e^{\lambda_4 x/a}$ können unter Einführung neuer Integrationskonstanten durch ein von ihnen linear abhängiges Lösungssystem ersetzt werden, das aus Produkten von reellen e-Funktionen und Kreisfunktionen besteht:

$$\left.\begin{aligned} u &= e^{-\alpha x/a} \left[A_1 \cos\beta \frac{x}{a} + A_2 \sin\beta \frac{x}{a} \right] + \\ &\quad + e^{-\alpha (l - x)/a} \left[A_3 \cos\beta \frac{l - x}{a} + A_4 \sin\beta \frac{l - x}{a} \right] + A_5 + A_6 \frac{x}{a} , \\ w &= e^{-\alpha x/a} \left[C_1 \cos\beta \frac{x}{a} + C_2 \sin\beta \frac{x}{a} \right] + \\ &\quad + e^{-\alpha (l - x)/a} \left[C_3 \cos\beta \frac{l - x}{a} + C_4 \sin\beta \frac{l - x}{a} \right] + C_5 + C_6 \frac{x}{a} . \end{aligned}\right\} \tag{233}$$

Durch Einsetzen in die Differentialgleichungen ergeben sich zwischen den A und C lineare Beziehungen, die wir dazu benutzen, um A_1 bis A_4 und A_6 zu eliminieren. A_5 geht nicht in die Differentialgleichungen ein und kann wegen der sechsten Randbedingung null gesetzt werden. Die vorletzte Randbedingung ergibt, wenn man die Lösung einsetzt und die A_m durch die C_m ausdrückt,

$$C_5 = \frac{\nu}{1 - \nu^2} q_2 a ,$$

und die vier anderen führen nach geringer Umformung auf folgende Gleichungen:

$$\left.\begin{aligned}
C_1 + C_3 \cdot e^{-\frac{\alpha l}{a}} \cdot \cos\frac{\beta l}{a} + C_4 \cdot e^{-\frac{\alpha l}{a}} \cdot \sin\frac{\beta l}{a} &= -C_5, \\
-C_2 + C_3 \cdot e^{-\frac{\alpha l}{a}} \cdot \sin\frac{\beta l}{a} - C_4 \cdot e^{-\frac{\alpha l}{a}} \cdot \cos\frac{\beta l}{a} &= C_5\left(\frac{\alpha^2+\beta^2}{2\alpha\beta} - \frac{1-\nu^2}{2\nu\alpha\beta}\right), \\
C_1 \cdot e^{-\frac{\alpha l}{a}} \cdot \cos\frac{\beta l}{a} + C_2 \cdot e^{-\frac{\alpha l}{a}} \cdot \sin\frac{\beta l}{a} + C_3 &= -C_5, \\
C_1 \cdot e^{-\frac{\alpha l}{a}} \cdot \sin\frac{\beta l}{a} - C_2 \cdot e^{-\frac{\alpha l}{a}} \cdot \cos\frac{\beta l}{a} - C_4 &= C_5\left(\frac{\alpha^2+\beta^2}{2\alpha\beta} - \frac{1-\nu^2}{2\nu\alpha\beta}\right).
\end{aligned}\right\} \quad (234)$$

Dieser Gleichungssatz, der zu gegebener Last Durchbiegungen und Spannungen der Schale bestimmt, hat eine eindeutige, endliche und im allgemeinen von null verschiedene Lösung, solange seine Koeffizientendeterminante nicht verschwindet.

Für hinreichend kleine Lasten ist α groß, und noch fast bis an die Grenze des Bereiches kann man $e^{-\alpha l/a}$ gegen 1 vernachlässigen. Dann zerfällt das System (234) in vier voneinander unabhängige Gleichungen. Mechanisch heißt das, daß an jedem Schalenrand eine Zone vorhanden ist, in der Biegungsmomente und Querkräfte auftreten, und daß diese Störungen vom Rande weg schnell abklingen, so daß sich die Vorgänge an den beiden Enden des Zylinders gegenseitig nicht beeinflussen. Erst nahe der Grenze $q_2^2 = 4(1-\nu^2)\,k$ wachsen die Störungszonen in der Zylindermitte zusammen. In Abb. 114 ist dieser Vorgang dargestellt. Die letzte Abbildung entspricht gerade der Grenzlast. Zu ihrer Berechnung ist unser Ansatz nicht mehr zu gebrauchen, da dann alle Wurzeln der charakteristischen Gleichung und ebenso alle Partikularlösungen paarweise gleich sind. Für noch größere Lasten sind λ_1 bis λ_4 rein imaginär, und wir schreiben:

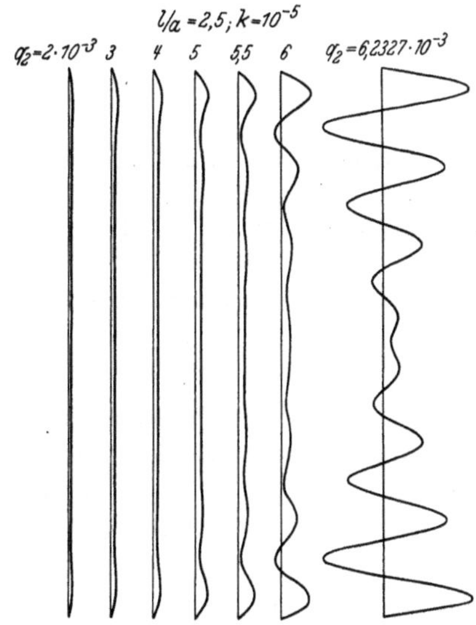

Abb. 114. Fortschreitende Verbiegung der Erzeugenden eines axial gedrückten Zylinders mit behinderter Querdehnung am Rande. $k = 10^{-5}$, $l/a = 2{,}5$. Die Durchbiegungen sind 34fach vergrößert.

$$\lambda_1 = -\lambda_2 = i\,\mu_1, \qquad \lambda_3 = -\lambda_4 = i\,\mu_2,$$

wobei $\mu_1 \neq \mu_2$ beide reell sind. Die Lösung heißt damit

$$u = \overline{A}_1 \cos\mu_1 \frac{x}{a} + \overline{A}_2 \cos\mu_2 \frac{x}{a} - \overline{A}_3 \sin\mu_1 \frac{x}{a} - \overline{A}_4 \sin\mu_2 \frac{x}{a} + A_6 \frac{x}{a},$$

$$w = \overline{C}_1 \sin\mu_1 \frac{x}{a} + \overline{C}_2 \sin\mu_2 \frac{x}{a} + \overline{C}_3 \cos\mu_1 \frac{x}{a} + \overline{C}_4 \cos\mu_2 \frac{x}{a} + C_5,$$

und durch Einsetzen in die Differentialgleichungen findet man zwischen den $\overline{A}$ und $\overline{C}$ die Beziehungen:

$$\overline{A}_{\substack{1\\3}} = \overline{C}_{\substack{1\\3}} \frac{\nu + k\mu_1^2}{\mu_1}, \qquad \overline{A}_{\substack{2\\4}} = \overline{C}_{\substack{2\\4}} \frac{\nu + k\mu_2^2}{\mu_2}, \qquad A_6 = -\frac{1}{\nu} C_5.$$

Zur Einführung der Randbedingungen empfiehlt es sich, das Koordinatensystem derart zu verschieben, daß die Zylinderenden bei $x = \pm l/2$ liegen. Die Randbedingung $N_x = -P$ für einen der Ränder ergibt für C_5 den früheren Wert, während die Forderungen $w = 0$ und $M_x = 0$ für $x = \pm l/2$ auf die folgenden vier Gleichungen führen:

$$\pm \overline{C}_1 \cdot \sin\frac{\mu_1 l}{2a} \pm \overline{C}_2 \cdot \sin\frac{\mu_2 l}{2a} + \overline{C}_3 \cdot \cos\frac{\mu_1 l}{2a} + \overline{C}_4 \cdot \cos\frac{\mu_2 l}{2a} = -C_5,$$

$$\pm \overline{C}_1 \mu_1^2 \sin\frac{\mu_1 l}{2a} \pm \overline{C}_2 \mu_2^2 \sin\frac{\mu_2 l}{2a} + \overline{C}_3 \mu_1^2 \cos\frac{\mu_1 l}{2a} + \overline{C}_4 \mu_2^2 \cos\frac{\mu_2 l}{2a}$$

$$\mp \overline{A}_1 \mu_1 \sin\frac{\mu_1 l}{2a} \mp \overline{A}_2 \mu_2 \sin\frac{\mu_2 l}{2a} - \overline{A}_3 \mu_1 \cos\frac{\mu_1 l}{2a} - \overline{A}_4 \mu^2 \cos\frac{\mu_2 l}{2a} = -\frac{1}{\nu} C_5.$$

Darin sind die $\overline{A}$ nach den eben gegebenen Formeln durch die $\overline{C}$ auszudrücken. Durch paarweises Addieren und Subtrahieren kann man das System in zwei voneinander unabhängige Gleichungspaare spalten. Das eine mit den Unbekannten $\overline{C}_3$ und $\overline{C}_4$ gibt den Anteil der Durchbiegungen w, der zur Mittelebene $x = 0$ des Zylinders symmetrisch ist, während das andere Paar mit den Unbekannten $\overline{C}_1$ und $\overline{C}_2$ den antimetrischen Lösungsanteil liefert. Wir wollen die Gleichungspaare kurz als symmetrisches und antimetrisches bezeichnen. Das symmetrische hat von null verschiedene Absolutglieder. Es liefert in Fortsetzung der aus (234) erhaltenen Ergebnisse die unter steigenden Lasten weiter anwachsende Verbiegung des Zylinders, und wenn seine Determinante null wird, so gehen die Durchbiegungen nach unendlich. Das geschieht, wie man leicht nachrechnet, wenn die Gleichung

$$(\nu - \mu_2^2) \cdot \cos\frac{\mu_1 l}{2a} \cdot \cos\frac{\mu_2 l}{2a} = (\nu - \mu_1^2) \cdot \cos\frac{\mu_1 l}{2a} \cdot \cos\frac{\mu_2 l}{2a}$$

erfüllt ist. Wegen $\mu_1 \neq \mu_2$ muß einer der Cosinus verschwinden, es muß also

$$\mu_1 \quad \text{oder} \quad \mu_2 = n\pi\frac{a}{l} \tag{235}$$

sein mit ganzzahligem, *ungeradem* n.

Das antimetrische Gleichungssystem ist homogen. Es liefert zur Deformation der Schale nur dann einen Beitrag, wenn seine Determinante null ist, und dann hat dieser Beitrag eine unbestimmte Amplitude, gibt also eine Folge unendlich benachbarter Gleichgewichtslagen. Die Lasten q_2, für die das eintritt, sind demnach regelrechte Knicklasten, bei denen ein stabiles Gleichgewicht in ein labiles übergeht. Als Bedingung für das Verschwinden der Determinante findet man leicht die eben angegebene Gl. (235), jedoch diesmal mit *geradem* n.

Es bleibt noch der Grenzfall $q_2^2 = 4(1 - \nu^2)\, k$ zu besprechen, in dem die Wurzeln der charakteristischen Gleichung paarweise gleich werden. Es ist dann bekanntlich nötig, den Ansatz durch Glieder der Form $x \cdot e^{\lambda x/a}$ zu ergänzen. Die Durchrechnung, die nichts Neues bietet, wollen wir hier übergehen und nur erwähnen, daß auch in diesem Falle unendlich große Durchbiegungen entstehen, wenn Gl. (235) erfüllt ist, was aber mit der Nebenbedingung $\mu_1 = \mu_2$ nur für ganz bestimmte Zylinderlängen möglich ist, insbesondere für den unendlich langen Zylinder.

Durch Zusammenfassung von (232) und (235) bestätigt man leicht, daß (235) mit der in Abschnitt 2 gefundenen Gl. (213) für $m = 0$ identisch ist. Das Hinzutreten der Randstörung infolge behinderter Querdehnung hat also die Wirkung, daß diejenigen Knicklasten, zu denen eine gerade Halbwellenzahl gehört, Knicklasten bleiben, während die anderen in Unendlichkeitsstellen der Formänderungen und Spannungen übergehen. Deren mechanischer Sinn ist bekanntlich der, daß die kleinste von ihnen die Höchstlast darstellt, bis zu der ein Biegungsbruch vollendet sein muß. Die Stelle größter Beanspruchung liegt, wie Abb. 114 erkennen läßt, beim ersten Maximum von w. Die dort herrschende Spannung übertrifft den Mittelwert $\sigma = P/t$ um so mehr, je größer die Durchbiegungen werden, d. h. je näher man der kritischen Last kommt, und besonders dann, wenn diese weit über der Fließgrenze liegt, wird der Zylinder an dieser Stelle nachgeben, noch ehe die mittlere Spannung die Elastizitätsgrenze erreicht hat. Die erste Welle wird dann einfach plattgedrückt, und mit steigender Last schreitet die Störung von einer Biegungswelle zur anderen weiter, bis der ganze Zylinder von den Enden ausgehend zusammengebrochen ist. Diese Erscheinung ist zuerst von J. Geckeler bei Knickversuchen gefunden und von ihm und L. Föppl erklärt worden.

Die Knicklasten, die wir für gerade n fanden und deren kleinste für geeignete Zylinderlängen unterhalb der ersten Unendlichkeitsstelle liegen kann, haben praktisch keine Bedeutung, da die kleinsten kritischen Lasten alle so nahe beieinanderliegen, daß sie sich kaum trennen lassen. Die wesentliche Erkenntnis, die diese Rechnung vermittelt, ist die, *daß hier ein Gleichgewicht labil werden kann, das nicht biegungsfrei ist*, eine

Erscheinung, die man auch sonst gelegentlich in der Theorie der elastischen Stabilität wiederfinden kann.

Bei der Anwendung der im Abschnitt 2b entwickelten Theorie hat man darauf zu achten, daß sie nur dann gilt, wenn die aus ihr errechnete Knicklast unterhalb der Last liegt, die den eben geschilderten Biegungsbruch erzeugt. Dazu ist nötig, daß zur kleinsten Knicklast eine Ringwellenzahl $m > 0$ gehört, und daß die kleinste zu $m = 0$ gehörende Knicklast erst in größerem Abstande folgt. Außerdem wird die Knickerscheinung natürlich um so besser der Theorie entsprechen, je weiter unter der Quetschgrenze sie auftritt. Die Knickformel gilt trotz der am Rande behinderten Querdehnung exakt, solange auch an der Stelle größter Biegungsbeanspruchung noch kein Fließen begonnen hat.

Diese Forderungen sind in Knickversuchen nur schwer, bei der Anwendung der Theorie auf die Bestimmung des Sicherheitsgrades von Konstruktionen oftmals gar nicht zu erfüllen, und man hat dann damit zu rechnen, daß die Schale schon wesentlich unterhalb der rechnerischen Knicklast zusammenbricht. Die Verhältnisse liegen dann ebenso wie beim exzentrisch belasteten Druckstab, und zur Berechnung der Tragfähigkeit ist die hier dargestellte Spannungstheorie heranzuziehen, die sich von der im Kapitel V gegebenen dadurch unterscheidet, daß die Gleichgewichtsbedingungen am *deformierten* Schalenelement aufgestellt sind, entsprechend der wesentlich verschiedenen Größenordnung der Grundspannungen und der beim Knicken oder infolge der behinderten Randdehnung auftretenden zusätzlichen Beanspruchung.

Aber auch dann, wenn es gelingt, die eben aufgestellten Forderungen gut zu erfüllen, ist es durchaus noch nicht sicher, daß die Schale bis zur rechnerischen Knicklast standhält. Man hat nämlich schon bei der Herstellung von Versuchskörpern, ganz besonders aber bei Schalenkonstruktionen, stets damit zu rechnen, daß die Schalen nicht genau kreiszylindrisch sind, und solche Formfehler haben eine Verminderung der Tragfähigkeit zur Folge, die wir jetzt untersuchen wollen.

Die Mittelfläche der Schale sei bestimmt durch die Abweichungen U, V, W ihrer Punkte von einer genauen Zylinderfläche. Wir machen dafür den Ansatz

$$\left.\begin{aligned} U &= 0 \\ V &= V_0 \sin m_0 \varphi \sin \lambda_0 \frac{x}{a}, \\ W &= W_0 \cos m_0 \varphi \sin \lambda_0 \frac{x}{a}. \end{aligned}\right\} \qquad (236)$$

Die Amplituden V_0 und W_0 können beliebig vorgegeben werden. Es würde genügen, $V_0 = 0$ zu setzen und die Schale durch die eine Koordinate W allein zu beschreiben. Für die Rechnung ist es zweckmäßiger, V_0 so zu wählen, daß das Bogenelement in φ-Richtung für Schale und

Zylinder dasselbe ist:

$$V_0 = -\frac{W_0}{m_0}.$$

Die Schale werde wieder nur durch einen Längsdruck P belastet. Wenn die Abweichungen V, W von der genauen Form die Größenordnung elastischer Durchbiegungen haben, und das wollen wir annehmen, so müssen wir zur Berechnung der entstehenden Spannungen von den Differentialgleichungen (208) ausgehen. Dabei ist zu beachten, daß die darin enthaltenen Verschiebungen u, v, w, soweit sie mit den Lasten q_1, q_2, q_3 multipliziert sind, Abweichungen der elastisch deformierten Schale von der Zylinderform darstellen, hier also durch $u + U$, $v + V$, $w + W$ zu ersetzen sind, während die anderen Summanden der Gleichungen die durch die elastischen Verschiebungen ausgedrückten Schnittkräfte sind, die auch hier wieder von den *elastischen* Verschiebungen allein abhängen. Die Differentialgleichungen unseres Problems heißen also

$$\left.\begin{aligned}
&u'' + \frac{1-\nu}{2}u^{\cdot\cdot} + \frac{1+\nu}{2}v'^{\cdot} + \nu w' + k\left(\frac{1-\nu}{2}u^{\cdot\cdot} - w''' + \frac{1-\nu}{2}w'^{\cdot\cdot}\right) - \\
&\qquad\qquad - q_2 u'' = 0, \\
&\frac{1+\nu}{2}u'^{\cdot} + v^{\cdot\cdot} + \frac{1-\nu}{2}v'' + w^{\cdot} + k\left(\frac{3}{2}(1-\nu)v'' - \frac{3-\nu}{2}w''^{\cdot}\right) - \\
&\qquad\qquad - q_2 v'' = q_2 V'', \\
&\nu u' + v^{\cdot} + w + k\left(\frac{1-\nu}{2}u'^{\cdot\cdot} - u''' - \frac{3-\nu}{2}v''^{\cdot} + w'''' + 2w''^{\cdot\cdot} + \right. \\
&\qquad\qquad \left. + w^{\cdot\cdot\cdot\cdot} + 2w^{\cdot\cdot} + w\right) + q_2 w'' = -q_2 W''.
\end{aligned}\right\} \tag{237}$$

Die Gleichungen sind inhomogen. Wir können sofort eine Partikularlösung angeben:

$$\left.\begin{aligned}
u &= A \cdot \cos m_0\varphi \cdot \cos\lambda_0 \frac{x}{a}, \\
v &= B \cdot \sin m_0\varphi \cdot \sin\lambda_0 \frac{x}{a}. \\
w &= C \cdot \cos m_0\varphi \cdot \sin\lambda_0 \frac{x}{a}.
\end{aligned}\right\} \tag{238}$$

Setzt man das ein, so erhält man ein System von drei linearen, nichthomogenen Gleichungen für A, B, C. Die linken Seiten sind dieselben wie in (210), jedoch mit λ_0 und m_0 statt λ und m, und die rechten Seiten heißen 0, $-q_2\lambda_0^2 V_0$, $q_2\lambda_0^2 W_0$. Die Koeffizienten enthalten zum Teil die Last q_2. Die Absolutglieder sind der Last und den Fehleramplituden V_0, W_0 proportional. Daraus folgt: Die in der Schale entstehenden Nebenspannungen, d. h. die Spannungen abzüglich der gleichmäßigen Druckspannung P/t, sind proportional der ursprünglichen Abweichung von der Zylinderform, proportional den Lasten jedoch nur so lange, als die q_2-Glieder in den Koeffizienten vernachlässigbar klein sind. Wird q_2 größer, so wachsen die Deformationen und die Nebenspannungen schneller und gehen nach unendlich, wenn die Nennerdeterminante des Gleichungssystems null wird. Die Last, bei der das geschieht, kennen wir schon. Es ist die zu $m = m_0$, $\lambda = \lambda_0$ gehörende Knicklast.

Zu der angegebenen Partikularlösung haben wir noch die auf S. 253f. aufgestellte Lösung der homogenen Gleichungen zu addieren, mit der wir die Randbedingungen erfüllen können. Sie besteht, wie wir gesehen haben, aus einem linearen Teil, der die gleichmäßige elastische Zusammendrückung durch die Kraft N_x darstellt, und aus Exponentialfunktionen mit komplexem oder imaginärem Argument, durch die der Einfluß einer Randstörung wiedergegeben wird, die bei steigender Last schließlich den ganzen Zylinder erfaßt.

Die homogenen Differentialgleichungen haben aber für ausgezeichnete Werte q_2 noch die Lösungen (209). Für alle Knicklasten des Zylinders, für die $m \neq m_0$ oder $\lambda \neq \lambda_0$ ist, kann man diese Lösung mit beliebiger Amplitude addieren, erhält also für diese Lasten unendlich benachbarte Gleichgewichtslagen. Daraus ergibt sich folgendes:

Wenn die Schale in der durch (236) dargestellten Weise von der genauen Zylinderform etwas abweicht, so wachsen diese Abweichungen unter steigender Last immer stärker an und gehen nach unendlich, wenn q_2 die zu m_0, λ_0 gehörende kritische Last erreicht. Das ist die äußerste Grenze, bis zu der die Schale durch Überschreitung ihrer Biegungsfestigkeit zu Bruch gegangen sein muß. Ist für die niedrigste Knicklast der Schale entweder $m \neq m_0$ oder $\lambda \neq \lambda_0$ oder beides, so wird bei Erreichung dieser Last der sich vorbereitende Biegungsbruch unterbrochen, und es tritt eine regelrechte Knickung ein. Auch hier wird also ein elastischer Gleichgewichtszustand labil, der nicht biegungsfrei ist. Gleichzeitig mit diesen Vorgängen spielen sich die vorher besprochenen ab, die in der behinderten Dehnung der Zylinderränder ihre Ursache haben. Sie gewinnen jedoch auf die Tragfähigkeit der Schalen keinen Einfluß, wenn die kleinste kritische Last überhaupt weit genug unter der kleinsten Knicklast mit drehsymmetrischer Knickfigur liegt.

Da, wie wir schon sahen, die Nebenspannungen den ursprünglichen Abweichungen von der genauen Form proportional sind, so kann man den Ansatz (236) zu einer biharmonischen Reihe erweitern. Mit anderen Worten: Wenn man die Einflüsse der stets vorhandenen unregelmäßigen Formfehler einer Schale untersuchen will, so muß man diese Fehler der harmonischen Analyse unterwerfen und sie durch eine doppelt unendliche Reihe darstellen, deren Glieder wie (236) gebaut sind. Diejenigen

Harmonischen, deren λ_0, m_0 zu den kleinsten Knicklasten des Zylinders gehören, wachsen unter steigender Last am stärksten an und bestimmen die entstehende Ausbeulung. Wenn die zur allerkleinsten kritischen Last gehörende Harmonische eine besonders kleine Amplitude hat, so können die nächstfolgenden so stark hervortreten, daß sie schon lange vor Erreichung der Knickgrenze zu einem Biegungsbruch führen und das Aussehen der Bruchfigur bestimmen. Je geringer die Formfehler sind und je weniger einzelne Harmonische überwiegen, um so besser wird man die rechnerische Knicklast und die zugehörigen Wellenzahlen m und n erreichen.

Wenn die Verschiebung w ein Vielfaches der Wanddicke t ist, müssen die kinematischen Beziehungen (95) durch Einführung von in w quadratischen Gliedern ergänzt werden. Im Rahmen der sich so ergebenden, nichtlinearen Theorie zeigt es sich, daß zu derselben Belastung der Schale mehrere Gleichgewichtszustände gehören können. Der Zusammenhang zwischen der Belastung P und einer Formänderungsgröße δ (z. B. der gesamten Verkürzung der Zylinderlänge l) wird dann durch Kurven nach Art der Abb. 115 dargestellt.

Für einen Zylinder ohne Formfehler folgt die Formänderung der dünnen Linie. Wenn man die Belastung P stetig von null anwachsen läßt, so wächst die Formänderung proportional der Last, bis der Diagrammpunkt A erreicht ist. Er bezeichnet die Last, für die das Gleichgewicht nach (213) indifferent wird. Oberhalb dieser kritischen Last ist das durch die Verlängerung der Geraden dargestellte biegungsfreie Gleichgewicht labil, und schon unterhalb der kritischen Last gibt es einen benachbarten, aber nicht unendlich benachbarten Gleichgewichtszustand, der instabil ist, und einen weiter im Bereich großer Formänderungen liegenden stabilen Gleichgewichtszustand, entsprechend dem rechten, aufsteigenden Ast der Kurve. Eine leichte Störung kann genügen, um die Schale über das instabile Gleichgewicht hinwegzubringen, und dann „schnappt“ sie von selbst in die große Formänderung über.

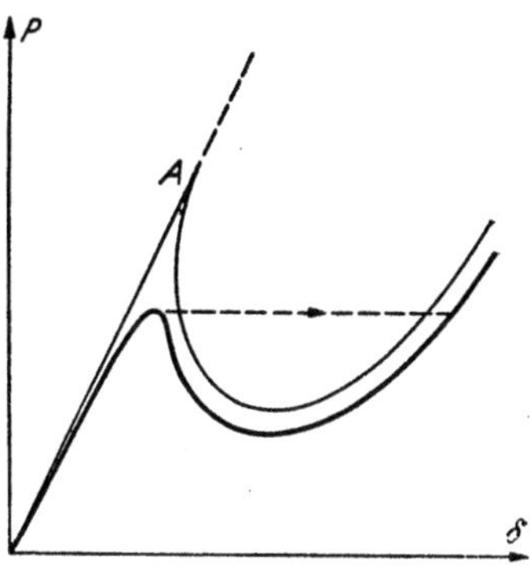

Abb. 115. Last-Formänderungs-Diagramm einer gedrückten Zylinderschale für große Formänderungen

Wenn die Schale von der genauen Zylinderform abweicht, ergeben sich Kurven nach Art der dicken Linie. Sie haben weit unterhalb des kritischen Punktes A ein Maximum. Wenn die Last P über dieses Maximum hinaus gesteigert wird, gibt es keinen Gleichgewichtszustand, in den die Schale *stetig* übergehen kann, und sie geht im Sinne des

Pfeiles plötzlich in einen Zustand großer Formänderung über. Einzelheiten dises Durchschlagvorganges sind von TH. v. KÁRMAN und H.-S. TSIEN untersucht worden und mögen in den Originalarbeiten nachgelesen werden.

Viele Schalen, besonders im Flugzeugbau, sind so dünn, daß schon im unbelasteten Zustand die Abweichungen W von der genauen Zylinderform ein Vielfaches der Wanddicke sind. Auf solche Schalen läßt sich die lineare Theorie von Anfang an nicht anwenden, und die hier geschilderten Vorgänge bestimmen den Ausbeulvorgang.

3. Stabilität der Kugelschale

Wenn eine vollständige, geschlossene Kugelschale durch einen Außendruck p belastet wird, so entsteht in ihr der einfache Grundspannungszustand

$$N_{\varphi 0} = N_{\vartheta 0} = -\frac{p\,a}{2},$$

dessen Stabilität wir jetzt untersuchen wollen. Damit die Rechnung nicht allzu umfangreich wird, werden wir uns dabei auf drehsymmetrische Knickfiguren beschränken, zumal sich gezeigt hat, daß die allgemeinere Behandlung der Aufgabe im Gegensatz zu den Erfahrungen bei der Zylinderknickung hier keine neuen Eigenwerte liefert, eine Merkwürdigkeit, auf die wir am Ende der Rechnung noch zurückkommen werden.

Wir beginnen ebenso wie in Abschnitt 2 mit der Aufstellung der Gleichgewichtsbedingungen, die auch hier aus zweierlei Summanden bestehen, solchen, die die während des Knickvorganges entstehenden zusätzlichen Schnittkräfte enthalten, und solchen, die davon herrühren, daß die Grundkräfte $N_{\varphi 0}$, $N_{\vartheta 0}$ und die Last p an einem beim Knicken verzerrten und verschobenen Schalenelement angreifen. Die Summanden der ersten Art können wir aus den Gln. (129a, c, e) der Spannungstheorie entnehmen, wenn wir daraus die Lasten und wegen der vorausgesetzten Drehsymmetrie der Knickfigur auch die Schubkräfte, Drillmomente, die Querkraft Q_ϑ und alle Ableitungen nach ϑ herausstreichen. Um die Glieder der zweiten Art zu finden, betrachten wir der Reihe nach die Kräfte $N_{\varphi 0} \cdot r\,d\vartheta$, $N_{\vartheta 0} \cdot a\,d\varphi$ und $p \cdot a\,d\varphi \cdot r\,d\vartheta$.

Wenn sich die Schale deformiert, so dreht sich, wie wir schon auf S. 168 festgestellt haben, die Meridiantangente um den Winkel

$$\chi = \frac{w^{\cdot} - v}{a},$$

und die am oberen Rande des Schalenelementes angreifende und in Richtung dieser Tangente wirkende Kraft $N_{\varphi 0}\, r\,d\vartheta$ hat nach der Verdrehung eine Komponente $N_{\varphi 0}\, r\,d\vartheta\,(w^{\cdot} - v)/a$, die in Richtung des

Kugelradius (Abb. 116) nach innen zeigt. Ganz entsprechend erhält die an der gegenüberliegenden Seite des Elementes wirkende Kraft eine nach außen gerichtete Radialkomponente, die um ein Differential größer ist, und dieser Überschuß

$$\frac{\partial}{\partial\varphi}\left(N_{\varphi 0}\, r\, d\vartheta\, \frac{w^{\cdot} - v}{a}\right) d\varphi = N_{\varphi 0}\big((w^{\cdot} - v)\sin\varphi\big)^{\cdot}\, d\varphi\, d\vartheta$$

ist als neues Glied in die Gleichgewichtsbedingung (129c) der radialen Kräfte aufzunehmen, und zwar mit negativem Vorzeichen, da wir die zum Kugelmittelpunkt hinweisenden Kräfte positiv angesetzt haben. Wenn wir noch für $N_{\varphi 0}$ seinen Wert einsetzen und die Differentiation ausführen, so heißt also dieses Zusatzglied

$$+\frac{pa}{2}\left(w^{\cdot\cdot}\sin\varphi - v^{\cdot}\sin\varphi + w^{\cdot}\cos\varphi - v\cos\varphi\right) d\varphi\, d\vartheta\,.$$

Auch in Richtung der Meridiantangente liefern die Kräfte $N_{\varphi 0}$ einen Beitrag. Die beiden eben besprochenen radialen Komponenten $N_{\varphi 0} r\, d\vartheta \cdot \chi$

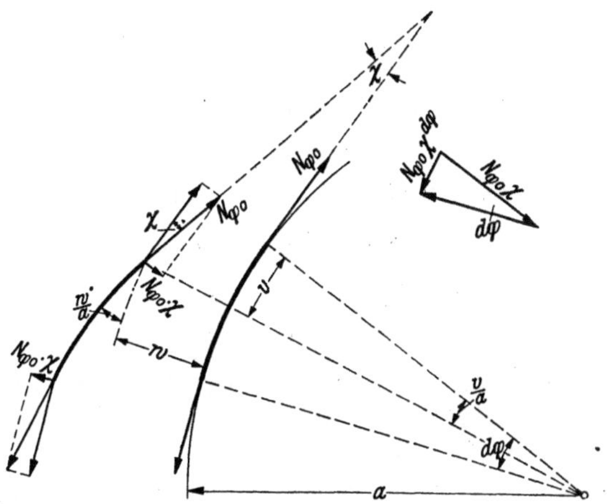

Abb. 116. Meridianelement einer Kugelschale vor und nach dem Ausknicken

schließen nämlich den Winkel $d\varphi$ miteinander ein (Abb. 116) und haben daher die tangentiale Resultierende

$$N_{\varphi 0}\, r\, d\vartheta \cdot \chi \cdot d\varphi = N_{\varphi 0}(w^{\cdot} - v)\sin\varphi \cdot d\varphi\, d\vartheta\,,$$

die für positives $N_{\varphi 0}$ in Richtung wachsender φ zeigt, also positiv in die Gleichgewichtsbedingung (129a) einzuführen ist.

Die Kräfte $N_{\vartheta 0} \cdot a\, d\varphi$, die in den Meridianschnitten angreifen, geben keine Zusatzglieder zu den Gleichgewichtsbedingungen, da bei einer drehsymmetrischen Verformung der Kugel jeder Meridian in seiner ursprünglichen Ebene bleibt. Die Ringkräfte, die auf ihr senkrecht stehen, verschieben sich also nur parallel und geben keine Komponenten in fremde Richtungen.

Die auf das Flächenelement wirkende Last $p \cdot a\,d\varphi \cdot r\,d\vartheta$ schließlich beteiligt sich wieder mit zwei Beiträgen. Der eine, der in (129a) eingeht, rührt davon her, daß mit dem Meridianelement auch der normal darauf stehende Lastvektor an der Drehung um den Winkel χ teilnimmt, wodurch eine Komponente

$$p \cdot a\,d\varphi \cdot r\,d\vartheta \cdot \chi = p\,a(w^{\cdot} - v)\sin\varphi \cdot d\varphi\,d\vartheta$$

in Richtung der Meridiantangente geworfen wird, die positiv in die Gleichgewichtsbedingung aufzunehmen ist. Der andere Beitrag ist radial gerichtet und entsteht durch die elastische Vergrößerung der Fläche $dF = a\,d\varphi \cdot r\,d\vartheta$. Wenn das Meridianelement um $\varepsilon_\varphi = \frac{v^{\cdot} + w}{a}$ und das Breitenkreiselement um $\varepsilon_\vartheta = \frac{v\cot\varphi + w}{a}$ gedehnt wird (s. S. 70), so wächst sie um den Betrag $(\varepsilon_\varphi + \varepsilon_\vartheta)\,dF$ und der auf ihr liegende Flüssigkeitsdruck dementsprechend um

$$p \cdot (\varepsilon_\varphi + \varepsilon_\vartheta)\,a^2 \sin\varphi\,d\varphi\,d\vartheta = p\,a(v^{\cdot} + v\cot\varphi + 2w)\sin\varphi \cdot d\varphi\,d\vartheta,$$

und diese radial nach innen gerichtete Kraft ist positiv in Gl. (129c) aufzunehmen.

Die Gleichgewichtsbedingungen der Kräfte und Momente am Schalenelement heißen also insgesamt:

$$\left.\begin{aligned}
&(N_\varphi \sin\varphi)^{\cdot} - N_\vartheta \cos\varphi - Q_\varphi \sin\varphi + \frac{p}{2}(w^{\cdot} - v)\sin\varphi = 0,\\
&(N_\vartheta + N_\varphi)\sin\varphi + (Q_\varphi \sin\varphi)^{\cdot} + \frac{p}{2}(v^{\cdot}\sin\varphi + v\cos\varphi +\\
&\qquad + 4w\sin\varphi + w^{\cdot}\cos\varphi + w^{\cdot\cdot}\sin\varphi) = 0,\\
&\qquad (M_\varphi \sin\varphi)^{\cdot} - M_\vartheta \cos\varphi = a\,Q_\varphi \sin\varphi.
\end{aligned}\right\} \quad (239)$$

Von diesen drei Gleichungen benutzen wir die dritte, um Q_φ aus den beiden anderen zu eliminieren und drücken dann die Längskräfte und Momente mit Hilfe des Elastizitätsgesetzes (132) durch die Verschiebungen v und w aus. Wenn wir außer der schon immer gebrauchten dimensionslosen Steifigkeitszahl $k = \frac{K}{D a^2}$ noch den Lastparameter

$$q = \frac{p\,a}{2D}$$

einführen, so erhalten wir als Ergebnis dieser Rechnung die beiden Differentialgleichungen:

$$\left.\begin{aligned}
&(1 + k)\,[v^{\cdot\cdot} + v^{\cdot}\cot\varphi - v(\nu + \cot^2\varphi)] + (1 + \nu)\,w^{\cdot} -\\
&\qquad - k[w^{\cdot\cdot\cdot} + w^{\cdot\cdot}\cot\varphi - w^{\cdot}(\nu + \cot^2\varphi)] - q(v - w^{\cdot}) = 0,\\
&(1 + \nu)\,(v^{\cdot} + v\cot\varphi + 2w) + k[- v^{\cdot\cdot\cdot} - 2v^{\cdot\cdot}\cot\varphi +\\
&\qquad + v^{\cdot}(1 + \nu + \cot^2\varphi) - v(2 - \nu + \cot^2\varphi)\cot\varphi + w^{\cdot\cdot\cdot\cdot} +\\
&+ 2w^{\cdot\cdot\cdot}\cot\varphi - w^{\cdot\cdot}(1 + \nu + \cot^2\varphi) + w^{\cdot}(2 - \nu + \cot^2\varphi)\cot\varphi] +\\
&\qquad + q(v^{\cdot} + v\cot\varphi + w^{\cdot\cdot} + w^{\cdot}\cot\varphi + 4w) = 0.
\end{aligned}\right\} \quad (240\text{a,b})$$

Wegen $k \ll 1$ setzen wir den am Anfang stehenden Faktor $(1 + k) \approx 1$. Von weiteren Vereinfachungen dieser Art, die noch möglich sind, wollen wir aber absehen, weil sie den gesetzmäßigen Aufbau des Gleichungssystems zerstören würden, in dem man ja überall den in der Spannungstheorie benutzten Operator L wiedererkennt. Es läge nahe, ihn auch hier für die Weiterführung der Rechnung zu benutzen. Man würde dann ebenso wie dort auf hypergeometrische Funktionen geführt und die Knickbedingung aus der Forderung gewinnen, daß diese Lösung die Randbedingungen befriedigen muß, die im Falle der vollständigen Kugelschale aus den Forderungen der Regularität und der Eindeutigkeit bestehen. Die schlechten Erfahrungen, die man bei dünnwandigen Schalen — und gerade solche kommen ja für die Stabilitätstheorie in Frage — mit hypergeometrischen Reihen gemacht hat, führen dazu, einen anderen Weg einzuschlagen: Jede Funktion, die auf der ganzen Kugeloberfläche regulär und eindeutig ist, läßt sich nach Kugelfunktionen entwickeln. Wir können daher auch die gesuchte Lösung in dieser Form ansetzen und erhalten dann aus der Forderung, daß sie die eben aufgestellten Differentialgleichungen befriedigen soll, die Knickbedingung.

Diesem Rechnungsgang entspricht es besser, wenn wir nicht L benutzen, sondern den Operator der Kugelfunktionen

$$H(\;) = (\;)^{\cdot\cdot} + (\;)^{\cdot} \cot\varphi + 2(\;),$$

der ebensogut zu unseren Gleichungen paßt. Noch eine weitere Besonderheit ihres inneren Aufbaues müssen wir uns bei der Rechnung zunutze machen: Der Vergleich der beiden eckigen Klammern in (240a) lehrt, daß die eine in die andere übergeht, wenn man v durch $-w^{\cdot}$ ersetzt, und dasselbe gilt für die beiden Hälften der eckigen Klammer in (240b). Dadurch wird es nahegelegt,

$$v = -V^{\cdot}$$

zu setzen und zunächst die Unbekannten V und w zu berechnen. Gl. (240a) geht damit über in

$$\frac{\partial}{\partial\varphi}\left[H(V) + kH(w) - (1+\nu)(V+w) - k(1+\nu)w - q(V+w)\right] = 0.$$

Die eckige Klammer, in der man noch das vierte Glied gegen das dritte vernachlässigen kann, muß also eine Konstante sein, und da es bei V auf eine additive Konstante nicht ankommt, so kann man einfach

$$H(V) + kH(w) - (1+\nu)(V+w) - q(V+w) = 0 \qquad (241\,\text{a})$$

setzen. Die Einführung des Operators H in (240b) macht wesentlich mehr Mühe und liefert schließlich, wenn man wieder k gegen 1 vernachlässigt:

$$kHH(V+w) - (1+\nu)H(V) - (3+\nu)kH(w) + 2(1+\nu)(V+w) +$$
$$+ q[-H(V) + H(w) + 2(V+w)] = 0. \qquad (241\,\text{b})$$

Diese beiden Gleichungen lösen wir nun durch den Ansatz

$$V = \sum_{n=0}^{\infty} b_n P_n(\cos\varphi), \quad w = \sum_{n=0}^{\infty} c_n P_n(\cos\varphi). \tag{242}$$

Wenn wir ihn einsetzen, so beachten wir, daß für die Kugelfunktion $P_n(\cos\varphi)$ die Differentialgleichung

$$P_n^{\cdot\cdot} + P_n^{\cdot}\cot\varphi + n(n+1)\,P_n = 0$$

gilt, daß also

$$H(P_n) = -\lambda_n P_n \quad \text{mit} \quad \lambda_n = n(n+1) - 2$$

ist. Die Gln. (241) gehen dann über in

$$\sum_{n=0}^{\infty} \left[b_n[\lambda_n + (1+\nu) + q] + c_n[k\,\lambda_n + (1+\nu) + q]\right] P_n(\cos\varphi) = 0$$

$$\sum_{n=0}^{\infty} \left[b_n[k\,\lambda_n^2 + (1+\nu)(\lambda_n+2) + q(\lambda_n+2)] + \right.$$
$$\left. + c_n[k\,\lambda_n^2 + (3+\nu)\,k\,\lambda_n + 2(1+\nu) - q(\lambda_n - 2)]\right] P_n(\cos\varphi) = 0 .$$

Da die Kugelfunktionen ein vollständiges System bilden, so können diese Reihen nur verschwinden, wenn jedes Glied einzeln verschwindet. Es muß also für jedes n das lineare, homogene Gleichungssystem bestehen:

$$b_n[\lambda_n + (1+\nu) + q] + c_n[k\,\lambda_n + (1+\nu) + q] = 0 ,$$
$$b_n[k\,\lambda_n^2 + (1+\nu)(\lambda_n+2) + q(\lambda_n+2)] +$$
$$+ c_n[k\,\lambda_n^2 + (3+\nu)\,k\,\lambda_n + 2(1+\nu) - q(\lambda_n-2)] = 0 ,$$

und damit der Ansatz (242) nicht $V \equiv w \equiv 0$ liefert, müssen diese Gleichungen wenigstens für *ein* n eine von null verschiedene Lösung b_n, c_n besitzen, ihre Koeffizientendeterminante also null sein. Rechnet man sie aus und vernachlässigt dabei wieder k und q gegen 1, so erhält man die Gleichung:

$$(1-\nu^2)\,\lambda_n + k\,\lambda_n^2(\lambda_n+2) - q\,\lambda_n^2 = 0 .$$

Sie zu erfüllen, gibt es zwei Möglichkeiten: Einerseits kann $\lambda_n = 0$ sein. Dann ist $n = 1$, $b_n = -c_n$ und (242) beschreibt eine starre Verschiebung der Kugelschale. Dieser Fall ist für uns uninteressant. Ist anderseits $\lambda_n \neq 0$, so muß

$$q = \frac{(1-\nu^2) + k\,\lambda_n(\lambda_n+2)}{\lambda_n}$$

sein, und das ist die gesuchte Knickbedingung. Sie liefert zu jedem λ_n, also zu jedem ganzzahligen n, eine kritische Last $p = 2D\,q/a$, und die kleinste von ihnen ist die eigentliche Knicklast der Schale. Um das zugehörige λ_n zu finden, setzen wir $\frac{dq}{d\lambda_n} = 0$, und das gibt

$$\lambda_n^2 = \frac{1-\nu^2}{k}$$

und damit

$$q_{\min} = 2\sqrt{(1-\nu^2)\,k}\,,$$

also

$$p_{\min} = \frac{2\,E\,t^2}{\sqrt{3(1-\nu^2)}\cdot a^2}\,. \tag{243}$$

Strenggenommen hätte man natürlich nicht den eben ausgerechneten Wert λ_n zu benutzen, sondern die nächstgelegene zu einem ganzzahligen n gehörende Zahl $n(n+1)-2$. Da aber λ_n stets sehr groß und $q_{\min}$ wegen $dq/d\lambda_n = 0$ gegen eine geringe Änderung von λ_n unempfindlich ist, so spielt diese Forderung der Ganzzahligkeit keine wesentliche Rolle.

Beim Kreiszylinder haben wir gesehen, daß die kleinste Knicklast nur in seltenen Fällen zu einer drehsymmetrischen Knickfigur gehört, daß also eine Theorie, die nur diese berücksichtigt, die Tragfähigkeit der Schale in der Regel überschätzen würde. Dasselbe Bedenken muß man natürlich auch gegen die hier vorgeführte vereinfachte Theorie der Kugelknickung geltend machen. Nun liegen aber bei der durch Außendruck belasteten Kugel infolge der hochgradigen Symmetrie des Grundspannungszustandes besonders einfache Verhältnisse vor, und A. van der Neut hat gezeigt, daß man in diesem besonderen Falle schon aus den drehsymmetrischen Knickfiguren allein sämtliche möglichen Eigenwerte erhält.

Man kann sich dieses überraschende Ergebnis, zu dessen strengem Beweise natürlich die Formulierung des vollständigen Differentialgleichungssystems der Kugelknickung nötig ist, durch die folgenden Überlegungen plausibel machen:

Unser Grundspannungszustand zeichnet sich dadurch aus, daß die Längskraft nicht nur für die Schnitte $\varphi = \text{const}$ und $\vartheta = \text{const}$, sondern überhaupt für jede beliebige Schnittrichtung überall denselben Wert $-\frac{1}{2}\,p\,a$ hat. Die Lage des Koordinatensystems auf der Kugel ist deshalb vollkommen willkürlich, und eine drehsymmetrische Knickfigur $w = P_n(\cos\varphi)$ muß auch dann noch eine zu demselben Eigenwert q gehörende Knickform der Schale sein, wenn wir sie irgendwie gegen das Koordinatensystem verdrehen, so daß also dessen Polarachse $\varphi = 0$ nicht mehr mit ihrer Symmetrieachse zusammenfällt. In der Theorie der Kugelfunktionen wird der Satz bewiesen, daß sich eine solche Funktion $w(\varphi,\vartheta)$, die durch eine Koordinatendrehung aus P_n hervorgegangen ist, darstellen läßt in der Form

$$w(\varphi,\vartheta) = \alpha_0\,P_n(\cos\varphi) + \sum_{m=1}^{n}(\alpha_m\cos m\vartheta + \beta_m\sin m\vartheta)\,P_n^{(m)}(\cos\varphi)\,,$$

und das muß also eine zum Eigenwert q gehörende Lösung des vollständigen Differentialgleichungssystems der Kugelknickung sein. Führt man die Rechnung tatsächlich durch, so erhält man das sehr plausible Ergebnis, daß jeder Summand für sich die Gleichungen befriedigt. Da nun die Gesamtheit aller Kugelfunktionen und ihrer adjungierten ein vollständiges Funktionensystem bildet, durch das man jede Funktion von φ oder ϑ darstellen kann, die unseren Forderungen der Regularität und Eindeutigkeit genügt, so besitzt man damit auch die vollständige Lösung des Problems und erhält also das Ergebnis, daß die zur Beschreibung nicht drehsymmetrischer Ausbeulungen heranzuziehenden Lösungen keine neuen Eigenwerte mehr liefern.

X. Schwingungen drehsymmetrischer Schalen

1. Dehnungslose Schwingungen

Bei der Untersuchung der Formänderungen drehsymmetrischer Schalen auf S. 71 haben wir gesehen, daß es Formänderungszustände gibt, bei denen die Mittelfläche unverzerrt bleibt, also $\varepsilon_\varphi = \varepsilon_\vartheta = \gamma_{\varphi\vartheta} = 0$ ist, und die Möglichkeit einer solchen dehnungslosen Verformung war an die Voraussetzung geknüpft, daß wenigstens an einem Schalenrand keine der drei Verschiebungskomponenten vorgeschrieben ist. Da Dehnungen und Gleitungen null sind, so können, wie z. B. das Elastizitätsgesetz (35) zeigt, auch keine Längs- und Schubkräfte auftreten. Der Spannungszustand der Schale besteht also nur aus Momenten und Querkräften, und ihr ganzer elastischer Widerstand beruht in ihrer Biegesteifigkeit. Die Formänderungen sind daher bei gegebener Last der dritten Potenz der Schalenstärke umgekehrt proportional.

Wenn eine Schale mit freien Rändern belastet wird, so werden natürlich im allgemeinen nicht nur Momente, sondern auch Längskräfte und Schubkräfte entstehen, und der Formänderungszustand wird nicht dehnungslos sein. Es sind aber in solchen Fällen die durch die *Verbiegung* der Mittelfläche entstehenden elastischen Verschiebungen so groß, daß man den von ihrer *Verzerrung* herrührenden Anteil dagegen vernachlässigen kann. Diese Tatsache kann man sich zunutze machen, wenn man die Eigenschwingungen einer solchen Schale berechnen will, und diese von Lord Rayleigh herrührende Methode wollen wir hier kurz darstellen.

Wir nehmen also an, daß die Punkte einer drehsymmetrischen Schale Verschiebungen erfahren, die periodisch mit der Zeit veränderlich sind:

$$U = u(\varphi, \vartheta) \sin\omega t,$$

$$V = v(\varphi, \vartheta) \sin\omega t,$$

$$W = w(\varphi, \vartheta) \sin\omega t,$$

und daß die Amplituden u, v, w die auf S. 71 aufgestellten Differentialgleichungen (37) der dehnungslosen Deformation erfüllen. Wir setzen sie auch hier als FOURIER-Reihen in ϑ an, schreiben also

$$\left.\begin{aligned} U &= u_n(\varphi)\sin n\,\vartheta\cdot\sin\omega\,t,\\ V &= v_n(\varphi)\cos n\,\vartheta\cdot\sin\omega\,t,\\ W &= w_n(\varphi)\cos n\,\vartheta\cdot\sin\omega\,t.\end{aligned}\right\} \tag{244}$$

Dann sind die drei Funktionen u_n, v_n, w_n ein Lösungssystem der Differentialgleichungen (39) und sind für eine gegebene Schalenform durch einen einzigen Parameter bestimmt, etwa durch die Normalverschiebung w des Schalenrandes an der Stelle der größten Ausbiegung.

Das RAYLEIGHsche Verfahren zur Frequenzberechnung beruht auf dem bei jeder Schwingung auftretenden Wechselspiel zwischen potentieller und kinetischer Energie. Im Augenblick der größten Ausbiegung, in dem alle Geschwindigkeiten null sind, ist die gesamte Energie als potentielle Energie in der verformten Schale gespeichert, während sie beim Durchgang durch die Gleichgewichtslage, in der die Schale entspannt ist, ganz als kinetische Energie in Erscheinung tritt. Nun ist die Formänderungsenergie proportional dem Quadrat der Verschiebungen, also frequenzunabhängig, während die kinetische Energie dem Quadrat der Geschwindigkeiten und damit ω^2 proportional ist. Durch Gleichsetzen beider erhält man daher eine Gleichung für ω^2, aus der man die Eigenfrequenz der Schale berechnen kann, die zu der angenommenen Deformation gehört, die ihrerseits durch den einen Parameter n (halbe Anzahl der Knotenmeridiane!) der Gestalt nach vollkommen bestimmt ist.

Die von den Biege- und Drillmomenten herrührende Formänderungsenergie haben wir schon auf S. 223 angegeben. Mit den Bezeichnungen für Drehschalen ist die Energie je Flächeneinheit

$$\mathsf{A} = \frac{1}{2}\left(M_\varphi\varkappa_\varphi + M_\vartheta\varkappa_\vartheta + 2\,M_{\varphi\vartheta}\varkappa_{\varphi\vartheta}\right),$$

und wenn wir jetzt unter Berücksichtigung der Querdehnung das Elastizitätsgesetz schreiben

$$\left.\begin{aligned} M_\varphi &= K(\varkappa_\varphi + \nu\,\varkappa_\vartheta), \qquad M_\vartheta = K(\varkappa_\vartheta + \nu\,\varkappa_\varphi),\\ M_{\varphi\vartheta} &= M_{\vartheta\varphi} = K(1-\nu)\,\varkappa_{\varphi\vartheta},\end{aligned}\right\} \tag{245}$$

so erhalten wir nach Einsetzen:

$$\mathsf{A} = \frac{1}{2}K\left(\varkappa_\varphi^2 + \varkappa_\vartheta^2 + 2\nu\,\varkappa_\varphi\varkappa_\vartheta + 2(1-\nu)\,\varkappa_{\varphi\vartheta}^2\right). \tag{246}$$

In dieser Formel müssen wir, um weiterrechnen zu können, die Verkrümmungen $\varkappa_\varphi$, $\varkappa_\vartheta$ und die Verwindung $\varkappa_{\varphi\vartheta}$ durch die Verschiebungsamplituden u, v, w ausdrücken. Wir wollen diese Aufgabe für den Sonderfall der Kugelschale durchführen und benutzen dazu dieselbe Methode, mit der wir auf S. 137ff. das Elastizitätsgesetz der Kreiszylinderschale abgeleitet haben.

Wir gehen aus von den Gln. (36) für die Verzerrungen ε_φ, ε_ϑ, $\gamma_{\varphi\vartheta}$, die wir auf S. 70 für einen Punkt der Mittelfläche aufgestellt haben und in die wir jetzt die Verschiebungen u_z, v_z, w_z eines Punktes einsetzen, der im Abstande z von ihr liegt, also auf einer Kugel mit dem Radius $a + z$. Dann erhalten wir

$$\left.\begin{aligned} \varepsilon_\varphi &= \frac{\dot v_z + w_z}{a+z}, \\ \varepsilon_\vartheta &= \frac{u_z' + v_z \cos\varphi + w_z \sin\varphi}{(a+z)\sin\varphi}, \\ \gamma_{\varphi\vartheta} &= \frac{\dot u_z \sin\varphi - u_z \cos\varphi + v_z'}{(a+z)\sin\varphi}. \end{aligned}\right\} \tag{247}$$

Darin müssen wir wieder mit Hilfe der Hypothese von der Erhaltung der Schalennormalen die Verschiebungen u_z, v_z, w_z durch die Verschiebungen u, v, w der Mittelfläche ausdrücken. Ebenso wie beim Zylinder ist natürlich auch hier

$$w_z = w,$$

und auch für v_z können wir die dort benutzte Abb. 79b und die aus ihr abgeleitete Formel

$$v_z = v\,\frac{a+z}{a} - \dot w\,\frac{z}{a}$$

einfach übernehmen. Eine entsprechende Beziehung für die dritte Verschiebungskomponente u_z gewinnen wir aus Abb. 117, die einen Schnitt durch die Kugel längs einer Breitenkreisebene zeigt und in die auch die Projektionen der in Richtung des Kugelradius liegenden Strecken z und w eingetragen sind. Wenn sich A_0 auf der Mittelfläche um u verschiebt, so wandert der im Abstande z davon gelegene Punkt A um $u\,\frac{a+z}{a}$. Das gibt den ersten Beitrag zu u_z. Durch den Unterschied $w'\,d\vartheta$ der Durchbiegung zweier benachbarter Breitenkreispunkte, die den Abstand $r\,d\vartheta$ haben, dreht sich das Breitenkreiselement und mit ihm die Schalennormale um den Winkel w'/r, und der Punkt A wird dadurch um $\frac{w'}{r} z$ zurückgeschoben. Es ergibt sich also insgesamt

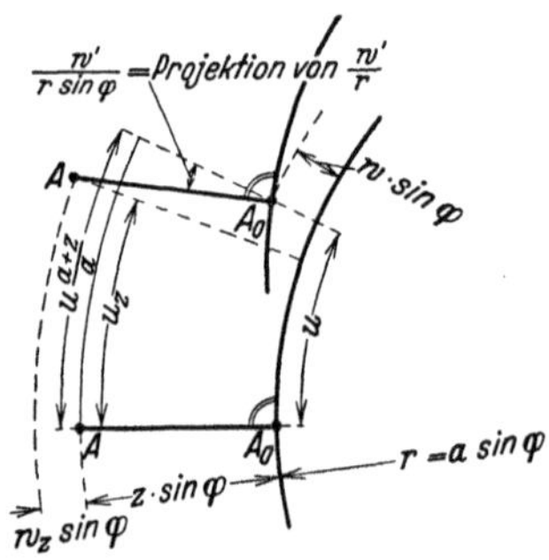

Abb. 117. Breitenschnitt einer schwingenden Kugelschale in der Ruhelage und im Maximum der Deformation

$$u_z = u\,\frac{a+z}{a} - w'\,\frac{z}{r}.$$

Wenn wir diese Ergebnisse in die Gl. (247) einsetzen und diese dann in die Definitionsgleichungen (1g—j) der Momente, in denen jetzt $r_x = r_y = a$ zu setzen ist, so erhalten wir nach Ausführung aller Integrationen, deren Nachprüfung dem Leser überlassen sei, das folgende Ergebnis:

$$M_\varphi = \frac{K}{a^2}\left[w^{\cdot\cdot} - v^{\cdot} + \nu(w^{\cdot} - v)\cot\varphi - \nu\frac{u'}{\sin\varphi} + \nu\frac{w''}{\sin^2\varphi}\right],$$

$$M_\vartheta = \frac{K}{a^2}\left[(w^{\cdot} - v)\cot\varphi + \frac{w''}{\sin^2\varphi} - \frac{u'}{\sin\varphi} + \nu(w^{\cdot\cdot} - v^{\cdot})\right],$$

$$M_{\varphi\vartheta} = M_{\vartheta\varphi} = \frac{K(1-\nu)}{a^2}\left[\frac{w'^{\cdot} - w'\cot\varphi}{\sin\varphi} + \frac{1}{2}\left(u\cot\varphi - u^{\cdot} - \frac{v'}{\sin\varphi}\right)\right].$$

Diese Beziehungen haben tatsächlich den durch die Gln. (245) geforderten Bau, und der Vergleich mit ihnen liefert

$$a^2\varkappa_\varphi = w^{\cdot\cdot} - v^{\cdot},$$

$$a^2\varkappa_\vartheta = (w^{\cdot} - v)\cot\varphi + \frac{w''}{\sin^2\varphi} - \frac{u'}{\sin\varphi},$$

$$a^2\varkappa_{\varphi\vartheta} = \left(\frac{w'}{\sin\varphi}\right)^{\cdot} - \frac{1}{2}\left(\frac{u}{\sin\varphi}\right)^{\cdot}\sin\varphi - \frac{1}{2}\frac{v'}{\sin\varphi}.$$

Für die Verschiebungsamplituden u, v, w haben wir darin die auf S. 75 gefundenen Werte einzusetzen, die die Differentialgleichungen der dehnungslosen Verbiegung erfüllen, und erhalten damit:

$$a^2\varkappa_\vartheta = -a^2 \varkappa_\varphi = n(n^2-1)A\tan^n\frac{\varphi}{2}\cdot\frac{\cos n\vartheta}{\sin^2\varphi},$$

$$a^2\varkappa_{\varphi\vartheta} = n(n^2-1)A\tan^n\frac{\varphi}{2}\cdot\frac{\sin n\vartheta}{\sin^2\varphi}.$$

Daß die beiden Krümmungsänderungen entgegengesetzt gleich ausfallen, kann man auch ohne Rechnung einsehen und sich damit Rechenarbeit sparen, wenn man bedenkt, daß bei einer dehnungslosen Verbiegung das Gaussche Krümmungsmaß, also das Produkt aus Meridiankrümmung und Querkrümmung, unverändert bleiben muß. Vor der Verformung ist es $\frac{1}{a}\cdot\frac{1}{a}$, nachher $\left(\frac{1}{a} - \varkappa_\varphi\right)\left(\frac{1}{a} - \varkappa_\vartheta\right) \approx \frac{1}{a^2} - \frac{\varkappa_\varphi + \varkappa_\vartheta}{a}$, und damit das wieder gleich $1/a^2$ ist, muß $\varkappa_\varphi = -\varkappa_\vartheta$ sein.

Um die im Zustande der größten Ausbiegung in der schwingenden Schale gespeicherte elastische Energie zu finden, brauchen wir jetzt nur noch die für die Krümmungsänderungen erhaltenen Ausdrücke in (246) einzusetzen und über die ganze Schale zu integrieren und erhalten so schließlich für eine Kugelkalotte, die von $\varphi = 0$ bis $\varphi = \varphi_0$ reicht:

$$\int \mathsf{A}\,dF$$

$$= a^2\int_{-\pi}^{+\pi}\int_0^{\varphi_0}\mathsf{A}\sin\varphi\,d\varphi\,d\vartheta = \frac{2\pi K(1-\nu)}{a^2}A^2\cdot n^2(n^2-1)^2\int_0^{\varphi_0}\frac{\tan^{2n}\varphi/2}{\sin^3\varphi}\,d\varphi$$

$$= \frac{2\pi K(1-\nu)}{a^2}A^2\cdot n^2(n^2-1)^2\,\alpha_n(\varphi_0). \tag{248}$$

Für $n = 0$ und $n = 1$ liefert das den Wert null in Übereinstimmung mit unserer früheren Feststellung, daß die nullte und erste Harmonische der Verschiebungen starre Bewegungen sind, und für die nächsten Harmonischen hat das Integral bei einer Halbkugel folgende Werte

$n =$	2	3	4	5
$\alpha_n(\pi/2) =$	0,2917	0,1771	0,1292	0,1021

Zur Berechnung der Eigenfrequenz brauchen wir noch die kinetische Energie beim Durchgang durch die Null-Lage, also für $t = 0$. Die Geschwindigkeiten sind in diesem Augenblick

$$\frac{\partial U}{\partial t} = \omega u, \qquad \frac{\partial V}{\partial t} = \omega v, \qquad \frac{\partial W}{\partial t} = \omega w,$$

also die kinetische Energie je Flächeneinheit

$$\mathsf{A}_k = \frac{1}{2} \mu \omega^2 (u^2 + v^2 + w^2),$$

wobei μ die Masse je Einheit der Schalenmittelfläche ist. Durch Einsetzen von u, v, w nach S. 75 wird daraus mit $B = 0$

$$\mathsf{A}_k = \frac{1}{2} \mu \omega^2 A^2 \tan^{2n} \frac{\varphi}{2} [\sin^2 \varphi + (n + \cos\varphi)^2 \cos^2 n\vartheta],$$

und wenn wir auch das über die ganze Schale integrieren, so erhalten wir:

$$\int \mathsf{A}_k \, dF$$

$$= \frac{1}{2} \mu \omega^2 A^2 \pi a^2 \int_0^{\varphi_0} \tan^{2n} \frac{\varphi}{2} \cdot (n^2 + 1 + 2n\cos\varphi + \sin^2\varphi) \sin\varphi \, d\varphi$$

$$= \frac{1}{2} \mu \omega^2 A^2 \pi a^2 \cdot \beta_n(\varphi_0). \tag{249}$$

Auch dieses Integral läßt sich nach einfachen Umformungen leicht auswerten und ergibt bei einer Halbkugel für die ersten Harmonischen

$n =$	2	3	4	5
$\beta_n(\pi/2) =$	0,3825	0,4700	0,581	0,688

Damit haben wir alles beisammen, was wir brauchen, und können durch Gleichsetzen der rechten Seiten von (248) und (249) die Frequenzgleichung gewinnen. Nach ω^2 aufgelöst, liefert sie:

$$\omega^2 = \frac{4K(1-\nu)}{\mu a^4} n^2 (n^2 - 1)^2 \frac{\alpha_n}{\beta_n},$$

Wenn wir für K seinen Wert einsetzen und in diesem Kapitel ausnahmsweise die Schalenstärke mit δ bezeichnen, so erhalten wir mit $\mu = \varrho\delta$ die Kreisfrequenz

$$\omega = \sqrt{\frac{E}{\varrho}} \frac{\delta}{a^2 \sqrt{3(1+\nu)}} n(n^2 - 1) \sqrt{\frac{\alpha_n}{\beta_n}}. \tag{250}$$

Mit $\nu = 0{,}3$ ergeben sich für eine Halbkugel die folgenden Zahlenwerte:

$n =$	2	3	4	5
$\omega \frac{a^2}{\delta} \sqrt{\frac{\varrho}{E}} =$	2,655	7,46	14,35	23,43

Die diesen Zahlen zugrunde liegende Annahme, daß die Formänderung der Schale dehnungslos ist, ist mit der Annahme identisch, daß bei endlicher Biegesteifigkeit K die Dehnsteifigkeit $D = \infty$ ist. Da die wirkliche Schale eine endliche Dehnsteifigkeit hat, so müssen ihre Eigenfrequenzen tiefer liegen.

Diese Tatsache, daß durch die Möglichkeit einer Dehnung die Eigentöne einer Schale herabgesetzt werden, macht sich besonders dann bemerkbar, wenn man es mit einer Schalenform zu tun hat, die nicht weit von einem Grenzfall entfernt ist, der überhaupt keiner dehnungslosen Formänderung mehr fähig ist. Sehr lehrreich sind in dieser Beziehung die Versuche von van Urk und Hut mit Kegelschalen. Es handelte sich um die Nachprüfung einer von M. J. O. Strutt vorgenommenen Berechnung der Eigenfrequenzen von Lautsprechermembranen. Die Kegelstumpfschalen waren mit ihrem äußeren Rand gelagert, während der innere frei war. Den Grenzfall einer starren Schale erhält man, wenn man mit dem Durchmesser des inneren Randes nach null geht, und die gemessenen Frequenzen bleiben um so weiter hinter den errechneten zurück, je kleiner dieser Randkreis ist.

2. Vollständige Schwingungstheorie für die Kreiszylinderschale

Wie wir eben am Beispiel der Kegelschale gesehen haben, ist die Theorie der dehnungslosen Schwingungen nicht nur eine Näherungstheorie, sondern sie erfaßt auch nur einen Teil der in einer Schale überhaupt möglichen Schwingungsformen, und wenn gerade dieser Teil durch die Randbedingungen ausgeschlossen wird, so versagt sie ganz. Solche Fälle, in denen eine Schale überhaupt keine dehnungslosen Schwingungen ausführen kann, sind aber keineswegs selten, denn überall da, wo Schalen als Tragwerke dienen sollen, stützt man sie ganz bewußt so, daß sie sich nicht dehnungslos verbiegen können. Wenn man die Eigenschwingungen solcher Konstruktionen zu berechnen hat, ist es nötig, auf die in den Kapiteln V bis VII entwickelte Theorie der durch Längskräfte und Momente beanspruchte Schale zurückzugreifen. Wie eine solche vollständige Theorie der Schalenschwingungen auszusehen hat, wollen wir am Kreiszylinder als der geometrisch einfachsten Form kurz darstellen.

Wir beginnen mit der Aufstellung der Bewegungsgleichungen für das schwingende Schalenelement. Wenn wir jetzt unter N_x, N_φ, M_x, Q_x usw. die durch den Schwingungsvorgang entstehenden periodisch veränderlichen Kräfte verstehen und unter u, v, w die zugehörigen elastischen Verschiebungen (also nicht die maximalen Ausschläge wie in Abschnitt 1!), so erhalten wir die drei Gleichungen für die translatorische Bewegung, indem wir in den ersten drei Gleichgewichtsbedingungen (91a—c) der Zylinderschale die Lasten p_x, p_φ, p_r durch die Trägheitskräfte ersetzen:

$$\left.\begin{aligned} N_x' + N_{\varphi x}^{\cdot} &= a\,\mu\,\frac{\partial^2 u}{\partial t^2}, \\ N_\varphi^{\cdot} + N_{x\varphi}' - Q_\varphi &= a\,\mu\,\frac{\partial^2 v}{\partial t^2}, \\ Q_\varphi^{\cdot} + Q_x' + N_\varphi &= -a\,\mu\,\frac{\partial^2 w}{\partial t^2}. \end{aligned}\right\} \tag{251a—c}$$

Darin bezeichnet μ die Masse der Schale je Einheit der Mittelfläche. Die drei Gleichungen für die Drehbewegung sind mit Gln. (91d—f) identisch und brauchen hier nicht wiederholt zu werden.

Um die Bewegungsgleichungen zu lösen, behandeln wir sie genau so wie die Gleichgewichtsbedingungen in der Spannungstheorie: Wir eliminieren die Querkräfte, drücken die übrigen Schnittkräfte nach (97) durch die Verschiebungen aus und erhalten auf diese Weise folgendes Differentialgleichungssystem:

$$\left.\begin{aligned} & u'' + \frac{1-\nu}{2}u^{\cdot\cdot} + \frac{1+\nu}{2}v'^{\cdot} + \nu w' + \\ & \qquad + k\left(\frac{1-\nu}{2}u^{\cdot\cdot} - w''' + \frac{1-\nu}{2}w'^{\cdot\cdot}\right) = \frac{\mu a^2}{D}\,\frac{\partial^2 u}{\partial t^2}, \\ & \frac{1+\nu}{2}u'^{\cdot} + v^{\cdot\cdot} + \frac{1-\nu}{2}v'' + w^{\cdot} + \\ & \qquad + k\left(\frac{3}{2}(1-\nu)v'' - \frac{3-\nu}{2}w''^{\cdot}\right) = \frac{\mu a^2}{D}\,\frac{\partial^2 v}{\partial t^2}, \\ & \nu u' + v^{\cdot} + w + k\left(\frac{1-\nu}{2}u'^{\cdot\cdot} - u''' - \frac{3-\nu}{2}v''^{\cdot} + w^{IV} + \right. \\ & \qquad \left. + 2w''^{\cdot\cdot} + w^{::} + 2w^{\cdot\cdot} + w\right) = -\frac{\mu a^2}{D}\,\frac{\partial^2 w}{\partial t^2}. \end{aligned}\right\} \tag{252}$$

Wir suchen zunächst seine allgemeine Lösung. In der Zeit muß sie harmonisch sein, in φ periodisch, also als Fourier-Reihe darstellbar, und man sieht sofort, daß jedes Fourier-Glied für sich allein schon die Gleichungen erfüllt. Da alle Koeffizienten konstant sind, so heißt also der allgemeine Ansatz

$$\left.\begin{aligned} u &= A\cdot e^{\lambda\frac{x}{a}}\cdot\cos m\varphi\cdot\sin\omega t, \\ v &= B\cdot e^{\lambda\frac{x}{a}}\cdot\sin m\varphi\cdot\sin\omega t, \\ w &= C\cdot e^{\lambda\frac{x}{a}}\cdot\cos m\varphi\cdot\sin\omega t. \end{aligned}\right\} \tag{253}$$

Setzt man ihn ein, so erhält man drei lineare Gleichungen für A, B, C. Sie sind homogen, bestimmen daher nur das Verhältnis $A:B:C$ und auch das nur dann, wenn ihre Determinante verschwindet. Das liefert eine Gleichung, die in λ^2 und m^2 von viertem, in ω^2 von drittem Grade ist. Wir wollen sie als eine Gleichung für λ bei gegebenem oder angenommenem m und ω auffassen. Dann liefert sie acht verschiedene λ, also acht Elementarlösungen, zu denen acht unabhängige Konstante A_1 bis A_8 und die von ihnen abhängigen B und C gehören. Zu ihrer Bestimmung dienen acht Randbedingungen, vier für jeden Zylinderrand. Auch das sind homogene Gleichungen, und das Verschwinden *ihrer* Determinante liefert eine Gleichung, die außer diesen λ die Abmessungen des Zylinders (Radius, Länge, Steifigkeit) enthält, und aus der man etwa die Zylinderlänge l berechnen kann, wenn die anderen gegeben sind. Die Gleichung ist in l transzendent, hat also unendlich viele diskrete Lösungen. Die kleinste von ihnen ist die Länge des Zylinders, der mit $2m$ Knotengeraden und der Kreisfrequenz ω ohne Knotenkreis schwingt. Die anderen Lösungen gehören zu Zylindern mit einer steigenden Anzahl solcher Kreise.

Die zahlenmäßige Durchführung dieser Rechnung ist sehr mühsam und steht noch aus. Sie liefert einen Zusammenhang zwischen l und ω und damit die Frequenz als Funktion der Abmessungen für einen Zylinder mit ganz beliebigen Randbedingungen.

Wegen der Schwierigkeit, die mit der Anwendung einer solchen Lösung auf praktische Aufgaben verbunden ist, lohnt es sich auch hier, den schon bei der Zylinderknickung verwendeten speziellen Ansatz (209) zu untersuchen, der nur für die dort erörterten Randbedingungen gilt und jetzt natürlich durch Hinzufügung eines zeitabhängigen Faktors ergänzt werden muß:

$$\left.\begin{aligned} u &= A\cos m\varphi\cos\lambda\frac{x}{a}\cdot\sin\omega t,\\ v &= B\sin m\varphi\sin\lambda\frac{x}{a}\cdot\sin\omega t, \qquad \lambda = n\pi\frac{a}{l}\\ w &= C\cos m\varphi\sin\lambda\frac{x}{a}\cdot\sin\omega t.\end{aligned}\right\} \tag{254}$$

Setzt man den Ansatz in die Differentialgleichungen ein, so erhält man wieder drei lineare Gleichungen für die Amplituden, und das Verschwinden ihrer Determinante gibt eine Gleichung dritten Grades für ω^2, die man in der Form schreiben kann,

$$f(\omega^2) \equiv a_3\omega^6 + a_2\omega^4 + a_1\omega^2 + a_0 = 0. \tag{255}$$

Für die Koeffizienten a_0 bis a_3 erhält man unter ähnlichen Vernachlässigungen wie den auf S. 233 besprochenen durch Entwicklung der Determinante folgende Ausdrücke:

$$a_0 = -c_1 - k\,c_2, \qquad (c_1 \text{ und } c_2 \text{ siehe Seite 233})$$

$$a_1 = \frac{\mu\,a^2}{D}\left[(\lambda^2+m^2)^2 + (3+2\nu)\,\lambda^2 + m^2 + k\,\frac{3-\nu}{1-\nu}\,(\lambda^2+m^2)^3\right],$$

$$a_2 = -\frac{\mu^2\,a^4}{D^2(1-\nu)}\left[(3-\nu)\,(\lambda^2+m^2) + 2 + 2k\,(\lambda^2+m^2)^2\right],$$

$$a_3 = \frac{2\mu^3\,a^6}{D^3(1-\nu)}.$$

Die Frequenzgleichung (255) liefert zu jedem gewählten Wertepaare m, n, also zu jeder auf dem Zylinder möglichen Knotenlinienkonfiguration, drei verschiedene Eigenfrequenzen ω. Ihre mechanische Bedeutung wird am besten an Hand eines Beispieles klar. Wir wählen ein großes Hallendach aus Eisenbeton mit den Abmessungen $a = 8{,}50\,\text{m}$, $l = 42{,}30\,\text{m}$ $\delta = 9{,}3\,\text{cm}$ und den Materialkonstanten $E = 210000\,\text{kg/cm}^2$, $\gamma = 2{,}4\,\text{t/m}^3$, $\nu = \frac{1}{6}$ und wollen die Schwingungen berechnen, bei denen auf den vollen Kreisumfang $2m = 8$ Knotengerade kommen, während Knotenkreise außer den beiden Rändern nicht vorhanden sein sollen. Setzt man die angegebenen Zahlen ein, so erhält man für $f(\omega^2)$ den in Abb. 118 dargestellten Verlauf. Die Kurve geht nicht durch den Koordinatenursprung, sondern sehr nahe rechts daran vorbei. Ihre Nullstellen sind daher von sehr verschiedener Größenordnung und liefern für die zu dem genannten Knotenliniensystem gehörenden Eigentöne der Schale die Kreisfrequenzen $\omega_1 = 18{,}36\,\text{sec}^{-1}$, $\omega_2 = 918\,\text{sec}^{-1}$, $\omega_3 = 1453\,\text{sec}^{-1}$. Ihren Sinn erkennt man, wenn man aus den Differentialgleichungen die zugehörigen Amplitudenverhältnisse berechnet. Man erhält:

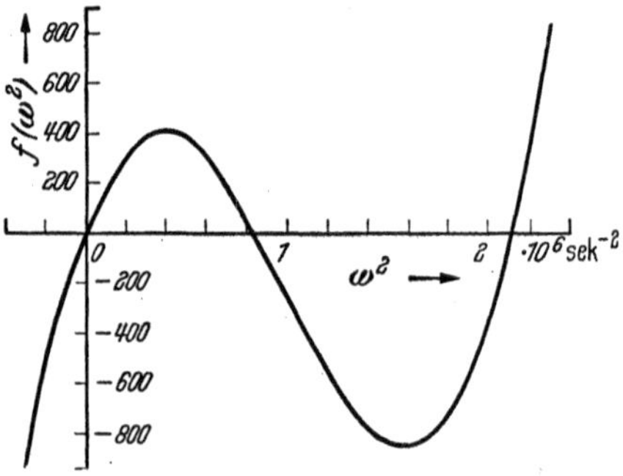

Abb. 118. Frequenzgleichung der Zylinderschale, Zahlenbeispiel

für ω_1: $A:B:C = -0{,}04 : -0{,}25 : 1$,

für ω_2: $A;B:C = \mathbf{14{,}4} \;;\; 1{,}9 : 1$,

für ω_3: $A:B:C = -0{,}6 : \mathbf{4{,}1} : 1$.

Die langsame ist also eine ausgesprochene Transversalschwingung, die beiden schnelleren Longitudinalschwingungen, und zwar schwingt die Schale bei der mittleren vorwiegend in Richtung der Erzeugenden, während sie bei der schnellsten Schwingungen in Richtung der Normalschnitte ausführt. Keine dieser drei Schwingungen ist dehnungsfrei, und es gibt auch keine biegungsfreie Longitudinalschwingung, sondern Biegung und Dehnung treten stets gleichzeitig nebeneinander auf.

Im allgemeinen wird, wie auch das Zahlenbeispiel zeigt, vor allem die Transversalschwingung in die Nähe technischer Erregerfrequenzen fallen. Wenn man sich auf ihre Berechnung beschränken will, so kann man die Frequenzgleichung (255) durch Fortlassung des quadratischen und kubischen Gliedes linearisieren, also die kubische Parabel der Abb. 118 durch ihre Tangente im Punkte $\omega^2 = 0$ ersetzen, und erhält

$$\frac{\mu a^2}{D}\,\omega^2 = \frac{c_1 + k c_2}{(\lambda^2 + m^2)^2 + (3 + 2\nu)\,\lambda^2 + m^2 + k\,\frac{3-\nu}{1-\nu}\,(\lambda^2 + m^2)^3},$$

wobei wieder c_1 und c_2 nach den Formeln (212) auf S. 233 einzusetzen sind. Die Dimensionslose $\frac{\mu a^2}{D}\,\omega^2$ ist hier außer von λ und m nur noch von dem Verhältnis δ/a der Schalenstärke zum Zylinderradius abhängig. Das Ergebnis für $k = \frac{\delta^2}{12 a^2} = 10^{-5}$ zeigt Abb. 119, in der in ein Koordinatensystem λ; m Kurven gleicher Frequenz eingetragen und nach der angegebenen Dimensionslosen beziffert sind. Wesentlich für die Anwendung des Diagramms ist die Tatsache, daß jede Kurve rechts eine vertikale Tangente hat, die sie nicht überschreitet. Ist die Schale so kurz, daß das kleinste mögliche λ, also $\lambda_{\min} = \pi a/l$ größer ist als die Abszisse dieses äußersten rechten Punktes einer ω-Kurve, so kann die Schale mit dieser Frequenz bestimmt nicht schwingen. Ist dagegen $\lambda_{\min}$ kleiner, so muß man untersuchen, ob die zur interessierenden Erregerfrequenz gehörende Kurve keinen der Punkte $n\,\lambda_{\min}$, m mit ganzzahligen n und m trifft oder in seine Nähe kommt, eine Bedingung, die dann unter Umständen schwer erfüllbar sein kann.

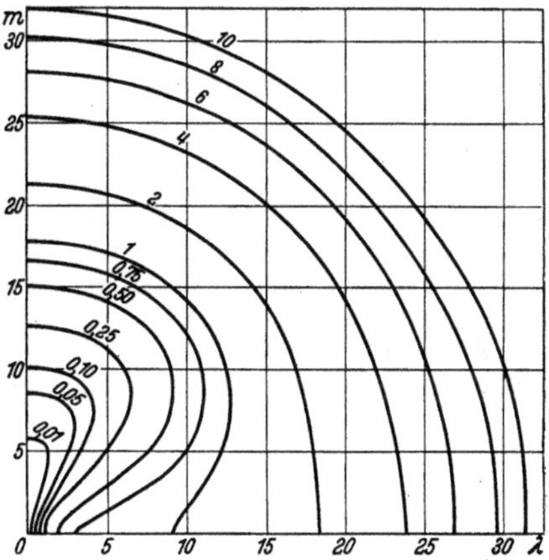

Abb. 119. Kurven $\frac{\mu a^2 \omega^2}{D}$ = const für $k = 10^{-5}$

Literaturübersicht

Im folgenden ist eine Zusammenstellung von Arbeiten der letzten Jahrzehnte gegeben, die sich mit der Spannungstheorie, der Stabilitätstheorie oder der Dynamik der Schalen befassen. Für die Auswahl des Angeführten war die Absicht maßgebend, außer den bei der Manuskriptbearbeitung benutzten Quellen eine Reihe von Arbeiten anzuführen, die den hier dargestellten Stoff ausführlicher behandeln und auf spezielle Fragen Antwort geben, deren Behandlung den Rahmen dieses Buches überschreiten würde. Seit dem Erscheinen der ersten Auflage dieses Werkes ist die Schalenliteratur so stark angewachsen, daß dieses Ziel nur in bescheidenem Ausmaße erreicht werden konnte, und der Leser sei für weitere Literaturangaben auf die Applied Mechanics Reviews verwiesen.

I. Allgemeine Grundlagen

Abschnitte 1 und 2. Die allgemeinen Grundlagen der Schalentheorie findet man in den folgenden Büchern und Schriften: Vorwiegend mathematisch orientierte Bücher: A. E. H. Love: A Treatise on the Mathematical Theory of Elasticity. 4. Aufl. Cambridge 1927, Dover-Nachdruck New York 1944. A. E. Green, W. Zerna: Theoretical Elasticity. Oxford 1954. — H. Duddeck: Das Randstörungsproblem der technischen Biegetheorie dünner Schalen in drei korrespondierenden Darstellungen. Diss. Hannover 1960. — Mechanisch orientierte Bücher: S. Timoshenko, S. Woinowsky-Krieger: Theory of Plates and Shells, 2. Aufl. New York 1959. — K. Girkmann: Flächentragwerke, 5. Aufl. Wien 1959. — W. Flügge: Stresses in Shells. Berlin 1960. — P. B. J. Gravina: Teoria e cálculo das cascas — Cascas de revolução. São Paulo 1957. — W. S. Wlassow: Allgemeine Schalentheorie und ihre Anwendung in der Technik (deutsche Übersetzung von A. Kromm). Berlin 1958. — V. V. Novozhilov: The Theory of Thin Shells (englische Übersetzung von P. G. Lowe). Groningen 1959. — C. B. Biezeno u. R. Grammel: Technische Dynamik, 2. Aufl., Bd. 1. Berlin 1953. — R. L'Hermite: Résistance des matériaux, Bd. 1. Paris 1954. — O. Belluzzi: Scienza delle costruzioni, Bd. 3. Bologna 1951. — Vorwiegend praktisch orientierte Bücher: A. Pflüger: Einführung in die Schalenstatik. Wolfenbüttel 1948. — J. Born: Praktische Schalenstatik, Bd. 1, Die Rotationsschalen. Berlin 1960.

Abschnitte 3 bis 6. Die rechnerischen und zeichnerischen Verfahren für die Transformation ebener Tensoren findet man in der Originalarbeit von O. Mohr: Abhandlungen aus dem Gebiete der technischen Mechanik, Abh. V, 1. Aufl. Berlin 1906 (Anwendung auf Spannungstensoren), ferner bei A. Nádai: Elastische Platten, S. 16. Berlin 1925 (Anwendung auf die Biegemomente von Platten). — W. Flügge: Die Spannungsermittlung in Scheiben und Schalen aus Eisenbeton. Ing.-Arch. Bd. 1 (1930) S. 481 (Anwendung auf inhomogene Konstruktionen). — F. Martin: Theoretische Untersuchungen zur Frage des Spannungszustandes in Luftreifen bei Abplattung. Jb. 1939, dtsch. Luftf.-Forschg. Bd. 1, S. 470 (Ausdehnung der Theorie auf Luftreifen). — Eine Lösung des Stahlbetonproblems im Sinne der plastischen Traglast findet sich bei E. Rosenblueth: Shell reinforcement not parallel to principal stresses. J. Amer. Concr. Inst. Bd. 27 (1955) S. 61.

II. Membrantheorie der Rotationsschalen

Abschnitte 1 und 2. Herleitung der Differentialgleichungen und Behandlung von Beispielen in den unter I, 1 und 2 aufgeführten Lehrbüchern. Ein nichtlineares Problem großer Verzerrungen findet man bei E. Bromberg, J. J. Stoker: Nonlinear theory of curved elastic sheets. Quart. Appl. Math. Bd. 3 (1945) S. 246. In dieser Arbeit wird gezeigt, daß es für eine Membranschale mit großen Formänderungen ein Randstörungsproblem gibt, das mit demjenigen der Biegetheorie gewisse Ähnlichkeiten aufweist.

Abschnitt 3. Zur Theorie der Kuppel gleicher Festigkeit vergleiche man G. Megareus: Die Kuppel gleicher Festigkeit. Bauingenieur Bd. 20 (1939) S. 232. — Eine Verallgemeinerung der Fragestellung gab H. Ziegler: Kuppeln gleicher Festigkeit. Ing.-Arch. Bd. 26 (1958) S. 378. Er ersetzt die Bedingung $\sigma_\varphi = \sigma_\vartheta$ durch die Fließbedingung nach Tresca-Mohr. — Ein numerisches Verfahren zur Berechnung von Tropfenbehältern ist ausführlich dargestellt in C. Runge u. H. König:

Vorlesungen über numerisches Rechnen, S. 320. Berlin 1924. — Zahlenergebnisse findet man bei C. CODEGONE: Serbatoi a involucro uniformamente teso. Ann. Lav. pubbl. Bd. 79 (1941) S. 179. — Interessante Versuchsergebnisse bei C. A. BOUMAN: Sterkteproeven met een spheroid tank. De Ingenieur Bd. 53 (1938) S. P39. — Die gleichzeitige Wirkung von Wasserdruck und Eigengewicht behandelt V. DAŠEK: Zur Berechnung von Behälterböden gleicher Festigkeit. Beton u. Eisen Bd. 36 (1937) S. 54. — In einer Arbeit von F. TÖLKE: Über Rotationsschalen gleicher Festigkeit für konstanten Innen- und Außendruck, Z. angew. Math. Mech. Bd. 19 (1939) S. 338, werden die Formen von Gasbehältern gleicher Festigkeit entwickelt. Mit Ausnahme des trivialen Falles der Kugelschale müssen diese Behälter Abschlußböden haben, und der Axialzug in der Schale ist nicht gleich der Resultierenden des Druckes auf den Boden. — Eine zusammenfassende Darstellung des Problems der Schalen gleicher Festigkeit gibt K. FEDERHOFER: Über Schalen gleicher Festigkeit. Bauingenieur Bd. 20 (1939) S. 366.

Abschnitt 4. Die Theorie der unsymmetrisch beanspruchten Rotationsschalen beginnt mit der Arbeit von H. REISSNER: Spannungen in Kugelschalen (Kuppeln). MÜLLER-BRESLAU-Festschrift, S. 181. Leipzig 1912. Sie wurde fortgeführt von F. DISCHINGER: Schalen und Rippenkuppeln (in F. EMPERGER: Handbuch für Eisenbetonbau, Bd. 6, 4. Aufl. Berlin 1928) und: Die Rotationsschalen mit unsymmetrischer Form und Belastung. Bauingenieur Bd. 16 (1935) S. 374. — Kritische Bemerkungen zu dieser Arbeit und eine Weiterführung der Theorie gab P. NEMÉNYI: Beiträge zur Berechnung der Schalen unter unsymmetrischer und unstetiger Belastung. Bygningsstat. Medd. Bd. 8 (1936) S. 53. — Eine gründliche mathematische Untersuchung des Problems findet sich in zwei Arbeiten von C. TRUESDELL: The membrane theory of shells of revolution. Trans. Amer. Math. Soc. Bd. 58 (1945) S. 96 und: On the reliability of the membrane theory of shells of revolution. Bull. Amer. math. Soc. Bd. 54 (1948) S. 994. — Weitere Beiträge grundsätzlicher Art: E. REISSNER: Note on the membrane theory of shells of revolution. J. Math. Phys. Bd. 26 (1948) S. 290, — W. ZERNA: Zur Membrantheorie der allgemeinen Rotationsschalen. Ing.-Arch. Bd. 17 (1949) S. 223.

Über Schalen negativer Krümmung siehe W. FLÜGGE: Zur Membrantheorie der Drehschalen negativer Krümmung. Z. angew. Math. Mech. Bd. 25 (1947) S. 65, — R. SAUER: Geometrische Bemerkungen zur Membrantheorie der negativ gekrümmten Schalen. Z. angew. Math. Mech. Bd. 28 (1948) S. 198, — R. RABICH: Die Membrantheorie der einschalig hyperbolischen Rotationsschalen. Baupl. u. Bautechn. Bd. 7 (1953) S. 310. — Die singulären Lösungen für die Kugelschale stammen von F. MARTIN: Die Membran-Kugelschale unter Einzellasten. Ing.-Arch. Bd. 17 (1949) S. 167, siehe auch V. Z. VLASSOV: Membrantheorie dünner Rotationsschalen (russ.). Appl. Math. Mech. Bd. 11 (1947) S. 397.

Abschnitte 5 und 6. Die mathematische Theorie der dehnungslosen Verbiegung findet man in allen Lehrbüchern der Differentialgeometrie. Zu einer Anwendung auf Schalen scheint vor allem die angenäherte Berechnung von Eigenfrequenzen (s. X, 1) Anlaß gegeben zu haben. Die auf S. 75 dargestellte Lösung für die Kugelschale stammt von LORD RAYLEIGH: Theory of Sound, Bd. 1, 2. Aufl., S. 422. London 1894. — Eine entsprechende Rechnung für Kegelschalen enthält die unter X, 1 zitierte Arbeit von M. J. O. STRUTT. — Beispiele für Schalen, die trotz starrer Lagerung ihres Randes dehnungsloser Verbiegungen fähig sind: ST. COHN-VOSSEN: Über unstarre geschlossene Flächen. Math. Ann. Bd. 102 (1930) S. 10. — Die unter II, 4 zitierte Arbeit von F. MARTIN enthält auch die Lösung der zugehörigen Formänderungsaufgabe. — Die Unverträglichkeit der Membranformänderungen in Ringschalen fand W. R. DEAN: The distorsion of a curved tube due to internal pressure. Phil. Mag., VII. ser., Bd. 28 (1939) S. 452.

III. Membrantheorie der Zylinderschalen

Abschnitt 1. Eine über die Behandlung drehsymmetrischer Fälle hinausgehende Theorie der Zylinderschalen gab als erster D. THOMA: Die Beanspruchung frei tragender gefüllter Rohre durch das Gewicht der Flüssigkeit. Z. ges. Turbinenwes. Bd. 17 (1920) S. 49 und: Spannungen in dünnen zylindrischen Gefäßwänden. FÖPPL-Festschrift, S. 42. Berlin 1924. Siehe ferner E. SCHWERIN: Über die Spannungen in frei tragenden, gefüllten Rohren. Z. angew. Math. Mech. Bd. 2 (1922) S. 340. — In ganz allgemeiner Form ist die Membrantheorie kreiszylindrischer Rohre dargestellt bei K. MIESEL: Über die Festigkeit von Kreiszylinderschalen mit nichtachsensymmetrischer Belastung. Ing.-Arch. Bd. 1 (1930) S. 22. — Die Erweiterung der Theorie auf Zylinder beliebiger Form und die Anwendung auf Tonnendächer geht von W. BAUERSFELD aus. Näheres findet man in dem unter II, 4 zitierten Handbuchartikel von F. DISCHINGER und in folgenden Arbeiten: U. FINSTERWALDER: Die Schalendächer des Elektrizitätswerks in Frankfurt a. M. Beton u. Eisen Bd. 27 (1928) S. 205 und: Die querversteiften zylindrischen Schalengewölbe mit kreissegmentförmigem Querschnitt. Ing.-Arch. Bd. 4 (1933) S. 44. — F. DISCHINGER: Das durchlaufende ausgesteifte zylindrische Rohr oder Zeiß-Dywidag-Dach. Int. Vereinig. Brücken- u. Hochbau Abh. 4 (1936) S. 227. — E. WIEDEMANN: Ein Beitrag zur Frage der Formgebung räumlich tragender Tonnenschalen. Ing.-Arch. Bd. 8 (1937) S. 301.

Abschnitte 2 und 3. Angaben über die Formänderungen bei biegungsfreier Beanspruchung findet man in den eben angeführten Arbeiten von K. MIESEL: Ing.-Arch. Bd. 1 (1930) S. 22 und U. FINSTERWALDER Ing.-Arch. Bd. 4 (1933) S. 44. — Eine Anwendung zur Berechnung eines statisch unbestimmten Systems gab K. GIRKMANN in zwei Veröffentlichungen: Zur Berechnung zylindrischer Flüssigkeitsbehälter auf Winddruck. Sitzungsber. Akad. Wiss. Wien Bd. 141 (1932) S. 651 und: Berechnung zylindrischer Flüssigkeitsbehälter auf Winddruck unter Zugrundelegung beobachteter Lastverteilungen. Stahlbau Bd. 6 (1933) S. 45.

Abschnitt 4. Die Theorie der Vieleckkuppeln ist von F. DISCHINGER entwickelt worden. Seine Ergebnisse sind in seinem unter II, 4 zitierten Handbuchartikel enthalten sowie in folgenden Veröffentlichungen: F. DISCHINGER: Theorie der Vieleckkuppeln und der Zusammenhang mit den einbeschriebenen Rotationsschalen. Diss. Dresden 1929 und Beton u. Eisen Bd. 28 (1929) S. 100. — F. DISCHINGER u. H. RÜSCH: Die Großmarkthalle in Leipzig. Beton u. Eisen Bd. 28 (1929) S. 325. Diese Arbeiten beschränken sich auf symmetrische Lasten und Winddruck. Die hier dargestellte allgemeine Theorie wurde in der ersten Auflage dieses Buches entwickelt.

IV. Membrantheorie für beliebige Schalenformen

Abschnitte 1 und 2. Die erste Berechnung von Membranspannungen in Translationsflächen findet sich in der ersten Auflage dieses Buches S. 91. Die Einführung der AIRYschen Spannungsfunktion in die Membrantheorie der Schalen stammt von A. PUCHER: Über den Spannungszustand in gekrümmten Flächen. Beton u. Eisen Bd. 33 (1934) S. 298. — Weitere Arbeiten über Schalen positiver Krümmung: A. PUCHER: Die Berechnung von doppelt gekrümmten Schalen mittels Differenzengleichungen. Bauingenieur Bd. 18 (1937) S. 118. — Die Berechnung der Dehnungsspannungen von Rotationsschalen mit Hilfe von Spannungsfunktionen. Int. Vereinig. Brücken- u. Hochbau Abh. 5 (1938) S. 275 und: Über die Spannungsfunktion beliebig gekrümmter dünner Schalen. Proc. 5. Internat. Congr. Appl.

Mech., S. 134. Cambridge 1938. — A. A. JAKOBSEN: Kugelschalen über vier- und vieleckigem Grundriß. Int. Vereinig. Brücken- u. Hochbau Abh. 5 (1938) S. 1. — W. FLÜGGE: Das Relaxationsverfahren in der Schalenstatik. Beitr. angew. Mech. (FEDERHOFER-GIRKMANN-Festschrift), S. 17. Wien 1950.

Abschnitte 3 und 4. Schalen negativer Krümmung wurden ohne Benutzung der Spannungsfunktion untersucht von B. LAFFAILLE: Mémoire sur l'étude générale des surfaces gauches minces. Int. Vereinig. Brücken- u. Hochbau Abh. 3 (1935) S. 295. — F. AIMOND: Étude statique des voiles minces en paraboloide hyperbolique travaillant sans flexion. Int. Vereinig. Brücken- u. Hochbau Abh. 4 (1936) S. 1. — Die Theorie der Konoidschale gab E. TORROJA: Un nuovo tipo di muro di sostegno e le sue possibilità di calcolo. Ric. Ing. Bd. 9 (1941) S. 29.

Formänderungen von Schalen positiver und negativer Krümmung findet man in zwei Arbeiten von W. FLÜGGE u. F. T. GEYLING: A general theory of deformation of membrane shells. Proc. 9. Int. Congr. Appl. Mech. Bruxelles 1956, Bd. 6 S. 250, und: Int. Vereinig. Brücken- u. Hochbau, Abh. 17 (1957) S. 23, ferner bei E. BÖLCSKEI: Déformation des voiles minces. Acta Techn. Acad. Hung. Bd. 5 (1952) S. 489.

Abschnitt 5. Die Beziehungen zwischen den Spannungen affiner Schalen sind zuerst von F. DISCHINGER untersucht worden und unter der Bezeichnung „Massenausgleich" im Handbuch für Eisenbeton, 3. Aufl., Bd. 12, S. 175, veröffentlicht. — Siehe auch F. DISCHINGER: Der Spannungszustand in affinen Schalen und Raumfachwerken unter Anwendung des statischen Massenausgleichs. Bauingenieur Bd. 17 (1936) S. 228 und den unter III, 4 zitierten Aufsatz von F. DISCHINGER und H. RÜSCH.

V. Biegetheorie der Kreiszylinderschale

Abschnitt 1. Die Zylindergleichungen in der hier benutzten Form gab W. FLÜGGE: Die Stabilität der Kreiszylinderschale. Ing.-Arch. Bd. 3 (1932) S. 463. — Die vereinfachten Gleichungen gab L. H. DONNELL: Stability of thin-walled tubes under torsion. Nat. Adv. Comm. Aeron., Rep. 479 (1933). — Andere Formen der Zylindergleichungen finden sich in den folgenden Arbeiten: R. BYRNE: Theory of small deformations of thin elastic shells. Univ. of California Publ. in Math., n.s. Bd. 2 (1944) S. 103. — L. S. D. MORLEY: An improvement on DONNELL's approximation for thin-walled circular cylinders. Qu. J. Appl. Math. Bd. 12 (1959) S. 89. — Eine allgemein gefaßte Herleitung der Grundgleichungen gab H. PARKUS: Die Grundgleichungen der allgemeinen Zylinderschale. Öst. Ing.-Arch. Bd. 6 (1951) S. 30. — Die Differentialgleichungen für anisotrope Schalen finden sich in der eben zitierten Arbeit von W. FLÜGGE.

Abschnitt 2. Lösung für die nullte und erste Harmonische: E. SCHWERIN: Über die Spannungen in frei tragenden gefüllten Rohren. Z. angew. Math. Mech. Bd. 2 (1922) S. 340. — Vollständige Theorie und Näherungsverfahren, das auf die schwach abklingenden Lösungen verzichtet: K. MIESEL: Über die Festigkeit von Kreiszylinderschalen mit nichtachsensymmetrischer Belastung. Ing.-Arch. Bd. 1 (1930) S. 22. — Näherungslösung, die auf die stark abklingenden Lösungen verzichtet: E. GRUBER: Die Berechnung zylindrischer, biegungssteifer Schalen unter beliebigem Lastangriff. Int. Vereinig. Brücken- u. Hochbau Abh. 2 (1934) S. 196. — Lösung der inhomogenen Gleichungen mit Hilfe von doppelten FOURIER-Reihen: H. REISSNER: Formänderungen und Spannungen einer dünnwandigen, an den Rändern frei aufliegenden Zylinderschale. Z. angew. Math. Mech. Bd. 13 (1933) S. 133. — Anisotrope Schalen: H. WAGNER u. H. SIMON: Über die Krafteinleitung in dünnwandige Zylinderschalen. Luftf.-Forschg. Bd. 13 (1936) S. 293. —

W. Schnell: Krafteinleitung in versteifte Kreiszylinderschalen. Z. Flugwiss. Bd. 3 (1955) S. 385. — Randbedingungen an der gebogenen Platte: G. Kirchhoff: Über das Gleichgewicht und die Bewegungen einer elastischen Scheibe. Crelles J. Bd. 40 (1850) S. 51, auch abgedruckt in den Ges. Abh. S. 237. Leipzig 1882. — Ausdehnung auf Schalen: A. B. Bassett: On the extension and flexure of cylindrical and spherical thin elastics shells. Phil. Trans. roy. Soc., Lond. (A) Bd. 181 (1890) S. 433.

Abschnitt 3. Die Biegetheorie der Tonnendächer stammt von U. Finsterwalder: Die querversteiften zylindrischen Schalengewölbe mit kreissegmentförmigem Querschnitt. Ing.-Arch. Bd. 4 (1933) S. 43 und: Die Theorie der zylindrischen Schalengewölbe Zeiß-Dywidag und ihre Anwendung auf die Großmarkthalle Budapest. Int. Vereinig. Brücken- u. Hochbau Abh. 1 (1932) S. 127. — Eine Lösung unter Benutzung der strengen Gln. (99) gab F. Dischinger: Die strenge Theorie der Kreiszylinderschale in ihrer Anwendung auf die Zeiß-Dywidag-Schalen. Beton u. Eisen Bd. 34 (1935) S. 257. — Die stark vereinfachten Gln. (118) stammen von H. Schorer: Line load action on thin cylindrical shells. Proc. Amer. Soc. civ. Engrs. Bd. 61 (1935) S. 281. — Donnells Gleichungen wurden benutzt von N. J. Hoff, J. Kempner u. F. V. Pohle: Line load applied along generators of thin-walled circular cylindrical shells of finite length. Quart. Appl. Math. Bd. 11 (1954) S. 411. — Einen kritischen Vergleich der verschiedenen Lösungsansätze findet man in folgenden Arbeiten: J. Moe: On the theory of cylindrical shells; explicit solution of the characteristic equation and discussion of the accuracy of various shell theories. Int. Vereinig. Brücken- u. Hochbau Abh. 13 (1953) S. 283. — N. J. Hoff: The accuracy of Donnell's equations. J. Appl. Mech. Bd. 22 (1955) S. 329. — I. Holand: Design of Circular Cylindrical Shells. Oslo 1957. —Weitere Beiträge: A. A. Jakobsen: Zylinderschalen mit veränderlichem Krümmungshalbmesser und veränderlicher Schalenstärke. Bauingenieur Bd. 18 (1937) S. 418 und: Über das Randstörungsproblem an Kreiszylinderschalen. Bauingenieur Bd. 20 (1939) S. 394. — E. Gruber: Die Berechnung zylindrischer, biegungssteifer Schalen unter beliebigem Lastangriff. Int. Vereinig. Brücken- u. Hochbau Abh. 2 (1934) S. 196. — E.-R. Berger: Die Auflösung der charakteristischen Gleichung für Zylinderschalen durch Iteration. Beton Stahlbet. Bd. 48 (1953) S. 62. — Sammlung von Formeln: C. B. Biezeno, J. J. Koch: Some explicit formulae, of use in the calculation of arbitrarily loaded, thin-walled cylinders. Akad. Wetensch. Amsterdam, Proc. Bd. 44 (1941) S. 505. — N. J. Hoff: Boundary value problems of the thin-walled circular cylinder. J. Appl. Mech. Bd. 21 (1954) S. 343.

Die praktische Bedeutung der Theorie der Tonnendächer hat zum Erscheinen von Büchern geführt, die die Ergebnisse in gebrauchsfertiger Form darstellen: American Society of Civil Engineers: Design of Cylindrical Shell Roofs. New York 1952. — Ergänzung dazu: Portland Cement Association: Coefficients for Design of Cylindrical Concrete Shell Roofs. Chicago 1959. — Ferner: R. S. Jenkins: Theory and Design of Cylindrical Shell Structures (Modern Building Techniques, Bull. 1). London 1947. — A. R. Spampinato: Teoría y cálculo de las bóvedas cáscaras cilíndricas. Buenos Aires 1953. — J. E. Gibson u. D. W. Cooper: The Design of Cylindrical Shell Roofs. New York 1954. — R. Rabich: Randwerttabellen zur Berechnung von Kreiszylinderschalen. 1954. — Das Buch von H. Lundgren: Cylindrical Shells, Bd. 1: Cylindrical Roofs. Copenhagen 1951, enthält unter anderem ein neues Lösungsverfahren. Die wirkliche Spannungsverteilung in einem Tonnengewölbe hat wenig Ähnlichkeit mit dem Membranspannungszustand. Insbesondere kommt die Verteilung der Spannung σ_x in Tonne und Randglied der Spannungsverteilung im Querschnitt eines gewöhnlichen Balkens mehr oder weniger nahe. Lundgren wendet daher zuerst die elementare Balkentheorie an, bestimmt damit eine erste Näherung für σ_x und geht mit ihr in die Gleichgewichtsbedingungen und Elastizitätsgleichungen der Tonnentheorie ein. Auf diese Weise findet er Näherungen für alle Schnittkräfte und Verschiebungen und schließlich eine Verbesserung für σ_x, die in derselben Weise durch alle Gleichungen hindurch verfolgt werden kann. — Ähnliche Gedanken finden sich auch in der Arbeit von W. T. MARSHALL: A method of determining the secondary stresses in cylindrical shell roofs. J. Instn. civ. Engrs. Bd. 33 (1949) S. 126.

Abschnitt 4. Die wichtigsten Veröffentlichungen zur Theorie kreiszylindrischer Behälter sind die folgenden: Stückweise konstante Wandstärke (eiserne Behälter): C. RUNGE: Über die Formänderung eines zylindrischen Wasserbehälters durch den Wasserdruck. Z. Math. Physik Bd. 51 (1904) S. 254. — Linear veränderliche Wandstärke: H. REISSNER: Über die Spannungsverteilung in zylindrischen Behälterwänden. Beton u. Eisen Bd. 7 (1908) S. 150. — E. MEISSNER: Beanspruchung und Formänderung zylindrischer Gefäße mit linear veränderlicher Wandstärke. Vjschr. naturf. Ges. Zürich Bd. 62 (1917) S. 153. — M. HETÉNYI: Beams on Elastic Foundation. Ann Arbor 1946. — Quadratisch veränderliche Wandstärke: E. STEUERMANN: Zur Theorie der polarsymmetrischen Deformation der elastischen, anisotropen Schalen. Z. angew. Math. Mech. Bd. 5 (1925) S. 449. — K. FEDERHOFER: Zur Berechnung zylindrischer Behälter mit veränderlicher Wandstärke. Anz. Akad. Wiss. Wien, Math.-Nat. Kl. 1950, S. 275 und: Berechnung des kreiszylindrischen Flüssigkeitsbehälters mit quadratisch veränderlicher Wandstärke. Öst. Ing.-Arch. Bd. 6 (1951) S. 43. — Wandstärke proportional $\sqrt{x}$: A. CATTIN: Serbatoio cilindrico a sezione meridiana di spessore variabile. Ric. Ing. Bd. 7 (1939) S. 80. — Anwendung auf Talsperren: F. TÖLKE: Baustoffersparnis durch Verwendung von Bogengewichts- und Bogenstaumauern. Bauingenieur Bd. 18 (1937) S. 11. — F. TÖLKE: Talsperren, Bd. 2,1 von Wasserkraftanlagen, herausgegeben von A. LUDIN, S. 504. Berlin 1938. — Schwach ausgebauchte Behälter einschließlich Talsperren: K. FEDERHOFER: Spannungen in schwach ausgebauchten Behältern. Öst. Bau-Ztg. Bd. 6 (1951) S. 149 und: Eine Erweiterung der Behältergleichung als Grundlage für die Berechnung von Bogenstaumauern. Anz. Akad. Wiss. Wien, Math.-Nat. Kl. 1952, S. 17. — Traglast zylindrischer Schalen aus ideal-plastischem Werkstoff: D. C. DRUCKER: Limit analysis of cylindrical shells under axially-symmetric loading. Proc. 1. Midwestern Conf. Solid Mech., Urbana 1953, S. 158. — P. G. HODGE: The rigid-plastic analysis of symmetrically loaded cylindrical shells. J. Appl. Mech. Bd. 21 (1954) S. 336. — E. T. ONAT: The plastic collapse of cylindrical shells under axially symmetrical loading. Quart. Appl. Math. Bd. 13 (1955) S. 63. — Eine zusammenfassende Darstellung der Plastizitätstheorie der Kreiszylinderschale findet man bei P. G. HODGE: Plastic Analysis of Structures, S. 270—309. New York 1959.

VI. Biegetheorie der Drehschalen

Abschnitt 1. Grundlegende Arbeiten zur Schalenbiegetheorie: F. B. HILDEBRAND, E. REISSNER, G. B. THOMAS: Notes on the foundations of the theory of small displacements of orthotropic shells. Nat. Adv. Comm. Aeron., Techn. Note 1833 (1949). — E. REISSNER: A new derivation of the equations for the deformations of elastic shells. Amer. J. Math. Bd. 63 (1941) S. 177. — J. L. SYNGE, W. Z. CHIEN: The intrinsic theory of elastic shells and plates. KÁRMÁN Anniv. Vol., Pasadena 1941, S. 103. — W. Z. CHIEN: The intrinsic theory of thin shells and plates. Quart. Appl. Math. Bd. 1 (1944) S. 297; Bd. 2 (1944) S. 43, 120. — H. NEUBER: Allgemeine Schalentheorie. Z. angew. Math. Mech. Bd. 29 (1949) S. 97. — W. ZERNA: Beitrag zur allgemeinen Schalenbiegetheorie. Ing.-Arch. Bd. 17

(1949) S. 149. — H. PARKUS: Die Grundgleichungen der Schalentheorie in allgemeinen Koordinaten. Öst. Ing.-Arch. Bd. 4 (1950) S. 160. — E. WEIBEL: The strains and the energy in thin elastic shells of arbitrary shape for arbitrary deformation. Diss. Zürich 1955. — Eine zusammenfassende Darstellung der linearen und nichtlinearen Randstörungen gab E. REISSNER: Rotationally symmetric problems in the theory of thin elastic shells. Proc. 3. US Nat. Congr. Appl. Mech., Providence, R.I., 1958, S. 51.

Abschnitte 2 und 3. Grundlegende Arbeiten, enthaltend die Einführung von Q_φ und χ als primäre Unbekannte, Zerfallsbedingung: H. REISSNER: Spannungen in Kugelschalen (Kuppeln). MÜLLER-BRESLAU-Festschrift S. 181. Leipzig 1912. — E. MEISSNER: Das Elastizitätsproblem für dünne Schalen von Ringflächen-, Kugel- und Kegelform. Phys. Z. Bd. 14 (1913) S. 343. — E. MEISSNER: Über Elastizität und Festigkeit dünner Schalen. Vjschr. naturforsch. Ges. Zürich Bd. 60 (1915) S. 23. — H. MÜNZ: Ein Integrationsverfahren für die Berechnung der Biegespannungen achsensymmetrischer Schalen unter achsensymmetrischer Belastung. Ing.-Arch. Bd. 19 (1951) S. 103. — Einführung einer komplexen Veränderlichen in die MEISSNERschen Gleichungen: P. M. NAGHDI, C. N. DE SILVA: On the deformation of elastic shells of revolution. Qu. Appl. Math. Bd. 12 (1955) S. 369. — Strenge Lösung für die Kugelschale: L. BOLLE: Festigkeitsberechnung von Kugelschalen. Diss. Zürich 1916. — Asymptotische Integration: O. BLUMENTHAL: Über die asymptotische Integration von Differentialgleichungen mit Anwendung auf die Berechnung von Spannungen in Kugelschalen. Z. Math. Phys. Bd. 62 (1914) S. 343. — F. B. HILDEBRAND: On asymptotic integration in shell theory. Proc. Symposia Appl. Math. Bd. 3 (1950) S. 53, siehe auch A. ERDÉLYI: Asymptotic Expansions. New York 1956. — J. W. GECKELER: Über die Festigkeit achsensymmetrischer Schalen. Forsch.-Arb. Ing.-Wes. Bd. 276. Berlin 1926. — Flache Kugelschale: J. W. GECKELER: Zur Theorie der Elastizität flacher rotationssymmetrischer Schalen. Ing.-Arch. Bd. 1 (1930) S. 255. — E. REISSNER: Stresses and small displacements of shallow spherical shells. J. Math. Phys. Bd. 25 (1946/47) S. 80, 279; Bd. 27 (1948) S. 240. — Weitere Untersuchungen: J.-E. EKSTRÖM: Studien über dünne Schalen von rotationssymmetrischer Form und Belastung mit konstanter oder veränderlicher Wandstärke. Ing. Vetensk. Akad., Handl. 121 (1933) und: Die allgemeine Lösung des achsensymmetrischen Schalenproblems mit besonderer Rücksicht auf elliptische Dampfkesselböden. Ing. Vetensk. Akad., Handl. 140 (1936). — F. TÖLKE: Zur Integration der Differentialgleichungen der drehsymmetrisch belasteten Rotationsschale bei beliebiger Wandstärke. Ing.-Arch. Bd. 9 (1938) S. 282 und: Die geschlossene Integration der Differentialgleichungen der drehsymmetrisch belasteten Kugelschale durch Zylinderfunktionen. Forsch.-H. Stahlbau Nr. 6 (1943) S. 166. — F. SCHULTZ-GRUNOW: Die Festigkeitsberechnung achsensymmetrischer Böden und Deckel. Ing.-Arch. Bd. 4 (1933) S. 545 und: Zur Schalentheorie. Schweiz. Bauztg. Bd. 107 (1936) S. 265. — M. ESSLINGER: Statische Berechnung von Kesselböden. Berlin 1952. — Wärmespannungen: A. MARTINELLI: Contributo al calcolo degli involucri a parete sottili. Ric. Ing. Bd. 1 (1933) S. 183. — H. PARKUS: Wärmespannungen in Rotationsschalen mit drehsymmetrischer Temperaturverteilung. S.-Ber. Öst. Akad. Wiss., Math.-Nat. Kl. IIa, Bd. 160 (1951) S. 1. — Ringflächenschalen: H. WISSLER: Festigkeitsberechnung von Ringflächenschalen. Diss. Zürich 1916. — K. STANGE: Der Spannungszustand einer Kreisringschale. Ing.-Arch. Bd. 2 (1931) S. 47. — C. B. BIEZENO, J. J. KOCH: On the behaviour of the so-called Bourdon pressure gauge. Akad. Wetensch. Amsterdam, Proc. Bd. 44 (1941) S. 779. — E. REISSNER: On bending of thin-walled tubes. Proc. nat. Acad. Sci. Bd. 35 (1949) S. 204. — R. A. CLARK: On the theory of thin elastic toroidal shells. J. Math. Phys. Bd. 29 (1950)

S. 146. — R. A. Clark, T. I. Gilroy, E. Reissner: Stresses and deformations of toroidal shells of elliptical cross section. J. Appl. Mech. Bd. 19 (1952) S. 37. — Wellblechzylinder: R. A. Clark, E. Reissner: On axially symmetric bending of nearly cylindrical shells of revolution. J. Appl. Mech. Bd. 23 (1956) S. 59. — Nicht-drehsymmetrische Randbelastung der Kugelschale: A. Havers: Asymptotische Biegetheorie der unbelasteten Kugelschale. Ing.-Arch. Bd. 6 (1935) S. 282. — A. A. Jakobsen: Beitrag zur Theorie der Kugelschale auf Einzelstützen. Ing.-Arch. Bd. 8 (1937) S. 275.

Abschnitt 4. Strenge Theorie: F. Dubois: Über die Festigkeit der Kegelschale. Diss. Zürich 1917. — Näherungslösung unter Vernachlässigung der Ringbiegemomente: F. Kann: Kegelförmige Behälterböden, Dächer und Silotrichter. Diss. Darmstadt 1920 und Forsch.-Arb. Eisenbeton H. 29. Berlin 1921. — Schale mit linear veränderlicher Wandstärke: E. Honegger: Festigkeitsberechnung von Kegelschalen mit linear veränderlicher Wandstärke. Diss. Zürich 1919. — E. Lichtenstern: Die biegungsfeste Kegelschale mit linear veränderlicher Wandstärke. Z. angew. Math. Mech. Bd. 12 (1932) S. 347. — Weitere Arbeiten: C. Tolotti: Sul calcolo delle molle Belleville o discoidali. Rend. Mat., Univ. Roma, V, Bd. 1 (1940) S. 65. — J. H. Huth: Thermal stresses in conical shells. J. Aeron. Sci. Bd. 20 (1953) S. 613. — N. J. Hoff: Thin circular conical shells under arbitrary loads. J. Appl. Mech. Bd. 22 (1955) S. 557. — Nicht-drehsymmetrische Randlasten: H. Nollau: Der Spannungszustand der biegungssteifen Kegelschale mit linear veränderlicher Wandstärke unter beliebiger Belastung. Z. angew. Math. Mech. Bd. 24 (1944) S. 10.

VII. Flache Schalen

Abschnitt 1. Die lineare Theorie flacher Schalen hat sich aus der nichtlinearen Theorie dünner Platten großer Durchbiegung entwickelt, deren Gleichungen Th. v. Kármán (Enzykl. Math. Wiss., Bd. IV, 4, S. 349) aufgestellt hat. Diese Gleichungen wurden zunächst auf Durchschlagprobleme schwach gekrümmter Platten (d. h. flacher Schalen) und auf das überkritische Verhalten gedrückter Zylinderschalen angewendet. In diesem Zusammenhang hat K. Marguerre die Gleichungen neu formuliert: Zur Theorie der gekrümmten Platte großer Formänderung. Proc. 5. Internat. Congr. Appl. Mech., Cambridge, Mass., 1938, S. 93 und Jb. 1939 dtsch. Luftf.-Forschg., Bd. I, S. 413. — Eine lineare Theorie flacher Schalen findet man in folgenden Arbeiten von E. Reissner: Stresses and small displacements of shallow spherical shells. J. Math. Phys. Bd. 25 (1946/47) S. 80, 279; Bd. 27 (1948) S. 240 — On finite twisting and bending of circular ring sector plates and shallow helicoidal shells. Qu. Appl. Math. Bd. 11 (1954) S. 473 — Small rotationally symmetric deformations of shallow helicoidal shells. J. Appl. Mech. Bd. 22 (1955) S. 31 — Symmetric bending of shallow shells of revolution. J. Math. Mech. Bd. 7 (1958) S. 121.

Abschnitt 2. Thermische und andere Singularitäten im Spannungszustand flacher Schalen sind untersucht worden von W. Flügge, D. A. Conrad: Thermal singularities for cylindrical shells. Proc. 3. US Nat. Congr. Appl. Mech., Providence, R. I. (1958) S. 321 und ausführlicher in der Dissertation von D. A. Conrad: Singular solutions in the theory of shallow shells. Diss. Stanford 1956.

VIII. Theorie der Faltwerke

Abschnitt 1. H. Craemer: Allgemeine Theorie der Faltwerke. Beton u. Eisen Bd. 29 (1930) S. 276. — G. Ehlers: Die Spannungsermittlung in Flächentragwerken. Beton u. Eisen Bd. 29 (1930) S. 281. — E. Gruber: Die Berechnung pyramidenartiger Scheibenwerke und ihre Anwendung auf Kaminkühler. Int. Vereinig. Brücken- u. Hochbau Abh. 2 (1934) S. 206. — J. GOLDENBLATT u. E. RATZ: Berechnung von Faltwerken, welche aus Scheiben mit verschiedenen statischen Systemen bestehen. Beton u. Eisen Bd. 33 (1934) S. 369. — G. WINTER, M. PEI: Hipped plate construction. J. Amer. Concr. Inst. Bd. 18 (1947) S. 505. — H. CRAEMER: Prismatic structures with transverse stiffeners. Concr. constr. Engng. Bd. 45 (1950) S. 81. — Zusammenfassende Darstellung mit vielen Beispielen: J. BORN: Faltwerke. Stuttgart 1954.

Abschnitt 2. G. GRÜNING: Die Nebenspannungen der prismatischen Faltwerke. Ing.-Arch. Bd. 3 (1932) S. 319. — E. GRUBER: Berechnung prismatischer Scheibenwerke. Int. Vereinig. Brücken- u. Hochbau Abh. 1 (1932) S. 225 und: Die Berechnung äußerlich statisch unbestimmter prismatischer Scheibenwerke. Int. Vereinig. Brücken- u. Hochbau Abh. 3 (1935) S. 134. — R. OHLIG: Beitrag zur Theorie der prismatischen Faltwerke. Ing.-Arch. Bd. 6 (1935) S. 346 und: Mehrfache prismatische Faltwerke. Ing.-Arch. Bd. 12 (1941) S. 254. — Zusammenfassende Darstellungen: Das unter 1 zitierte Buch von J. BORN, ferner D. YITZHAKI: The Design of Prismatic and Cylindrical Shell Roofs. Haifa 1958.

IX. Die Stabilität der Schalen

Abschnitt 1. Allgemeine Untersuchungen über Stabilität von Schalen enthält die unter IX, 3 zitierte Dissertation von R. ZOELLY. — Weitere Beiträge grundsätzlicher Art: E. TREFFTZ: Zur Theorie der Stabilität des elastischen Gleichgewichts. Z. angew. Math. Mech. Bd. 13 (1933) S. 160. — R. KAPPUS: Zur Elastizitätstheorie endlicher Verschiebungen. Z. angew. Math. Mech. Bd. 19 (1939) S. 271. — A. PFLÜGER: Stabilitätsprobleme der Elastostatik, S. 73. Berlin 1950. — W. FLÜGGE: Stresses in Shells, Kap. 7. Berlin 1960.

Abschnitt 2. Axialer Druck: R. LORENZ: Die nichtachsensymmetrische Knickung dünnwandiger Hohlzylinder. Phys. Z. Bd. 12, 1 (1911) S. 241. — E. CHWALLA: Das rotationssymmetrische Ausbeulen axial gedrückter freier Flanschenrohre. Z. angew. Math. Mech. Bd. 10 (1920) S. 72. — K. MARGUERRE: Der Einfluß der Lagerungsbedingungen und der Formgenauigkeit auf die kritische Druckkraft des gekrümmten Plattenstreifens. Jb. 1940 dtsch. Luftf.-Forschg., Bd. 1, S. 867. — K. FEDERHOFER: Stabilität der Kreiszylinderschale mit veränderlicher Wandstärke. Öst. Ing.-Arch. Bd. 6 (1952) S. 277. — Manteldruck: R. v. MISES: Der kritische Außendruck zylindrischer Rohre. Z. VDI Bd. 58 (1914) S. 750. — R. V. SOUTHWELL: On the collapse of tubes by external pressure. Phil. Mag. Bd. 25 (1913) S. 687; Bd. 26 (1913) S. 502; Bd. 29 (1915) S. 67. — C. B. BIEZENO, J. J. KOCH: The buckling of a cylindrical tank of variable thickness under external water pressure. Proc. 5. Internat. Congr. Appl. Mech., Cambridge, Mass. 1939, S. 34 und: Strengthening cylindrical tanks of variable thickness under external pressure by circular stiffening rings. J. Appl. Mech. Bd. 7 (1940) S. 106. — H. EBNER: Theoretische und experimentelle Untersuchung über das Einbeulen zylindrischer Tanks durch Unterdruck. Stahlbau Bd. 21 (1952) S. 153. — Längs- und Manteldruck gleichzeitig: R. v. MISES: Der kritische Außendruck für allseits belastete zylindrische Rohre. STODOLA-Festschrift, S. 418. Zürich 1929. — K. v. SANDEN u. F. TÖLKE: Über Stabilitätsprobleme dünner, kreiszylindrischer Schalen. Ing.-Arch. Bd. 3 (1932) S. 24. — W. FLÜGGE: Die Stabilität der Kreiszylinderschale. Ing.-Arch. Bd. 3 (1932) S. 463. — T. E. SCHUNK: Zur Knickfestigkeit schwach gekrümmter zylindrischer Schalen. Ing.-Arch. Bd. 4 (1933) S. 394. — Schubkräfte allein oder gleichzeitig mit Druckkräften: Die eben zitierte Arbeit von K. v. SANDEN u. F. TÖLKE, ferner E. SCHWERIN: Die Torsionsstabilität des dünnwandigen Rohres. Z. angew.

Math. Mech. Bd. 5 (1925) S. 235 und: Proc. 1. Internat. Congr. Appl. Mech., Delft 1924, S. 255. — T. E. SCHUNCK: Zur Knickfestigkeit schwach gekrümmter zylindrischer Schalen. Ing.-Arch. Bd. 4 (1933) S. 394. — L. H. DONNELL: Stability of thin-walled tubes under torsion. Nat. Adv. Comm. Aeron., Rep. 479 (1933). — A. KROMM: Die Stabilitätsgrenze eines gekrümmten Plattenstreifens bei Beanspruchung durch Schub- und Längskräfte. Luftf.-Forschg. Bd. 15 (1938) S. 517 und: Knickfestigkeit gekrümmter Plattenstreifen unter Schub- und Druckkräften. Jb. 1940 dtsch. Luftf.-Forschg., Bd. 1, S. 832 und: Beulfestigkeit von versteiften Zylinderschalen mit Schub und Innendruck. Jb. 1942 dtsch. Luftf.-Forschg., Bd. 1, S. 596 und: Die Stabilitätsgrenze der Kreiszylinderschale bei Beanspruchung durch Schub- und Längskräfte. Jb. 1942 dtsch. Luftf.-Forschg., Bd. 1, S. 602. — S. B. BATDORF: A simplified method of elastic-stability analysis for thin cylindrical shells. Nat. Adv. Comm. Aeron., Rep. 874 (1947). — Ungleichförmig verteilter Längsdruck ist in der schon zitierten Arbeit von W. FLÜGGE untersucht. Die Stabilität einer Zylinderschale in einem drehsymmetrischen Biegespannungszustand (umschnürtes Rohr) behandelt H. V. HAHNE: A stability problem of a circular cylindrical shell subject to direct and bending stresses. Diss. Stanford 1954. — Die Stabilität anisotroper Zylinder behandelt die schon zitierte Arbeit von W. FLÜGGE, ferner M. YAMANA: On the elastic stability of aeroplane structures. J. Fac. Eng. Tokyo Univ. Bd. 20 (1933) S. 163.

Wenn ein dünnwandiges gerades Rohr (lange Zylinderschale) durch Momente an seinen Enden gebogen wird, entsteht ein nichtlineares Stabilitätsproblem. Unter dem Einfluß der Spannungen σ_x wird der Rohrquerschnitt abgeflacht. Der Verlust an Trägheitsmoment führt zu einem Anwachsen der Spannungen σ_x und damit zu einer weiteren Verkleinerung des Trägheitsmoments usw. Es gibt ein Maximum der äußeren Last, das nicht überschritten werden kann. Der Vorgang wurde zuerst untersucht in einer Arbeit von L. G. BRAZIER: On the flexure of thin cylindrical shells and other thin sections. Proc. roy. Soc., Lond. (A) Bd. 116 (1927) S. 104. — Weitere Arbeiten über diesen BRAZIER-Effekt: E. CHWALLA: Elastostatische Probleme schlanker dünnwandiger Rohre mit gerader Achse. Sitzungsber. Akad. Wiss. Wien IIa Bd. 140 (1931) S. 163 und: Reine Biegung schlanker, dünnwandiger Rohre. Z. angew. Math. Mech. Bd. 13 (1933) S. 48. — O. BELLUZZI: Un caso di instabilità per ovalizzazione nei tubi sollecitati a flessione. Ric. Ing. Bd. 1 (1939) S. 79 und: La stabilità dell'equilibrio delle volte a botte inflesse secondo le generatrici. Ric. Ing. Bd. 1 (1933) S. 124 und: Sulla stabilità dell'equilibrio delle volte Zeiss e Dywidag. Ric. Ing. Bd. 3 (1935) S. 35. — Ausdehnung auf Faltwerke: O. BELLUZZI: La stabilità dell'equilibrio delle coperture a due spioventi inflesse longitudinalmente. Ric. Ing. Bd. 2 (1934) S. 161.

Das achsensymmetrische Knickbiegeproblem findet sich in folgenden Arbeiten: L. FÖPPL: Achsensymmetrisches Ausknicken zylindrischer Schalen. Sitzungsber. Bayr. Akad. Wiss. 1926, S. 27. — J. GECKELER: Plastisches Knicken der Wandung von Hohlzylindern und einige andere Faltungserscheinungen an Schalen und Blechen. Z. angew. Math. Mech. Bd. 8 (1928) S. 341. — Der Einfluß von Formfehlern ist in der schon zitierten Arbeit von W. FLÜGGE behandelt. — Nichtlineare Knicktheorien finden sich in folgenden Arbeiten: L. H. DONNELL: A new theory for the buckling of thin cylinders under axial compression and bending. Trans. Amer. Soc. mech. Engrs. Bd. 56 (1934) S. 795. — L. H. DONNELL, C. C. WAN: Effect of imperfections on buckling of thin cylinders and columns under axial compression. J. Appl. Mech. Bd. 17 (1950) S. 73. — TH. v. KÁRMÁN, H. S. TSIEN: The buckling of thin cylindrical shells under axial compression. J. Aeron. Sci. Bd. 8 (1941) S. 303. — H. S. TSIEN: A theory for the buckling of thin shells. J. Aeron. Sci. Bd. 9 (1942) S. 373. — T. T. LOO: Effects of large deflections and imperfections on the elastic buckling of cylinders under torsion and axial compression. Proc. 2. US Nat. Congr. Appl. Mech. 1954, S. 345. — W. THIELEMANN: New developments in the non-linear theories of buckling of thin cylindrical shells, in: N. J. HOFF, W. G. VINCENTI: Aeronautics and Astronautics, S. 76. London 1960.

Die Erreichung der Knicklast bedeutet für die Schale nicht notwendig einen völligen Zusammenbruch. Unter geeigneten Randbedingungen kann eine Umgruppierung der Spannungen stattfinden, die eine weitere Laststeigerung erlaubt. Dieses nichtlineare Spannungsproblem ist in folgenden Arbeiten behandelt: K. MARGUERRE: Zur Theorie der gekrümmten Platte großer Formänderung. Proc. 5. Internat. Congr. Appl. Mech., Cambridge, Mass. (1939) S. 93. — T. E. SCHUNCK: Der zylindrische Schalenstreifen oberhalb der Beulgrenze. Ing.-Arch. Bd. 16 (1948) S. 403. — H. F. MICHIELSEN: The behavior of thin cylindrical shells after buckling under axial compression. J. Aeron. Sci. Bd. 15 (1948) S. 738. — J. KEMPNER: Postbuckling behavior of axially compressed circular cylindrical shells. J. Aeron. Sci. Bd. 21 (1954) S. 329. — D. M. A. LEGGETT R. P. N. JONES: The behaviour of a cylindrical shell under axial compression when the buckling load has been exceeded. Aeron. Res. Counc., Rep. Mem. 2190 (1942).

Abschnitt 3. Untersuchung der drehsymmetrischen Knickfiguren unter Benutzung der MEISSNERschen Theorie: R. ZOELLY: Über ein Knickungsproblem an der Kugelschale. Diss. Zürich 1915. — E. SCHWERIN: Zur Stabilität der dünnwandigen Hohlkugel unter gleichmäßigem Außendruck. Z. angew. Math. Mech. Bd. 2 (1922) S. 81. — Die in diesem Buche gegebene Darstellung folgt einer Arbeit von A. VAN DER NEUT: De elastische stabiliteit van den dunwandigen bol. Diss. Delft 1932, in der die vollständige Lösung des Problems unter Berücksichtigung der nicht drehsymmetrischen Knickfiguren gegeben wird. — Weitere Arbeiten: L. S. LEIBENSON: Die Anwendung der Methode der harmonischen Funktionen von W. THOMSON bei der Frage der Stabilität der gepreßten sphärischen Hüllen. Rec. math. Moscou Bd. 40 (1933) S. 429. — K. O. FRIEDRICHS: On the minimum buckling load for spherical shells. KÁRMÁN Anniv. Vol., Pasadena 1941, S. 258. — Nichtlineare Stabilitätsprobleme der Kugelschale finden sich in folgenden Arbeiten: C. B. BIEZENO: Über die Bestimmung der Durchschlagskraft einer schwach gekrümmten, kreisförmigen Platte. Z. angew. Math. Mech. Bd. 15 (1935) S. 10. — TH. v. KÁRMÁN, H. S. TSIEN: The buckling of spherical shells by external pressure. J. Aeron. Sci. Bd. 7 (1939) S. 43.

X. Schwingungen drehsymmetrischer Schalen

Abschnitt 1. Die Berechnung dehnungsloser Schwingungen ist ausführlich behandelt in LORD RAYLEIGH: Theory of Sound, Bd. 1, S. 395. London 1894. — Anwendung auf Kegelschalen: M. J. O. STRUTT: Eigenschwingungen einer Kegelschale. Ann. Phys. (5) Bd. 17 (1933) S. 729. — Versuche dazu: A. TH. VAN URK u. G. B. HUT: Messung der Radialschwingungen von Aluminiumkegelschalen. Ann. Phys. (5) Bd. 17 (1933) S. 915. — Schwach gekrümmte Schalen: M. W. JOHNSON, E. REISSNER: On inextensional deformations of shallow elastic shells. J. Math. Phys. Bd. 34 (1956) S. 335. — Messungen an Kugel- und Zylinderschalen: I. AOKI: Experimental studies on the sound of a japanese temple-bell. Mem. Coll. Sci., Kyoto (A) Bd. 15 (1932) S. 311. — I. AOKI: Study of the sound emitted by the japanese Dohachi. Mem. Coll. Sci., Kyoto (A) Bd. 16 (1933) S. 377. — K. YAMASHITA, I. AOKI: On the frequencies of the sound emitted by japanese hanging bells. Mem. Coll. Sci., Kyoto (A) Bd. 15 (1932) S. 323.

Abschnitt 2. Zylinderschalen: W. FLÜGGE: Schwingungen zylindrischer Schalen. Z. angew. Math. Mech. Bd. 13 (1933) S. 425. — R. N. ARNOLD, G. B. WARBURTON: The flexural vibrations of thin cylinders. Inst. Mech. Eng. — Y.-Y. YU: Free vibrations of thin cylindrical shells having finite lengths with freely supported and clamped edges. J. Appl. Mech. Bd. 22 (1955) S. 547. — K. FEDERHOFER: Über die Eigenschwingungen der axial gedrückten Kreiszylinderschale. Sitzungsber. Akad. Wiss. Wien, Math.-Nat. Kl. IIa Bd. 145 (1936) S. 681. — K. FEDERHOFER: Über die Eigenschwingungen der Kreiszylinderschale mit veränderlicher Wandstärke. Sitzungsber. Österr. Akad. Wiss., Math.-Nat. Kl. IIa Bd. 161 (1952) S. 89. — T. C. LIN u. G. W. MORGAN: A study of axisymmetric vibrations of cylindrical shells as affected by rotatory inertia and transverse shear. J. Appl. Mech. Bd. 23 (1956) S. 255. — R. D. MINDLIN, H. H. BLEICH: Response of an elastic cylindrical shell to a transverse step shock wave. J. Appl. Mech. Bd. 20 (1953) S. 189. — F. I. N. NIORDSON: Transmission of shock waves in thinwalled cylindrical tubes. K. Tekn. Högsk. Handl. Bd. 57 (1952). — F. I. N. NIORDSON: Vibrations of a cylindrical tube containing flowing fluid. K. Tekn. Högsk. Handl. Bd. 73 (1953). — L. CREMER: Theorie der Luftschalldämmung zylindrischer Schalen. Acustica Bd. 5 (1955) S. 245.

Andere, in diesem Buche nicht behandelte Schalenformen: Kegelschale: K. FEDERHOFER: Eigenschwingungen der Kegelschale. Ing.-Arch. Bd. 9 (1938) S. 288. — Kugelschale: K. FEDERHOFER: Über die Eigenschwingungen der geschlossenen Kugelschale bei gleichförmigem Oberflächendrucke. Z. angew. Math. Mech. Bd. 15 (1935) S. 26. — E. REISSNER: On vibrations of shallow spherical shells. J. Appl. Phys. Bd. 17 (1946) S. 1038. — E. REISSNER: On axi-symmetrical vibrations of shallow spherical shells. Quart. Appl. Math. Bd. 13 (1955) S. 279. — J. H. HUTH, J. D. COLE: Elastic stress waves produced by pressure loads on a spherical shell. J. Appl. Mech. Bd. 22 (1955) S. 473. — A. KALNINS, P. M. NAGHDI: Axisymmetric vibrations of shallow elastic spherical shells. J. Acoust. Soc. Amer. Bd. 32 (1960) S. 342. — Ringschale: K. FEDERHOFER: Zur Schwingzahlberechnung des dünnwandigen Hohlreifens. Ing.-Arch. Bd. 10 (1939) S. 125. — Schwach gekrümmte Schalen: E. REISSNER: On transverse vibrations of thin, shallow elastic shells. Quart. Appl. Math. Bd. 13 (1955) S. 169. — Schraubenflächenschale: E. WEIBEL: The strains and the energy in thin elastic shells of arbitrary shape for abitrary deformation. Diss. Zürich 1955.

Sachverzeichnis

GPSR Compliance

The European Union's (EU) General Product Safety Regulation (GPSR) is a set of rules that requires consumer products to be safe and our obligations to ensure this.

If you have any concerns about our products, you can contact us on ProductSafety@springernature.com

In case Publisher is established outside the EU, the EU authorized representative is:

Springer Nature Customer Service Center GmbH
Europaplatz 3
69115 Heidelberg, Germany

Batch number: 10682323

Printed by Printforce, the Netherlands